CHEMIE UND CHEMISCHE TECHNOLOGIE RADIOAKTIVER STOFFE

VON

DR. FERDINAND HENRICH
PROFESSOR AN DER UNIVERSITÄT ERLANGEN

MIT 57 TEXTABBILDUNGEN
UND 1 ÜBERSICHT

BERLIN
VERLAG VON JULIUS SPRINGER
1918

ISBN-13: 978-3-642-89831-0 e-ISBN-13: 978-3-642-91688-5
DOI: 10.1007/978-3-642-91688-5

**Alle Rechte, insbesondere das der
Übersetzung in fremde Sprachen, vorbehalten.**

Copyright by Julius Springer 1918.
Softccover reprint of the hardcover 1st edition 1918

Vorwort.

Dies Buch soll den Leser in das Gebiet der Radioaktivität einführen und ihm den augenblicklichen Stand der Radiochemie vor Augen führen. Es bringt darum von dem allgemeinen Gebiet der Radioaktivität nur das Wesentlichste und verweist für Spezialfragen auf die ausführlichen Werke von Rutherford, „Radioaktive Substanzen und ihre Strahlungen" 1913 und von Stefan Meyer und E. von Schweidler, „Radioaktivität" 1916 sowie auf die Literatur. In erster Linie ist in diesem Buche der Standpunkt des Chemikers berücksichtigt, und darum sind die Meßmethoden der Radioaktivität im einzelnen ausführlicher, aber im allgemeinen mit Beschränkung abgehandelt. Besondere Rücksicht wurde auf Apparate (besonders Elektroskope) genommen, die im Instrumentenhandel zu haben sind. Einige apparative Anordnungen, die sich bei meinen Arbeiten über radioaktive Wässer und Gase bewährt haben, sind hier zum ersten Male beschrieben.

Für wertvolle Mitteilungen danke ich auch an dieser Stelle den Herren Kollegen Prof. F. Giesel in Braunschweig und Prof. Dr. Stefan Meyer in Wien. Auch der Verlagsbuchhandlung fühle ich mich für ihr weitgehendes Entgegenkommen und für die Beschleunigung, mit der sie die Drucklegung des Werkes besorgte, verpflichtet.

Möchte das Buch dem wundervollen, für die Erkenntnis der Konstitution der Materie so überaus fruchtbaren Gebiete neue Freunde werben.

Erlangen, im Juli 1918.

F. Henrich.

Inhaltsübersicht.

Einleitung. Geschichte der Entdeckung der radioaktiven Substanzen. Fluorescenzerscheinungen bei Röntgenröhren. Becquerels Untersuchungen über die Strahlen fluorescierender Körper. Entdeckung der Uranstrahlen durch Becquerel und analoger Strahlen beim Thorium durch C. G. Schmidt und Frau Curie. Quantitative Untersuchungen des Ehepaars Curie und deren Resultat. Merkwürdige Unstimmigkeiten bei Uranmineralien. Chemische Zerlegung von Uranpecherz im großen und Entdeckung des Poloniums und Radiums durch das Ehepaar Curie. Begriff der Radioaktivität. Sie ist eine Eigenschaft der Atome. Entdeckung weiterer Radioelemente durch Debierne, Giesel, K. Hofmann, Boltwood, Rutherford, O. Hahn u. a. . . . . 1—8

Die Strahlungen radioaktiver Körper. Die Eigenart der Strahlen, die von radioaktiven Körpern ausgehen. Die Strahlung ist komplex und kann durch einen Elektromagneten in drei Teile zerlegt werden. α-, β- und γ-Strahlen und deren Eigenschaften) Reichweite, Streuung, Bremswirkung, Szintillieren u. a.). Die α-Strahlen sind bewegte Heliumatome mit doppelter positiver elektrischer Ladung. Die β-Strahlen sind bewegte Elektronen. Die γ-Strahlen dürften wie die Röntgenstrahlen elektromagnetische Störungen des Äthers sein. δ-Strahlen sind Sekundärstrahlen. Die sogenannte Rückstoßstrahlung . . . . 9—24

Die Theorie des Atomzerfalls. Energieabgabe radioaktiver Körper und scheinbarer Widerspruch mit den Grundlagen der Physik. Rutherford und Soddy zeigen, daß auf Grund der Annahme eines Atomzerfalls (Atomzerfallshypothese, Desaggregationstheorie) dieser Widerspruch schwindet. Abtrennung der Aktivität vom Uran (U X) und Regenerierung dieser Aktivität. Korrespondierende Zersetzung und Regenerierung der Aktivität beim Uran. Analoge Gesetzmäßigkeiten beim Th und Th X. Die Emanationen. Zusammenhang der radioaktiven Zersetzungsprodukte untereinander bis 1904. Möglichkeit eines Atomzerfalls. Unterschied zwischen Zersetzung von Molekülen und von Atomen. Erklärung der radioaktiven Erscheinungen durch die Atomzerfallshypothese. Das Gesetz des Atomzerfalls. Radioaktivitätskonstante, mittlere Lebensdauer, Halbwertszeit. Zusammenhang der Radioelemente untereinander. Die Zerfallsreihen des Radiums, Actiniums und Thoriums. Analogien in diesen Reihen . . . . . . 25—45

Theorie der Ionisation und Meßmethoden der Radioaktivität. Radioaktive Substanzen machen die Luft für Elektrizität leitend, was man durch Spaltung der Luftmoleküle in positiv und negativ geladene Teilchen (Ionen) erklärt. Sättigungsspannung und Sättigungsstrom. Deren Wichtigkeit für exakte Messungen der Radioaktivität. Sogenannte Stoßionisation . .   46—51

Allgemeines und Spezielles über Messung und Berechnung der Radioaktivität. Zahlenbeispiel. Die Meßapparate für Radioaktivität bestehen aus Elektrometer resp. Elektroskop und aus der Ionisierungskammer. Formen der Ionisierungskammer. Einfache Elektroskope von Wilson für α-, β- und γ-Strahlenmessung. Das von Elster und Geitel verbesserte Exnersche Elektroskop und das sog. Glockenelektroskop. Das Engler-Sievekingsche Elektroskop für feste Substanzen. Das Elektroskop von W. H. Schmidt. Das Quarzfadenelektrometer von Th. Wulf. Eichung von Elektrometern; der Harmssche Kondensator. Kontrolle der Eichungstabelle gelieferter Instrumente. Bestimmung der Luftzerstreuung oder des Normalverlustes. Vorsichtsmaßregeln bei den Messungen; Zahlenbeispiel. Die eigentlichen Elektrometer. Das Quadrantenelektrometer. Methode der konstanten Ablenkung. Kompensationsmethoden. Allgemeine Prüfung einer Substanz auf Radioaktivität bei festen, flüssigen und gasförmigen Körpern. Prüfung auf α-, β- und γ-Strahlung. Messung von Substanzen, welche Emanation ausgeben. Spezielle Apparate zur Bestimmung der Radioaktivität von Wässern. Fontaktoskope von Engler und Sieveking, Fontaktometer von Mache und Stefan Meyer. Der Universalapparat von H. W. Schmidt. Bestimmung der Radioaktivität von Gasen (Emanationen) mit Beispiel. Messung der Aktivität von Präparaten mit unbekannter Menge Radioelement durch Vergleich mit solchen von bekanntem Gehalt (sog. Standard-Messungen). Die Radiumnormalmaße. Vergleichsmessungen nach der γ-Strahlenmethode und nach der Emanationsmethode. Quantitative Bestimmung kleiner Radiummengen in Gesteinen und Mineralien. — Über elektrische Maßsysteme. — Herstellung und Untersuchung von aktiven Niederschlägen aus Emanationen. Bestimmung der Radioaktivitätskonstanten λ. — Reichweite der α-Strahlen und Bestimmung derselben. Allgemeines über die Absorption von Strahlen durch verschiedene Körper. Bestimmung der Absorption von α-Strahlen durch feste Materien. Isolierung reiner Radioelemente durch Rückstoßstrahlung. Bestimmung der Absorption von β- und γ-Strahlen . . . .   51—138

Die Chemie der Radioelemente. Die chemischen Eigenschaften der Radioelemente. Ihr Verhalten bei Fällungen und die daraus abgeleiteten Gesetzmäßigkeiten. Die elektrochemischen Reaktionen der Radioelemente und ihr Verhalten bei der Elektrolyse. Isotope Elemente, Plejaden. Die Stellung der Radioelemente im periodischen System. Die Verschiebungssätze. Die Endprodukte des radioaktiven Zerfalls und ihre experimentelle Untersuchung. Die Kernladungszahl und ihre Übereinstimmung mit der Ordnungszahl der Elemente. Neuformulierung des periodischen Gesetzes. Die von Fajans aufgefundenen Beziehungen zwischen Atomgewicht

und Lebensdauer der Glieder einer Plejade. Seine Ansicht über
die Genesis der Elemente. Neue Definition des Begriffs eines
Elementes. Elemente und Mischelemente. Der Element-
typus. Die Eigenschaften der Elemente und Isotopen mit
Rücksicht auf das Rutherford-Bohrsche Atommodell. —
Austausch der Atome zwischen fester und flüssiger Phase.
Dichtebestimmung bei Isotopen zur Feststellung des relativen
Atomgewichts. Zusammenhang zwischen Atomvolumen und
Radioaktivität; die Atomvolumenkurve von Stefan Meyer.
Erhöhung der Genauigkeit analytischer Methoden durch Ver-
wendung radioaktiver Elemente. Löslichkeitsbestimmung von
Bleisulfid. Übersicht über die chemischen Reaktionen der
Radioelemente in Fällen, wo wägbare und unwägbare Mengen
von Radioelementen vorhanden sind . . . . 139—183

Die Uran-Radiumreihe. Uran (UI + UII). Vorkommen, Ent-
deckung, Salzbildung. Komplexe Natur des Urans und deren
Geschichte. Uran X ($UX_1 + UX_2$). Kurze Übersicht über seine
wichtigsten Eigenschaften. Entdeckung von UX_2 (Brevium),
Darstellungsmethoden, Eigenschaften. Uran Y. Geschichte
seiner Entdeckung und seine Bestätigung als Zweigprodukt der
Uran-Radiumreihe, das vermutlich zur Actiniumreihe führt.
Ionium. Entdeckung, Darstellung, Eigenschaften. Radium. Kurze Übersicht über seine wichtigsten Eigenschaften.
Vorkommen. Gehalt der Gesteine und Gewässer an Radium.
Verhältnis von Radium zu Uran bei den wichtigsten Uranmineralien. Grundzüge der Radiumgewinnung aus Mineralien.
Fraktionierte Krystallisation von Barium-Radiumsalzen.
Technik des Arbeitens mit reinen Radiumsalzen. Veränderung
von Radiumpräparaten mit der Zeit. Allgemeine Eigenschaften. Spektrum. Wärmeentwicklung von Radiumpräparaten. Strahlung und Lebensdauer des Radiums. Atomgewicht. Metallisches Radium. Radiumemanation. Entdeckung und Gewinnung. Abnorme Beobachtungen über ihr
Volum. Gewicht der Emanation, ihr Dampfdruck und Spektrum. Löslichkeit der Radiumemanation in verschiedenen
Lösungsmitteln, bes. Wasser. Der aktive Niederschlag
der Radiumemanation. RaA und RaB nach ihrer Darstellung und ihren Eigenschaften. Radium C. Eigenschaften
und Verzweigung von RaC' und RaC". Radium D. Entdeckung von Elster und Geitel im gewöhnlichen Blei und
von K. A. Hofmann und Strauß im Blei aus Uranmineralien.
Eigenschaften. Radium E. Darstellung und Eigenschaften.
Radium F (Polonium). Entdeckung, Identifizierung mit
Radiotellur. Gewinnungsarten. Chemische und physikalische
Eigenschaften. Radium G oder Radiumblei, das Endprodukt der Uran-Radiumreihe und sein Atomgewicht . . . 184—240

Die Actiniumzerfallsreihe. Protactinium. Entdeckung und
Eigenschaften. Actinium. Geschichte seiner Entdeckung
und Eigenschaften. Radioactinium. Actinium X.
Actiniumemanation. Der aktive Niederschlag des
Actiniums AcA, AcB, AcC und seine Verzweigungspro-
dukte AcC' und AcC". Actinium D und sein Zerfallsprodukt, das Endprodukt der Actiniumzerfallsreihe . . . . . . 241—252

Seite

Die Thoriumzerfallsreihe. Entdeckung der radioaktiven Eigenschaften des Thoriums. Vorkommen, Gewinnung der wichtigsten Thoriumsalze. Physikalische und chemische Eigenschaften. Quantitative Bestimmung. Mesothorium 1 und Mesothorium 2. Gewinnung, chemische, physikalische Eigenschaften und technische Bedeutung. Radiothorium. Thorium X. Thoriumemanation. Der aktive Thoriumniederschlag: ThA, ThB, ThC samt Verzweigungsprodukten ThC' und ThC''. ThD als Endprodukt der Thoriumzerfallsreihe und sein Atomgewicht . . . . 253—272
Die Radiumaktivität des Kaliums und Rubidiums . . . . . 272—273
Die chemische Technologie der Radioelemente. Einleitung. Die wirtschaftliche Bedeutung der Radioelemente. Praktische Verwendungen radioaktiver Körper. Radioaktive Düngemittel. Radiumleuchtmassen. Radiumblitzableiter. — Analytische Prüfung und Kontrolle radioaktiver Körper. Die Preisbemessung radioaktiver Präparate. Statistisches. — Ausgangsmaterialien: Uranpecherz, Carnotit, Uranglimmer, Kolm, Monazit. Technische Darstellung des Radiums nach Debierne, Haitinger und Ulrich und H. Paweck. Patente von E. Ebler, F. Ulzer und R. Sommer. Neuere Verfahren und Versuche von E. Ebler und W. Bender. Gehaltsbestimmung des Radiums. Radiumemanation. Patente von L. Sarason, M. M. Bock, der Radiogen-Gesellschaft, E. Sommer und F. L. Kohlrausch, Ettore Fenderl, John Landin, Curt Schmidt, F. Winkler. Gehaltsbestimmung der Emanation. Gewinnung von Polonium, Ionium und Actinium nach Auer von Welsbach. Herstellung von Mesothorium und Thorium X. Schlußwort . . 274—345
Nachtrag einer neuesten Tabelle des periodischen Systems . . . 346
Personen- und Sachregister . . . . 347—351
Übersichtstafel über die Nomenklatur der Radioelemente und über die Zerfallsreihen 353

Einleitung.

Im Jahre 1895 entdeckte W. C. Röntgen die nach ihm benannten Strahlen[1]). Er hatte eine mit Metallelektroden versehene, stark evakuierte Glasröhre durch den Wechselstrom eines größeren Induktionsapparates betrieben und dabei beobachtet, daß von den Stellen der Glaswand, die der Kathode gegenüber lagen, eigentümliche Strahlenwirkungen ausgehen. Auch wenn die Röhre völlig lichtundurchlässig verdeckt war, leuchtete dort ein Bariumplatincyanürschirm auf 2 m Entfernung im verdunkelten Zimmer auf. Ja durch Papier, Holz und Metalle hindurch erlitt die photographische Platte an jenen Stellen eine Schwärzung. Der menschliche Körper wurde aber in so unheimlicher Weise von diesen Strahlen durchleuchtet, daß man die Schattenbilder der Knochen getrennt von denen der Fleischteile auf einem Bariumplatincyanürschirm sehen konnte.

Betrachtet man ein in Betrieb befindliches, unbedecktes Röntgenrohr, so sieht man an den Stellen des Glases, die der Kathode oder Antikathode gegenüber liegen, eine lebhafte grüne Fluorescenz. Bei Gelegenheit eines Vortrags über die Röntgenstrahlen im Januar 1896 warf der französische Physiker Poincaré die Frage auf, ob nicht von allen Körpern, die genügend stark fluorescieren (phosphorescieren), solche durchdringenden Strahlen ausgehen, die vielleicht die Ursache ihrer Fluorescenz sind. Daraufhin prüften mehrere französische Physiker phosphorescierende und fluorescierende Körper auf die Fähigkeit, durch undurchsichtige Medien hindurch die photographische Platte zu schwärzen. Von den Versuchen seines Vaters und von eigenen Versuchen her hatte der französische Physiker Henri Becquerel ein sehr geeignetes Objekt in einem Doppelsalz von Kaliumsulfat und Uranylsulfat, dem Kaliumuranylsulfat $(UO_2)SO_4 \cdot K_2SO_4 \cdot 2 H_2O$, das in dünnen, durchsichtigen Lamellen krystallisiert[2]). Dies Salz zeigt nämlich bei der Belichtung in der Sonne eine sehr starke Fluorescenz, die freilich fast augenblicklich verschwindet, wenn es der Belichtung

---

[1]) Sitzungsberichte d. physik.-med. Gesellsch. zu Würzburg 1895, S. 132.
[2]) H. Becquerel, Compt. rend. **122**, 420 (1896).

entzogen wird. Um die photographische Wirksamkeit des Fluorescenzlichtes von Kaliumuranylsulfat zu prüfen, machte Becquerel[1]) folgende Versuche: Zuerst wickelte er eine photographische Platte doppelt in sehr dichtes, schwarzes Papier ein und legte sie einen Tag lang in die Sonne. Nach dem Entwickeln der Platte fand er daß sie keinerlei Schwärzung erfahren hatte, die Strahlen des Sonnenlichts waren nicht durch das Papier gedrungen. Nun legte er auf eine, in gleicher Weise eingewickelte Platte einen Krystall von Kaliumuranylsulfat und setzte sie einige Stunden dem Sonnenlicht aus. Jetzt zeigte sich nach dem Entwickeln der Platte an der Stelle, wo das Sulfat gelegen hatte, eine Schwärzung, so daß man die Konturen des Krystalls erkennen konnte. Wurden Metall- oder Glasstückchen zwischen Krystall und eingewickelte Platte gebracht, so wurden auch diese abgebildet. Damit schien Poincarés Vermutung bestätigt zu sein. Als aber Becquerel die Versuche im Dunkeln wiederholte, fand er, daß auch hier die Schwärzung der Platte unvermindert eintrat. Ja Uranpräparate, die jahrelang im Dunkeln gelegen hatten, die also durch das Licht nicht mehr beeinflußt sein konnten[2]), gaben die Erscheinung vollkommen ungeschwächt. Das Fluorescenzlicht des Uransalzes, das erst durch Belichtung hervorgerufen wird, konnte danach nicht auf die photographische Platte gewirkt haben. Es mußten vielmehr von den Uransalzen resp. deren wirksamem Bestandteil, dem Uran, fortwährend Strahlen ausgehen, die die Fähigkeit hatten, durch lichtundurchlässige Körper hindurch Halogensilber zu reduzieren. Man nannte diese Strahlen in der Folge Uranstrahlen oder auch Becquerel-Strahlen. Bald fand Becquerel, daß noch andere Wirkungen durch diese Strahlungen ausgelöst werden. Bringt man Uransalze in einen Raum, der einen elektrisch geladenen Körper (z. B. ein geladenes Elektroskop) umschließt, so verschwindet die Elektrizität wesentlich rascher von diesem Körper, als wenn kein Uransalz in dem Raume ist[3]). Gewisse chemische Verbindungen, wie Bariumplatincyanür, hexagonal krystallisierendes Schwefelzink (sog. Sidot-Blende) u. a., beginnen zu leuchten, wenn sie stärkerer Uranstrahlung ausgesetzt werden.

Bald nach Becquerels Entdeckung fanden C. G. Schmidt[4]) im physikalischen Institut der Universität Erlangen und Frau

---

[1]) l. c. und ibid. S. 501, 559, 689, 762, 1086 (1896).
[2]) H. Becquerel, Compt. rend. 128, 771 (1899); Elster und Geitel, Beibl., 21, 455.
[3]) Compt. rend. 122, 501 (1896).
[4]) Wiedemanns Ann. 64, 720 (1898), 4. April.

Marya Curie[1]) in Paris unabhängig voneinander, daß auch Salze des Thoriums ähnlich durchdringende Strahlen aussenden, wie die des Urans. Frau Curie schlug daraufhin vor, Körper, die solche Strahlen aussenden, „radioaktiv" zu nennen. Die Erscheinung selbst erhielt den Namen „Radioaktivität"[2]). Sie stand ohne Analogie da. Es widersprach aller Erfahrung, daß Körper ohne nachweisbare äußere Beeinflussungen, also selbsttätig, Energieäußerungen wie die obigen ausüben können. Die Grundgesetze der Physik schienen bedroht zu sein, und es war ein quantitatives Studium der Erscheinungen nötig, um Klarheit zu schaffen. Durch Photographieren konnte man die Stärke der Strahlung nur unvollkommen messen, aber bald kam man auf eine andere Methode, die sich seitdem vortrefflich bewährt hat und noch heute in Gebrauch ist. Das war die elektrische Methode.

Wie bereits mitgeteilt, vermögen Uranstrahlen Luft, die sonst ein sehr schlechter Leiter der Elektrizität ist, für Elektrizität leitend zu machen. Diese Elektrizitätsleitung macht sich als sehr schwacher elektrischer Strom[3]) bemerkbar, und die Stärke desselben erwies sich unter gewissen Vorbedingungen als proportional mit der Intensität der Strahlung und der Menge der angewendeten Substanz. Nun hatten zwei französische Physiker, die Brüder Pierre und Jacques Curie, bei ihren Untersuchungen über die Piezoelektrizität des Quarzes bereits 1881 eine Methode zur Messung sehr schwacher Ströme angegeben. J. Curie hat sie später[4]) in seiner Doktordissertation genau beschrieben. Diese Methode änderte das Ehepaar Pierre und Marya Curie geborene Sklodowska so ab, daß man mit ihr die Leitfähigkeit der Luft, wie sie durch radioaktive Körper hervorgerufen wird, auf 2—3% genau messen konnte. Wir werden diese Methode später bei der zugehörigen Apparatur kennen lernen. Mit ihr war es möglich, die ersten vergleichbaren Messungen der Stärke der Radioaktivität auszuführen und sie als Stromstärken in Ampère auszudrücken.

Wenn die oben besprochenen Strahlungen vom Element Uran ausgingen, so mußte dies die stärkste Radioaktivität zeigen, seine Verbindungen eine desto höhere, je mehr Uran sie enthielten. Frau Curies Messungen der Leitfähigkeit von Luft, die mit den Uran-

---

[1]) Compt. rend. 126, 1101 (1898), 12. April.
[2]) Ibid.
[3]) Von der Größenordnung 10^{-11} Amp. bei der Curieschen Versuchsanordnung, 3 cm Abstand der Kondensatorplatten, 64 qcm Oberfläche der aktiven Substanz.
[4]) Thèses Présentées à la Faculté des Sciences de Paris. Paris 1888. S. 6ff.

materialien in Berührung war, ergab folgende Resultate[1]), die in Ampère ausgedrückt sind:

Metallisches Uran (noch etwas kohlehaltig) . . $2,3 \cdot 10^{-11}$ Amp.
Grünes Uranoxyd U_3O_8 . . . . $1,8 \cdot 10^{-11}$ ..
Uranioxydhydrat (Uransäure) . . . . $1,6 \cdot 10^{-11}$ ..
Natriumuranat $Na_2U_2O_7$ . . . . $1,2 \cdot 10^{-11}$ ..
Ammoniumuranat $(NH_4)_2U_2O_7$ . . . . $1,3 \cdot 10^{-11}$ ..
Uranylsulfat $(UO_2)SO_4 \cdot 3\,H_2O$ . . . . $0,7 \cdot 10^{-11}$,.
Kaliumuranylsulfat $(UO_2)SO_4 \cdot K_2SO_4 \cdot 2\,H_2O$. $0,7 \cdot 10^{-11}$ ..
Uranylnitrat $UO_2(NO_3)_2 \cdot 6\,H_2O$ . . . . . . $0,7 \cdot 10^{-11}$,.
Uranylsulfid UO_2S . . . . $1,2 \cdot 10^{-11}$ ..

Wie man sieht, wurde die Erwartung im allgemeinen durch das Experiment bestätigt: Je mehr Uran (und, wie man bald fand, auch Thorium) ein Salz enthielt, desto stärker aktiv war es. Jede inaktive Beimengung wirkte als Ballast und daraus folgte, daß die **Radioaktivität eine Eigenschaft der Atome Uran und Thorium ist.**

Als nun Frau Curie auch Uranmineralien in ihrem Apparat untersuchte, fand sie merkwürdige Ausnahmen von der bei den Salzen gefundenen Regel. Uranpecherze (sog. Pechblende, in der Hauptsache U_3O_8) waren drei- bis viermal aktiver als metallisches Uran, Kupferuranit (sog. Chalkolith) erwies sich als zweimal so stark und Kalkuranit (sog. Autunit) als gleich stark aktiv wie das metallische Uran. Kurz, eine Reihe von natürlich vorkommenden Uranmineralien zeigten eine weitaus größere Aktivität, als ihnen nach ihrem Urangehalt zukommen mußte, wie man aus der folgenden Tabelle sehen kann:

Metallisches Uran gab einen Strom von . . . . $2,3 \cdot 10^{-11}$ Amp
Pechblende von Johanngeorgenstadt . . . . . $8,3 \cdot 10^{-11}$ ..
,, ,, Joachimsthal . . . . $7,0 \cdot 10^{-11}$ ..
,, ,, Przibram . . . . $6,5 \cdot 10^{-11}$ ..
Chalkolith $Cu(UO_2)_2(PO_4)_2 \cdot 8\,H_2O$ . . . . . $5,2 \cdot 10^{-11}$ ..
Autunit $Ca(UO_2)_2(PO_4)_2 \cdot 8\,H_2O$ . . . . . . $2,7 \cdot 10^{-11}$ ..
Carnotit . . . . $6,2 \cdot 10^{-11}$ ..

Chalkolith ist, wie man sieht, ein Kupferuranylphosphat, und es war schon früher[2]) gelungen, dieses Salz künstlich in den gleichen Krystallen, wie sie das natürliche Vorkommen zeigt, zu erhalten. Es war von Interesse, die Aktivität des künstlichen mit der des

---

[1]) Untersuch. über die radioaktiven Substanzen. Braunschweig 1904. S. 11 und 16.
[2]) Ann. d. chim.-phys. **61**, 4.

natürlichen Chalkoliths zu vergleichen. Als Frau Curie aus reinem Uransalz Kupferuranylphosphat bereitet hatte und es maß, fand sie, daß es 2,5 mal schwächer aktiv war als metallisches Uran. Künstlich dargestellter Chalkolith verhielt sich also geradeso normal wie die anderen künstlich dargestellten Uransalze; natürlich vorkommender Chalkolith war 4—5 mal stärker aktiv als künstlicher. Das deutete darauf hin, daß in den natürlich vorkommenden Uranmineralien noch kleine Mengen anderer radioaktiver Elemente als Ur und Th vorhanden sein mußten. Das Ehepaar Curie machte sich daran, diese Elemente aufzufinden.

Sie gingen aus von dem stärkst aktiven Mineral der Pechblende und zerlegten es im Laboratorium der „École municipale de Physique et Chimie industrielles" in Paris nach den Methoden der chemischen Analyse. Jedesmal wenn eine Elementengruppe abgetrennt war, maßen sie deren Aktivität, verglichen sie mit der des Ausgangsmaterials und setzten dies Verfahren bis zu den Elementen fort. Da zeigte es sich, daß die in der Pechblende reichlich vorhandenen Elemente der Schwefelwasserstoffgruppe nach ihrer Abtrennung nicht oder nur unerheblich aktiv waren, bis auf das Wismut[1]). Im Sulfide dieses Elementes blieb die Aktivität gewissermaßen angereichert. Als man Wismut aus anderen Mineralien in der gleichen Weise abschied, war es inaktiv und deshalb mußte dem aus der Pechblende gewonnenen eine radioaktive Substanz beigemengt sein. In der Tat gelang es in dreierlei Weise, die Aktivität anzureichern und wenigstens teilweise vom Wismut zu trennen:

1. Durch Sublimation der Sulfide im Vakuum. Das flüchtigere Sublimat war aktiver als das weniger flüchtige.

2. Durch Auflösen des aktiven Sulfids in Salpetersäure und teilweises Ausfällen des Wismuts als Subnitrat. Die erste Fällung erwies sich als bedeutend aktiver als die späteren Ausscheidungen auf Zusatz von Wasser.

3. Durch Ausfällung einer stark sauren Chloridlösung mit Schwefelwasserstoff. Das ausgefällte Sulfid war bedeutend aktiver als das gelöst gebliebene Salz.

Alles dies deutete darauf hin, daß im Wismutsulfid aus der Pechblende ein neues Radioelement dem Wismut beigemengt war, das ihm in seinen analytischen chemischen Eigenschaften nahestand. Frau Curie nannte es zu Ehren ihres Vaterlandes Polonium. Freilich dauerte es noch eine Reihe von Jahren, bis das Polonium allgemein als selbständiges Element anerkannt war. Zuerst wurde es in seiner Existenz bedroht, als es Demarçay, Runge und

---

[1]) Compt. rend. **127**, 175 (1898).

Exner nicht gelang, charakteristische neue Linien im Wismut-Poloniumspektrum zu finden. Dann bemerkte man beim trockenen Aufbewahren wismuthaltiger Poloniumpräparate, daß ihre Aktivität mit der Zeit mehr und mehr abnahm, und das war aus folgendem Grunde verdächtig. Beim Studium der radioaktiven Substanzen hatte man beobachtet, daß alle Körper, die mit ihnen einige Zeit in Berührung waren, ebenfalls radioaktiv wurden, ihre Aktivität aber allmählich wieder verlieren, wenn sie vom radioaktiven Präparat entfernt wurden. Man nannte diese Aktivität mitgeteilte oder „induzierte" Aktivität. Auf Grund der oben mitgeteilten Beobachtung sprach F. Giesel[1]) 1902 die Vermutung aus, daß Polonium nichts anderes als induziert aktives Wismut wäre, und die Curies[2]) traten dieser Ansicht bei. Aber im gleichen Jahre, wo es aufgegeben wurde, ward es gleichsam von neuem wieder entdeckt. W. Marckwald hatte nämlich bei der Verarbeitung von in Schwefelsäure unlöslichen Rückständen der Joachimsthaler Pechblende ein sehr stark aktives Wismutoxychlorid erhalten, dessen Aktivität sich auch nach Verlauf mehrerer Monate nicht verminderte. Es gelang ihm, den aktiven Körper weitgehend vom Wismut zu befreien und festzustellen, daß er in seinen chemischen Eigenschaften dem Tellur am nächsten steht. Er nannte ihn deshalb Radiotellur[3]). Bald stellte es sich heraus, daß das Radiotellur seine Aktivität auch allmählich verliert. Ein Vergleich seiner Präparate mit den Poloniumpräparaten von Frau Curie ergab aber, daß die Aktivität beider ganz gleichmäßig abnimmt, daß **Radiotellur nichts anderes als Polonium ist**[4]). Marckwald hatte so mit seinen Arbeiten den Beweis erbracht, daß ein wirkliches Radioelement und kein induziert aktiver Körper im Polonium vorliegt.

Aber wir sind den Entdeckungen vorausgeeilt und kehren zum Jahre 1898 zurück. Nachdem das Ehepaar Curie im Schwefelwasserstoffniederschlag der Pechblendeverarbeitung das Polonium entdeckt hatte, suchte es in Gemeinschaft mit G. Bémont[3]) nach weiteren radioaktiven Bestandteilen der Pechblende. Da fanden sie beim Barium einen Bestandteil, der nun außerordentlich starke radioaktive Wirkungen zeigte[5]). Hier lagen die Verhältnisse günstiger als beim Polonium und die Aktivität konnte leichter und

---
[1]) Ahrens, Chem. Vorträge **7**, 36 (1902).
[2]) Compt. rend. **134**, 85 (1902).
[3]) Berichte d. Deutsch. Chem. Gesellsch. **35**, 2285 (1902); Phys. Zeitschr. **4**, 51 (1903).
[4]) Phys. Zeitschr. **4**, 51 (1903); Berichte d. Deutsch. Chem. Gesellsch. **36**, 2662 (1903).
[5]) Compt. rend. **127**, 1215 (1898).

vollständiger angereichert werden. Zudem war der neue radioaktive Bestandteil reichlicher in der Pechblende vorhanden. Das Barium aus der Pechblende wurde in das Chlorid verwandelt und dies öfters umkrystallisiert. Die erste Ausscheidung, also das am schwersten Lösliche, hatte stets eine höhere Aktivität und durch sehr zahlreiche Krystallisationen kam man zu Fraktionen, die 100 000 mal so stark aktiv waren wie Uran. Die Fraktionen waren stets auch spektralanalytisch untersucht worden, und dabei bemerkte man, wie sich dem Bariumspektrum mit zunehmender Reinigung ein zweites Spektrum beimischte, das bald vorherrschte. Es war das Spektrum eines neuen Elementes, das wegen seines starken Strahlungsvermögens den Namen Radium bekam. In Form von Salzen, besonders als Chlorid und Bromid, kam es bald in den Handel. Das Element selbst wurde erst viel später dargestellt.

Das Radium verdiente seinen Namen in vollstem Maße. In einer Menge von wenigen Milligrammen leuchteten seine Salze im Dunkeln so, daß man es aus der Nähe direkt sehen konnte. Körper wie Bariumplatincyanür, hexagonal krystallisierendes Schwefelzink (sog. Sidot-Blende) u. a. wurden aber so stark von ihm zum Leuchten erregt, daß es auf mehrere Meter Entfernung sichtbar war. Ebenso wird ein empfindliches Elektroskop auf viele Meter Entfernung hin entladen. Auch auf starke chemische und physiologische Wirkungen wurde man bald aufmerksam. Das Chlorid und besonders das Bromid färben sich allmählich gelb und rötlich, wobei Halogen entweicht. Bei langer Einwirkung wandeln sich beide Salze über das Hydroxyd in Carbonat um[1]). Gläser, in denen starke Radiumpräparate aufbewahrt werden, färben sich erst rötlich, dann violett, zuletzt schwarz. Das gelbe Bariumplatincyanür wird bei längerer Einwirkung der Strahlen braun und phosphoresciert nicht mehr. Weißer Phosphor wird in roten verwandelt usw. Durch längere Bestrahlung von Pflanzensamen kann man deren Keimkraft zerstören, den Chlorophyllfarbstoff weitgehend verändern usw. Bei der Einwirkung auf die Haut treten aber Hautentzündungen auf, die ähnlich den Brandwunden sind und schwer heilen. Kurz, durch die Entdeckung des Radiums wurde ein ungeheuer großes Neuland der experimentellen Forschung zugänglich gemacht.

Radium und Polonium waren aber noch nicht die einzigen Radioelemente in der Pechblende. Als Debierne im Jahre 1899 größere Mengen von Pechblenderückständen verarbeitete, erhielt

---

[1]) F. Giesel, Ber. **35**, 3608 (1902).

er[1]) u. a. einen Schwefelammonniederschlag, der radioaktiv war. Bei der Zerlegung desselben blieb die Aktivität bei den seltenen Erden und konnte in mehrfacher Weise so angesammelt werden, daß man auf die Anwesenheit eines neuen Radioelementes in der Pechblende zu schließen berechtigt war. Debierne nannte es Actinium, konnte aber seine allgemeine Anerkennung zunächst nicht durchsetzen. Giesel[2]) reicherte später einen radioaktiven Körper der Schwefelammongruppe bei einer größeren Verarbeitung von Pechblende im lanthanhaltigen Niederschlag an und nannte ihn Emanium, weil er überaus reichlich eine gasartige Emanation auszugeben vermochte. Bald stellte es sich heraus, daß Emanium und Actinium identisch sind und seitdem verschwand der Name Emanium aus der Literatur.

1900 isolierten K. Hofmann und E. Strauss aus Pechblende und anderen radioaktiven Mineralien Bleipräparate, die auch nach sorgfältiger wiederholter Reinigung deutliche Aktivität zeigten. Sie bewiesen, daß diese Aktivität nicht durch Beimengungen von Ur, Ra, Polon. oder Th verursacht sein könne und nannten den Körper Radioblei. Später zeigte Rutherford, daß dies Radioblei in der Hauptsache identisch ist mit einem Zersetzungsprodukt des Radiums, das man jetzt allgemein RaD nennt.

Dann entdeckte Boltwood 1907 noch eine radioaktive Substanz in Uranmineralien, die Ionium genannt wurde. Damit war der vermutete genetische Zusammenhang zwischen Ra und Ur sichergestellt und der weitere Ausbau der Uran-Radium-Reihe erfolgte in der später auszuführenden Weise.

Parallel mit der Entdeckung radioaktiver Bestandteile in den Uranmineralien ging die Bearbeitung der Thoriumsalze und Thoriummineralien. Hier hatte der Physiker E. Rutherford in dem von C. G. Schmidt und Frau Curie erschlossenen Gebiet Untersuchungen begonnen, die später zu den Grundlagen der theoretischen Behandlung des Gebiets der Radioaktivität geworden sind. Neben ihm haben sein Schüler O. Hahn und andere Forscher, wie Lise Meitner, K. Fajans u. a. durch Entdeckung und Untersuchung neuer Radioelemente eine wesentliche Vervollkommnung der Kenntnisse auf diesem Gebiet vermittelt.

---

[1]) Compt. rend. **129**, 593 (1899); **130**, 906 (1900).
[2]) Ber. d. Deutsch. Chem. Gesellsch. **36**, 342 (1903); **37**, 1696, 3965 (1904); **38**, 776 (1905).

Die Strahlungen der radioaktiven Körper.

Wie der Name sagt, sind die radioaktiven Körper durch ihre Strahlen wirksam und das Studium dieser Strahlen setzte naturgemäß sofort nach ihrer Entdeckung ein. Waren die Mengen der zu untersuchenden radioaktiven Substanzen doch oft so gering, daß man sie nicht direkt sehen oder gar wiegen konnte und so blieb die Strahlung meist das einzige Mittel zu ihrer Wahrnehmung. Da die Uranstrahlen unsichtbare Körper in ähnlicher Weise durchdrangen wie die Röntgenstrahlen, glaubte man zuerst, daß sie diesen wesensverwandt wären und eine elektromagnetische Ätherbewegung darstellten. Ein Befund Becquerels schien das zu bestätigen, denn dieser Forscher hatte angegeben, daß die Uranstrahlen brechbar und reflektierbar wären. Seine diesbezüglichen Versuche haben sich aber als nicht ganz richtig erwiesen. Die Uranstrahlen zeigen diese Eigenschaften nicht oder nur in untergeordneter Weise. Aber dennoch war das Studium der Strahlungen eines Röntgenrohres grundlegend für die Erkenntnis der Natur der Strahlungen radioaktiver Körper. Direkt von der Kathode eines solchen Rohres gehen im Vakuum senkrecht zu ihr Strahlen zur Anode hin, die sich in ihren Eigenschaften wesentlich von den gewöhnlichen Lichtstrahlen unterscheiden. Diese Strahlen werden z. B. durch ein Prisma nicht gebrochen oder zerlegt, sie sind auch weder reflektierbar noch polarisierbar. Dafür haben sie aber eine andere Eigenschaft, die den gewöhnlichen Lichtstrahlen abgeht: sie werden durch einen Elektromagneten aus ihrer Richtung abgelenkt. Diese Kathodenstrahlen wurden von Plücker entdeckt, von Hittorf schon 1869 in allen ihren wesentlichen Eigenschaften erkannt, später von Crookes noch näher studiert und durch schöne Vorlesungsversuche populär gemacht. Ihre nähere Untersuchung, besonders durch J. J. Thomson, brachte Klarheit über ihre Natur. Thomson fand, daß diese Strahlen nicht nur im magnetischen, sondern auch im elektrischen Felde abgelenkt werden. Die Art dieser Ablenkung beweist, daß die Kathodenstrahlen negative Elektrizität mit sich führen. Aus der Bestimmung des Verhältnisses von elektrischer Ladung zur Masse und Berechnungen, auf die wir hier nicht näher eingehen können[1]), gab J. J. Thomson eine sehr einfache Vorstellung von der Natur der Kathodenstrahlen, die sich allgemein eingebürgert hat. Sie sind danach Körperchen von $\frac{1}{1800}$ der Masse eines Wasserstoffatoms, in denen die Einheit der elektrischen Ladung, d. i. 96 470 Coulombs Elektrizität, enthalten ist. Diese elektrischen Massenteilchen nannte Thomson zuerst Corpuskeln. Später hat Johnstone Stoney den Namen Elektron dafür gebraucht, der jetzt allgemein angewendet wird. Elektronen sind die kleinsten Massenteilchen, die wir kennen. Da man sie in der verschiedensten Weise aus den verschiedensten Körpern herstellen kann, glaubt man, daß sie ein Bestandteil aller Materie sind. Die Kathodenstrahlen sind also ein Schwarm von Elektronen, der je nach dem Druck und der Art des Gases im evakuierten Rohr mit größerer oder kleinerer Geschwindigkeit von der Kathode eines elektrisch betriebenen Rohres ausgeht. Beim Auftreffen auf die Glaswand oder ein im Wege stehendes Hindernis erzeugen die Kathodenstrahlen die Röntgenstrahlen. Aus der corpuscularen Strahlung wird dann eine elektromagnetische Ätherbewegung.

Gleichzeitig mit den Kathodenstrahlen gehen innerhalb gewisser Grenzen des Gasdrucks beim Betrieb eines evakuierten Rohres noch andere Strahlen von der Seite der Kathode weg, die von der Anode abgewendet ist und die erst viel später von Goldstein[2]) entdeckt wurden. Diese Strahlen konnten erst nachgewiesen werden, als man die Kathode mit Kanälen versah und den Raum hinter ihr erweiterte. Sie wurden deshalb Kanalstrahlen genannt. Auch diese Strahlen sind weder brechbar noch reflektierbar. Sie werden von einem sehr starken Elektromagneten und von elektrischen Feldern abgelenkt, aber wenig im Vergleich zu den Kathodenstrahlen und nach der entgegengesetzten Richtung wie diese. Daraus folgt, daß sie positive Elektrizität mit sich führen. Das Verhältnis von elektrischer Ladung zur Masse $\left(\dfrac{e}{m}\right)$ ist bei den Kanalstrahlen nicht so konstant wie bei den Kathodenstrahlen. Es ist nach W. Wien in gewissen Grenzen variabel und hängt von dem Gas im Rohre ab. Doch ergaben Berechnungen, daß die Masse der Kanalstrahlen nie kleiner ist als die eines Wasserstoffatoms. Darum nimmt man an, daß die Kanalstrahlen aus Atomen bestehen, die aus dem Gase oder aus den Elektroden stammen, und die die Einheit oder ein Mehrfaches der Einheit

---

[1]) Näheres s. Rutherford, Radioakt. Subst. 1913, S. 46f.
[2]) Sitzungsbericht d. Berliner Akad. **39**, 691 (1886); Ann. d. Phys. **64**, 45 (1898).

der elektrischen Ladung tragen. Die Geschwindigkeit der Kanalstrahlen ist klein im Vergleich zu der der Kathodenstrahlen. Auch sie erzeugen beim Auftreffen auf die Glaswand eine Fluorescenz, die aber gelb oder gelbgrün ist. Eine sekundäre Strahlung analog der Röntgenstrahlung ist an den Stellen, wo die Kanalstrahlen auftreffen, nicht nachgewiesen.

Beim Betrieb eines Röntgenrohres kann man also drei Arten von Strahlen erzeugen: 1. Kathodenstrahlen (d. i. bewegte Elektronen), 2. Kanalstrahlen, 3. Röntgen- oder X-Strahlen. Die letzteren werden meist als eine elektromagnetische Ätherbewegung interpretiert.

Ganz analoge drei Arten von Strahlen konnten auch bei den radioaktiven Körpern nachgewiesen werden und die Erklärung, die wir heute von diesen Strahlen geben, wurde besonders durch zwei Methoden der Untersuchung vermittelt. Die eine Methode ist die Ablenkung der Strahlen in einem magnetischen und elektrischen Feld, die zweite Methode beruht auf den Absorptionserscheinungen, die Strahlungen radioaktiver Körper beim Durchgang durch feste und gasförmige Stoffe erleiden.

Bringt man ein älteres Radiumpräparat auf den Boden eines engen zylindrischen Gefäßes, so tritt ein schmales Bündel Strahlen aus der Öffnung des Gefäßes aus. Erzeugt man dann ein starkes gleichförmiges magnetisches Feld senkrecht zur Ebene des Papiers (in dem das Strahlenbündel liegen mag) und zum Papier hingerichtet, so wird das Strahlenbündel, das anfangs senkrecht in die Höhe ging, in der Art zerlegt, wie es die Abbildung 1 zeigt.

Wir sehen in der Ebene des Papiers einen Teil der Strahlen schwach nach links abgelenkt (die Größe der Ablenkung ist in

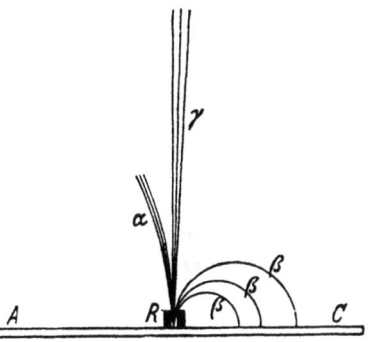

Abb. 1. Strahlenschema.

der Abbildung noch stark übertrieben); man hat diese Strahlen α-Strahlen genannt. Ein zweiter Teil der Strahlen ist dagegen so stark nach rechts abgelenkt, daß halbkreisförmige Bahnen entstehen, die man bei stärkeren magnetischen und elektrischen Feldern noch enger zusammenbiegen kann. Legt man unter das Präparat eine photographische Platte AC, so erzeugen diese Strahlen bei eingeschaltetem Feld eine diffuse Schwärzung an den Stellen, wo sie auftreffen. Diese stark ablenkbaren Strahlen nennt man β-Strahlen. Eine dritte Gruppe von Strahlen wird von dem Elektromagneten gar nicht beeinflußt. Sie halten ihre ursprüngliche Richtung vollkommen bei und werden γ-Strahlen genannt.

α-, β- und γ-Strahlen sind die wichtigsten Strahlentypen, die bei radioaktiven Substanzen auftreten. Vorausgreifend sei bemerkt, daß alle drei Strahlungen zusammen nur von Gemischen radioaktiver Körper ausgehen. Ein älteres Radiumpräparat ist z. B. ein ziemlich kompliziertes Gemisch radioaktiver Substanzen. Frisch dargestellte, reine Präparate radioaktiver Körper haben entweder nur α-Strahlung — man nennt sie α-Strahler — oder nur β-Strahlung (β-Strahler) oder $β + γ$ - Strahlung. Radioaktive Körper, die nur γ-Strahlung zeigen, sind bisher nicht bekannt geworden, und man hat Gründe anzunehmen, daß die γ-Strahlen als Folge der Ausstoßung von β-Strahlen auftreten, ähnlich wie Röntgenstrahlen infolge des Auftreffens von Kathodenstrahlen entstehen. Zuweilen treten zusammen mit α-Strahlen noch sog. δ-Strahlen auf, wenn α-Strahlen von festen Substanzen ausgehen oder gasförmige und feste Substanzen durchsetzen.

Weiter sei bemerkt, daß α- und β-Strahlen radioaktiver Körper nie gleichartig sind. Die magnetische Ablenkung eines reinen β-Strahlers ist unter gleichen Bedingungen immer gleich, die zweier verschiedener β-Strahler aber stets verschieden. In dem obigen Bild wären (bei gleicher magnetischer Feldstärke usw.) drei β-Strahler vorhanden.

Wie magnetischen und elektrischen Feldern gegenüber, so verhalten sich α-, β- und γ-Strahlen auch beim Durchgang durch verschiedene Substanzen verschieden. Betrachten wir zunächst die Luft. α-Strahlen vermögen die Luft stark für Elektrizität leitend zu machen, β-Strahlen wesentlich weniger und γ-Strahlen am wenigsten. Streut man eine Radiumverbindung in dünner Schicht auf die untere von zwei parallelen Metallplatten, die 5 cm auseinanderstehen, so verhalten sich die Beträge der Ionisation, die durch α-, β- und γ-Strahlen hervorgerufen werden, in roher Annäherung wie 10 000 : 100 : 1. Aber schon nach wenigen Zentimetern Entfernung von der radioaktiven Substanz hört die Fähigkeit der α-Strahlen, die Luft zu ionisieren, auf.

Feste Körper absorbieren die α-Strahlen sehr leicht. Sie vermögen nicht ein dünnes Papierblatt zu durchdringen und werden von Aluminiumfolie von 0,01 cm Dicke völlig absorbiert.

In roher Annäherung kann man sagen, daß die β-Strahlen etwa 100 mal so durchdringend sind wie die α-Strahlen, und die γ-Strahlen etwa 10—100 mal so durchdringungskräftig wie die β-Strahlen.

α-Strahlen.

Die α-Strahlen wurden zuerst wenig studiert, bis man zu Anfang dieses Jahrhunderts ihre große Wichtigkeit erkannte. Nachdem Rutherford die Ablenkung der α-Strahlen durch ein magnetisches und elektrisches Feld beobachtet hatte, stellte er fest, daß die Ladung der α-Strahlen eine positive sein müsse, da sie durch ein elektrisches Feld in entgegengesetzter Richtung abgelenkt werden wie die Kathodenstrahlen, die negative Elektrizität mit sich führen. Das Verhältnis von Ladung zur Masse wurde anfangs unabhängig von Rutherford und Des Coudres bestimmt und zu 6100 resp. 6400 elektromagnetischen Einheiten gefunden; neuerdings erhielten Rutherford und Robinson erheblich geringere Werte, z. B. für Ra-Emanation, RaA und RaC im Mittel 4823, woraus sich eine Geschwindigkeit im Mittel von $1{,}74 \cdot 10^9$ cm/sek berechnet. Da der gleiche Wert für ein Wasserstoffatom 9647 elektromagnetische Einheiten beträgt, so ergibt sich, **daß die α-Strahlen Atomdimensionen haben müssen**, also positiv geladene Atome sind. Sie gleichen also den Kanalstrahlen eines Röntgenrohres. Diese elektrischen Atome fliegen aber aus der radioaktiven Substanz mit einer Geschwindigkeit von rund $2 \cdot 10^9$ cm/sek heraus und zerlegen die Luftmoleküle, auf die sie auftreffen, in Ionen, so daß die Luft für Elektrizität leitend wird. Bei seinen Untersuchungen über die Absorption der α-Teilchen machte Bragg eine merkwürdige Entdeckung. Er fand, daß reine radioaktive Substanzen, die — in dünner Schicht ausgebreitet — α-Strahlen aussenden, nur eine ganz bestimmte Strecke weit die Luft ionisieren. War das Ende dieser Strecke erreicht, so hörte die Fähigkeit, Ionen zu erzeugen, plötzlich auf. Diese Strecke, während deren ein α-Teilchen ionisierend wirkt, nennt man die „Reichweite" (range) des α-Teilchens. Das Studium der α-strahlenden, radioaktiven Körper ergab, daß die gleichen Radioelemente stets α-Strahlen von gleicher Reichweite aussenden, die verschiedenen aber solche von verschiedener Reichweite. Die Reichweite der α-Strahler schwankt zwischen 2,5 (Ur) und 8,6 cm (ThC) bei 15° und ist eine charakteristische Konstante für ein Radioelement geworden. Sie ist abhängig von der Natur des Gases, umgekehrt proportional dem Druck und direkt proportional der absoluten Temperatur desselben. Gewöhnlich wird sie für Luft, normalen Barometerstand und Zimmertemperatur angegeben. So kommt es, daß die α-Strahlen eines Radiumpräparats in Luft nur relativ wenige Zentimeter weit nachweisbar sind. Im Vakuum kann man sie natürlich auf viel längere Strecken wirksam machen. Sowohl in der Uran- wie in der Thorium- und Actiniumreihe hat man Beziehungen zwischen der Reichweite der α-Strahlen eines Radioelements und der Lebensdauer dieses Elements gefunden. Im allgemeinen senden kurzlebige Produkte α-Strahlen von langer Reichweite aus und umgekehrt. Geiger und Nutall[1]) gelang es, diese Beziehung durch die Gleichung

$$\lg \lambda = a + b \lg v$$

darzustellen, worin λ die Zerfallskonstante, v die Anfangsgeschwindigkeit des α-Strahls, a und b dagegen Größen sind, die für jede der radioaktiven Reihen konstante Werte darstellen. R. Swinne[2]) drückt die Beziehung durch die Gleichung

$$\lg \lambda = a + b v^n,$$

wobei $n = 1$ oder $= 2$ ist, aus. Trägt man die Logarithmen der Zerfallskonstanten der einzelnen Zerfallsprodukte als Ordinaten,

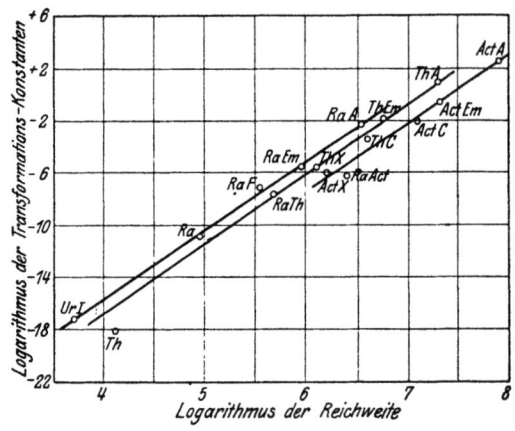

Abb. 2.

die Logarithmen der entsprechenden Reichweiten (die den Geschwindigkeiten proportional sind) als Abszissen auf, so liegen die Punkte einer Zerfallsreihe auf je einer geraden Linie (Abb. 2). Vermittels der Geiger-Nutallschen Beziehung kann man, wie vorausgreifend bemerkt sei, Zerfallskonstanten und damit mittlere Lebensdauer, Halbwertszeit von Radioelementen in Fällen bestimmen, wo andere Wege versagen[3]).

[1]) Phil. Mag. **22**, 613 (1911); **23**, 439 (1912).
[2]) Phys. Zeitschr. **13**, 14 (1912); s. a. Wilson, Phil. Mag. **23**, 981 (1912).
[3]) Stefan Meyer, V. F. Hess und F. Paneth, Wiener Akademieberichte IIa **123**, 1459 (1914).

Treffen aber α-Strahlen auf feste Körper, die ihrer Bahn entgegengestellt werden, so dringen sie größtenteils in die Körper ein (nur ein kleiner Teil erleidet diffuse Zerstreuung, Streuung „scattering" genannt) und durchsetzen sie oder sie werden von ihnen absorbiert (das ist bereits der Fall bei einer Aluminiumschicht von 0,01 cm Dicke). Wenn ein Schirm nicht so dick ist, daß völlige Absorption eintreten kann, dann erleidet die Geschwindigkeit der α-Strahlen beim Durchgang eine Verminderung, die für gleichartige Strahlen gleich groß ist und die von der Dicke und dem Atomgewicht der Schirmsubstanz abhängt. Man nennt diese Geschwindigkeitsverminderung „Bremswirkung" oder „Bremsvermögen" (stopping power, pouvoir d'arrêt). Durch die Bremswirkung wird die Reichweite natürlich um einen bestimmten Betrag reduziert. Wird z. B. durch einen Aluminiumschirm die Reichweite von α-Teilchen einheitlicher Geschwindigkeit von 7,06 cm auf 5 cm herabgesetzt, so hat der Aluminiumschirm eine Bremswirkung, die 2,06 cm Luft äquivalent ist. Bragg und Kleemann[1]) fanden, daß das Bremsvermögen einer Substanz für einen α-Strahl angenähert proportional mit der Quadratwurzel aus dem Atomgewicht ist. In Wasserstoff z. B. ist die Reichweite eines α-Teilchens viermal so groß als in Sauerstoff von gleichem Druck und gleicher Temperatur. Für ein Molekül ist das Bremsvermögen gleich der Summe der Quadratwurzeln der Gewichte der Atome, die das Molekül zusammensetzen. Eine Beziehung zwischen der Abnahme der Geschwindigkeit v eines α-Teilchens mit der Reichweite der Ionisation in Luft R fanden erst Rutherford und später Geiger[2]) zu

$$v^3 = a \cdot R \quad \text{oder} \quad v = \sqrt[3]{a}\,\sqrt[3]{R},$$

wobei a eine Konstante ist. Man kann so die Geschwindigkeit der α-Strahlen eines Radioelementes aus der experimentell bestimmten Reichweite berechnen.

Da nun die oberen Schichten einer festen radioaktiven Substanz auf die α-Strahlen, die aus tieferen Schichten kommen, eine Bremswirkung ausüben, so können aus einheitlichem radioaktivem Material α-Strahlen von verschiedener Geschwindigkeit austreten und eine Komplexität vortäuschen wo keine ist. Darum darf man α-strahlende Körper nur in ganz dünner Schicht auf ihre Strahlung untersuchen.

Beim Durchgang durch feste Körper verursachen α-Strahlen die Aussendung einer Anzahl langsam beweglicher Elektronen, die man δ-Strahlen genannt hat (s. S. 23).

---

[1]) Phil. Mag. **10**, 318, 606 (1905); **11**, 617 (1906).
[2]) Proc. Royal Soc. A **83**, 505 (1910).

α-Strahlen lassen sich bei ihrem Aufprall durch eine chemische Verbindung dem Auge direkt sichtbar machen. Es ist das die Sidot-Blende, die aus hexagonal krystallisierendem Schwefelzink[1]) besteht. Giesel fand, daß dieser Körper kräftig aufleuchtet, wenn er von α-Strahlen getroffen wird. Betrachtet man nun eine solche durch α-Strahlen erregte Fläche von Sidot-Blende mit der Lupe, so sieht man fortwährend Punkte aufleuchten und wieder verschwinden. Diese Erscheinung verteilt sich gleichmäßig über die ganze leuchtende Fläche. Man nennt sie szintillieren. Jeder Lichtpunkt ist ein α-Strahl, der auf die Sidot-Blende auftrifft. Selbstverständlich findet das Aufleuchten (ebenso wie die Ionisierung der Luft) nur bis zum Ende der Reichweite statt. Von da an sind die α-Strahlen, die noch große Geschwindigkeit besitzen müssen, nicht mehr nachweisbar. Die Erscheinung des punktartigen Aufleuchtens wurde unabhängig voneinander von W. Crookes[2]) und Elster und Geitel[3]) entdeckt. Crookes hat einen kleinen Apparat angegeben, den er Spinthariskop nannte, und der die Erscheinung des Szintillierens sofort vor Augen führt. Eine Nadel, die an ihrer Spitze eine Spur von Radiumsalz enthält, ist einige Millimeter von einem Zinksulfidschirm fixiert, den man durch eine Lupe beobachten kann. Man sieht dann im dunklen Zimmer ein fortwährendes Auftreten glänzender Lichtpünktchen auf dem Schirm. Durch passende Versuchsanordnung gelang es Regener[4]), die Anzahl der auftretenden Lichtblitze und damit die Anzahl der α-Strahlen, die in der Zeiteinheit ausgesendet werden, zu zählen. Die Resultate dieser Methode stimmten befriedigend überein mit denen einer anderen, die Rutherford und Geiger[5]) kurz vorher ausgearbeitet hatten, so daß man nach zwei Methoden in der Lage ist, die von den Radioelementen in der Zeiteinheit ausgesendeten α-Teilchen zu zählen.

In noch vollkommenerer Weise gelang es C. T. R. Wilson, die ganze Bahn eines α-Teilchens (ebenso von β-Teilchen) sichtbar und photographisch reproduzierbar zu machen[6]). Schon lange ist es bekannt, daß Ionen in Räumen, die mit Wasserdampf übersättigt sind, Kondensation des Wasserdampfs erzeugen, wobei sie selbst die Kondensationskerne bilden. Das vorher unsichtbare

---

[1]) Darst. K. A. Hofmann, Berliner Ber. **37**, 3407 (1904). Bezugsquelle vorzüglichen Materials ist die Firma Buchler & Comp. in Braunschweig.
[2]) Proc. Royal Soc. A **71**, 405 (1903).
[3]) Phys. Zeitschr. **4**, 439 (1903).
[4]) Verhandl. d. Deutsch. Phys. Gesellsch. **19**, 78 u. 351 (1908).
[5]) Proc. Royal Soc. A **81**, 141 (1908); Phys. Zeitschr. **10**, 1 (1909).
[6]) Proc. Royal Soc. A **85**, 285 (1911); **87**, 277 (1912). S. a. M. Reinganum, Phys. Zeitschr. **12**, 1076 und H. Mache, Phys. Zeitschr. **15**, 288 (1914).

Wasser wird so sichtbar. Nun erzeugt ein α-Teilchen längs seiner Reichweite Ionen, und unter den Versuchsbedingungen Wilsons gelang es, an den gebildeten Ionen Wasserdampf zu kondensieren, so daß die ganze Bahn eines solchen α-Strahls längs seiner Reichweite sichtbar wird. Dieser Weg der α-Teilchen kann auch leicht photographiert werden, so daß, was man früher nur vermuten konnte, jetzt in mehrfacher Weise nachgewiesen ist.

Wir haben bereits berichtet, daß α-Strahlen positive Elektrizität mit sich führen und daß sie die Maße eines Atoms haben müssen. Rutherford und Geiger gelang es nun, die Größe der Ladung der α-Strahlen zu bestimmen und fanden sie zu $9{,}3 \cdot 10^{-10}$ ESE, Regener zu $9{,}58 \cdot 10^{-10}$ ESE. Dieser Wert ist doppelt so groß als der für die Ladung der β-Strahlen, und so ergab sich, daß die α-Strahlen Atome mit der doppelten Einheit positiver Ladung behaftet sein müssen. Welches ist nun das Atom, das mit doppelter positiver Ladung behaftet die Maße des α-Teilchens ausmacht? Man hatte schon früh vermutet, daß es das Helium sein müsse, und Rutherford und Royds[1]) gelang es, das auch experimentell nachzuweisen.

Bekanntlich haben Ramsay und Soddy[2]) 1904 die grundlegende Entdeckung gemacht, daß Radiumemanation sich in Helium umwandelt. Ein Geisslersches Rohr war mit Radiumemanation beschickt worden, um das Spektrum dieses Gases zu studieren. Als dies Rohr nach einiger Zeit wieder untersucht wurde, zeigte es deutlich die Linien des Heliums im Spektralapparat, die vorher nicht vorhanden gewesen waren.

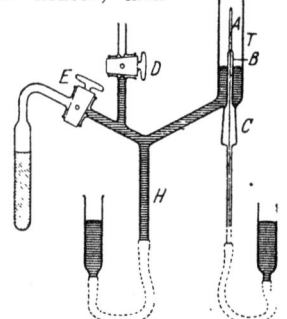

Abb. 3. Umwandlung der α-Strahlen in Helium.

Diese Umwandlung ist öfters studiert worden und führte immer zum gleichen Resultat, so daß sie heute allgemein als bewiesen angesehen wird. Radiumemanation sendet nun α-Strahlen aus und aus ihnen konnte nach Abgabe von positiver Elektrizität Helium entstehen. Rutherford und Royds benutzten eine Versuchsanordnung, die in Abb. 3 dargestellt ist, und die darauf beruht, daß α-Strahlen durch sehr dünne Glaswände hindurchgehen, oder besser gesagt, geschossen werden können. Wenn ein enges Glasröhrchen A, dessen Wandstärke unter $\frac{1}{100}$ mm beträgt,

[1]) Phil. Mag. **17**, 281 (1909).
[2]) Proc. Royal Soc. A **73**, 346 (1904).

mit Radiumemanation gefüllt wird, so gibt diese α-Strahlen aus, die zum Teil die dünnen Wände von A durchsetzen und so in den Raum um A gelangen, der in dem Versuch durch das Rohr T abgegrenzt wird, das oben, bei V, in ein kleines Spektralrohr endigt. Der Raum in T wurde völlig evakuiert. Durch Heben von H konnte Gas, das aus A etwa in T gelangte, in das Rohr V befördert und dort spektroskopisch geprüft werden. Es zeigte sich nun, daß zwei Tage nach der Einführung von Radiumemanation in A die gelbe Heliumlinie in V aufzutreten begann und nach sechs Tagen war das ganze Heliumspektrum dort sichtbar. Offenbar hatten die α-Strahlen, die durch die Wand der dünnen Glasröhre drangen, allmählich ihre positive Ladung verloren oder neutralisiert und waren dadurch in Helium verwandelt worden. Als reines Helium in das Rohr A gegeben und das Experiment wiederholt wurde, konnte auch nach Tagen kein Helium im Rohr V nachgewiesen werden. Wie Radiumemanation verhielten sich auch andere α-strahlende Körper und Rutherford und Royds kamen zu dem Resultat, daß **angesammelte α-Teilchen ganz unabhängig von der Materie, von der sie ausgestoßen werden, aus Helium bestehen.**

Damit war die Natur der α-Strahlen erkannt. Sie sind Heliumatome, die mit der doppelten Einheit positiver elektrischer Ladung ($2 \cdot 4{,}65 \cdot 10^{-10}$ elektrostatische Einheiten) behaftet sind.

β-Strahlen.

Im Jahre 1899 fand F. Giesel[1]), daß Radiumpräparate Strahlen aussenden, die von einem magnetischen Feld abgelenkt werden und den Kathodenstrahlen ähnlich sind. Das wurde bald darauf von anderen Forschern bestätigt und man nannte diese Strahlen β-Strahlen. Von den α-Strahlen unterscheiden sich die β-Strahlen durch ihre viel stärkere Ablenkbarkeit. Ein starkes magnetisches (und elektrisches) Feld vermag die β-Strahlen je nach der Richtung des Feldes zu Kreisen oder Spiralen umzubiegen. Dadurch gelingt es, die β-Strahlen, die sonst nur nach oben wirksam sind, auf der Unterlage des Gefäßes, von dem sie ausgehen, sichtbar zu machen. In Abb. 4 ist P eine photographische Platte mit der Schichtseite nach unten, R ein kleines Bleigefäß, in dem sich die β-strahlende Substanz befindet. Nach Einschaltung des magnetischen Feldes erzeugen — bei dieser Versuchsanordnung — die abgelenkten Strahlen photographische Eindrücke auf die Platte P. „Die Strah-

---

[1]) Ann. d. Phys. **69**, 834 (1899).

len normal zur Platte treffen die Platte fast normal, während die Strahlen, die nahezu parallel zur Platte sind, die Platte mit streifender Inzidenz treffen. Die Strahlen, die zur Richtung des Feldes geneigt sind, beschreiben Spiralen und erzeugen photographische Eindrücke auf einer Linie, die parallel zum Feld ist und durch die Strahlungsquelle hindurchgeht[1])."

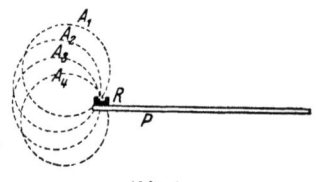

Abb. 4.

Bei der Weiterverfolgung des Gedankens, daß die β-Strahlen den Kathodenstrahlen analog sind, fand man, daß sie wie diese negative Ladung besitzen und daß das Verhältnis von Ladung zur Masse von derselben Größenordnung wie bei den Kathodenstrahlen, nämlich 10^7 EMagn-E, ist. Darum sieht man die β-Strahlen wie die Kathodenstrahlen als elektrische Massen von etwa $\frac{1}{1800}$ der Atommasse und der Einheit der Ladung (96 470 Coul.) oder kurz als Elektronen an. Die Geschwindigkeit der β-Strahlen ist aber beträchtlich größer als die der Kathodenstrahlen und schwankt zwischen 0,3 und 0,99 der Lichtgeschwindigkeit. Auch die β-Strahlen ionisieren die Luft, aber meist mehr als 100 mal schwächer als α-Strahlen.

Wenn diese äußerst stark bewegten Atome negativer Elektrizität, denn das sind die β-Strahlen, auf feste Körper, die ihnen z. B. als Schirme entgegenstehen, auftreffen, so geht ein Teil der Strahlen durch die Schirme, ein anderer wird reflektiert resp. gestreut. Soweit dabei die β-Strahlen absorbiert werden, wird an den Schirm freie negative Elektrizität abgegeben. Im Falle der Streuung werden Strahlen auf der Seite ihres Einfalls und Austritts diffus zurückgeworfen. Diese gestreuten Strahlen können unveränderte β-Strahlen sein oder aber sog. Sekundärstrahlen, d. h. Strahlen anderer Art. Manches weist darauf hin, daß sie beides sind. Solche Sekundärstrahlen werden als γ-Strahlen auch gebildet und sind besonders beim RaE gut nachgewiesen[2]), aber in der Hauptsache haben β-Strahlen nach der Streuung eine Änderung ihrer Art nicht erlitten. Es hat sich ferner gezeigt, daß die Streuung desto größeren Wert besitzt, je höher das Atomgewicht ist. (Beim Auftreffen von α-Strahlen auf Materie findet eine Streuung meist nur in sehr geringem Maße statt.)

Noch nicht völlig geklärt ist das Verhalten des Teils der β-Strahlen, der in die Materie eindringt. Homogene β-Strahlen

---

[1]) Rutherford, Radioakt. Subst. S. 154.
[2]) Proc. Royal Soc. A **85**, 131 (1911); s. a. Eve, Phil. Mag. **8**, 669 (1904), W. H. Schmidt, Ann. d. Phys. **23**, 671 (1907) u. a.

sollen annähernd nach dem Exponentialgesetz
$$J_t = J_0 e^{-\mu t}$$
absorbiert werden, wobei J_0 und J_t die Strahlungsintensitäten zu Anfang resp. nach Durchsetzung einer Schicht von t cm, e die Basis der natürlichen Logarithmen bedeuten. μ ist der „Absorptionskoeffizient". Doch hat dies Gesetz keine strenge Gültigkeit. Auch hier hat man, wie bei den Kathodenstrahlen eine Beziehung zwischen dem Koeffizienten der Absorption μ und der Dichte der Schirmsubstanz d abgeleitet. Bei den Kathodenstrahlen hatte Lenard , 1895 gefunden, daß μ nahezu proportional d ist. Crowther[1]) stellte für die Absorption der β-Strahlen durch eine Reihe von Elementen fest. „daß die Elemente sich in einer Anzahl einander ähnlicher Kurven anordnen. die in ihrer Ausdehnung mit den Gruppen der Elemente im periodischen System korrespondieren[2])". Der Wert d erscheint so als eine periodische Funktion des Atomgewichts, wie aus der vorstehenden Abbildung ersichtlich ist.

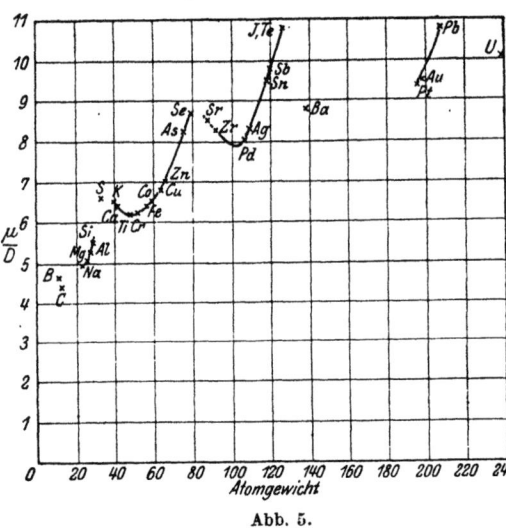

Abb. 5.

Für chemische Verbindungen folgt nach Crowther die Absorption der β-Strahlen einem additiven Gesetz und läßt sich deshalb aus der Absorption der individuellen Komponenten in ähnlicher Weise berechnen, wie das Molekularvolumen aus dem Atomvolumen[3]) u. a. analoge Größen.

Auch für unorganische und organische Flüssigkeiten gilt das gleiche additive Gesetz, so „daß die Absorption der β-Strahlen ein Atomphänomen ist und nicht durch die chemische Verbindung der Atome beeinflußt wird. Eine solche Gesetzmäßigkeit scheint allgemein für alle Typen der Strahlungen,

---
[1]) Phil. Mag. 12, 379 (1906).
[2]) S. Rutherford, Radioakt. Subst. S. 186.
[3]) S. E. Wiedemann und Ebert, Physik. Praktikum 1904, S. 7 6.

die von radioaktiven Substanzen ausgehen, Gültigkeit zu haben"[1]).

Bei den einzelnen β-Strahlern wird im folgenden μ in Einheiten von Zentimetern Aluminium angegeben.

Beim Durchgang durch Materie aller Art erleiden auch homogene β-Strahlen eine Verminderung ihrer Geschwindigkeit[2]), doch hat man wegen der Schwierigkeit und Kompliziertheit der Materie allgemein gültige Gesetze darüber noch nicht aufstellen können. Auch einheitliche radioaktive Substanzen scheinen komplexe β-Strahlen auszusenden (im Gegensatz zu den α-Strahlen), doch besitzt die gleiche radioaktive Substanz ceteris paribus stets den gleichen Komplex von β-Strahlen.

In ähnlicher Weise wie die α-Strahlen kann man auch die β-Strahlen in einer Wasserdampfatmosphäre sichtbar machen[3]).

Endlich sei noch erwähnt, daß Geiger[4]) eine Methode ausgearbeitet hat, nach der man die β-Strahlen direkt zählen kann.

Zusammenfassend können wir sagen, daß die β-Strahlen aller radioaktiven Substanzen in der Masse gleich sind. Sie bestehen aus Elektronen. Diese Elektronen werden aber von den verschiedenen β-Strahlern radioaktiver Substanzen mit verschiedener Geschwindigkeit ausgestoßen. Es gibt darum solche mit geringer Geschwindigkeit (weiche) und solche mit großer Geschwindigkeit (harte) in allen Zwischenstufen. Alle β-Strahlen radioaktiver Substanzen werden von einer Schicht von 2 mm Blei absorbiert.

γ-Strahlen.

Während aus dem Bündel komplexer Strahlen, das z. B. von einem Radiumpräparat ausgeht, die α- und β-Strahlen durch magnetische und elektrische Felder abgelenkt werden, bleibt eine Strahlenart durch diese Kräfte unbeeinflußt. Das sind die γ-Strahlen, die gewöhnlich zusammen mit durchdringenden β-Strahlen auftreten. In ihren Eigenschaften sind sie den Röntgenstrahlen am ähnlichsten. Sie unterscheiden sich von ihnen nur durch ein größeres Durchdringungsvermögen. Eine Eisenschicht von 30 cm vermag die γ-Strahlen, die 30 mg Radium aussenden, noch nicht völlig zu absorbieren. Die γ-Strahlen des Radiums sind in Luft bei 0° 760 mm erst zur Hälfte absorbiert, wenn sie eine Strecke von 115 m zurückgelegt haben. Wenn sie eine Strecke von 760 m in Luft von 0° und 760 mm zurückgelegt haben, ist ihre Intensität auf $\frac{1}{100}$ zurückgegangen[4]). Man kann die γ-Strahlen über einer

---
[1]) Rutherford, Radioakt. Subst. usw. S. 186.
[2]) O. von Baeyer, Phys. Zeitschr. 13, 485 (1912).
[3]) Phys. Zeitschr. 14, 1129 (1913).
[4]) Rutherford, Radioakt. Subst. S. 222 (1913).

solchen Schicht noch leicht durch einen Schirm von Bariumplatincyanid oder Willemit (Zinksilicat) nachweisen, der durch sie zum Leuchten erregt wird. Im allgemeinen erhält man die γ-Strahlen, frei von α- und β-Strahlen, wenn das Gemisch aller drei eine 2 mm dicke Bleischicht durchsetzt hat. Da die γ-Strahlen auch Luft (freilich schwach) zu ionisieren vermögen, so kann man sie auch elektroskopisch nachweisen.

Da die γ-Strahlen von magnetischen und elektrischen Feldern nicht beeinflußt werden, also keine unipolare Ladung haben können, lag es nahe, sie mit den Röntgenstrahlen zu vergleichen. Man hat Grund anzunehmen, daß sie identische Eigenschaften mit Röntgenstrahlen von gleichem Durchdringungsvermögen haben. Nach dieser Auffassung wären die γ-Strahlen eine elektromagnetische Störung des Äthers, hervorgerufen durch den Aufprall der β-Strahlen. Es gibt aber noch eine zweite Auffassung über die Natur der γ-Strahlen, die Bragg[1]) entwickelt hat, nachdem festgestellt worden war, daß γ-Strahlen bei ihrem Aufprall auf Materie sekundäre β-Strahlen zu erzeugen vermögen. Danach sind auch die γ-Strahlen corpuscularer Natur und bestehen aus einer Vereinigung eines negativen und eines positiven Teilchens, die ihre Ladungen neutralisiert haben. Trifft eine solche mit großer Geschwindigkeit bewegte Doublette auf ein Hindernis, so kann sie sich in ihre Komponenten spalten, wobei das negative Teilchen als sekundärer β-Strahl wirksam wird. Nach dem augenblicklichen Stand der Forschung ist indessen die Auffassung wahrscheinlicher, daß die γ-Strahlen elektromagnetische Ätherstörungen sind. Die verschiedenen radioaktiven Substanzen senden γ-Strahlen von verschiedener Durchdringungskraft aus. γ-Strahlen des Radiums und Thoriums sind durchdringender als die des Urans, und diese wieder durchdringender als die des Actiniums.

Schon früh hat man die Vermutung ausgesprochen, daß die β-Strahlen bei ihrem Aufprall auf Körper die γ-Strahlen erzeugen, ähnlich wie die Röntgenstrahlen aus den Kathodenstrahlen entstehen. Tatsächlich ist noch kein Produkt gefunden worden, bei dem γ-Strahlen ohne β-Strahlen auftreten. In manchen Fällen ist der kausale Zusammenhang beider auch direkt bewiesen worden. Gray zeigte z. B., daß weiche β-Strahlen bei Durchgang durch Materie γ-Strahlen erzeugen.

Wenn nun γ-Strahlen auf Materie auftreffen, so werden sie zum Teil zerstreut, zum Teil durchsetzen sie die Materie. Obwohl die γ-Strahlen ein viel stärkeres Durchdringungsvermögen haben als die β-Strahlen, erleiden auch sie eine Absorption in der Materie.

[1]) Phil. Mag. 15, 663, 16, 918 (1908).

Unter gewissen experimentellen Bedingungen ergaben die γ-Strahlen verschiedener radioaktiver Körper eine Absorption, die mehr oder weniger genau nach der Formel

$$J_t = J_0 \, e^{-\mu_1 l}$$

verläuft. Hierbei bedeuten J_0 und J_t die Aktivitäten (elektrometrisch gemessen) zu den Zeiten 0 und t, e die Basis der natürlichen Logarithmen, μ_1 die sog. Absorptionskoeffizienten und l die Länge, der von den γ-Strahlen durchlaufenen Schicht, die in weiten Grenzen besonders bei Verwendung von Blei variiert wurde.

Im speziellen Teil wird der Absorptionskoeffizient der γ-Strahlen μ_1 in Einheiten von Zentimetern Blei mitgeteilt.

Auch hier hat man nach Beziehungen zwischen der Absorption der γ-Strahlen und der Dichte der von ihnen durchsetzten Materie d gesucht. Es ergab sich, daß der Wert $\frac{\mu}{d}$ ein Minimum bei den Elementen von mittlerem Atomgewicht (wie Al, Cu) besitzt, aber eine Erklärung dafür konnte noch nicht gegeben werden.

δ-Strahlen.

Wenn α-Strahlen feste oder gasförmige Substanzen durchsetzen, so werden reichlich Strahlen ausgesendet, die J. J. Thomson δ-Strahlen genannt hat. Sie führen negative Elektrizität mit sich, haben keine merkliche ionisierende Wirkung und werden durch einen starken Elektromagneten zu kleinen Kreisen nach ihrer Ausgangsstelle zurückgebogen. Die δ-Strahlen sind sekundäre Strahlen und scheinen den Vorgang der Ionisation eines Atoms zu begleiten, so daß dabei je ein δ-Teilchen emittiert wird[1]). Sie erwiesen sich nach den Untersuchungen von J. J. Thomson als langsam bewegte Elektronen. Am besten lassen sie sich durch ein Poloniumpräparat erzeugen, da dies nur α-Strahlen aussendet und man so von anderen β-Strahlen keine Komplikation der Erscheinungen zu fürchten hat.

Rückstoßstrahlung.

Als eine besondere Strahlung kann man dann noch die sog. Rückstoßstrahlung ansehen. Sie kommt folgendermaßen zustande. Wenn ein Atom eines Radioelementes sich zersetzt — „aufbricht", wie der Fachausdruck lautet (s. S. 34) — so muß das nach den auftretenden Energien explosionsartig erfolgen. Ein im Vergleich zur Masse des Atoms kleines Teilchen fliegt als α- oder β-Strahl mit großer Geschwindigkeit vom Atome weg. Der Rest der Atommasse

---
[1]) Rutherford, Radioakt. Subst. S. 133 (1913).

— das neu gebildete Atom — muß aber durch die Gewalt der explosionsartigen Zersetzung einen Rückstoß erhalten, ähnlich wie eine Kanone, die abgeschossen wird. Dadurch kann das neugebildete Atom unter günstigen Bedingungen in Bewegung geraten. Dies Rückstoßphänomen wurde 1909 von O. Hahn[1]) entdeckt und auch von Russ und Makower[2]) beschrieben.. O. Hahn konnte mit Hilfe dieser Erscheinung eine Methode ausbilden, durch die man eine Anzahl von Radioelementen rein darstellen, andere neu entdecken konnte. Wir werden diese Methode später noch kennen lernen. Sie kann für die Reindarstellung mancher Radioelemente wertvolle Dienste leisten.

Zusammenfassend können wir sagen:

Die α - Strahlen radioaktiver Körper bestehen aus Heliumatomen, die die doppelte Einheit positiver elektrischer Ladung tragen.. Sie fliegen aus den sich zersetzenden Atomen der Radioelemente mit gleicher Geschwindigkeit für ein und dasselbe Radioelement, mit verschiedener für verschiedene Radioelemente aus. Diese Geschwindigkeiten schwanken zwischen $1{,}37 \cdot 10^9$ und $2{,}06 \cdot 10^9$ cm pro Sekunde. Die α-Strahlen jedes Radioelements haben eine für diese Elemente charakteristische Reichweite. Sie vermögen nämlich die Luft auf eine bestimmte Strecke weit stark zu ionisieren. Die Reichweite der α-Strahlen der Radioelemente schwankt zwischen 2,5 (Ur) und 8,6 (Th) cm. Für jedes einzelne Radioelement ist sie konstant. Die α-Strahlen werden bereits durch dünne Metallfolien absorbiert.

Die β - Strahlen gleichen den Kathodenstrahlen und sind wie diese bewegte Elektronen. Ihre Geschwindigkeit ist größer als die der Kathodenstrahlen und schwankt zwischen $0{,}87 \cdot 10^{10}$ und $2{,}96 \cdot 10^{10}$ cm pro Sekunde, ist also im letzteren Falle 0.99 der Lichtgeschwindigkeit. Die Geschwindigkeit der β-Strahlen wird in Einheiten der Lichtgeschwindigkeit ausgedrückt. Die β-Strahlen sind durchdringender als die α-Strahlen, werden aber von 2 mm Bleischicht völlig absorbiert. Ihr Absorptionskoeffizient μ wird in Einheiten von Zentimetern Aluminium gemessen. Auch sie ionisieren die Luft, aber wesentlich schwächer als die α-Strahlen.

Die γ - Strahlen gleichen den harten Röntgenstrahlen und vermögen alle Substanzen in bedeutendem Maße zu durchdringen. Ihr Absorptionskoeffizient μ_1 wird in Einheiten von Zentimetern Blei gemessen.

Die δ - Strahlen sind langsam bewegte Elektronen, die stets reichlich zusammen mit α-Strahlen auftreten.

---

[1]) Verhandl. d. Deutsch. Phys. Gesellsch. **11**, 55 (1909).
[2]) Proc. Royal Soc. **82**, 205 (1909).

Die Theorie des Atomzerfalls.

Von allen Eigenschaften der radioaktiven Körper war ihre Energieabgabe besonders auffällig. Ein Radiumpräparat sendet fortwährend Licht, Wärme und Elektrizität in nicht unerheblichen Mengen aus. Man mußte annehmen, daß sich das Radium dabei mehr oder weniger rasch verzehrt, so wie ein glühender Körper in der Luft mehr oder weniger rasch verbrennt. Man wog deshalb ein Radiumpräparat von Zeit zu Zeit mit einer sehr empfindlichen Wage. Aber auch im Laufe längerer Perioden konnte eine Abnahme des Gewichtes nicht festgestellt werden, obwohl das Präparat in der ganzen Zeit seine Strahlung unvermindert beibehalten hatte. Ein Körper, der fortwährend Energie erzeugt, ohne selbst Energie aufzunehmen oder sich selbst aufzubrauchen, ist ein Perpetuum mobile. Ein solches herzustellen war trotz ungeheuer vieler, durch Jahrhunderte fortgeführter Versuche bisher nicht geglückt, und man hatte die Unmöglichkeit eines Perpetuum mobile als Grundlage für das Lehrgebäude der theoretischen Physik genommen. Die radioaktiven Stoffe schienen diese Grundlagen zu erschüttern. Zuerst glaubte man noch, daß die radioaktiven Stoffe äußere, etwa Lichtenergie aufnehmen und sie in anderer Form wieder abgeben, so etwa wie fluorescierende Körper Licht bestimmter Wellenlänge absorbieren und es als Licht anderer Wellenlänge wieder aussenden; aber für diese Ansicht ließen sich keine experimentellen Anhaltspunkte finden. Die abnorm große Energie weniger Milligramme eines Radiumsalzes mußte von der winzigen Menge Radium primär erzeugt werden.

Es war nun ein junger Professor der Physik an der Universität Montreal, E. Rutherford, der zu Anfang dieses Jahrhunderts in Gemeinschaft mit F. Soddy die gefährdeten Grundlagen der theoretischen Physik durch eine Theorie rettete, die überaus fruchtbringend auf die weitere Entwicklung der Radioaktivität gewirkt hat. Das war die Theorie des Atomzerfalls oder, wie sie auch häufig genannt wird, die Atomzerfallshypothese, Transformations- oder Desaggregationstheorie[1]).

---

[1]) Phil. Mag. **103**, 576; Transakt. Royal Soc. **1904**, 169.

Um diese Theorie verständlich zu machen, müssen wir etwas weiter ausholen und einige Entdeckungen besprechen, die auch für die Chemie der Radioelemente von Wichtigkeit sind.

Im Jahre 1900 fand William Crookes[1]), daß man von einem photographisch wirksamen Uransalze den die Platte beeinflussenden Bestandteil in mehrfacher Weise abtrennen könne. Als er z. B. Krystalle von Uranylnitrat mit Äther übergoß, zerfloß das Salz und es bildeten sich zwei Schichten, die getrennt wurden. Die Ätherschicht hinterließ beim Verdampfen eine winzige Menge eines Materials, das die photographische Platte ähnlich stark schwärzte wie das ursprüngliche krystallisierte Salz. Die wässerige Lösung ließ dagegen beim Eindampfen fast die ursprüngliche Menge Uransalz zurück, das aber nicht mehr photographisch wirksam war. Es war also das Uransalz in zwei Komponenten gespalten worden, von denen die in winziger Menge vorhandene aktiv war, die andere, die Hauptmenge bildende, sich als inaktiv erwies. Den aktiven Bestandteil nannte Crookes Uran X, den inaktiven wollen wir in der Folge „abgetrenntes" Uran nennen. Die gleiche Trennung konnten Crookes und andere auch noch auf mehreren Wegen durchführen, die wir im speziellen Teil bei UrX besprechen.

Becquerel[2]) bestätigte bald darauf diese Resultate und machte noch eine merkwürdige weitere Beobachtung. Er fand, daß photographisch unwirksames, „abgetrenntes", Uran allmählich wieder mehr und mehr photographisch wirksam wird, um schließlich (nach etwa $1/2$ Jahr) die gleiche Wirksamkeit zu erhalten wie das ursprüngliche Uransalz. Man kann dann von neuem UrX abtrennen und den Prozeß beliebig oft wiederholen. UrX aber, für sich geprüft, verlor seine Wirksamkeit im Laufe eines halben Jahres so gut wie völlig. Damit war die grundlegende Tatsache bewiesen, daß UrX nicht etwa eine zufällige Verunreinigung der Uransalze ist, sondern stets wieder neu aus ihnen gebildet wird.

Crookes und Becquerel hatten diese Erscheinungen nur mit Hilfe der Photographie, also mehr qualitativ, geprüft. Soddy[3]) sowie Rutherford und Grier[4]) verfolgten sie bald darauf quantitativ mit Hilfe des Elektrometers. Da erhielten sie Resultate, die den bisherigen direkt entgegengesetzt waren. Das photographisch so wirksame UrX zerstreute nur ganz wenig Elektrizität, und das von ihm befreite, photographisch unwirksame Uran entlud das Elektroskop fast ebenso stark wie das ursprüngliche Uransalz.

---

[1]) Proc. Royal Soc. **66**, 409 (1900).
[2]) Compt. rend. **133**, 977 (1901).
[3]) Journ. Chem. Soc. **81**, 860 (1902).
[4]) Phil. Mag. 6. Folge **4**, 315 (1902).

von dem das UrX noch nicht abgetrennt war. Dies rätselhafte Verhalten wurde verständlich, als man die Art der Strahlung bestimmte. Gewöhnliches Uransalz sendet α-, β- und γ-Strahlen aus. Mit dem UrX wird die β- und γ-Strahlung abgetrennt und das zurückbleibende Uran besitzt dann nur noch α-Strahlung. β- und γ-Strahlen wirken aber durch Papier hindurch auf eine photographische Platte, α-Strahlen nicht. Dafür ionisieren α-Strahlen die Luft stark, β- und γ-Strahlen ionisieren sie nur wenig. Abgetrenntes Uran wird aber deshalb allmählich wieder photographisch wirksam, weil es das β- und γ-strahlende UrX fortwährend neu erzeugt. UrX verliert seine photographische Wirksamkeit, weil es seine β- und γ-Strahlung unter Selbstzersetzung allmählich einbüßt. Mit Rücksicht auf die β- und γ-Strahlung kann man kurz sagen: UrX verliert, abgetrenntes Uran erhält sie im Laufe der Zeit. Diese Prozesse haben Rutherford und Soddy[1]) auch quantitativ mit frisch dargestellten Materialien verfolgt. Sie prüften 1. die zeitliche Abnahme der β-Strahlung beim UrX. 2. die allmähliche Zunahme der β-Strahlung beim abgetrennten Uran. Im ersten Fall war

nach 22 Tagen nur noch d. Hälfte d. ursprüngl. β-Strahlg. vorhanden
„ 44 „ „ „ ein Viertel „ „ „ „
„ 66 „ „ „ ein Achtel „ „ „ „

Mit einer Zunahme der Zeit in arithmetischer Reihe verminderte sich die Strahlung in geometrischer Reihe. Diese Gesetzmäßigkeit, die wir auch bei nicht umkehrbaren monomolekularen chemischen Reaktionen finden, wird durch die Gleichung:

$$I_t = I_0 e^{-\lambda t}$$

ausgedrückt, in der I_0 und I_t die Strahlungsintensitäten zu Beginn der Messung und zur Zeit t, e die Basis der natürlichen Logarithmen und λ die sog. Radioaktivitätskonstante bedeuten, auf die wir S. 35 genauer zu sprechen kommen.

Für die allmähliche Neubildung des UrX aus abgetrenntem Uran wurde für die zeitliche Zunahme der β-Strahlung die der obigen genau komplementäre Gleichung

$$I_t = I_0(1 - e^{-\lambda t})$$

erhalten, wobei λ den gleichen Wert hat wie beim ersten Fall.

Am anschaulichsten werden diese Verhältnisse durch eine Kurvendarstellung (Abb. 6) wiedergegeben[2]).

---
[1]) Phil. Mag. 6. Folge **5**, 442 (1903).
[2]) Transact. Chem. Soc. **81**, 321, 837 (1902).

In gleicher Weise wie die β-Strahlung von UrX mit der Zeit verschwindet, regeneriert sich die β-Strahlung des abgetrennten Urans wieder, oder was dasselbe ist: **In dem Maße wie UrX sich zersetzt, wird es aus Uran wieder erzeugt.**

Analog wie beim Uran war es beim Thorium, nur lagen hier die Verhältnisse anfangs etwas komplizierter. Nach ähnlichen Methoden, wie sie Crookes bei Uransalzen anwandte, konnten Rutherford und Soddy[2]) aus käuflichen Thoriumsalzen eine winzige Menge stark aktiver Materie abtrennen, die (s. im speziellen Teil bei ThX) sie ThX nannten. Das zurückbleibende Thoriumsalz hatte dann nur noch ein Viertel seiner Aktivität. Es regenerierte sie aber mit der Zeit wieder, während ThX sie verlor.

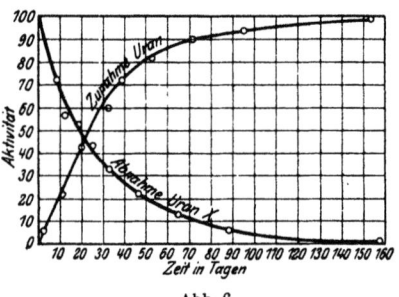

Abb. 6.

Als diese Erscheinungen durch elektrometrische Messungen verfolgt wurden, zeigte sich in den ersten Stunden ein entgegengesetzter Verlauf der Kurven wie beim Uran und UrX. Dann aber wandten sich die Kurven rasch um und verliefen von da an ganz analog wie beim UrX und Ur. Nur in den Zerfalls- und Regenerierungszeiten war ein Unterschied. Während UrX erst nach 25 Tagen auf die Hälfte seiner Aktivität zurückgeht, tut ThX das gleiche schon nach 3,65 Tagen, und dementsprechend rascher regeneriert sich ThX aus dem abgetrennten Th-Salz. Der Prozeß verläuft genau nach den obigen Gleichungen, nur hat λ hier einen anderen Wert (Abb. 7).

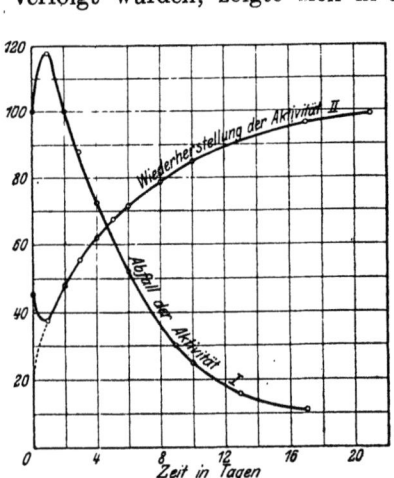

Abb. 7.

Wodurch wurden nun die anfänglichen Störungen bei den letzten Kurven verursacht?

Bei Thoriumverbindungen hatte Rutherford schon früher

---

[1]) Vgl. Anm. 2, S. 27.

noch etwas anderes beobachtet[1]). Sie sandten fortwährend radioaktive Materie aus, die ihre Wirksamkeit einige Minuten lang behielt. Er nannte diese Materie „Emanation" und fand, daß sie Luft oder Gas, in dem sie sich befand, zu ionisieren vermochte. Sie ging aber auch mit Luft durch Baumwolle hindurch und ebenso durch Wasser, Schwefelsäure usw., was Ionen nicht vermögen. Sie ließ sich durch flüssige Luft kondensieren und dann wieder verdampfen. Alles deutete darauf hin, daß die Emanation ein Gas ist. Bei der oben besprochenen Abtrennung des ThX von Thorium blieb die Emanation beim ThX, das abgetrennte Thor war völlig frei davon. ThX vermochte aber so lange Emanation zu entwickeln, bis es selbst verschwunden war. Aus diesem Grunde nahm man an, daß die Th-Emanation ein Zersetzungsprodukt des ThX ist.

Als Gas vermag Th-Emanation sich überall in dem Raume, in dem sie sich befindet, zu verbreiten, alle Körper, die sich in dem Raume befinden, zu bespülen. Als man solche Körper untersuchte, fand man sie auch radioaktiv, aber sie behielten ihre Radioaktivität nur einige Zeit, um sie dann allmählich zu verlieren. Durch heftiges Abreiben oder Behandeln mit Mineralsäuren konnte man diese Aktivität von den Körpern wieder ablösen. Dampfte man diese Säure ab, so hinterließ sie die Aktivität im Abdampfrückstand. Besonders reichlich ließ sich solche Aktivität aber auf einem Metall sammeln, wenn man das Metall isoliert und elektrisch negativ geladen in die die Emanation enthaltende Luft hing. Da sich an einem positiv geladenen Draht nichts niederschlug, so mußten wohl positiv elektrische Teilchen von der Emanation ausgehen, die von dem negativ geladenen Draht angezogen wurden.

Beim Radium hatten die Curies bereits etwas Ähnliches beobachtet. Wenn Körper aller Art mit Radiumsalzen einige Zeit im gleichen Raume blieben, wurden sie auch radioaktiv, selbst wenn sie nicht direkt von den Strahlen des Präparats erreicht werden konnten. Dem Einfluß des Radiumsalzes entzogen, verloren diese Körper ihre Aktivität allmählich wieder. Dieser Eigenschaft der Radiumsalze, anderen Körpern Radioaktivität mitzuteilen, hatte das Ehepaar Curie den Namen „induzierte" Aktivität gegeben[2]). Dorn[3]) hatte 1900 erkannt, daß Radium-Bariumsalze

---

[1]) Als man die Strahlung des Thoriums in offenen Gefäßen maß, erhielt man keine konstanten Werte. In geschlossenen Gefäßen nahm aber die Strahlung allmählich bis zu einem konstanten Werte zu. Bläst man dann einen Luftstrom durch den Apparat, so nimmt die Aktivität ab, um wieder bis zum konstanten Wert anzusteigen, wenn der Luftstrom aufhört und das Gefäß geschlossen bleibt. (Vgl. Owens, Mag. Phil. Okt. 1899.)
[2]) Compt. rend. **129**, 714 (1899).
[3]) Verhandl. d. naturforsch. Gesellsch. in Halle 1900.

ebenfalls eine Emanation abgeben, die sich auf Körpern niederschlägt und sie eine Zeitlang aktiv macht. Damit wurde es wahrscheinlich, daß die „induzierte" Aktivität durch die gasförmigen Emanationen hervorgebracht wird, die Thorium oder Radium fortwährend ausgeben. Trotz anfänglichen Widerspruchs hat sich diese Vermutung experimentell beweisen lassen. Auch Actinium gibt eine solche gasförmige Emanation ab und vermag damit andere Körper zu aktivieren. Aus was bestand nun die induzierte Aktivität? Zweifellos war sie nichts anderes als ein winziger, oberflächlicher Niederschlag aktiver Materie und man konnte anfangs vermuten, daß sie aus mechanisch anhaftender Emanation besteht, die von den Körpern gleichsam adsorbiert wurde. Dem widerspricht aber das Verhalten. Die Aktivität der induziert aktiven Körper nahm nämlich in ganz anderer Weise ab als die der Emanationen selbst. Als man die Zeit maß, in der die Aktivität auf die Hälfte sank, fand man:

1. Für Th-Emanation 54 Sek.; für induz. Th-Aktivität rd. 11 Std.
2. „ Ra-Emanation 3,9 Tage, „ „ Ra-Aktivität „ 16,5 Jahre
3. „ Act.-Emanation 4 Sek., „ „ Act.-Aktivität „ 1 Std.

Diese Zahlen blieben gleich für die verschiedenartigsten Körper, die durch die Emanationen aktiviert worden waren.

Die einfachste Erklärung für diese Beobachtungen war die Annahme, daß die Radioaktivität induzierter Körper von einem Umwandlungsprodukt der Emanation herrührt, daß sie keine spezifische Eigenschaft der Körper ist, auf denen sie sich befindet, sondern von einer dünnen Haut jenes Umwandlungsproduktes verursacht wird. Darum vermied man in der Folge den Namen „induzierte Aktivität" mehr und mehr und setzte an seine Stelle den Namen „aktiver Niederschlag". Der aktive Niederschlag ist bald nach seiner Entstehung als ein Gemisch mehrerer auseinander entstandener radioaktiver Produkte erkannt worden, die man damals als induzierte Th- resp. Ra-Aktivität I, II, III usw., später als ThA, ThB, ThC, ThD; RaA, RaB usw. unterschied.

Aus den Untersuchungen von Rutherford, Soddy u. a. ging also hervor, daß Thorium, Uran und Radium (für Actinium ergab sich später das gleiche) einer fortwährenden Selbstzersetzung unterworfen sind und dabei Produkte liefern, die sich ihrerseits wieder in neue umsetzen. Alle diese Umsetzungen verlaufen nach dem oben mitgeteilten Gesetz monomolekularer, nicht umkehrbarer Reaktionen. Jedes obiger Elemente bildet dabei eines oder eine zusammenhängende Reihe von solchen Zersetzungsprodukten. Die radioaktiven Glieder einer derartigen „Zerfallsreihe" nannten Rutherford und Soddy Metabolen. Im Jahre 1904 sahen die Zerfallsreihen noch so aus:

Thorium	Uranium	Radium		Actinium	
↓	↓	↓		↓	
ThX	UrX	Radiumemanation		Actin.X	
↓		↓		↓	
Th-Emanation		RaA		Actiniumemanation	
↓		↓		↓	
ThA ⎫	Akt.	RaB ⎫	Akt.	Act.A ⎫	Akt.
ThB ⎬	Th- Nieder-	RaC ⎬	Ra- Nieder-	Act.B ⎬	Actinium- Nieder-
ThC ⎭	schlag	RaD ⎭	schlag	Act.C ⎭	schlag
		usw.			

Damals hielt man ThC, UrX und Act.C noch für Endprodukte des Zerfalls und glaubte, daß die Zersetzungen von Ur und Ra unabhängig voneinander verlaufen. Wir werden bald sehen, wie das anders wurde.

Auf den ersten Blick glichen die einzelnen radioaktiven Umwandlungen manchen Umlagerungen chemischer Moleküle, die ebenfalls nach den Gesetzen nicht umkehrbarer monomolekularer Reaktionen verlaufen. Aber diese wurden stets durch Temperaturveränderungen beeinflußt, während der radioaktive Prozeß weder durch Glühhitze noch durch Abkühlung auf die Temperatur der flüssigen Luft erkennbar gesteigert oder vermindert wird. Dann kannte man keinen solchen selbsttätigen, reihenweisen Zerfall chemischer Moleküle. Endlich waren die beim radioaktiven Zerfall auftretenden Energien ohne Analogie bei den gewöhnlichen chemischen Reaktionen. Am stärksten exotherm verläuft die Wasserbildung aus Knallgas. 1 g Knallgas erzeugt bei seiner Umwandlung in Wasser 8000 g/Cal. Als man aus experimentellen Bestimmungen schätzte, wie groß die Wärmeenergie ist, die der Energie der Selbstzersetzung von 1 g Radium entspricht, fand man, daß sie mehr als 100 000 000 g/Cal betragen müsse. Sie ist somit von ungleich bedeutenderer Größenordnung als die der gewöhnlichen chemischen Reaktionen. Die letzteren, wie z. B. die Wasserbildung aus Knallgas faßt man auf als eine Umsetzung der relativ leicht veränderlichen chemischen Moleküle. Rutherford und Soddy erwogen nun, ob die Riesenenergien bei der Umwandlung radioaktiver Körper nicht von einer Selbstzersetzung der Atome herrühren können[1]).

---
[1]) Phil. Mag. 6. Folge **5**, 587 (1903); ferner Rutherford, Transact. Chem. Soc. **1904**.

Schon die Curies hatten ja festgestellt, daß die Radioaktivität eine Eigenschaft der Atome und nicht der Moleküle sein muß. Daß aber Atome nicht die so unbedingt stabilen Gebilde sein können, für die man sie vorher immer ansprach, das hatten die Physiker beim Studium der Spektralanalyse und der Kathodenstrahlen[1] schon längst erkannt. Man glaubte, daß sie aus Elektronen bestehen, da man Elektronen aus den verschiedensten Körpern nach der gleichen Methode abspalten konnte. Alles deutete freilich darauf hin, daß die Elektronen im Atomverband durch ungeheuer große Energien zusammengehalten werden.

Die radioaktiven Körper senden nun auch Elektronen und andere im Verhältnis zu ihrem Atomgewicht sehr kleine Massenteilchen in Form von β- und α-Strahlen aus. Unter der Annahme, daß je ein Atom der Elemente Ur, Th und Ra nur einen Strahl aussendet, und unter plausiblen, auf exakten Messungen begründeten Voraussetzungen über die Energie der Strahlung berechneten Rutherford und Soddy vor allem, wie groß die Verringerung der Masse von einem Gramm jener Elemente durch die Strahlung sein müsse. Sie fanden, daß im günstigsten Falle je ein Gramm Uran oder Thorium in einer Million Jahre ein Milligramm durch α-Strahlung verlieren könne. Ein Gramm Radium würde den gleichen Substanzverlust wegen seiner stärkeren Strahlung wesentlich rascher erleiden, doch würden auch hier viel mehr als hundert Jahre vergehen, bis ein Milligramm durch Strahlung verloren gegangen ist. Damit war eine plausible Erklärung dafür gefunden, daß Radium trotz seiner starken Energieabgabe keine bisher nachweisbare Gewichtsabnahme zeigte und das augenfälligste Hindernis für die Annahme eines Atomzerfalls beseitigt. Die Masse kommt bei der großen Gewichtsdifferenz des radioaktiven Atoms und des abgeschleuderten Teilchens nicht in Betracht. Die große Energiemenge stammt aus dem Innern des ungeheuer energiereichen Atoms. Die ausgestrahlte Energie entspricht dabei keineswegs der ganzen inneren Energie des Atoms, sondern vermutlich nur einem kleinen Teil derselben. Darum hindert nichts daran anzunehmen, daß die Atome der anderen Elemente latente Energien von ähnlicher Größenordnung enthalten wie die radioaktiven. Man kann sie hier nur mangels Strahlung nicht nachweisen. In Anbetracht der aufzuwendenden Energien verstehen wir es unter diesen Voraussetzungen, warum der radioaktive Prozeß nicht künstlich beschleunigt oder verzögert werden kann.

Mit diesen Berechnungen und Betrachtungen waren die Grund-

---

[1] S. C. G. Schmidt, „Die Kathodenstrahlen", Heft 2 der „Wissenschaft". Verlag von F. Vieweg & Sohn.

Die Theorie des Atomzerfalls.

lagen für eine Theorie gegeben, die die Erscheinungen der Radioaktivität in einfacher Weise erklärte, ohne mit den Grundgesetzen der Physik in Widerspruch zu geraten: Die Atome aller Körper bestehen danach aus Einzelteilchen, die durch Kräfte von ungleich bedeutenderer Größenordnung zusammengehalten werden als die Moleküle. Darum ist der Austritt solcher Einzelteilchen aus dem Atomverband mit einem entsprechend größeren Energiewechsel verknüpft.

Die Atomzerfallshypothese, auch Transformations- oder Desaggregationstheorie genannt, nimmt an, daß von der großen Menge Atome, die eine bestimmte Gewichtsmenge eines der Elemente mit den höchsten Atomgewichten (Ur und Th) zusammensetzen, in jeder Zeiteinheit eine bestimmte, sich stets gleichbleibende Menge von selbst zerfällt. Diese Anzahl ist, je nach dem Radioelement, größer oder kleiner gegenüber der Gesamtanzahl. Von 10^{18} Atomen Uran z. B. zerfällt 1 Atom pro Sekunde. Der Zerfall kann, wie gesagt, weder durch Erhitzen beschleunigt noch durch stärkste Abkühlung verzögert werden. Mit großer Heftigkeit wird meist ein α-Strahl, also ein positiv geladenes He-Atom, aus dem Atom abgeschleudert und dadurch ein neues Atom gebildet, dessen Atomgewicht um 4 Einheiten geringer ist als das ursprüngliche. Zuweilen wird aber auch ein β- und γ-Strahl beim Atomzerfall ausgesendet. Dadurch entsteht aus dem zerfallenden auch wieder ein ganz neuartiges Atom, aber eines von gleichem Atomgewicht. Greifen wir als Beispiel den Atomzerfall des Radiums (Atomgewicht = 226) heraus. Ein zerfallendes Atom desselben schleudert einen α-Strahl ab und bildet ein Atom vom Atomgewicht 222: die Radiumemanation. Diese zerfällt allmählich in analoger Weise unter Abgabe eines α-Strahles, wodurch festes RaA entsteht, das ein Atomgewicht von 218 besitzt. Davon kann sich wieder ein α-Strahl ablösen, und es entsteht RaB mit dem Atomgewicht von 214. Letzteres zerfällt aber unter Abgabe eines β-Strahls (also eines Elektrons) zu RaC. Dies hat das gleiche Atomgewicht von 214 wie RaB, ist aber chemisch wie physikalisch völlig verschieden von ihm. RaC schleudert dann wieder α-, β- und γ-Strahlen aus, wodurch RaD vom Atomgewicht 210 entsteht. Dies geht unter Aussendung von β-Strahlen in RaE und dies unter Abgabe von β- und γ-Strahlen in RaF über, das identisch ist mit Polonium. Letzteres vermag wieder α-Strahlen abzugeben und wandelt sich dann vermutlich in ein Element vom chemischen Verhalten des Bleis um. Bildlich hat Rutherford diesen sukzessiven Zerfall, wie Abb. 8 zeigt, dargestellt.

Den Energiemengen nach, die dabei frei werden, muß der Atomzerfall explosionsartig erfolgen und man hat ihn treffend mit dem Schuß einer Kugel aus einer Kanone verglichen. Wenn die Kugel (hier ein α- und β-Strahl) herausfliegt, erhält die Kanone (hier das neugebildete Atom) einen Stoß, der nach der entgegengesetzten Seite gerichtet ist wie das Geschoß. Man nennt diese Rückwärtsbewegung bei der Kanone „Rückstoß", und diesen Rückstoß hat man auch bei den zerfallenden Radioelementen nachgewiesen[1]). Ist das Element eine Emanation, so fliegen die neugebildeten Atome nach allen Richtungen an die Wand des Gefäßes, und wir verstehen ohne weiteres die Entstehung des aktiven Niederschlags.

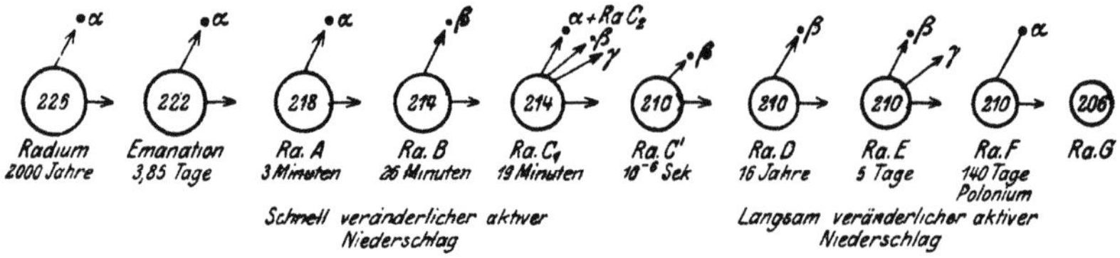

Abb. 8.

Die Atome der verschiedenen Radioelemente zerfallen nach dem gleichen Gesetz, aber mit verschiedener Geschwindigkeit. Manche so langsam, daß sie erst nach Jahrtausenden umgewandelt sein können, andere verschwinden in allen Abstufungen bis zu solchen, die nach wenigen Sekunden verschwunden sind.

Das Gesetz des Atomzerfalls folgt aus dem früher abgeleiteten Gesetz über die Intensität der Strahlung

$$I_t = I_0 e^{-\lambda t}.$$

Die Intensität der Strahlung wird durch die Anzahl der Ionen gemessen, die von den Strahlen erzeugt werden. Jedes α-Teilchen z. B. wird dabei eine bestimmte mittlere Anzahl von Ionen auf seiner Bahn erzeugen. Nun wurde angenommen, daß ein zerfallendes Atom stets nur ein α-Teilchen aussendet. Somit kann die Stärke der Ionisation der Anzahl Atome, die pro Sekunde zerfallen, proportional gesetzt werden. Aus $I_t = I_0 e^{-\lambda t}$ wird

$$N_t = N_0 e^{-\lambda t},$$

wobei N_0 die Anzahl primärer Atome, die zur Zeit 0, N die Anzahl primärer Atome, die noch zur Zeit t vorhanden sind, bedeutet.

---

[1]) O. Hahn und L. Meitner, Verhandl. d. Deutsch. Phys. Gesellsch. **11**, 55 (1909); vgl. auch Russ und Makower, Proc. Royal Soc. **82**, 205 (1909).

λ gibt den Bruchteil der in der Zeiteinheit sich umwandelnden Atome eines Radioelements an.
Die Zahlenwerte von λ sind für die verschiedenen Radioelemente verschieden. Aber für ein und dasselbe Radioelement ist der Zahlenwert von λ stets gleich groß. λ ist also eine für radioaktive Elemente charakteristische Größe und wird „Radioaktivitätskonstante" auch „Umwandlungs-" oder „Transformationskonstante", genannt. Je größer λ ist, desto rascher zerfällt das Radioelement, und umgekehrt. Je nachdem man passende Zahlen bekommt, drückt man λ in Sekunden, Minuten, Stunden, Tagen, Jahren aus. Man kann aus diesen Konstanten stets berechnen, wie viele Atome pro Zeiteinheit zerfallen. Ist z. B. $\lambda = 0{,}0282$ Tage, so bedeutet das, daß von 10 000 Atomen 282 pro Tag zerfallen. Berechnet man daraus durch die einfache Proportion $10\,000 : 282 = x : 1$ die Zahl der Atome, von denen eines pro Tag zerfällt, so erhält man $x = 35{,}46$, einen Wert, den man „mittlere Lebensdauer", kurz L, nennt und der natürlich nichts anderes ist als der reziproke Wert von λ. Manche ziehen es vor, statt λ L anzugeben.

Noch mehr eingebürgert hat sich aber eine dritte Angabe, die außerordentlich anschaulich ist. Das ist die Zeit, in der die Hälfte der anfangs vorhandenen Atome zerfallen ist, die sog. „Halbwertszeit", auch „Halbwertsperiode", „Halbumwandlungsperiode" oder kurz „Periode" (engl. period, franz. période) genannt. Man kann sie leicht aus λ berechnen. Die Zeit, in der die Hälfte der anfangs vorhandenen Atome umgewandelt ist, heiße T, dann ist $N_T = N_0 e^{-\lambda T}$ und da $N_T = \dfrac{N_0}{2}$ ist:

$$\tfrac{1}{2} = e^{-\lambda T}.$$

Daraus berechnet sich

$$T = \frac{0{,}69315}{\lambda}.$$

Im obigen Kreisschema bedeuten die Zahlen unter jedem Kreis die Halbwertszeit für das betreffende Radioelement.

Wir greifen aus der Uran-Radiumreihe einige Glieder heraus, um eine Übersicht und einen Vergleich der Werte λ, $L \left(= \dfrac{1}{\lambda}\right)$ und T zu geben.

UrI	UrX	Radium	Ra-Emanation
$\lambda = 1{,}4 \cdot 10^{10}$ Jahre	$\lambda = 0{,}0282$ Tage	$\lambda = 0{,}000346$ Jahre	$\lambda = 0{,}18$ Tage
$L = 7{,}2 \cdot 10^{9}$,,	$L = 35{,}5$,,	$L = 2880$,,	$L = 5{,}55$,,
$T = 5 \cdot 10^{9}$,,	$T = 24{,}6$,,	$T = 2000$,,	$T = 3{,}85$,,

RaA	RaB	Polon.
$\lambda = 0{,}231$ Min.	$\lambda = 0{,}0258$ Min.	$\lambda = 0{,}0051$ Tage
$L = 4{,}32$,,	$L = 38{,}7$,,	$L = 196$,,
$T = 3$,,	$T = 26{,}8$,,	$T = 136$,,

Die Bestimmung von λ ist nicht bei allen Radioelementen gleich leicht. Aus der Gleichung $I_t = I_0 e^{-\lambda t}$ läßt sich zwar λ leicht berechnen, aber diese Gleichung gilt nur dann, wenn ein Radioelement vorhanden ist. Nun ist das aber in Wirklichkeit nur anfangs der Fall. Ein rein dargestelltes radioaktives Präparat zersetzt sich sogleich nach seiner Isolierung zu meist festen, zuweilen gasförmigen Umwandlungsprodukten. Diese mischen sich dem Vaterelement bei resp. werden von ihm zum Teil okkludiert, so daß ein ganzes System von radioaktiven Substanzen entsteht, die sich immerfort weiter zersetzen. Ein älteres Radiumpräparat enthält danach nicht nur Radium, sondern Ra-Emanation mit den festen Zerfallsprodukten des aktiven Niederschlags. Solange das Vaterelement vorhanden ist, werden die zerfallenden Produkte immer wieder nachgebildet. Diese Nachbildung vollzieht sich analog, wie es beim UrX vorgetragen wurde, nach der zur Zerfallsgleichung $N_t = N_0 e^{-\lambda t}$ komplementären Gleichung $N_t = N_0 (1 - e^{-\lambda t})$. Langsam zerfallende Radioelemente bilden sich also ebenso langsam, rasch sich umwandelnde bilden sich entsprechend rasch nach.

Denkt man sich diesen Prozeß des Zerfalls und der Neubildung eine Zeitlang fortgehend, so ist es klar, daß sich dann allmählich ein Gleichgewichtszustand zwischen allen Zerfallsprodukten ausbilden muß derart, daß von jedem Element in der Zeiteinheit sich geradesoviel neu bildet als zerfällt[1]). Ein solches Gleichgewicht nennt man ein bewegliches oder dynamisches. Seine Theorie kann hier nicht gegeben werden[2]), doch sei kurz das Wesentlichste derselben mitgeteilt.

Nehmen wir an, daß je ein Atom der Atomart N_1, mit der Konstanten λ_1, sich in je ein Atom N_2, mit der Konstanten λ_2, dies in analoger Weise wieder in ein neues Atom N_3 mit der Konstanten λ_3 verwandelt usw., bis Gleichgewicht eingetreten ist, so gilt für dies Gleichgewicht:

$$N_1 \lambda_1 = N_2 \lambda_2 = N_3 \lambda_3 = \ldots N_m \lambda_m .$$

Man kann daraus leicht ableiten, daß die Anzahl der vorhandenen Atome aufeinander folgender Radioelemente umgekehrt

---

[1]) S. darüber G. Mc Coy, Ber. **37**, 2644 (1904); Rutherford, Transact. Royal Soc. **1904**, 169, Bd. 204 A.
[2]) Ber. **37**, 2641 (1904).

proportional ihren radioaktiven Konstanten und damit direkt proportional ihren mittleren Lebensdauern ist.

Bei der überaus langen Lebensdauer mancher Radioelemente kann dieser Gleichgewichtsprozeß bei ihnen erst nach sehr langer Zeit eintreten und läßt sich für uns experimentell nicht realisieren. Aber in den Uran- und Thoriummineralien liegen Salze vor, die meist genügend alt sind, um die Zerfallsprodukte im Gleichgewicht zu enthalten. Bei ihnen machte Mc Coy[1]) eine merkwürdige Entdeckung. Als er (und bald darauf besonders Rutherford und Boltwood) bei den Uranmineralien die, Radium enthielten, das Verhältnis von Ra zum Ur bestimmten, fanden sie es bei den meisten zu rund $3{,}4 \cdot 10^{-7}$. In diesen Uranmineralien bestand also Gleichgewicht zwischen Uran und Radium, und das wies darauf hin, **daß Radium ein Zerfallsprodukt des Urans sein muß.** Durch diese wichtige Entdeckung wurde eine genetische Beziehung zwischen zwei Zerfallsreihen hergestellt, die bisher nicht in Verbindung miteinander standen. Damit waren ganz neue Gesichtspunkte eröffnet. Die Ur-Zerfallsreihe erhielt jetzt folgende Gestalt[2]):

$$U \to UX \to Ra \to Ra\text{-}Em. \to RaA \text{ usw.}$$

Wenn Ra wirklich ein Zerfallsprodukt des Urans ist, so hätte es sich in Anbetracht seines meßbaren Zerfalls mit meßbarer Geschwindigkeit wieder bilden müssen. Soddy und Boltwood befreiten nun Uransalzlösungen von Radium und beobachteten, ob sich mit der Zeit Radium regeneriert. Sie fanden aber, daß eine merkliche Bildung des Radiums sich nicht nachweisen ließ. Daraus mußte man schließen, daß sich Uran nicht direkt in Radium verwandeln könne. Wenn die Theorie richtig war, mußte noch ein Zwischenprodukt vorhanden sein, in das Ur zerfiel und das sich selbst dann in Ra umwandelte. Dies Zwischenprodukt hat sich in der Tat gefunden. Es wurde 1906 von Boltwood[3]), der nach ihm suchte, gefunden und wird jetzt Ionium genannt. Aus dem Uranmineral Carnotit, einem Kalium-Uranvanadat, hatte er eine aktive Fraktion erhalten, die nach dem damaligen Stand der Kenntnisse Actinium sein mußte. Als dies vermeintliche Actinium nun gelöst und in Glaskolben verschlossen stehengelassen wurde, hatte es Radium produziert. Dies wurde von der Lösung abgetrennt und 193 Tage verschlossen stehengelassen. Wieder hatte sich eine beträchtliche Menge Ra nachgebildet. Man glaubte deshalb, daß

---

[1]) Mc Coy, Ber. **37**, 2641 (1904).
[2]) Amer. Journ. Science **22**, 1 (1906), **25**, 269 (1908).
[3]) Amer. Journ. Science **22**, 537 (1906); Phys. Zeitschr. **8**, 884 (1907).

Actinium das Vaterelement des Radiums wäre. 1907 wiederholte daraufhin Rutherford[1]) die Versuche Boltwoods. Er ging aus von einem technischen Actiniumpräparate und fand, daß es, wie Boltwood angegeben hatte, Radium produziert. Als er dann aber durch ein Fraktionierverfahren Actinium aus dem technischen Produkt abschied und reinigte, fand er, daß es die Eigenschaft, Radium zu produzieren, verloren hatte. Boltwood[2]) wiederholte darauf seine Versuche und stellte fest, daß die Substanz aus Carnotit, die er für Actinium gehalten hatte, gar kein Actinium war, sondern das bisher unbekannte Vaterelement des Radiums, das er Ionium nannte. Zugleich fand er bei einer Reihe von Uranmineralien, daß die in ihnen enthaltene Menge Ionium proportional mit dem Urangehalt war und daß die Produktion von Radium proportional mit der Menge des Ioniums lief. Chemisch gleicht Ionium völlig dem Thorium.

Damit war das wichtige Verbindungsglied zwischen Ur und Ra gefunden. Aber die Kette Ur → UrX → Io → Ra usw. wurde noch durch ein weiteres Glied bereichert. Geiger und Rutherford fanden nämlich, daß Uran für jedes zerfallende Atom zwei α-Strahlen aussendet, während alle anderen α-strahlenden Uranzerfallsprodukte nur einen von sich geben. Man kam deshalb auf den Gedanken, daß das erste Glied der Uranzerfallsreihe nicht einheitlich ist. Versuche, durch chemische Methoden eine Zerlegung zu bewirken, schlugen fehl, doch konnten Geiger und Nutall[3]) nachweisen, daß die beiden α-Strahlen des Urans verschiedene Reichweiten (2,5 und 2,9 cm bei 15°) haben. Darum nahm man an, daß Uran aus einem Gemisch von zwei Radioelementen besteht, die sich chemisch nicht trennen lassen, sich in ihrem Atomgewicht aber um 4 Einheiten unterscheiden. Sie wurden Ur I ($a = 238{,}5$) und Ur II ($a = 234{,}5$) genannt. Ur II wurde als Vaterelement des UrX angenommen.

Bis 1911 glaubte man, daß Ur II nur UrX produziert. In diesem Jahre gelang es G. N. Antonoff[4]) nachzuweisen, daß das so gebildete UrX kein einheitliches Verhalten zeigt, daß es aus zwei Produkten bestehen muß, die er UrX und UrY nannte. UrX nahm er als Vaterelement des Ioniums und als ein Glied der fortlaufenden Uranzerfallsreihe an. UrY konnte aber nach seinen Eigenschaften nicht das Vaterelement des UrX sein, sondern mußte

---

[1]) Phil. Mag. **14**, 733 (1907).
[2]) Amer. Journ. Science **24**, 370 (1907), **25**, 365 (1908).
[3]) Phil. Mag. **23**, 439 (1912).
[4]) Phil. Mag. **22**, 419 (1911); vgl. auch F. Soddy, ibid. **27**, 215 (1914); O. Hahn und L. Meitner, Phys. Zeitschr. **15**, 236 (1914).

aus Ur II entstanden sein. Danach würde es in zweierlei Weise zerfallen. Einerseits in UrX, das als Glied der fortlaufenden Zerfallsreihe sich weiter in Ionium verwandelt. Andererseits in UrY, dessen Umwandlungsprodukt man nicht kennt und das mit den weiteren Zerfallsprodukten in keinem Zusammenhang zu stehen scheint. Man sieht deshalb UrY als ein sog. „Zweigprodukt" der Uranzerfallsreihe an:

$$UrY \\ \uparrow \\ Ur\,I \to Ur\,II \to UrX \to Io \to usw.$$

Aber auch diese Formulierung ist neuerdings von Fajans[1]) geändert worden, nachdem dieser Forscher und unabhängig von ihm Russel gefunden hatten, daß UrX aus zwei sukzessiven Elementen UrX_1 und UrX_2 besteht. Aus Gründen, die wir bei der Besprechung des periodischen Systems der Radioelemente kennenlernen, wird der Anfang der Uran-Radiumzerfallsreihe folgendermaßen geschrieben:

$$Ur\,I \to UrX_1 \to UrX_2 \to Ur\,II \to Io \to usw.$$

Nach O. Hahn und L. Meitner zweigt UrY entweder vom U I oder vom U II ab (Phys. Zeitschr. 15, 240 [1914]).

Ein zweites Zweigprodukt ähnlich wie UrY lernte man in der Uran-Radiumreihe bei RaC kennen. Schon O. Hahn und L. Meitner waren bei ihren Untersuchungen über RaC zu der Ansicht gekommen, daß es aus mindestens zwei Radioelementen bestehen müsse, von denen das eine eine sehr kurze Zerfallsperiode hat. K. Fajans konnte das bestätigen und fand für ein kurzlebiges Element, das er RaC_2 nannte und das jetzt RC'' heißt, eine Halbwertszeit von 1,4 Minuten.

Danach gestaltete sich die Frage so, daß RaC dual so zerfällt, daß 0,03% sich unter α-Strahlung in RaC_2 (RaC''), 99,97% sich unter β- und γ-Strahlung in RaC' umwandelt. Ob RaC_2 (RaC'') sich in RaD umwandelt, ist noch nicht sichergestellt, RaC' geht aber in dies Radioelement über. RaD geht dann weiter durch RaE in RaF (Polonium) über, das sich in das Endprodukt RaG verwandelt, auf das wir am Ende dieses Kapitels noch näher zu sprechen kommen.

Wir haben oben gesehen, wie Mc Coy und andere fanden, daß in Uranmineralien das Gewichtsverhältnis von Radium zum Uran konstant ist. Daraus schloß man, daß Radium ein Zerfallsprodukt des Urans sein muß, was sich bestätigte. Nun hatte Boltwood[2])

---
[1]) Ber. 46, 3492 (1913).
[2]) Amer. Journ. Science 25, 269 (1908).

1908 darauf hingewiesen, daß sich auch Actinium stets in Begleitung von Uranmineralien findet und daß in ihnen die Actiniummenge, gemessen durch die Aktivität, die in Uranmineralien vorhanden ist, angenähert proportional dem Gehalt an Uran läuft. Dadurch wurde es wahrscheinlich, daß auch Actinium ein Zerfallsprodukt des Urans ist[1]). Sein Zusammenhang mit der Uranreihe ist aber noch nicht geklärt. Zunächst dachte man daran, daß es wie Radium ein Glied der Uran - Radiumzerfallsreihe wäre. Dagegen sprach indessen seine geringe Aktivität. Sie beträgt nur 0,28 der Aktivität des Uraniums, während die Aktivität des Radiums und seiner sämtlichen Zerfallsprodukte 3,06 mal größer als die des Urans und 11 mal größer als die des Actiniums ist. Bedenkt man, daß sich die Aktivität des Actiniums noch auf fünf seiner Zerfallsprodukte verteilt, die der Uran-Radiumreihe auf etwa sieben, so erkennt man, wie gering seine Aktivität im Vergleich zur Uran-Radiumreihe ist. Sie erweist sich als viel kleiner, als man erwarten müßte, wenn Actinium ein fortlaufendes Glied jener Reihe wäre. Darum nahm Rutherford an, daß Actinium ein Zweigprodukt der Uran-Radiumreihe ist, so ähnlich wie Ur Y und RaC_2 (RaC'') als solche Zweigprodukte angenommen werden. Ja man dachte daran, daß eines dieser beiden Zweigprodukte etwa durch Zwischenglieder hindurch zum Actinium führte. Für RaC_2 (RaC'') ist das deshalb unmöglich, weil Fajans nachwies, daß Actinium im aktiven Niederschlag des Radiums nicht vorkommt. Aber auch für Ur Y ist es in keiner Weise bewiesen, daß es zum Actinium überleitet. Indessen ist es sehr wahrscheinlich, daß ein Glied der Uranzerfallsreihe nach zwei Richtungen hin zerfällt. Die eine, nach der hin die meisten Atome zerfallen, führt schließlich zum Polonium, die andere, nach der nur etwa 8% des Mutterelementes zerfallen, zum Actinium. Das Actinium ist deshalb ein seltenes Radioelement.

Geht man von einem Mineral aus, das Ra und Act. im Gleichgewicht enthält, so muß man 10—12 mal so viel Mineral aufarbeiten um ein Actiniumpräparat zu gewinnen, das im Gleichgewicht mit seinen Zerfallsprodukten die Aktivität einer bestimmten Menge Radium haben soll.

Das Actinium selbst hat keine nachweisbare Strahlung, und frisch abgeschieden zeigt es darum keine Aktivität. Wie schon mitgeteilt, fällt dies Radioelement mit den seltenen Erden nieder und kann bis jetzt nur unvollständig davon getrennt werden. In seinen chemischen Eigenschaften gleicht es am meisten dem Lanthan. Bald nach seiner Auffindung durch Debierne fiel das Actinium

---

[1]) Inzwischen ist von Lise Meitner das Mutterelement des Actiniums, das Protactinium, entdeckt worden, s. Chem.-Ztg. **1918**.

dadurch auf, daß es sehr reichlich gasförmige Emanation abgab. Giesel[1]) glaubte zuerst, daß die aktive Substanz, die er aus den Edelerden der Pechblende abgeschieden hatte, verschieden wäre vom Actinium Debiernes. Er nannte sie wegen ihrer Eigenschaft, so ausgiebig Emanation zu entwickeln, Emanium. Und einige Zeit schien es, als ob Emanium und Actinium zwar genetisch miteinander verknüpfte, aber verschiedene Substanzen wären[2]). Da gelang es O. Hahn[3]) zu zeigen, daß die scheinbare Verschiedenheit beider durch ein beigemengtes Radioelement, das er Radioactinium nannte, bedingt ist. Zuerst bildet sich nach den Untersuchungen dieses Forschers aus dem Actinium das Radioactinium, das unter α- und β-Strahlung zunächst in das von Giesel[4]) und Godlewski[5]) entdeckte AcX übergeht. Letzteres ist das Vaterelement der gasförmigen Actiniumemanation. Die Emanation aber zersetzt sich bald unter Bildung des aktiven Actiniumniederschlags, der aus den Produkten AcA bis AcD besteht, wobei das AcC_1 (jetzt AcC genannt) auch nach zwei Richtungen hin zerfällt, in AcD (jetzt AcC'') und AcC_2 (jetzt AcC'), die möglicherweise beide in das Endprodukt der Ac-Reihe, das AcD (AcD_2), übergehen, das bleiartigen Charakter hat.

Vervollständigung der Thoriumreihe.

Nach der Entdeckung der Radioaktivität des Thoriums durch C. G. Schmidt und Frau Curie begann Rutherford seine grundlegenden Untersuchungen über dies Element. Gemeinsam mit F. Soddy fand er, daß man aus käuflichen Thoriumsalzen, ähnlich wie beim Uran, einen sehr stark radioaktiven Bestandteil dadurch abtrennen könne, daß man eine Thoriumlösung mit überschüssigem Ammoniak fällt, vom Niederschlag abfiltriert und das Filtrat zur Trockne verdampft. Nach dem Wegglühen der Ammoniumsalze hinterbleibt eine winzige Menge sehr stark radioaktiver Substanz, die in Analogie zum UranX Thorium X genannt wurde. Dies ThX zerfiel ziemlich rasch, indem es Thoriumemanation erzeugte. Anfänglich glaubte man, daß ThX direkt vom Th erzeugt würde, bis O. Hahn noch mehrere Zwischenprodukte fand. Er hatte das Mineral Thorianit auf analytischem Wege zerlegt und beim Fraktionieren des dabei erhaltenen Radium-Bariumchlorids eine radioaktive Beimengung gefunden, die in ihren Reaktionen nicht dem

---

[1]) Ber. **35**, 3608 (1902), **36**, 342 (1903), **37**, 1696 (1904).
[2]) S. Marckwald, Ber. **38**, 2264 (1905).
[3]) Ber. **39**, 1605 (1906).
[4]) Jahrb. d. Radioakt. **1**, 345 (1904).
[5]) Phil. Mag. **10**, 35 (1905).

Ba und Ra, sondern den durch Ammoniak fällbaren Elementen folgte, besonders dem Thorium. Dies Element nannte er **Radiothorium** und stellte fest, daß es das Vaterelement des ThX ist. Aber auch Radiothorium war noch nicht das direkte Zerfallsprodukt von Thorium. Als solches isolierte O. Hahn das äußerst stark aktive und physiologisch wirksame Mesothorium, das leicht in konzentriertem Zustande erhalten werden kann und eine verhältnismäßig lange Lebensdauer hat. Dies bleibt beim Fällen des Thoriums durch Ammoniak mit ThX in Lösung und verhält sich chemisch wie ein Erdalkali. Mesothorium zeigte nun ein merkwürdiges Verhalten. Unmittelbar nach seiner Isolierung gab es nur α-Strahlen aus, wenige Stunden später begann bei ihm aber auch eine β- und γ-Strahlung einzusetzen. Diese Erscheinung erklärte Hahn durch die Annahme, daß aus Th zunächst das Mesothorium 1 entsteht, das bald nach seiner Isolierung in ein neues β- und γ-Strahlen aussendendes Radioelement, das er Mesothorium 2 nannte, zerfällt und daß dies letztere erst das Vaterelement des Radiothoriums ist. Damit erhielt die Thoriumreihe bis zur Thoriumemanation folgendes Aussehen:

Th → Meso-Th 1 → Meso-Th 2 → Radio-Th → ThX → Th-Emanat.

Die Th-Emanation hat eine Halbwertszeit von 54 Sekunden, zersetzt sich also ziemlich rasch. Dabei explodieren die Atome unter Aussendung eines α-Teilchens, das Restatom wird aber durch Rückstoß an die Wand des Gefäßes oder auf jeden im Wege stehenden Körper geschleudert und haftet dort als fester aktiver Thoriumniederschlag. Taucht man einen elektrisch negativ geladenen Draht in einen Th-Emanation enthaltenen Raum, so zieht er die abgeschleuderten Restatome an und hält sie fest. (Daraus geht hervor, daß die Träger dieser aktiven Materie eine positive Ladung haben.)

Dieser „aktive Thoriumniederschlag" besteht bald nach seiner Bildung aus einem Gemisch der Radioelemente ThA, ThB, ThC_1 (ThC), ThC_2 (ThC′) und ThD. Um Verwechslungen zu vermeiden, sei bemerkt, daß in der Bezeichnung der Elemente des aktiven Thoriumniederschlags seit 1911 eine Änderung eingetreten ist. Das Element, das bis dahin ThA hieß, wird jetzt ThB genannt, das frühere ThB dagegen heißt jetzt ThC und ist als aus zwei Radioelementen bestehend erkannt worden. Geiger und Marsden[1]) hatten nämlich gefunden, daß Thoriumemanation zwei α-Teilchen ausschickt, die verschiedene Reichweiten haben. Sie und Rutherford und Geiger[2])

---

[1]) Phys. Zeitschr. **11**, 7 (1910); s. a. Geiger, Phil. Mag. **22**, 201 (1911).
[2]) Phil. Mag. **22**, 621 (1911).

wiesen 1911 nach, daß der eine α-Strahl von einem sehr kurzlebigen Zerfallsprodukt, der Thoriumemanation, herrührt, das sie ThA nannten. Es zersetzt sich bereits in 0,14 Sekunden zur Hälfte in das praktisch strahlenlose ThB[1]), das mit einer Halbwertszeit von 10,6 Stunden das langlebigste Glied des aktiven Thoriumniederschlags ist. Es zerfällt allmählich in ein Produkt, das nun wieder eine kräftige Strahlung von sich gibt und zuerst ThC genannt wurde. Bald fand man bei dieser Methode aber zwei α-Strahlungen verschiedener Reichweite (4,8 cm und 8,6 cm). Man schloß daraus, daß ThC komplex ist, und unterschied ThC_1 (jetzt wieder ThC gen.) von α-Strahlen mit der Reichweite 4,8 cm und ThC_2 (jetzt ThC′ gen.) mit solchen von 8,6 cm Reichweite. Nach komplizierten Untersuchungen[2]), auf die hier nicht eingegangen werden kann, formuliert man heute den weiteren Atomzerfall von ThC_1 (ThC), so wie ihn Marsden und Darwin[3]) zuerst angaben. Danach zerfallen die Atome von ThC_1 (ThC) nach zwei Richtungen hin. Etwa zwei Drittel derselben gehen unter Aussendung von β-Strahlen in ThC_2 (ThC′) über, das übrige Drittel gibt α-Strahlen ab und bildet ThD (jetzt ThC″ gen.). ThC_2 und ThD gehen dann, das erste unter Abgabe von α-, das zweite unter Aussendung von β-Strahlen, in nichtstrahlende Elemente über. Da Th ein Atomgewicht von 232,4 hat und bis zum Übergang zu nichtstrahlenden Elementen sechs α-Teilchen, also 24 Masseneinheiten abgibt, so muß aus ThC_2 (ThC′) ein Element vom Atomgewicht 208,4 entstehen. Früher glaubte man, daß es Wismut (Atomgewicht = 208) sein müsse. Jetzt ist es wahrscheinlicher, daß ein Element von den chemischen Eigenschaften des Bleis ebenso aus ThC_2 (ThC′) als auch aus ThD entsteht. Experimentell nachweisen ließ sich bisher noch kein Endprodukt. Wir werden darüber im nächsten Kapitel ausführlich zu berichten haben. Die Thoriumzerfallsreihe sieht zur Zeit folgendermaßen aus:

Th $\xrightarrow{\alpha}$ $MsoTh_1$ $\xrightarrow{(\beta)}$ $MsoTh_2$ $\xrightarrow{\beta}$ Radio-Th $\xrightarrow{\alpha}$ ThX $\xrightarrow{\alpha}$ Th-Eman. $\xrightarrow{\alpha}$ ThA $\xrightarrow{\alpha}$ ThB $\xrightarrow{\beta}$

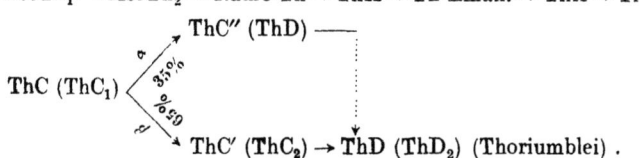

Zum Schlusse dieses Kapitels sei noch eine allgemeine Übersicht über die drei Zerfallsreihen gegeben. Sie wird uns zeigen,

---
[1]) In Wirklichkeit besitzt es eine schwache β-Strahlung.
[2]) Vgl. Rutherford, Radioakt. Subst. S. 484.
[3]) Proc. Royal Soc. A **87**, 17 (1912).

wie neben einigen Verschiedenheiten weitgehende Analogien in allen Zerfallsreihen vorhanden sind. Diese Analogien fallen schon in die Augen, wenn wir die Zerfallsreihen nebeneinanderschreiben (s. auch die ausklappbare Tafel am Ende des Buches).

UrI		Thorium
UrX$_1$ ⎫	Protactinium	
UrX$_2$ ⎬ (?) UrY	Actinium	Mesothorium 1
UrII ⎭		Mesothorium 2
Ionium	Radio-Actinium	Radiothorium
Radium	Act. X	ThX
Radiumemanation	Actiniumemanation	Thoriumemanation
RaA	Act. A	ThA
RaB	Act. B	ThB
RaC → RaC″	Act. C → AcC′	ThC → ThC′
RaC′	↓	↓
RaD ←⋯	Act. C″ ⋯→ AcD (Act.-Blei)	ThC″ ⋯→ ThD (Th-Blei)
RaE		
RaF (Polonium)		
RaG (Radiumblei)		

Urelemente des radioaktiven Zerfalls scheinen nur Ur und Th zu sein, die beiden Elemente mit den höchsten Atomgewichten. Actinium entsteht nach neuesten Untersuchungen aus Protactinium und dies ziemlich sicher aus einem der ersten Zerfallsprodukte der Uranreihe — vielleicht aus UrY —, doch ist das experimentell noch nicht erwiesen. Dann aber bildet es eine eigene Zerfallsreihe.

Alle drei Zerfallsreihen enthalten je ein gasförmiges Glied einer Emanation, die etwa in der Mitte jeder Reihe steht und von der man bei der Betrachtung am zweckmäßigsten ausgeht. Die drei Emanationen gleichen sich nicht nur darin, daß sie Gase sind. Sie verhalten sich alle drei chemisch völlig indifferent und gehören zu den Gasen der Helium-Argongruppe. Ihre Selbstzersetzung verläuft mit verschiedener Geschwindigkeit. Von gleichen Mengen aller drei ist die Act-Emanation bereits nach 4 Sekunden, die Th-Emanation nach 54 Sekunden, die Ra-Emanation nach 3,85 Tagen zur Hälfte umgewandelt. Aus allen drei Emanationen werden unter Austritt je eines α-Strahls als erste Glieder der aktiven Niederschläge die festen Umwandlungsprodukte RaA, AcA und ThA gebildet. Sie haben alle drei kurze Lebensdauer und zersetzen sich zu RaB, AcB und ThB, indem sie wiederum je einen α-Strahl abschleudern. Während die „A-Produkte" der drei Reihen eine nur sehr kurze Lebensdauer haben, besitzen die „B-Produkte" dafür eine wesentlich längere, ja die längste der Radioelemente, die den aktiven Niederschlag bilden. Dabei gehen sie alle drei unter Aussendung von schwachen β-Strahlen in „C-Produkte" über, die bei ihrem weiteren Zerfall übereinstimmend ein abnormales Verhalten zeigen. RaC (RaC$_1$) bricht auf, indem es α-, β- und γ-Strahlen aussendet und RaC'' (RaC$_2$) als Zweigprodukt, RaC' als Umwandlungsprodukt bildet. Auch ThC (ThC$_1$) zersetzt sich unter Abgabe von zwei α-Strahlen und β-Strahlen zu ThC' und ThC''. Auch die Umwandlung des AcC ist als anormal erwiesen. Bis zu den D-Produkten herrscht in allen drei Reihen Übereinstimmung nicht nur im Zerfall, sondern auch im chemischen Verhalten. Von nun an zeigen sich aber Unterschiede. Die Ra-Zerfallsreihe ist noch um die E- und F-Glieder reicher als die Ac- und Th-Reihe.

Verfolgt man nun die Zerfallsreihen von den Emanationen an nach aufwärts, so gelangt man zu Ra, AcX und ThX, die α-Strahlen aussenden und chemisch so analog sind, daß sie sich voneinander nicht trennen lassen. Auch ihre Vaterelemente Ionium, Radio-Actinium und Radio-Thorium sind nach Strahlung und chemischen Eigenschaften verwandt. Weiter nach aufwärts geht die Analogie nicht mehr durch alle drei Reihen und verwischt sich mehr und mehr. UrX und Mesothorium II, beide kurzlebig und β-strahlend, sowie Actinium und Mesothorium I, die zwei einzigen strahlenlosen Glieder der Zerfallsreihen, können noch als ähnlich aufgeführt werden, die letzteren unterscheiden sich aber bereits im chemischen Verhalten.

Theorie der Ionisation und Meßmethoden der Radioaktivität.

Die elektrischen Methoden zur Messung der Radioaktivität beruhen alle auf folgender Beobachtung. Bringt man in ein abgeschlossenes Gefäß eine radioaktive Substanz und läßt sie einige Zeit darin, so wird die Luft in diesem Gefäß, die vorher die Elektrizität nicht oder nur wenig leitete, jetzt wesentlich besser leitend dafür. Vermehrt man die radioaktive Substanz, so wird auch die Elektrizitätsleitung des Luftvolums größer. Dasselbe erreicht man, wenn man geringere Mengen eines stärker radioaktiven Körpers in den Luftraum bringt. Entfernt man nun die radioaktive Substanz wieder aus dem Raume, so behält das Luftvolum einige Zeit seine Leitfähigkeit für Elektrizität, verliert sie aber nach und nach wieder und ist schließlich so wenig leitend wie vorher. Den gleichen Prozeß kann man beliebig oft wiederholen.

Die Strahlen radioaktiver Körper haben also die Eigenschaft, die Luft für Elektrizität leitend zu machen. Über die Leitung der Elektrizität haben sich im Laufe der Zeit Ansichten durchgesetzt, die aus Untersuchungen von Faraday, Hittorf, Kohlrausch, Arrhenius u. a. hervorgegangen sind. Danach wird die Elektrizität durch kleine materielle, entgegengesetzt elektrisch geladene Teilchen fortgeleitet, die man Ionen nennt. Befinden sich z. B. zwei Elektroden, die durch Anschluß an eine elektrische Batterie eine gewisse Potentialdifferenz haben, in einer Flüssigkeit oder einem Gase, so geht nur dann Elektrizität von einem Pol zum andern, wenn sich Ionen in der Flüssigkeit oder dem Gase befinden. Die negativen Ionen transportieren dann die positive Elektrizität, die positiven Ionen die negative Elektrizität. Man nennt den so entstehenden Strom[1]) Konvektionsstrom. Flüssigkeiten wie Gase leiten die Elektrizität desto besser, je mehr Ionen sie enthalten. Elektrizitätsleitung und Ionengehalt sind pro-

---

[1]) Die Stärke der so erzeugten Ströme ist in Gasen so gering, daß sie durch Galvanometer nicht gut gemessen werden kann; man verwendet deshalb Elektrometer und Elektroskope, wie sie unten näher beschrieben werden.

portionale Größen. In wässerigen Lösungen faßt man die Ionen als Spaltstücke der Moleküle des gelösten Körpers auf (Kationen und Anionen, das Wasser selbst ist nur in ganz geringem Maße in die Ionen H˙ und OH′ gespalten). Auch bei Gasen nimmt man an, daß die Ionen aus den Gasmolekülen (z. B. der Luft) erzeugt werden. Nach Rutherford ist aber in dem Begriff dieser Ionen „nicht die Annahme enthalten, daß die Ionen im Gase die gleichen wären wie die entsprechenden in der Elektrolyse der Lösungen[1]".

Da nun radioaktive Substanzen die Luft für Elektrizität leitend machen, so müssen sie Ionen in ihr erzeugen. Radioaktive Substanzen ionisieren — wie man kurz sagt — die Luft. Aus der Größe der elektrischen Leitfähigkeit der Luft muß man auf die Anzahl der erzeugten Ionen und damit auf die Stärke der Radioaktivität derjenigen Substanzmenge schließen können, welche die Luft ionisiert hat. Die Aktivität einer Substanz könnte man danach der Anzahl von Ionen proportional setzen, die von der Gewichtseinheit Substanz in einer Sekunde in einem bestimmten Volum Luft erzeugt werden. Man brauchte also nur die Leitfähigkeit eines bestimmten Volums Luft zu bestimmen, das man mit gleichen Mengen verschieden starker radioaktiver Substanzen ionisiert, um ein gegenseitiges Maß der Radioaktivität beider zu bekommen.

Da es die Strahlungen der radioaktiven Körper sind, die die Luft ionisieren, so muß man vor allen Dingen dafür sorgen, daß diese Strahlen auch möglichst vollständig in die Luft gelangen. Man muß feste Substanz in sehr dünner Schicht ausbreiten, damit die Oberflächenschichten nicht die aus tieferen Schichten kommenden α-Strahlen absorbieren können.

Die Strahlen radioaktiver Körper werden mit ungeheurer Geschwindigkeit aus den Atomen abgeschleudert und spalten durch ihren Aufprall die Luftmoleküle in positiv und negativ geladene Teilchen, also in Ionen. Da nun fortwährend neue Strahlen von den radioaktiven Körpern ausgesendet werden, so müßten theoretisch immer mehr Luftmoleküle zerlegt werden bis schließlich alle vorhandenen zerlegt sind. Bei genügend langer Einwirkung müßten dann auch schwach strahlende Substanzen ein bestimmtes Luftvolum völlig ionisieren können. Das ist aber nicht der Fall. Die elektrische Leitfähigkeit steigt vielmehr bei einer bestimmten Menge Substanz bis zu einem bestimmten Betrag, und der ist bei noch so langer Einwirkung für schwach radioaktive Substanzen

---

[1] E. Rutherford, Radioakt. Subst. usw. Bd. II. des Handbuchs für Radiologie. Leipziger Akad. Verlagsanstalt. S. 24 Anm. — Die Ionen können ihrerseits wieder Luftmoleküle um sich verdichten.

klein, für stärkere entsprechend größer. Man erklärt sich diese Erscheinung so, daß positive und negative Ionen, die in dem Luftvolum herumschwirren, sich mit der Zeit wieder vereinigen können, wenn sie aufeinander prallen. In der Tat geht ja die Leitfähigkeit des Luftvolums allmählich ganz von selbst auf den ursprünglichen sehr kleinen Betrag zurück, wenn wir die radioaktive Substanz daraus entfernen. Bleibt sie aber darin, so können nicht alle Ionen durch Wiedervereinigung verschwinden, weil stets neue gebildet werden. Es wird sich vielmehr im Laufe der Zeit ein **Gleichgewichtszustand** ausbilden, der erreicht ist, wenn sich in gleichen Zeiten ebenso viele Ionen bilden wie wiedervereinigen. Dies Gleichgewicht ist für jede bestimmte Menge radioaktiver Substanz bei gleichen Verhältnissen stets das gleiche. Dieser Gleichgewichtszustand wird aber in merkwürdiger Weise verschoben, wenn man das Luftvolum zwischen zwei elektrisch geladenen Metallplatten untersucht, wenn man, wie man sagt, die ionisierte Luft in ein elektrisches Feld bringt. Während vorher die Ionen regellos in dem Raum herumschwirrten, werden jetzt die positiven Ionen von der negativ geladenen Platte, die negativen Ionen von der positiv geladenen Platte angezogen. Aus der ungerichteten Bewegung der Ionen wird eine gerichtete, es findet Stromleitung statt. Die Ionen erhalten dabei eine bestimmte Geschwindigkeit, die in dem Maße wächst, wie die Spannungsdifferenz der beiden Platten größer wird. Man sieht leicht ein, daß bei geringer Potentialdifferenz, also geringer Geschwindigkeit der Ionen leichter eine Wiedervereinigung derselben stattfinden kann als bei höheren und hohen. In letzterem Falle überwiegt die Anziehungskraft der Platten auf die Ionen das Bestreben derselben, sich wiederzuvereinigen, von einer gewissen Spannungsdifferenz an so stark, daß die Wiedervereinigung auf ein Minimum herabgedrückt wird. Sofort nach der Bildung werden die Ionen an die elektrisch geladenen Platten befördert. Jetzt kann eine weitere Erhöhung der Potentialdifferenz eine weitere Vermehrung der Stromleitung nicht mehr bewirken, weil alle Ionen für die Stromleitung benutzt werden und die Stromleitung ja nur durch die Ionen bewirkt wird. Man sieht leicht ein, wie wichtig es ist, ionisierte Luft bei dieser sog. **Sättigungsspannung** oder **Sättigungspotentialdifferenz** zu untersuchen. Bei ihr **mißt man so gut wie alle von der radioaktiven Substanz gebildeten Ionen**, weil eine Wiedervereinigung derselben so gut wie nicht mehr stattfinden kann, denn alle Ionen werden zur Stromleitung benutzt. Man hat in der hier beobachteten Stromstärke, dem sog. **Sättigungsstrom**, ein direktes Maß für die Zahl der Ionen, die von einer bestimmten Menge radioaktiver Substanz erzeugt werden. Soll die Ionisierung eines Luftvolumens durch eine radioaktive Substanz exakt gemessen werden, so muß der Sättigungsstrom in diesem Luftvolumen bestimmt werden, und dazu muß eine genügend hohe Spannung, eben die Sättigungsspannung, zwischen den Platten herrschen. **Das ist eine Hauptbedingung für exakte Messungen.** Die Sättigungsspannung hängt von einer Reihe von Bedingungen ab, unter denen die Stärke der Ionisation, die Entfernung der Elektroden voneinander, die Natur und der Druck des Gases die wichtigsten sind. Größere Entfernung der Elektroden und größere Dichtigkeit des Gases begünstigen z. B. die Wiedervereinigung der Ionen. Da man aber gewöhnlich in Luft und bei der gleichen Elektrodenentfernung arbeitet und bei einer zusammengehörigen Versuchsreihe den gleichen Apparat benutzt, so hat man in diesen Punkten stets gleichartige Verhältnisse. Meist wird dann bei einer Spannung von 200—300 Volt der Sättigungsstrom erreicht. Bei geringer Ionisation genügt eine Spannung von weniger als 100 Volt für den gleichen Zweck.

Ein anschauliches graphisches Bild von der soeben dargelegten Abhängigkeit der Stromstärke von der Spannung erhält man bei folgender Versuchsanordnung: Zwei isolierte Platten A und B kann man dadurch auf meßbare Potentialdifferenzen bringen, daß man A elektrisch lädt und B mit einem Elektrometer verbindet. Bringt man auf A eine bestimmte Menge radioaktiver Substanz, so ionisiert diese die Luft zwischen A und B und nun kann die Elektrizität mit Hilfe der gebildeten Ionen von A nach B übergehen. War A positiv geladen, so zieht sie die negativen Ionen an und stößt die positiven ab. Diese gelangen zur Platte B, die ungeladen war, und laden sie positiv in einem Betrage, den man am Elektrometer ablesen kann. Dieser Betrag ist, wie gesagt, in der gleichen Zeit desto größer,

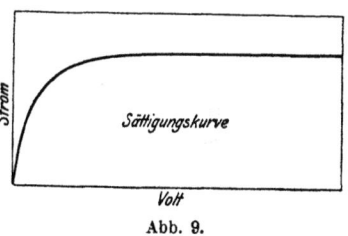

Abb. 9.

je mehr Ionen gebildet werden. Variiert man bei obiger Versuchsanordnung nur die Spannung und trägt die Zahlenwerte derselben in Volt als Abszissen, die Werte der dazugehörigen Stromstärken als Ordinaten auf, so erhält man vorstehendes graphische Bild für die Stromkurve in ionisierter Luft.

Man sieht, daß anfangs die Stromstärke langsamer steigt als die Spannung, dann findet eben noch erhebliche Wiedervereinigung der gebildeten Ionen statt. Von einer gewissen Spannung ab bleibt aber die Stromstärke fast konstant, jetzt werden fast alle Träger der Stromleitung zum Transport der Elektrizität verwendet, eine wesentliche Steigerung der Stromstärke kann nicht mehr stattfinden. Von dem Betrag der Spannung an, wo die Stromkurve der Abszissenkurve parallel läuft, ist also der Sättigungsstrom erreicht.

Dieser Sättigungsstrom kann leicht durch β- und γ-strahlende Substanzen erhalten werden, viel schwieriger dagegen durch Körper, die α-Strahlen aussenden. Rutherford[1]) und besonders Bragg und Kleeman[2]) haben nachgewiesen, daß es auch bei relativ hohen Spannungen (sie benutzten ein Feld von 1500 Volt pro cm) praktisch unmöglich ist, selbst mit schwach α-strahlenden Substanzen einen vollkommenen Sättigungsstrom zu erreichen. Hier hilft man sich so, daß man unter völlig gleichartigen Bedingungen mißt (stets mit demselben Apparat, demselben Elektrodenabstand usw.). Dann stehen auch bei viel niedrigerer Spannung die so gemessenen relativen Ströme in fast dem gleichen Verhältnis zueinander wie die wirklichen Sättigungsströme. Eine Spannung, die etwa 85% des vollkommenen Sättigungsstroms hervorbringt, genügt, um mit einem gewöhnlichen α-Strahlenelektroskop die Aktivität α-strahlender Substanzen mit großer Genauigkeit bestimmen zu können[3]).

Mißt man die Ionisation nicht, wie meist üblich, bei herrschendem Barometerstand, sondern bei einem Druck von wenigen Millimetern Quecksilber, so können Komplikationen eintreten. Hier wird für geringe Spannungen die obige Sättigungsstromkurve erhalten. Von einem bestimmten Punkte an beginnt aber der Strom erst langsam, dann sehr schnell zu steigen. Die Stromkurve sieht dann, wie Abb. 10 zeigt, aus.

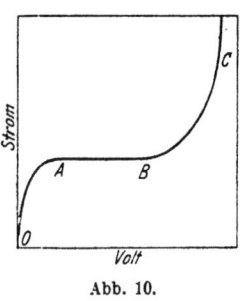

Abb. 10.

Der Teil oAB entspricht der gewöhnlichen Sättigungsstromkurve, bei B beginnt der Anstieg. Man erklärt sich diesen Anstieg folgendermaßen. Wenn das elektrische Feld über einen bestimmten Betrag hinaus gesteigert wird, so erreichen negative Ionen eine solche Geschwindigkeit, daß sie durch ihren Aufprall auf die vorhandenen Gasteilchen, durch Stoß, wie man sagt, neue Ionen erzeugen können, die natürlich

---

[1]) Phil. Mag. **47**, 109 (1899).
[2]) Ibid. **11**, 466 (1906); s. a. ibid. **12**, 273 (1906), ferner Compt. rend. **148**, 1757.
[3]) Vgl. Rutherford, Radioakt. Subst. S. 29.

die Stromleitung vermehren. Bei vermindertem Druck arbeitet man, wie wir sehen werden, nur mit sehr stark radioaktiven Substanzen und benutzt dann den Teil AB der Kurve. Damit ist das Wesentlichste gesagt, was für das Verständnis der Ausführung von genauen Messungen auf elektrischem Wege nötig ist. Man muß also stets soweit als möglich beim Sättigungsstrom und unter möglichst gleichartigen Meßbedingungen arbeiten, dann werden auch bei der ungleichmäßigen Ionisierung, wie sie die α-Strahlen verursachen, vergleichbare Resultate erhalten. Für sehr starke Radiumpräparate ist es oft unmöglich, eine Potentialdifferenz herzustellen, die auch nur annähernd den Sättigungsstrom erzeugt. Hier mißt man unter vermindertem Druck, wo der Sättigungsstrom bei viel niedrigeren Spannungen erreicht wird. Oder man benutzt nur die γ-Strahlung zur Messung.

Allgemeines über Messung und Berechnung der Sättigungsstromstärke.

Aus dem oben Ausgeführten folgt, daß bei konstanter Kapazität die Sättigungsstromstärke i und damit die Stärke der Radioaktivität gegeben ist durch die Geschwindigkeit der Elektrizitätszerstreuung, das heißt durch den Abfluß der Elektrizitätsmenge Q in der Zeiteinheit von z. B. einem Elektroskop:

$$i = \frac{Q}{t}. \tag{1}$$

Benutzt man bei einer Reihe zusammenhängender Messungen immer das gleiche Elektroskop mit der gleichen Ionisierungskammer, dem gleichen Elektrodenabstand usw., arbeitet man kurz unter stets gleichen Bedingungen, so kann man in der Zeit, in der die oder das Elektroskopblättchen um einen gleichen Betrag jedesmal zusammenfallen, ein relatives Maß für die Sättigungsstromstärke erhalten. Nehmen wir an, daß in der Zeit t (1 Min.) das Blättchen eines Einblattelektroskops vom Skalenteil 20 auf den Skalenteil 10 sank, so hat man bereits in der Gleichung

$$i = \frac{20-10}{1} = 10$$

ein empirisches Maß für die Stromstärke, das für den benutzten Apparat und die betr. Versuchsanordnung gültig ist.

Wenn aber die Messung allgemein gültig sein soll, so muß man absolute Maße anlegen und entsprechend Gleichung (1) diejenige

Elektrizitätsmenge in absoluten elektrostatischen oder elektromagnetischen Einheiten angeben, welche in einer Sekunde von der Apparatur (Elektroskop und damit verbundenen Teilen) abgeflossen ist. Nun fließt aber die gleiche Elektrizitätsmenge von verschiedenen Elektrometersystemen verschieden schnell ab, da die verschiedenen Apparaturen gleichsam ein verschiedenes Fassungsvermögen für Elektrizität haben. Man muß daher vor allem die „Kapazität" C des betreffenden Elektrometersystems kennen, die für die gleiche Apparatur ceteris paribus eine bestimmbare Konstante ist. Sie wird durch die Gleichung

$$\text{Kapazität} = \frac{\text{Elektrizitätsmenge}}{\text{zugehör. Potentialdifferenz}}$$

gegeben. Wenn im obigen Fall unter dem Einfluß einer zu messenden radioaktiven Substanz das Elektroskopblättchen in 1 Minute vom Teilstrich 20 auf den Teilstrich 10 zurückging, so entsprach dem ersten Teilstrich das Potential V_1, dem zweiten das Potential V_2. Darum ist

$$C = \frac{Q}{V_1 - V_2}.$$

und für die Sättigungsstromstärke folgt nach Gleichung (1)

$$i = C \frac{V_1 - V_2}{t}.$$

Man eicht nun zweckmäßig die Elektroskope so, daß für jede Blättchenstellung das zugehörige Potential in Volt aus einer Tabelle oder Kurve entnommen werden kann. In obigem Beispiel entsprachen den Zeigerstellungen 20 und 10 Potentiale von 222,4 resp. 146,7 Volt. Somit haben wir, da t in Sekunden angegeben werden muß,

$$i = C \frac{222{,}4 - 146{,}7}{60}.$$

Nun kommt es zur endgültigen Berechnung noch darauf an, ob man die Stromstärke in elektrostatischem (ESE) oder elektromagnetischem Maße (Ampère) angeben will. Meist wird sie in elektrostatischem Maße angegeben, aus dem man sie leicht in Ampere umrechnen kann. Im elektrostatischen Maße wird die Kapazität in Zentimeter ausgedrückt und sie beträgt bei obigem Elektroskop 8,5 cm. Ferner entsprechen im elektrostatischen Maßsystem 300 Volt einer absoluten elektrostatischen Einheit.

Die Zeit ist selbstverständlich in Sekunden anzugeben. Somit haben wir im obigen Falle:

$$i = 8,5 \cdot \frac{75,7}{300 \cdot 3600} = 0,000603 = \underline{6,03 \cdot 10^{-4} \text{ ESE}}.$$

Um diese in absolutem elektrostatischem Maße gegebene Stromstärke in elektromagnetischem Maße resp. Ampere anzugeben, muß man berücksichtigen, daß

1 absol. elektromagnet. Einh. $= 10$ Amp. $= 3 \cdot 10^{10}$ ESE ist, folglich

$$1 \text{ ESE} = 0,33\ldots \cdot 10^{-9} \text{ Amp}.$$

Dann ist:

$$i = \underline{2,01 \cdot 10^{-13} \text{ Amp}}.$$

Bei den Meßapparaten für Radioaktivität sind zwei Hauptteile zu unterscheiden:

1. Die sog. **Ionisierungskammer**, in der der Sättigungsstrom erzeugt wird, und
2. Der **Meßapparat für den Sättigungsstrom (Elektroskop oder Elektrometer)**.

Beide schließen sich bei den meisten Meßapparaten unmittelbar aneinander an (s. Abb. 63, 64). Zuweilen sind beide auch räumlich voneinander getrennt und werden zur Messung erst miteinander verbunden. Wenn möglich, setzt man sie aber so aneinander, daß sie eine Wand gemeinsam haben, aber hermetisch voneinander abgeschlossen sind.

Formen der Ionisierungskammer.

In einer Ionisierungskammer stehen sich in einem abgeschlossenen Raume immer zwei voneinander isolierte Metallteile als Elektroden gegenüber. Diese Metallteile können entweder parallele ebene Platten oder konzentrische Zylinder sein.

Die häufigste Form eines Plattenkondensators als Ionisierungskammer ist in Abb. 11 abgebildet.

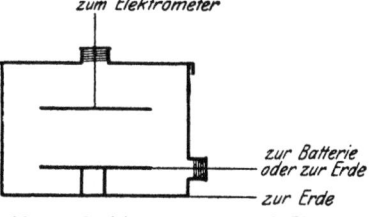

Abb. 11. Ionisierungskammer mit Plattenkondensator.

Zuweilen ist dabei die eine isolierte Platte parallel zur anderen so verschiebbar, daß man einen bestimmten Abstand beider genau einstellen kann (s. Abb. 16).

Zylinderkondensatoren haben wir z. B. beim Fontaktoskop (s. Abb. 33). Häufiger ist bei ihnen die eine Elektrode nur ein dicker Metalldraht wie beim Fontaktometer (s. Abb. 34).

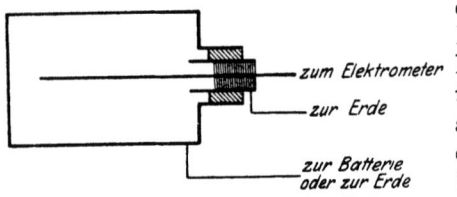

Abb. 12. Ionisierungskammer mit Zylinderkondensator.

Die zweite Zylinderelektrode ist hier, wie fast in allen Apparaten, die Wand des Ionisierungsgefäßes, die bei den Versuchen zur Erde abgeleitet wird.

Eine sehr zweckmäßige Form eines zylindrischen Ionisierungsgefäßes ist in Abb. 12 abgebildet.

Wenn möglich, und das ist meistens der Fall, soll man Elektroskope statt Quadrantenelektrometer verwenden, weil sie einfacher zu handhaben sind und man leichter mit ihnen messen kann.

Allgemeines über Elektroskope.

Der Hauptteil aller Elektroskope ist ein isolierter Metallstab A (siehe Abb. 13), an den ein oder zwei feine Metallblättchen oder -fäden B mit einem Ende angeklebt sind. Als Blättchen werden ganz dünne Streifchen Aluminium, oder besser noch Gold[1]), verwendet, die bis zu 8 cm lang und bis zu $1/2$ cm breit sind. Bei feinen Elektroskopen wird noch ein mikroskopisch dünner Quarzfaden an das Metallblättchen befestigt, auf den man bei der Ablesung scharf einstellen kann. Als Metallfäden verwendet man auch mikroskopisch kleine versilberte oder verplatinierte Quarzfäden. Lädt man den Metallstab positiv oder negativ elektrisch auf, so heben sich die Blättchen im Winkel von dem Metallstab in der bekannten Weise ab. Da positive und negative Elektrizität nicht gleichartig zerstreut wird, so führt man Versuchsreihen stets mit der gleichsinnigen Elektrizitätsladung durch.

Ist nun der Metallstab A mit einer Elektrode einer Ionisationskammer verbunden, in der ein radioaktiver Körper die Luft ionisiert, so zieht die z. B. negative Ladung desselben die positiven Ionen an und stößt die negativen nach der anderen geerdeten Elektrode ab. Durch den so entstehenden Strom entlädt sich der Metallstab A und die mit ihm verbundenen Teile, und in dem Maße, wie

---

[1]) Von dem Material für Elektroskopblättchen ist Aluminium zwar das leichteste. Es geht aber wegen seiner Sprödigkeit nicht allmählich sondern ruckweise zusammen (Cri-Cri-Erscheinung). Goldblättchen und platinierte Quarzfäden zeigen diese Erscheinung nicht.

er mehr oder weniger rasch seine Elektrizität verliert, fallen die oder das an A befindliche Blättchen schneller oder langsamer zusammen, um bei völliger Entladung den Metallstab wieder zu berühren. Über den Weg dieser Blättchen, senkrecht zu A, ist eine Skala F angebracht, und man kann mit einer Lupe, oder besser einem Mikroskop, den Gang der Blättchen über die Skala verfolgen. Am besten beobachtet man die Zeit, in der die Blättchen oder der mit ihnen verbundene Faden vom gleichen Skalenteil an eine bestimmte Anzahl Skalenteile durchlaufen, weil so der Ladungsverlust des Elektroskops immer ganz genau der gleiche ist und die Messungen darum am genauesten werden.

Einfache Elektroskope.

Ein sehr gebräuchliches und empfehlenswertes Elektroskop von sehr geringer Kapazität und darum von sehr großer Empfindlichkeit hat C. T. R. Wilson[1]) angegeben.

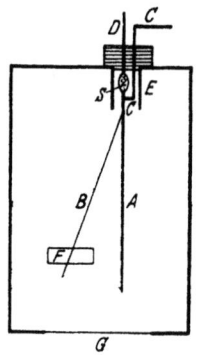

Abb. 13. Elektroskop von Wilson.

In ein zylindrisches oder parallelepipedisches Metallgefäß, das bei Messungen stets geerdet wird, ist ein Goldblattelektroskop, bestehend aus Metallstab A und dem Goldblatt B, so eingebaut, daß bei S eine erste Isolierung durch Schwefel oder Bernstein stattfindet. Oben geht ein Draht D durch einen Ebonitpfropf, wodurch eine zweite Isolierung bewerkstelligt ist. Vermittels des gebogenen Drahts Cc kann man das Elektroskop in der beschriebenen Weise laden, doch muß dieser Draht nach der Aufladung selbstverständlich durch Drehen an den Metallhals E zur Erde abgeleitet werden. Zwei gegenüberliegende verglaste parallelepipedische Löcher F im Elektroskopgehäuse ermöglichen es, den Stand der Blättchen mit einer Lupe oder einem Mikroskop an einer Skala abzulesen, die in der üblichen Weise geeicht ist.

Am besten benutzt man mehrere solche Elektroskope, die in verschiedene Metallgehäuse eingebaut sind, je nachdem man α-, β- oder γ-strahlende Substanzen zu untersuchen hat.

Zur Messung von α-Strahlern soll das Gehäuse des α - Strahlenelektroskops nicht höher als 8—10 cm sein. In den Boden des Messinggehäuses ist dann entweder ein Fenster G eingebaut, das aus so dünnem Aluminiumblech besteht, daß α-Strahlen davon nicht wesentlich absorbiert werden. In diesem Fall stellt man die

---
[1]) Proc. Royal Soc. A **68**, 152 (1901).

aktive Substanz entsprechend vorgerichtet unmittelbar unter das Fenster G. Oder der Boden ist abnehmbar, so daß man die α-strahlende Substanz auf seine Innenseite stellen und in den Elektroskopraum hineinbringen kann.

β - Strahlenelektroskope nach Wilson sind sonst wie α-Strahlenelektroskope, enthalten aber ein Fenster G, das gerade dick genug ist, um die α-Strahlen zu absorbieren, was im allgemeinen durch eine Aluminiumfolie von 0,05 mm erreicht wird. Je nach der größeren oder geringeren Stärke der β-Strahlung bringt man das Material in passende Entfernung oder unmittelbar unter das Aluminiumfenster.

Zur Messung der γ-Strahlung genügt es nicht, einen Bleischirm zwischen γ-Strahlung und Elektroskop zu bringen, denn γ-Strahlen erzeugen häufig durch ihr Auftreffen auf Gegenstände in der Nähe des Elektroskops sekundär β-Strahlen, die Komplikationen verursachen können. Man muß vielmehr eins der obigen Elektroskope entweder mit Bleiplatten von 3—4 mm Dicke umgeben oder besser ein Elektroskopgehäuse aus Blei von obiger Dicke herstellen. Diese γ - Strahlenelektroskope müssen außerdem mit dicken Glasplatten (ca. 4 mm) als Beobachtungsfenster versehen sein. Das Beobachtungsmaterial kommt hier natürlich stets außerhalb des Gehäuses zu liegen und je nach der Intensität der Strahlung in größere oder kleinere Entfernung vom Elektroskop.

Ein besonders empfindliches Elektroskop ist das von C. T. R. Wilson und Kaye[1]) konstruierte, auf das hier verwiesen sei.

Das Elster-Geitelsche Elektroskop.

Ein recht empfindliches, viel verwendetes Elektroskop ist das von Elster und Geitel verbesserte Exnersche[2]) (Abb. 14a und 14b). Der die Aluminiumblättchen tragende Metallstab AB ist bei diesem Elektroskop in einen vorzüglich isolierenden Bernsteinpfropf eingelassen und dieser sitzt wieder in der inneren Peripherie eines Metallrings[3]) von 8,5 cm Durchmesser und 4,5 cm Breite, der vorn bei EF mit einer Spiegelglasplatte, hinten mit einer Mattglasscheibe verschlossen ist. Je nach dem Apparat, für den das Elektroskop verwendet wird, sitzt der Bernsteinpfropf unten (wie in Abb. 14a und 14b) oder oben (wie in Abb. 16 oder 19) im Metallring, so daß der Blättchenträger nach oben oder unten gerichtet ist. An dem

---

[1]) Proc. Phil. Soc. **23**, 209 (1911).
[2]) Phys. Zeitschr. **4**, 138 (1903).
[3]) Bei anderen Typs wird statt eines Metallrings ein Metallkasten verwendet.

Blättchenträger ist dann entweder ein sog. Zerstreuungszylinder, d. i. ein gestielter und geschwärzter Messingzylinder von 5 cm Durchmesser und 10 cm Höhe (s. Abb. 15 auf Seite 59), oder ein Metalltischchen abnehmbar befestigt. Um die Isolation des Elektroskops zu erhöhen, gehen die Stiele des Zerstreuungskörpers und Tischchens durch eine kleine Öffnung aus dem Gehäuse heraus in die Ionisierungskammer. Außerdem ist bei N in Abb. 14b ein kleines Metallrohr angebracht, in das ein Stopfen, der mit einer Nadel durchbohrt ist, in einer aus der Abbildung ersichtlichen Weise, hineinragt. Wenn der innere Raum des Elektroskops feucht geworden ist, spießt man auf der Nadel ein erbsengroßes Stückchen metallisches Natrium auf, das dann alles Wasser anzieht und den Elektroskopraum vorzüglich trocknet.

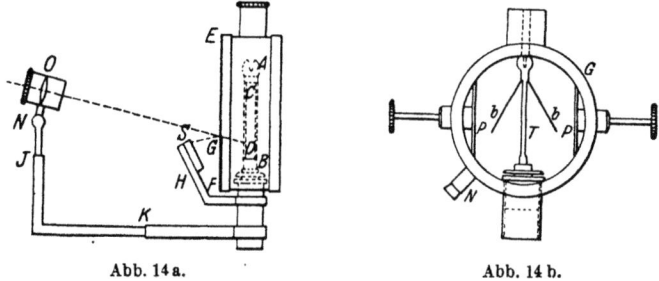

Abb. 14a.   Abb. 14b.
Abb. 14a und 14b. Von Elster und Geitel verbessertes Exnersches Elektroskop.

Um die jeweilige Stellung der gespreizten Blättchen abzulesen, hatte man früher quer über die vordere durchsichtige Glasplatte des Elektroskops eine Papierskala geklebt. Durch diese Anordnung lag die Skala naturgemäß dem Auge näher als die Blättchen im Innern des Elektroskops, und das bedingte bei der Ablesung einen parallaktischen Fehler, der bedeutend werden konnte, wenn Beobachter mit verschiedener Brennweite des Auges das Instrument in ungleiche Abstände vom Auge brachten. Um diesen Fehler zu vermeiden, brachten Elster und Geitel eine Vorrichtung an, durch die die Skala an den Ort der Blättchen gleichsam projiziert wurde. Das gelang ihnen dadurch, daß sie die Skala nicht auf der Glaswand des Gehäuses, sondern auf einem im Winkel angebrachten Halter H bei S (s. Abb. 14a) anbrachten. Diese Skala bildete sich dann in einem Spiegel ab, der dadurch hervorgebracht wird, daß ein Teil der vorderen Glaswand (von F bis G) versilbert ist und eine scharfe Kante nach oben hat. Durch entsprechende Stellung des Halters kann man das Bild der Skala genau an die Stelle der Blättchen im Inneren des Elektroskops spiegeln. Diese Skala wird mit einer

Lupe O abgelesen und es sei schon jetzt betont, daß es für die Ablesung wesentlich ist, genau auf die Grenze, da wo die Versilberung aufhört, einzustellen. Damit das Elektroskop auch transportierbar ist, hat man an beiden Seiten des Metallrings Schiebebacken P (Abb. 14b rechts) eingesetzt, die, zusammengeschoben, verhindern, daß die Blättchen von ihrem Träger abfallen und es bewirken, daß sie beim Transport an ihm fixiert sind. Beim messenden Versuch müssen aber die Backen vorsichtig und soweit als möglich herausgeschoben sein.

Dies Elektroskop findet sich in der angegebenen oder einer etwas abgeänderten Form als wesentlichster Teil vieler Meßapparate, z. B. des Elster-Geitelschen Glocken-Elektroskops, α-Strahlen-Elektroskops, Fontaktoskops, Fontaktometers u. a. wieder, die in der Folge beschrieben sind.

Das Elster- und -Geitelsche Glockenelektroskop.

Einen für Messungen sehr weitgehend anwendbaren Apparat haben J. Elster und H. Geitel angegeben[1]) (s. Abb. 15). Auf einem mit drei Stellschrauben versehenen, am Rande eben geschliffenen Teller T aus Eisen von 21 cm Durchmesser, ruht auf einem zentralen Zapfen ein mit Zerstreuungszylinder versehenes Elster-Geitelsches Elektroskop E, von dem die Lupe zum Ablesen entfernt ist. Eine Glocke aus Messingblech von 18 cm innerem Durchmesser und 34,5 cm Höhe, die unten mit einem abgeschliffenen Wulst versehen ist, kann luftdicht auf den Teller aufgesetzt werden, so daß sie das Elektroskop überdeckt. Bei O und gegenüber sind zwei kreisförmige Fenster aus Spiegelglas angebracht. Hinter das eine kommt eine Lampe, die Licht auf die Mattscheibe des Elektroskops fallen läßt. Durch O wird mit Hilfe einer von außen vorgehaltenen großen Lupe der Stand der Blättchen abgelesen. Im Deckel befindet sich ein Tubulus mit Handhabe M, durch den, um eine senkrechte Achse drehbar, luftdicht schließend und durch Hartgummi isoliert, ein unten umgebogener Messingdraht K_1B eingelassen ist, der oben in eine Metallkugel ausläuft. Durch ihn wird die Ladung des Elektroskops vermittelt, indem man den gebogenen Teil des Drahtes an den Zerstreuungszylinder dreht und die Elektrizitätsquelle an den Kropf K^1 hält. Ist genügend aufgeladen, so dreht man bei F völlig zurück, wodurch K_1B mit der Glockenwand in Berührung kommt. Zwei Metallhähne gestatten es, die luftdicht aufgesetzte Glocke mit Gas zu füllen oder zu evakuieren.

---

[1]) Phys. Zeitschr. 5, 321 (1904).

In diesem Apparat kann man feste, flüssige und gasförmige Substanzen auf Radioaktivität prüfen und auch die sog. „induzierte" Aktivität bestimmen. Feste Substanzen bringt man direkt auf den Teller T oder besser gepulvert in eine Zinkschale Z, deren Durchmesser so gewählt ist, daß sie gerade unter die Glocke paßt, in der Mitte ist die Schale durchlocht, um den das Elektroskop tragenden Zapfen durchzulassen.

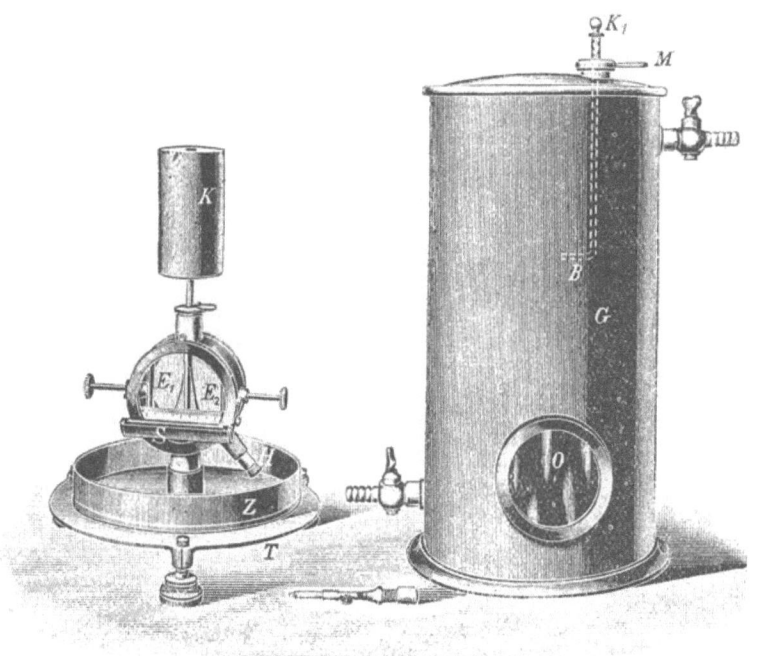

Abb. 15. Elster und Geitels Glockenelektroskop.[1]

Flüssigkeiten enthalten die Aktivität als Gase (Emanationen) gelöst. Sie werden entweder durch Kochen davon befreit oder es wird ihnen die Emanation durch ein genügend großes Luftvolumen entzogen. Im ersten Fall kommt die Messung auf die der Gase zurück, im zweiten Fall kann man eine Apparatur benutzen, die S. 85 abgebildet und beschrieben ist.

Hat man ein radioaktives Gas, so evakuiert man die Glocke teilweise und läßt dann das Gas durch die S. 83 beschriebene Apparatur in die Glocke gelangen, um dann den Spannungsabfall zu messen.

Das Engler-Sievekingsche Elektroskop für feste Substanzen[1].

Dies Elektroskop ist eine Abänderung des Fontaktoskops (s. S. 92) der beiden genannten Forscher und ist nur für die Untersuchung fester Körper auf Radioaktivität geeignet. Indessen ist es in dieser Beschränkung vielseitiger als die Elster - Geitelsche Glocke. Auf einem hölzernen Dreifuß ist ein eben geschliffener Messingteller e fest angebracht. Auf ihn paßt eine Messingglocke A von 22 cm Breite und, im zylindrischen Teil, 21 cm Höhe, die sich dann verjüngt und in einen Messingring von 6 cm Durchmesser endet. Auf diesen ist ein Elster-Geitelsches Elektroskop aufgesetzt, das sich von dem früher beschriebenen nur dadurch unterscheidet, daß bei ihm der Bernsteinpfropfen mit Blättchenträger im höchsten Teil des Elektroskopgehäuses angebracht ist und durch eine enge Öffnung unten in die Glocke A hineingeht und dort in eine Metallplatte c von 10 cm Durchmesser endet. Ihr gegenüber steht eine ebensolche Metallplatte b, deren Träger durch die Mitte der Platte e geht. Dieser Träger läßt sich unter Reibung (Feder) auf- und abwärts verschieben und ist fest mit einem Zeiger verbunden, der sich auf einer Skala S bewegt, die in Zentimeter geteilt ist. Man kann so an der Skala direkt den Abstand der Scheiben c und b in der Glocke ablesen.

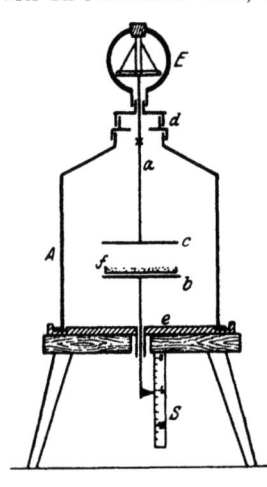

Abb. 16. Elektroskop von Engler und Sieveking.

Die zu prüfende Substanz gibt man fein gepulvert in einen einfachen Metallteller, der auf b steht. Mit dieser Apparatur kann man auch α-strahlende Substanzen prüfen und je nach der Reichweite derselben den Abstand von b und c einrichten. Hat man auch β- und γ-strahlende Substanzen zu prüfen, so schiebt man den Teller b bis auf den Boden, da dann die Kapazität des Systems am kleinsten und damit die Empfindlichkeit am größten ist. Für die letztere Art von Untersuchungen genügt dann noch eine viel einfachere Vorrichtung, die man gern auf Reisen verwendet. Bei ihr fehlen der Dreifuß und die Metallplatten c und b. Statt c geht ein Metallstift vom Elektroskop in die Glocke oder auch ein Zerstreuungszylinder, während die Glocke unten offen ist und in einen

---

[1] Chem.-Ztg. **1907**, 811.

passenden Metallteller so eingelassen werden kann, daß dessen Rand die Glocke übergreifend verschließt.

Ein feiner gearbeitetes Plattenelektroskop haben Elster und Geitel bei ihren Untersuchungen über die Radioaktivität des Bleis benutzt[1]), auf das verwiesen sei.

Bei stark aktiven Präparaten kommt man mit dem einfachen Elster-Geitelschen Elektroskopen und der gewöhnlichen Schaltung nicht aus. Ihre Ladung geht über 230 Volt selten hinaus und darum wird kein Sättigungsstrom mehr erreicht. Da diese Elektroskope zudem eine geringe Kapazität haben, so fallen die Blättchen beim Versuch so rasch zusammen, daß man nicht genau ablesen kann.

Nach H. Gerdien läßt sich der Meßbereich dadurch erweitern, daß man zwei verschieden dicke Blättchenpaare verwendet. Bei seinem Elektroskop läßt sich das untere Blättchenpaar auf 80 bis 300 Volt, das obere auf 280—800 Volt aufladen. Es ist in Abb. 17 abgebildet[2]).

Eine andere Apparatur, bei der man auch mit dem einfachen Elster-Geitelschen Elektroskop sehr starke Aktivitäten messen kann, hat B. Keetman[3]) angegeben. Er fand, daß man das Elektroskop durch die aktive Substanz mit Hilfe einer Hochspannungsbatterie aufladen kann, wie dies bei der Elektrometerschaltung üblich ist. Ein Ausschalter konnte dazu dienen, um in einem bestimmten Augenblick, wenn der Ausschlag groß genug war, die Verbindung zwischen dem Meßkondensator und dem Elektroskope aufzuheben, so daß man die Ablesung bei stillstehenden Blättchen vornehmen konnte. Die beistehende Abbildung zeigt die Schaltung.

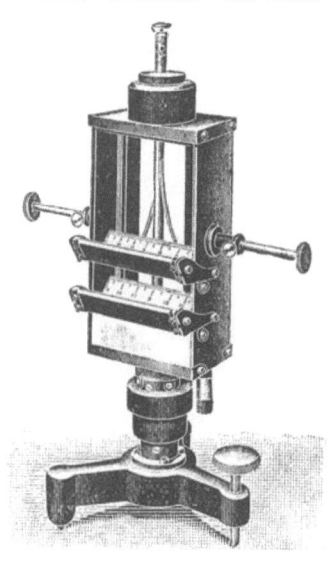

Abb. 17. Elektroskop von Gerdien.

„Zur Ausführung des Versuchs wird die aktive Substanz in den Meßkondensator gebracht, die Schalter B und A geschlossen und der Apparat mit der Hochspannung in Verbindung gesetzt. Der Strom fließt dann durch die ionisierte Luft und A und B

---

[1]) Phys. Zeitschr. 8, 273 (1907).
[2]) Zu beziehen durch Spindler und Hoyer in Göttingen.
[3]) Über die Auffindung des Ioniums Inaug.-Diss. Berlin 1909, S. 9.

zur Erde bzw. zur Batterie zurück; das Elektroskop ist also kurz geschlossen. Wird nun zu einer bestimmten Zeit der Erdschlußschalter B geöffnet, so wird das Elektroskop aufgeladen, bis nach einer bekannten Zeit der Strom bei A unterbrochen wird. Die Aluminiumblättchen bleiben dann stehen, so daß man die Spannung genau ablesen kann. Handelt es sich um die Messung von sehr stark aktiven Präparaten, bei denen man nur wenige Sekunden würde beobachten können, so schaltet man Hilfskapazitäten ein, die empirisch geeicht sind. In der Abbildung sind dieselben mit c_1, c_2, c_3 bezeichnet. Bei einer Kapazität von 550 ccm können mit dieser Anordnung Ströme bis zu $2 \cdot 10^{-8}$ Amp. gemessen werden.

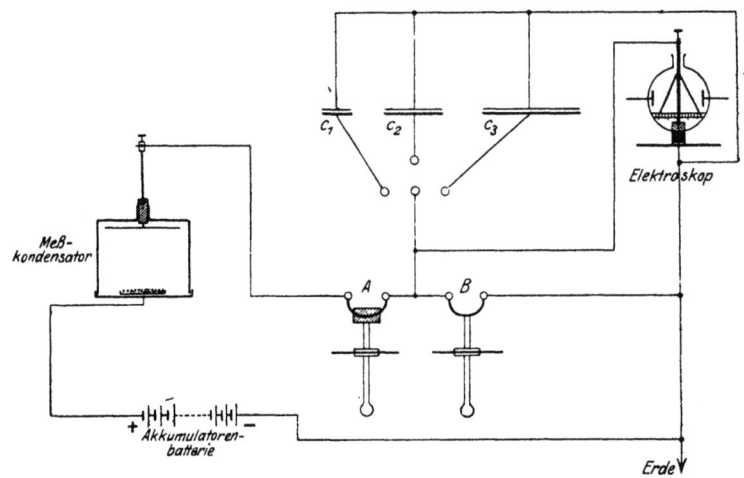

Abb. 18. Schaltung von Keetman für die Messung stark radioaktiver Körper.

Zur Erzeugung der für die Messungen erforderlichen Spannung dienten 304 ganz kleine Akkumulatoren, die aus Reagensgläsern und Bleidrähten zusammengesetzt waren. Dieselben waren auf 8 Batterien von je 38 Zellen verteilt. Diese wurden durch einen geeigneten Umschalter mit Quecksilberkontakten bei den Messungen hintereinander, zur Ladung aber parallel geschaltet und mit der 110-Volt-Leitung verbunden."

Zur Untersuchung gasförmiger radioaktiver Substanzen benutzt man hermetisch schließende Ionisationskammern, die noch mit zwei Hähnen versehen sind. Elektroskope mit solchen Ionisierungskammern nennt man auch Emanationselektroskope. In ihnen sind Elektroskopraum und Ionisationskammer am besten hermetisch voneinander abgeschlossen. Ein solches recht zweckmäßiges Elektroskop beschreibt E. Ebler[1]); es ist in Abb. 19 abgebildet. Die zylindrische Messingkammer J ist mit zwei Hähnen H_1 und H_2 versehen, die hermetisch schließen müssen. Oben ist durch einen Bernsteinpfropf B_1 die stabförmige Elektrode Z vakuumdicht in den zylindrischen Raum eingelassen. Oben kann auf die Ionisierungskammer ein Elster-Geitelsches Elektroskop aufgesetzt und davon abgenommen werden, das durch die Feder F mit Z verbunden wird und durch den federnden Ladestift Z_1 geladen werden kann. Beim Versuch wird die Kammer J nach der Bestimmung ihrer Luftzerstreuung teilweise evakuiert, in das Vakuum das zu untersuchende trockene Gas eingefüllt und der Rest des Vakuums mit reiner trockener Luft ausgeglichen. Dann setzt man das Elektroskop auf und bestimmt nach drei- bis vierstündigem Warten die Stärke des Sättigungsstroms. Am besten hält man sich für ein Elektroskop mehrere Ionisierungskammern von gleichen Dimensionen, um Vergleichsmessungen rascher ausführen zu können (s. später).

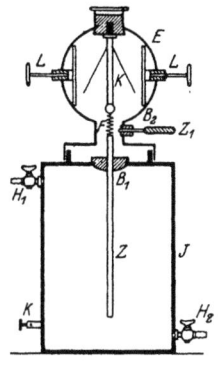

Abb. 19. Emanationselektroskop.

Das Elektroskop von H. W. Schmidt.

Ein sehr empfindliches Elektroskop ist das, das H. W. Schmidt gelegentlich seiner Untersuchungen über die Radioaktivität von Flüssigkeiten beschrieb[1]). Es ist unten und S. 102 im Zusammenhang mit der ganzen Apparatur abgebildet. In den Deckel des Elektroskopgehäuses E (Abb. 20b) ist durch einen großen Bernsteinpfropf b' der Blättchenträger s mit dem Blättchen a eingefügt. Im Ionisationsraum Z ist der Zerstreuungskörper k auf die Verlängerung des Blättchenträgers aufgesetzt. Bei den empfindlichsten Instrumenten besteht er aus einer Nadel. Auf den Boden dieses Raumes kann man die zu untersuchende feste radioaktive Substanz in geeigneten Tellerchen aufstellen. Gasförmige und flüssige Körper bringt man, wie später angegeben wird, in die Ionisationskammer. Die Empfindlichkeit des Elektrometers ist durch verschiedene Kunstgriffe im Laufe der Jahre verbessert worden. Die Ablesung geschieht durch ein Mikroskop, das den punktierten Gesichtskreis f beherrscht. In ihm erscheint eine im Mikroskop angebrachte Skala,

---

[1]) Phys. Zeitschr. **6**, 561 (1905), **7**, 209 (1906).

die in 10 Teile geteilt ist. Wenn möglich, läßt man das Blättchen bei der Messung vom äußersten Skalenpunkt aus die ganze oder einen Teil der Skala durchlaufen und hat dann stets gleiche Po-

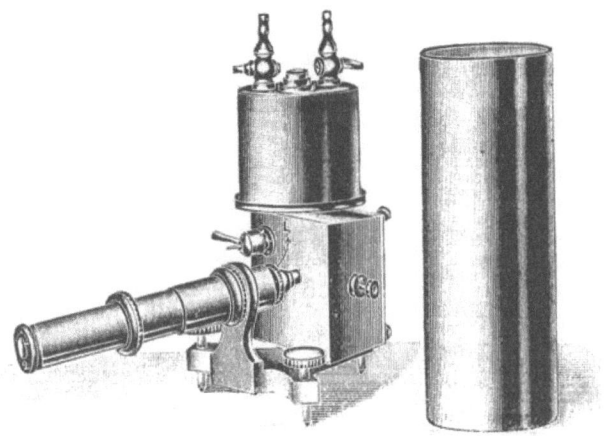

Abb. 20a. Elektroskop von H. W. Schmidt.

tentialabfälle bei der Messung. Dies Elektroskop garantiert bei nicht allzu stark aktiven Substanzen stets eine Spannung, die dem Sättigungsstrom entspricht, denn die Ladung, die das Blättchen im Gesichtskreis f des Mikroskops hat, schwankt bei den Instrumenten zwischen 400 und 300 Volt. Zur schärferen Ablesung ist mit dem Aluminiumblättchen ein mikroskopischer Quarzfaden fest verbunden, den man einstellt und der einen scharfen Schnittpunkt mit der Skala bildet. Zum Schutze des Blättchens beim Transport kann eine Metallbacke mit Träger gegen s geschoben werden. Bei der Messung muß diese Vorrichtung natürlich ganz nach der Wand zurückgeschoben werden. Die Ladung des Elektroskops geschieht durch ähnliche Vorrichtungen (Zambonischer Säule, Ladestift usw.), wie sie beim Elster-Geitelschen und Wilsonschen Instrument bereits beschrieben wurden.

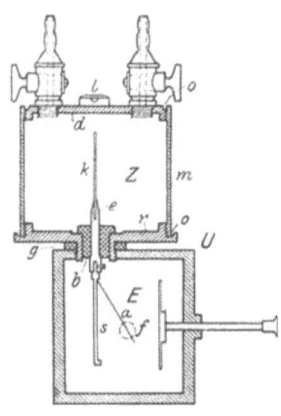

Abb. 20b. Durchschnitt durch das Elektroskop von H. W. Schmidt.

Erwähnt seien noch ein α-Strahlenelektroskop von relativ hoher Kapazität (10—12 cm) und darum mäßiger Empfindlichkeit, das

aber bequem zu handhaben ist, nämlich das Rutherfordsche
α-Strahlenelektroskop (Abb. 21). Es ist im Durchschnitt gezeichnet und nach dem Vorhergehenden ohne weiteres
verständlich. Die beiden Platten im Ionisationsraum
sind ca. 4 cm voneinander entfernt, und die radioaktive Substanz wird in einem Tellerchen auf die untere, geerdete Platte aufgelegt. Für nicht allzu stark
aktive Substanzen ist der Sättigungsstrom nahezu bei
einer Ladung von 300 Volt erreicht. Die Lage des
Blättchens wird mit einem Mikroskop abgelesen.

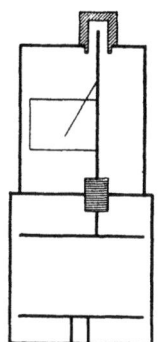

Abb. 21.
α-Strahlenelektroskop von Rutherford.

Das Quarzfadenelektrometer von Th. Wulf[1]).

Als empfindlichstes Elektrometer von geringer
Kapazität gilt das Quarzfadenelektrometer von
Wulf (Abb. 22). An Stelle der Aluminiumblättchen
verwendet Wulf zwei ganz dünne versilberte Quarzfäden, die im Elektroskopraum aufgehängt sind. Sie
sind oben wie unten fest miteinander verbunden und
gehen deshalb beim Laden linsenförmig auseinander. In der Mitte
kann ihr Stand durch ein Mikroskop mit Skala abgelesen werden,
die am besten indirekt beleuchtet
wird. Oben hängen die Fäden isoliert in B und setzen sich in die
Ionisationskammer D fort. In
letztere gibt man die Substanz in.
geeigneten Tellern auf den Boden.
Bei neueren Typen dieser Instrumente ist die Ionisationskammer
mit doppeltem, übereinander greifendem Deckel verschließbar. Der
eine, dünnere, besteht aus Aluminium von solcher Dicke, daß
nur α-Strahlen absorbiert, β-Strahlen aber durchgelassen werden, und wird bei β-Strahlen verwendet. Der zweite, über diesen
greifende Deckel vermag auch
die β-Strahlen völlig zu absorbieren. Man prüft hier Substanzen auf β- und γ-Strahlung dadurch, daß man sie auf
den Deckel legt, also nicht in die Ionisierungskammer einbringt.

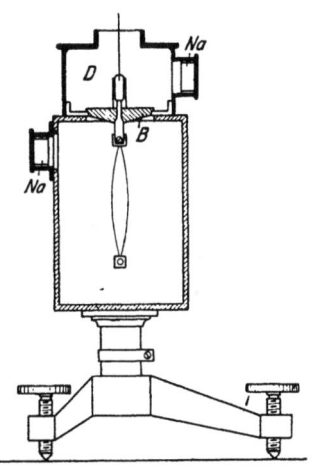

Abb. 22. Quarzfadenelektrometer von Wulf.

[1]) Phys. Zeitschr. 8, 246, 527 (1907).

α-strahlende Substanzen und Gase werden dagegen in die Ionisationskammer eingeführt. Die Ablenkung der Fäden ist im Intervall von 40—240 Volt proportional mit der Spannung. Am besten nimmt man eine Eichkurve des Instrumentes auf (s. S. 68 u. Phys. Zeitschr.). Das Instrument kann geladen transportiert werden, und die Ablenkung der Fäden wird durch Bewegungen, ja Stöße, nicht allzu stark beeinflußt. Darum wird das Elektroskop zur Messung von Ionisationsströmen auf der See viel verwendet.

Schon G. Berndt[1]) hat bei seinen luftelektrischen Messungen gezeigt, daß man das Wulfsche Elektrometer auch in umgekehrter Stellung, also gleichsam auf den Kopf gestellt, gebrauchen kann, und neuerdings hat man diese Stellung beim Bau von Elektrometern öfters angewendet, um Zerstreuungskörper und Elektroden nach unten statt nach oben anbringen zu können[2]). Im Institut für Radiumforschung in Wien ist nach Mitteilungen von V. F. Hess diese Anordnung bereits seit 1912 für die verschiedensten Zwecke in Gebrauch. „Ein und dasselbe Elektrometer mit einer aufgesteckten Scheibenelektrode und einem größeren, auf dem Elektrometerhals aufgepaßten Metallteller wird als Meßapparat auf die betreffenden Ionisierungsgefäße gesetzt.

Bei β-Strahlenmessungen z. B. ist das Ionisierungsgefäß ein zylindrischer Blechtopf, der auf drei Füßen steht und in der Bodenfläche eine runde Öffnung besitzt, die mit einer für α-Strahlen undurchlässigen Folie bedeckt ist. Das Präparat wird direkt unter diese Öffnung gestellt.

Bei α-Strahlenmessungen wird das Präparat im Innern eines ähnlichen Gefäßes ohne Bodenöffnung angebracht. Der Vorteil hierbei ist, daß die Präparate stets geerdet bleiben und bei entsprechender Dimensionierung des Gefäßes keine merklichen Kapazitätsänderungen beim Einbringen des Schälchens u. dgl. eintreten. Die Aufladung erfolgt durch einen seitlich am Hals des Elektrometers angebrachten federnden Stift.

Die Eichkurve des Elektrometers in verkehrter Lage unterscheidet sich nur sehr wenig von der in aufrechter Lage; man muß natürlich berücksichtigen, daß der rechte Faden im Gesichtsfeld bei verkehrter Lage links erscheint und umgekehrt. Die beiden Fäden sind nie ganz gleich empfindlich. Um auch bei höheren Spannungen arbeiten zu können, etwa 300—400 Volt, die das

---

[1]) Phys. Zeitschr. 12, 1125 (1911).
[2]) Walter, Phys. Zeitschr. 17, 21 (1916); V. F. Hess, Phys. Zeitschr. 17, 72 (1916); Engler und Koenig, Phys. Zeitschr. 17, 73 (1916).

Fadensystem ohne weiteres verträgt, wird das Ablesemikroskop durch seine Schlittenverschiebung exzentrisch gestellt und nur der eine Faden beobachtet[1])."

Eichung von Elektrometern.

Die käuflichen Elektrometer werden zwar geeicht geliefert, und der Wert ihrer Kapazität (elektrostatisch) in Zentimetern ist jedem beigeben. Werden aber mehrere Elektrometer im gleichen Institut benutzt, so muß selbstverständlich sorgfältigst darauf geachtet werden, daß die Teile derselben (Zerstreuungskörper usw.) nicht vertauscht werden. Bei dieser Möglichkeit und auch nach langem Gebrauch des gleichen Instrumentes ist es vor allem von Wichtigkeit, die Kapazität von Zeit zu Zeit zu kontrollieren. Man benutzt dazu verschiedene Kondensatoren, von denen der Harmssche[2]) in Deutschland einer der gebräuchlichsten ist. Für Elektrometer wird der von Rutherford beschriebene[3]) sehr empfohlen.

Eichung eines Elektrometers resp. Kontrolle der Eichungstabelle eines gelieferten Instrumentes.

Man benutzt dazu eine Hochspannungsbatterie aus vielen kleinen, in Reihen geschalteten Elementen von bestimmter konstanter Spannung (etwa die von F. Krüger angegebene[4]), bei der man an vielen Stellen bekannte Teilspannungen abnehmen kann), die nach einem Normalelement in Volt geeicht ist. Man leitet dann den einen Pol der Batterie zur Erde ab und verbindet den anderen Pol mit dem isolierten Teil des Elektroskops, das geeicht werden soll. Der nun entstehende Ausschlag der beiden oder nur eines Blättchens entspricht der Summe der elektromotorischen Kräfte der Elemente zwischen dem geerdeten und dem mit dem Zerstreuungskörper verbundenen Elemente, die bekannt und in Volt ohne weiteres angebbar ist. Nachdem man eine Reihe von Teilen der Batterie eingeschaltet die Blättchenstellung auf der Skala samt zugehöriger Voltzahl notiert hat (bei den Elster - Geitelschen Elektroskopen macht man 20—25 Beobachtungen), berechnet man sich die Voltzahlen für Zehnteile der Skala in folgender Weise. Es entsprach z. B.

---

[1]) V. F. Hess, Phys. Zeitschr. 17, 72 (1916).
[2]) Phys. Zeitschr. 5, 49.
[3]) Rutherford, Radioakt. Subst. S. 75f.
[4]) Zu beziehen von Spindler & Hoyer in Göttingen.

Tabelle 1.

Blättchenausschlag auf der Skala (bei 2-Blattelektroskop natürlich Summe der Blättchenstellungen rechts und links)	Zugehörige Voltzahl an der geeichten Batterie abgelesen

35,7 ⎫
     ⎬ 2,9 Differenz
 32,8 ⎭
     ⎬ 2,1   ,,
 30,7 ⎭
     ⎬ 2,2   ,,
 28,5 ⎭
 usw.
	226,4 ⎫
	     ⎬ 8,4 Differenz
	 218,0 ⎭
	     ⎬ 8,4 ,,
	 209,6 ⎭
	     ⎬ 8,4 ,,
	 201,2 ⎭
	 usw.

Bei den zwei ersten Beobachtungen entsprachen 2,9 Skalenteile 8,4 Volt, 0,1 Skalenteile also 0,2897, rund 0,3 Volt. Man ergänzt sich nun den Intervall zwischen 32,8 bis 35,7 Skalenteilen so, daß man zu der 32,8 zugehörigen Voltzahl für jedes Zehntel Skalenteil 0,3 Volt addiert. Analog verfährt man mit den Eichzahlen 32,8 (218,0) und 30,7 (209,6), bei denen also 2,1 Skalenteile 8,4 Volt entsprechen und 0,1 Skalenteil somit 0,4 Volt usw. usw.

Man notiert sich nun alle diese Werte für das Meßbereich des Elektroskops entweder in einer Tabelle von der Anordnung einer Logarithmentafel, resp. sie ist dem Instrumente vom Lieferanten bereits so beigegeben, oder man stellt sie graphisch auf einem rechtwinkligen Koordinatensystem dar. Als Abszissen werden dann die Skalenteile, als Ordinaten die zugehörigen Potentiale in Volt aufgetragen und die Punkte zu einer Kurve verbunden. Man braucht dann nur von dem abgelesenen Skalenteil aus in senkrechter Richtung zur Kurve zu gehen und den Ordinatenwert dieses Punktes in Volt abzulesen.

Will man eine Skala nicht eichen, sondern die vom Lieferanten besorgte Eichung nur kontrollieren, so legt man in der angegebenen Weise mit der geeichten Hochspannungsbatterie eine Reihe von Potentialen an und sieht jedesmal, ob die Ausschläge, die auf den Skalenteilen stehen, mit den Angaben der Skala übereinstimmen.

Der Eichkondensator von F. Harms (Abb. 23) besteht aus zwei konzentrischen Metallzylindern I und II, die durch Bernstein- resp. Ebonitisolationen auf der metallischen Grundplatte P befestigt sind. Zum Schutze gegen äußere elektrostatische Einflüsse sind sie von dem Metallgefäß III umgeben, das bei den Messungen geerdet wird. Aus ihm heraus führen isolierte Zuleitungen zu I und II. Erdet man erst I und lädt II auf ein Potential von V Volt, hebt dann die Erdung von I auf und verbindet II mit der Erdleitung, so wird durch Influenz eine gewisse Elektrizitätsmenge Q

Eichung eines Elektrometers resp. Kontrolle der Eichungstabelle usw. 69

von II auf I (und die evtl. damit verbundenen Apparate) übertragen. Diese Elektrizitätsmenge läßt sich berechnen, wenn man

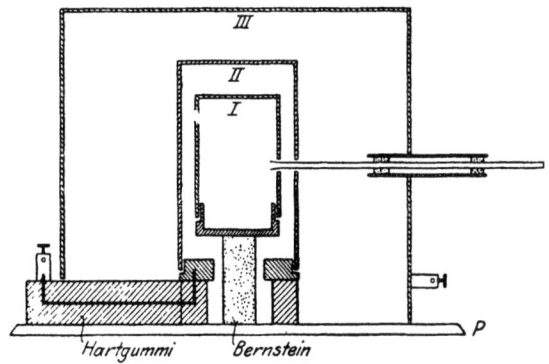

Abb. 23. Eichkondensator von Harms.

c, den sog. „Influenzierungskoeffizienten" von II auf I, kennt, denn es ist
$$Q = c \cdot V.$$
Der Influenzierungskoeffizient wird ein für allemal bestimmt und meist schon vom Lieferanten dem Kondensator als Konstante beigegeben.

Will man mit dem Harmsschen Kondensator ein Elektrometersystem eichen, so führt man zwei getrennte Messungen aus:

1. Bestimmung der Gesamtkapazität von Elektrometer + Kondensator.

Man verbindet I mit dem Elektrometersystem, dessen Kapazität bestimmt werden soll, und erdet es zusammen mit III. Dann bringt man an II ein bekanntes Potential von V Volt, hebt darauf die Erdung von I auf und erdet II. Das Elektrometer zeigt nun ein Potential von v Volt. Ist die Gesamtkapazität C und Q die auf Elektrometer + Kondensator befindliche Elektrizitätsmenge, so ist einerseits
$$Q = v \cdot C$$
und andererseits
$$Q = V \cdot c,$$
woraus folgt
$$C = c \frac{V}{v}.$$

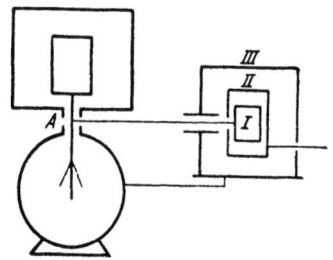

Abb. 24. Schaltung beim Harmsschen Kondensator.

2. Bestimmung der Kapazität des Elektrometers allein.

Man erdet *II*, bringt das Elektrometer wieder in Berührung mit *I* und lädt *I*. Das Elektrometer zeigt ein Potential von V_1 Volt. Die auf dem System vorhandene Elektrizitätsmenge ist

$$Q_1 = C \cdot V_1.$$

Nun unterbricht man die Verbindung zwischen Elektrometer und Kondensator, wobei die Spannung des Elektrometers auf V_2 Volt sinkt. Ist K die (zu bestimmende) Kapazität des Elektrometersystems allein, so haben wir

$$Q_2 = K V_2.$$

Die Elektrizitätsmenge Q_2 wird dem Elektrometer durch Erdung entzogen und dann letzteres wieder mit dem Kondensator verbunden. Es zeigt dann V_3 Volt, wobei

$$Q_3 = C V_3$$

ist. Da nun aber

$$Q_1 - Q_2 = Q_3 \quad \text{resp.} \quad CV_1 - KV_2 = C \cdot V_3$$

ist, so folgt:

$$K = C \frac{v_1 - v_3}{v_2}.$$

Allgemeines über die Messung mit Elektroskopen.

Um sachgemäße Messungen mit einem Elektroskop machen zu können, muß man stets einige im Grunde selbstverständliche Vorsichtsmaßregeln beachten, auf die kurz hingewiesen sei. Vor allem ist eine stabile Aufstellung und richtige Justierung auf einer festen Unterlage von Wichtigkeit. Dann müssen Lupe oder Mikroskop scharf auf die Elektrometerblättchen oder die damit verbundenen Fäden eingestellt werden. Dabei sollte die Beleuchtung der Skala nur durch geschlossene Lampen, wenn möglich indirekt durch Spiegelung, geschehen. Am besten lädt man immer auf den gleichen Teilstrich und bestimmt mit der Stoppuhr die Zeit, in der eine bestimmte Anzahl von Teilstrichen durchlaufen werden. So vermeidet man Fehler, die durch Mängel in der Einheitlichkeit der Skala bedingt werden können. Bei der Messung schwach radioaktiver Substanzen ist nun diese Art der Ablesung nicht immer möglich. Dann ist es zweckmäßig, sich durch besondere Versuche zu überzeugen, ob die verschiedenen Teile der Skala richtig kalibriert sind und bei gleicher Zahl untereinander übereinstimmende Voltabfälle geben. Die zu messende radioaktive Substanz muß für einen Versuch so dosiert sein, daß die Bewegung des oder der Blättchen nicht zu rasch erfolgt. Man muß den Durchgang des Blättchens durch einen Skalenteil jederzeit scharf bestimmen können. Weiter ist es zu Beginn von Messungen zweckmäßig, noch nicht unmittelbar nach der Ladung mit den Ablesungen zu beginnen, sondern erst einige Minuten später, wobei man evtl. von neuem auf den Teilstrich auflädt. Endlich muß vor jeder Messung einer radioaktiven Substanz die sog. natürliche oder Luftzerstreuung eines Elektroskops bestimmt werden, da die Luft im Elektroskopraum durch geringe Mengen radioaktiver Emanationen, die infolge barometrischer Schwankungen wechseln, ein wechselndes Zerstreuungsvermögen für Elektrizität zeigt. Auch die Steinwände des Versuchsraums können durch einen Gehalt an radioaktivem Material die Luft für Elektrizität stärker leitend machen.

Die Einstellung und Ablesung des Elster - Geitelschen Elektroskops (s. Abb. 14a und 14b) geschieht folgendermaßen: Um das Elektroskop zum Messen vorzubereiten, stellt man zunächst seine natürlich sehr stabile Unterlage möglichst horizontal. Dann schiebt man die Backen P so weit nach außen, als es geht, so daß sie an die Gehäusewand anstoßen, und befestigt den Zerstreuungskörper oder den Metalltisch an dem Träger T, falls er nicht schon daran ist. Das Laden geschieht am besten mit einer Zambonischen Säule[1]) oder mit einem Ladestab[2]) oder mit irgendeiner Elektrizitätsquelle. Negative Elektrizität kann man auch leicht durch Berühren mit einem geriebenen Ebonitstab (Füllfederhalter) oder durch genügend langes Bestreichen des mit dem Elektroskop verbundenen Metallteils mit einem Haarpinsel aufladen. Die Ablesung beginne man bei lange nicht geladen gewesenen Elektroskopen erst fünf Minuten nach der Ladung, damit während dieser Zeit der isolierende Bernsteinpropfen mit den Metallteilen sich laden und innen dielektrisch polarisieren kann. Auch versäume man nicht, den Elektroskopraum von Zeit zu Zeit vor der Messung mit metallischem Natrium auszutrocknen.

Für die Ablesung muß zunächst der oberste Rand der Skala S so weit von der Vorderwand EF des Elektroskops abgerückt werden, wie diese von dem vorderen Rand der Blättchen entfernt ist. Vom Lieferanten ist das meist schon geschehen, so daß man H mit S nur so weit von der Glaswand wegzuschieben hat, als es geht. Man bewirkt das durch einen sanften peripherischen Druck auf das obere Ende von H resp. die Mitte von S. Dann stellt man vermittels K, J und N (Fig. 14a) die Lupe O so ein, daß der obere Rand des Spiegelbildes der Skala mit dem oberen Rand des Spiegels zusammenfällt und scharf erscheint. Die Skala darf, durch

---
[1]) Zu beziehen durch Günther & Tegetmeyer in Braunschweig.
[2]) Auch durch Spindler & Hoyer in Göttingen beziehbar.

die Lupe betrachtet, nicht gekürzt erscheinen, und ebensowenig darf Spiegelfläche, die nicht von Skala durchsetzt ist, sichtbar sein. **Man muß stets genau auf die oben beschriebene Grenzlinie einstellen, wenn man richtige Ablesungen erhalten will.** Auf dieser Grenzlinie wird der Schnittpunkt des vorderen Randes der Blättchen jeweils abgelesen, der selbstverständlich im Bilde scharf erscheinen muß. Bei Aluminium- oder Goldblattelektroskopen empfiehlt es sich, diesen Rand von vornherein genau zu bestimmen. Da die Skala dezimal geteilt ist und die Teilstriche im Abstand von etwa 1 mm voneinander entfernt sind, sind die Verhältnisse sehr einfach. Bruchteile von Skalenteilen werden geschätzt. Hat man die Grundplatte des Elektroskops von vornherein horizontal gerichtet, so stehen die beiden Blättchen b meist um gleiche Skalenteile vom Nullpunkt ab. Ist das nicht der Fall, so verstellt man die Schrauben der Unterlage so lange, bis dies erreicht ist. Am besten lädt man das Elektroskop bei einem Meßversuch stets auf die gleichen, möglichst weit vom Nullpunkt entfernten Teilstriche auf und beobachtet die Zeit (am besten mit der Stoppuhr), während der eine bestimmte, beim gleichen Versuch am besten gleiche Anzahl von Teilstrichen durchlaufen werden. Beginnt man z. B. mit der Messung, wenn die Blättchen links und rechts auf 17 stehen, so läßt man die Blättchen etwa auf Teilstrich 8 kommen und mißt die Zeit, die nötig ist, damit das erreicht ist. Oft läßt sich das freilich nicht durchführen, weil die Blättchen zu rasch oder zu langsam zusammenfallen, dann wählt man eine Zeit, die gerade passend ist.

Will man nun die Stärke der Radioaktivität einer Substanz feststellen, so muß stets der Hauptmessung die Messung der natürlichen Elektrizitätszerstreuung der Luft der Ionisationskammer oder, wie man auch oft abkürzend sagt, des „Normalverlustes" oder der „Luftzerstreuung" vorangehen. Sie muß von der Zerstreuung, die die radioaktive Substanz in der gleichen Ionisationskammer bewirkt, abgezogen werden.

An sich ist ein Gasgemisch von Stickstoff und Sauerstoff, wie es der Zusammensetzung der Luft entspricht, ein Isolator der Elektrizität, so daß es eine Elektroskopladung halten müßte. Die Erfahrung zeigt aber, daß das Elektroskop mit Ionisationskammer zwar meist langsam, aber doch viel geschwinder entladen wird, als es seinen Isolationsverhältnissen entspricht. Das kommt daher, daß die Luft durch mehrfache Einflüsse einer steten Ionisierung unterliegt. Einesteils sind dies radioaktive Bestandteile der Gesteine und des Erdbodens und dann, damit zusammenhängend, radioaktive Emanationen, die bei den fortwährenden Luftdruckschwankungen aus dem Erdboden in die Luft gelangen und Ionen erzeugen, so daß die Elektrizität rascher vom Elektroskop abfließt. Andererseits hat die durchdringende Strahlung der Atmosphäre einen analogen Einfluß. Außerdem ändern Staubgehalt und Feuchtigkeit der Luft die Elektrizitätszerstreuung. Die der Hauptmessung vorangehende Messung des sog. „Normalverlustes" oder der „Luftzerstreuung" ist bei jedem neuen Versuch nötig, weil der Ionengehalt der Luft nach dem Vorhergesagten fortwährend Schwankungen unterliegen muß.

Um den Normalverlust zu bestimmen, laden wir das Elektroskop z. B. mit negativer Elektrizität so auf, daß seine Blättchen einige Minuten nach der Ladung links und rechts auf Teilstrich 17 stehen, notieren diesen Zeitpunkt (oder setzen eine Stoppuhr in Gang) und warten nun je nach der größeren oder kleineren Kapazität des Elektroskops kürzer oder länger bis zu einer neuen Ablesung des Standes der Blättchen. Nach einer Stunde möge der Stand der Blättchen rechts und links auf 16, also rechts und links um zusammen zwei Teilstriche, gesunken sein.

Nun schreiten wir zur Hauptmessung, bringen eine bestimmte Menge des zu untersuchenden radioaktiven Körpers[1]), auf eine bekannte Fläche verteilt, in die Ionisationskammer und lassen ihn die Luft ionisieren, um dann den Sättigungsstrom zu messen. Zu dem Zweck wird das Elektroskop am besten wieder so aufgeladen, daß die Blättchen zu Beginn der Messung rechts und links auf Teilstrich 17 stehen. Nach 15 Minuten erfolge eine neue Ablesung, und die möge ergeben, daß die Elektroskopblättchen nun rechts und links auf Teilstrich 8 stehen, also um insgesamt 18 Skalenteile zusammengefallen sind. Davon muß nun ein halber Teilstrich von der Luftzerstreuung her abgezogen werden, so daß als Maß für die Aktivität der Substanz eine Entladung des Elektroskops von 17,5 Skalenteilen gilt. Dies Maß ist freilich ein sehr relatives, das nur für den betreffenden Apparat und die betreffende Versuchsanordnung gilt. Mit einem anderen Elektroskop würde der gleiche Beobachter eine ganz andere Anzahl von Skalenteilen erhalten. Das kommt daher, daß die verschiedenen Apparate eine verschiedene Kapazität haben, und um diesen Kapazitätsfaktor auszugleichen, ist es nötig, den Elektrizitätsverlust in einem ganz allgemein gültigen Maß auszudrücken, wenn das Gültigkeitsbereich der Versuche ein weiteres sein soll. Zu diesem Zweck sind, wie gesagt, die gebräuchlichen Elektroskope und Elektrometer meist schon vom Lieferanten aus mit Eichungszetteln versehen, die einerseits die Kapazität (elektrostatisch) in Zentimeter enthalten,

---
[1]) Wie er vorgerichtet werden muß, wird später beschrieben.

andererseits tabellarisch angeben, welchem Potential des Elektroskops in Volt die einzelnen Teilstriche der Skala entsprechen. Im obigen Beispiel betrug die Kapazität des Elektroskops 8,5 cm. Zu Beginn des Versuchs standen die Blättchen bei beiden Messungen rechts und links auf Teilstrich 17, am Ende einmal nach einer Stunde auf 16, das zweitemal nach 15 Minuten auf Teilstrich 8. Die zum Instrument gehörige Tabelle gibt an, daß der Stellung der Elektroskopblättchen über 34 Skalenteile ein Potential von 207 Volt, von 32 Skalenteilen von 5 Volt und von 16 Skalenteilen eines von 131 Volt entspricht. Bezieht man nun beide Messungen auf die Zeit von einer Stunde, so ergibt sich nach Abzug der Luftzerstreuung ein Spannungsabfall von $306 - 5 = 301$ Volt. Durch den Sättigungsstrom der bestimmten Menge radioaktiver Substanz würde also im Elektroskop ein Spannungsabfall von 301 Volt pro Stunde hervorgerufen.

Auf Grund dieser Daten kann man den Sättigungsstrom (auch Ionisationsstrom genannt) i entweder in absoluten elektrostatischen Einheiten [ESE] oder in elektromagnetischen Einheiten resp. Ampères berechnen.

Für den Sättigungsstrom hatten wir S. 52 die Gleichung

$$i = C \cdot \frac{v_1 - v_2}{t},$$

wobei C die Kapazität (hier 8,5 cm), $v_1 - v_2$ den Voltabfall (hier 301 Volt), t die Zeit, in der dieser Abfall erfolgen würde (hier 1 Stunde = 3600 Sekunden). Da nun einer elektrostatischen Einheit 300 Volt entsprechen und die Zeit bei den absoluten Maßen in Sekunden angegeben werden muß, so haben wir die **Sättigungsstromstärke i in elektrostatischen Einheiten**:

$$i = \frac{8,5 \cdot 301}{300 \cdot 3600} = 0,002369 = \underline{2,369 \cdot 10^{-3} \text{ [ESE]}}.$$

Will man die Sättigungsstromstärke in elektromagnetischem Maße resp. Ampère angeben, so muß man berücksichtigen, daß 1 EME = 10 Amp. = $3 \cdot 10^{10}$ ESE sind, folglich

1 ESE = $0,33\ldots \cdot 10^{-9}$ Amp.

Folglich hätten wir:

$$i = \underline{0,789 \cdot 10^{-12} \text{ Amp.}}[1]).$$

Da der Sättigungsstrom durch die Ionen unterhalten wird, so kann man ihn auch durch ihre Anzahl ausdrücken, falls das Volum

---

[1]) Will man den Sättigungsstrom gleich in Ampère ausdrücken, so hat man, da $\dfrac{1}{300 \cdot 3 \cdot 10^9} = 1,11 \cdot 10^{-12}$ ist: $i = \dfrac{1,1 \cdot 8,5 \cdot 301}{3600} \cdot 10^{-12}$.

des Ionisierungsraums bekannt ist. Ist N die Zahl der in 1 ccm Luft erzeugten positiven und negativen Ionen, e die Ladung eines Ions und v das Volum der Ionisierungskammer, so gilt die Beziehung

$$i = N \cdot e \cdot v.$$

Da i gemessen wurde, $e = 4{,}65 \cdot 10^{-10}$ ESE beträgt und das Volum des Ionisierungsraums 2 l ($= 2 \cdot 10^3$ ccm) beträgt, kann man N berechnen:

$$N = \frac{i}{e \cdot v} = \frac{2{,}369}{9{,}3} \cdot 10^4 = 2548 \text{ Ionen in 1 ccm.}$$

War die radioaktive Substanz, die bei dem Versuch die Luft ionisierte, Radiumemanation, so drückt man die Aktivität auch gern in „Curie" resp. „Milli-Curie" $\left(\frac{1}{1000} \text{ Curie}\right)$ oder „Mikro-Curie" $\left(\frac{1}{10^6} \text{ Curie}\right)$ aus.

Die eigentlichen Elektrometer.

Die Elektrometer sind allgemeiner verwendbar als die Elektroskope. Sie sind empfindlicher für Spannung, wegen ihrer großen Kapazität aber weniger empfindlich für Ladung als ein Elektroskop. Das gebräuchlichste Instrument ist das Quadrantenelektrometer, das von Thomson konstruiert und u. a. von Dolezalek zu großer Empfindlichkeit ausgebaut wurde. Von der näheren Beschreibung kann hier abgesehen werden, da der Physiker ohne weiteres mit dem Apparat umzugehen weiß, der in physikalischen Messungen Ungeübte das Instrument nicht ohne Anleitung handhaben kann. Daher seien nur die wichtigsten Schaltungen angegeben.

Im einfachsten Fall mißt man den relativ sehr schwachen Strom, den eine radioaktive Substanz durch Ionisierung der Luft hervorbringt, mit folgender Schaltung (Abb. 25):

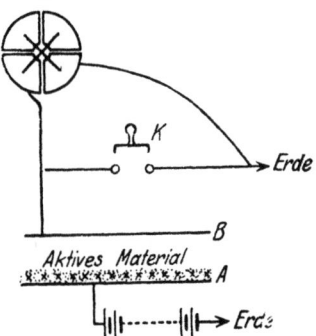

Abb. 25. Messung der Aktivität mit dem Quadrantenelektrometer.

Die Substanz wird fein gepulvert in dünner Schicht auf die eine (A) der zwei parallelen isolierten Metallplatten A und B gebracht, zwischen denen der Ionisationsstrom übergeht. Diese Platte wird dadurch auf ein passendes Potential geladen, daß man mit ihr den einen Pol einer großen Akkumulatorenbatterie verbindet, deren anderer Pol zur Erde abgeleitet ist. Die Platte B ist mit dem einen Quadrantenpaar des Elektrometers verbunden, das andere Quadrantenpaar ist zur Erde abgeleitet. Vermittels des Schlüssels K, der besonders konstruiert sein muß[1]), kann auch die Platte B und das mit ihr verbundene Quadrantenpaar geerdet werden. Wenn der Apparat vorgerichtet ist und die Messung beginnen soll, wird der vorher eingesetzte Schlüssel K ausgehoben. Platte B und der mit ihr verbundene Elektrometerquadrant beginnen sich dann mit Elektrizität zu laden, und zwar desto schneller, je stärker der Ionisationsstrom und damit die Radioaktivität der Substanz ist. Vermittels einer Stoppuhr bestimmt man die Zeit, die nötig ist, damit der Lichtzeiger vom Skalenteil 0 auf etwa den Skalenteil 100 kommt. Sobald das geschehen ist, setzt man K wieder ein, um ihn bei Beginn einer neuen Messung wieder auszuschalten.

Für die meisten Messungen ist eine Empfindlichkeit von 200 Skalenteilen für 1 Volt am geeignetsten. Man kann aber noch viel empfindlichere Einstellungen machen.

Ist C die Kapazität des ganzen Systems, d die Zahl der in 1 Sekunde passierten Teilstriche, D die Ablenkung, die für eine Potentialdifferenz von 1 Volt zwischen den Quadranten erhalten wurde, so ist i die Sättigungsstromstärke, gegeben durch die Gleichung:

$$i = \frac{C \cdot d}{300 \cdot D} \text{ ESE.}$$

Da es oft einige Zeit dauert, bis der Lichtzeiger die Strecke von 0 bis 100 durchlaufen hat, so kann man mit dieser Schaltung rasch zerfallende radioaktive Substanzen nicht untersuchen. In diesem Fall verwendet man eine Schaltung, die Bronson[2]) 1905 angegeben hat und die man die Methode der konstanten Ablenkungen nennt. In Abb. 26 ist E das Quadrantenelektrometer, dessen eines Quadrantenpaar zur Erde abgeleitet ist. Das andere Paar steht mit den Platten A und C in Verbindung, die Teile des Hilfskondensators AB und des Meßkondensators CD sind, die sich selbstverständlich in geschlossenen Räumen befinden. Auf die Platte B, die geerdet ist, kommt eine sehr stark aktive Substanz. Die Platte D wird, wie oben angegeben, mit der zu messenden radioaktiven Substanz beschickt. Dadurch geht die gleiche Elektrizität, mit der die Platte D geladen ist, auf die Platte C über, wird aber von ihr sofort wieder abgeleitet, da durch die radioaktive Substanz auf B zwischen A und B Elektrizitätsleitung stattfindet. Ist die Elektrizitätszufuhr gleich der Ableitung geworden, so zeigt die Elektrometernadel einen konstanten Ausschlag,

---

[1]) Vgl. G. Rümelin, Phys. Zeitschr. **12**, 460 (1911). Einen solchen Schlüssel kann man durch G. Bartels in Göttingen zum Preise von 36 M. beziehen.
[2]) Amer. Journ. Science **19**, 185 (1905); Phil. Mag. **11**, 143 (1906).

dem das Potential v entspricht. Am besten verdampft man auf der Platte B eine Spur Radiumsalz, um eine konstante Aktivität zwischen A und B zu haben. Man kann statt AB auch einen konstanten hohen Widerstand R von der Größenordnung $10^{10}\,\Omega$ verwenden. Dann ist der Sättigungsstrom $i = \dfrac{v}{R}$.

Das Prinzip der zuletzt besprochenen Meßvorrichtungen beruht darauf, daß sich die Platte, die der zu messenden Substanz gegenübersteht, elektrisch lädt und daß diese Ladung durch das Elektrometer angezeigt wird. Durch die Ladung läuft der Zeiger des Elektrometers, der vor der Ladung auf Null eingestellt war, über eine Anzahl Teilstriche und bleibt auf einem bestimmten Punkt

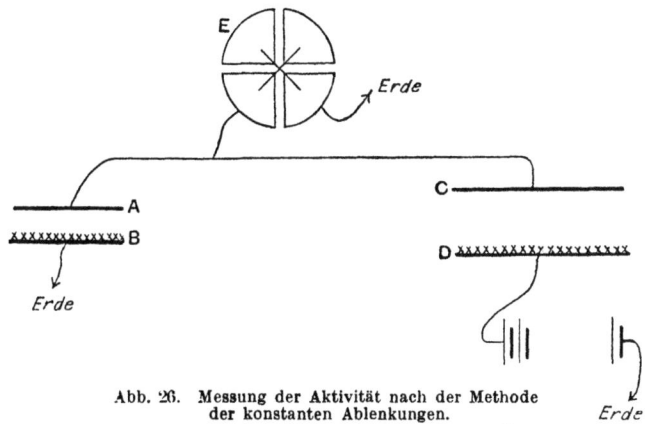

Abb. 26. Messung der Aktivität nach der Methode der konstanten Ablenkungen.

stehen. Eine andere Methode sucht nun diese Ladung durch eine entgegengesetzte so zu kompensieren, daß der Elektrometerzeiger wieder auf Null kommt. Dann ist der von der radioaktiven Substanz erzeugte Strom durch einen gleichen entgegengesetzten kompensiert. Zum Zwecke dieser Kompensation kann man den sog. Piezoquarz benutzen, der dadurch eine klassische Bedeutung im Gebiete der Radioaktivität hat, daß das Ehepaar Curie ihn zu seinen ersten Untersuchungen benutzte[1].

Die Herstellung eines Piezoquarzes geschieht so, daß aus einem tadellosen Quarzkrystall genau senkrecht zur Hauptachse (optischen Achse) zunächst Platten von etwa 1,5 cm Dicke geschnitten werden. In der Abb. 27[2]) ist eine solche Platte vergrößert neben dem Krystall

---

[1]) Die Methode wurde von den Brüdern Pierre und Jacques Curie ausgearbeitet.
[2]) Vgl. Curie, Radioaktivität I, S. 100.

gezeichnet. Mit h sind die Kanten bezeichnet, an denen sich hemiedrische Flächen befinden. Aus einer solchen Platte werden nun genau senkrecht zu einer Nebenachse (in der Abbildung als Pfeil gezeichnet) dünne Lamellen ausgeschnitten, die in der Abbildung gestrichelt angedeutet sind. Eine solche Lamelle ist ein Piezoquarz. Übt man auf eine solche Lamelle (die etwa 10 cm lang gewählt wird) einen Zug in der Richtung der gegenüberliegenden hh oder gg, oder besser gesagt, senkrecht zur Hauptachse, aus, so tritt an beiden Seiten der Lamelle eine gleiche Elektrizitätsmenge, aber von entgegengesetztem Vorzeichen, auf.

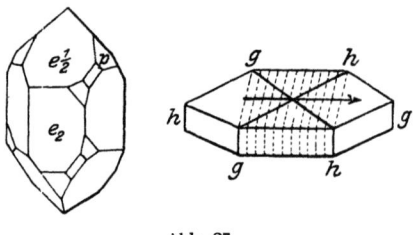

Abb. 27.

Die entwickelte Elektrizitätsmenge ist dem Zuggewicht proportional und läßt sich dadurch sammeln, daß man die beiden Flächen mit Metallplatten belegt.

Zur Messung wird die Lamelle noch in folgender Weise vorgerichtet. Man versieht sie oben und unten mit Fassungen zum Aufhängen. Die zwei breiten Flächen der Platten werden so versilbert oder mit ganz dünner Zinnfolie so belegt, daß sie isoliert sind, und dann mit Drähten zur Ableitung der Elektrizität versehen. Die Platte wird aufgehängt und unten mit einer Schale zum Aufhängen von Gewichten versehen. Die Schaltung geschieht nach der in Abb. 28 angegebenen Weise. Die zu messende radioaktive Substanz kommt auf die (konstant) elektrisch aufgeladene Platte B. Sie ionisiert dann die Luft und erzeugt bei genügend hohem Potential von B einen Sättigungsstrom.

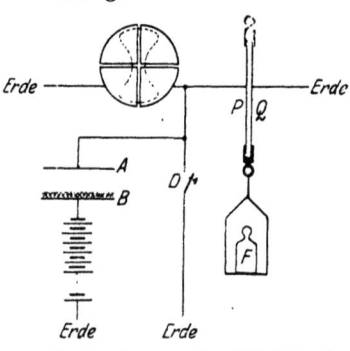

Abb. 28. Messung der Aktivität mit dem Piezoquarz.

Dadurch wird die Platte A und damit zwei gegenüberliegende Quadranten des Elektrometers elektrisch aufgeladen, wenn die Erdleitung bei D unterbrochen ist. Der Lichtzeiger verläßt dann die Nullage. Nun belastet man den Piezoquarz so, daß auf P die entgegengesetzte Elektrizität erzeugt wird wie die, mit der A sich lädt. Dadurch wird die Elektrizität auf A kompensiert, und man kann es bei genügender Belastung leicht erreichen, daß der Lichtzeiger wieder in die Nullage zurückkehrt und dort verharrt.

Die Messung des Ionisationsstroms i, den eine auf B aufgelegte radioaktive Substanz erzeugt, wird nun in folgender Weise ausgeführt. Nachdem der Apparat sachgemäß vorgerichtet ist, unterbreitet man zur Zeit t_0 (Stoppuhr in Gang setzen!) die Erdleitung bei D. Gleichzeitig belastet man den Piezoquarz und erzeugt entgegengesetzte Elektrizität, so daß der Lichtzeiger nicht ausschlagen kann. Diese Belastung wird am besten so bewirkt, daß man das aufgesetzte, genügend große Gewicht in der Hand hält und zunächst durch einen Druck nach oben nicht in seiner ganzen Schwere wirken läßt. Dadurch kann man es ermöglichen, daß der Lichtzeiger immer auf Null bleibt. Allmählich läßt man die ganze Schwere des Gewichts einwirken und wartet nun die Zeit t_1 ab, bei der der Lichtzeiger die Nullage verläßt (Stoppuhr abstellen).

Man kann nun den Sättigungsstrom in folgender Weise berechnen. Beträgt die Länge des isolierten Teils der Quarzplatte L, ihre Dicke e cm, so wird durch die Belastung mit F kg eine Elektrizitätsmenge (Q) frei, die sich zu

$$Q = 0{,}0677\,\frac{L}{e}\,F$$

berechnet. Der Sättigungsstrom (i), der durch die radioaktive Substanz auf B erzeugt wird, beträgt, wenn $t_1 - t_0 = t$ ist,

$$i = \frac{Q}{t} = 0{,}0677\,\frac{L \cdot F}{e \cdot t}\ \text{ESE}$$

oder

$$i = \frac{0{,}0677}{3 \cdot 10^9} \cdot \frac{L \cdot F}{e \cdot t}\ \text{Amp.}$$

Diese Nullmethode hat sich im Curieschen Laboratorium besonders bei der Messung stark radioaktiver Substanzen bewährt. Andere Kompensationsmethoden ohne den Piezoquarz s. Curie, „Die Radioaktivität" 1, 104ff. und Townsend, Phil. Mag. 6, 598 (1903); W. Makower, H. Geiger, „Practical Measurements in Radio-Aktivity", S. 15; s. auch Meyer-Schweidler, Radioaktivität.

Prüfung von Substanzen auf Radioaktivität.

Will man roh prüfen, ob eine Substanz radioaktiv ist, so macht man am besten einen Vorversuch mit einem Elektroskop[1]). Dabei

---

[1]) Man kann auch auf photographischem Wege oder mit fluorescierenden Substanzen, wie Bariumplatincyanür, Sidot-Blende u. a. auf Radioaktivität prüfen, doch ist man bei photographischem Wege leicht Täuschungen aus-

verfährt man verschieden, je nachdem sie in fester, flüssiger Form oder als Gas vorliegt. Ist die Substanz ein **fester** Körper, so gibt man sie entweder in Stücken oder als Pulver in eine flache Metallschale und stellt diese auf oder in die geerdete Metallhülle eines regelrecht aufgestellten Elektroskops, dessen Normalverlust (s. S. 72) man kurz vorher festgestellt hat. Am besten verwendet man ein Elektroskop, in dem Elektroskopraum und Ionisationsraum voneinander getrennt sind (ein Emanationselektroskop oder das Wulfsche oder Schmidtsche u. a.). Nun beobachtet man, ob sich das Elektroskop geschwinder entlädt als vorher, ob also die Blättchen eine gleiche Anzahl von Teilstrichen in kürzerer Zeit durchlaufen als vorher. Ist das der Fall, so ist es wahrscheinlich, daß der Körper radioaktiv ist. Befand sich die Substanz dabei im Ionisationsraum des Elektroskops, so stellt man fest, ob die Größe der Entladung in mehreren gleichen aufeinander folgenden kurzen Zeitabschnitten stetig zunimmt oder ob sie ziemlich gleich bleibt. Nimmt sie anfangs fortwährend erheblich zu, so gibt die Substanz Emanation aus. Dann muß man sie schleunigst aus dem Elektroskop [und aus dem Meßzimmer überhaupt[1])] entfernen und wie weiter unten angegeben verfahren. Entwickelt die Substanz aber keine Emanation, so prüft man gesondert auf die Eigenart der Strahlung, ob α-, β- oder γ-Strahlung resp. gemischte Strahlung vorliegt.

I. Die Substanz ist fest und gibt keine Emanation aus.

Da bei festen α- und β-strahlenden Substanzen Menge und Oberfläche, auf die sie verteilt wurde, von naheliegender Bedeutung für die Messung sind, so stellt man fest, auf welche Oberfläche eine gewogene Menge Substanz verteilt war (Gramm pro 1 qcm). Man gibt auch so genau als möglich die Dicke der Schicht an, die bei α- und β-Strahlern gering gewählt wird.

---

gesetzt, die nur der Geübte erkennt. Man legt im gut verdunkelten Raum die feste Substanz entweder so wie sie ist oder abgeschliffen oder als Pulver auf empfindliche photographische Platten, die mit einfacher, dünner Papierlage bedeckt sind, und läßt kürzere und längere Zeit (evtl. mehrere Tage) einwirken. Dann entwickelt man die Platten und sieht, ob die Stellen, wo der Körper lag, geschwärzt sind. So kann man natürlich nur β- und γ-Strahlen nachweisen. Die Substanz direkt auf die photographische Platte zu legen, empfiehlt sich nicht, da so leicht Täuschungen entstehen. — Will man fluoroskopisch prüfen, so muß man die Augen im Dunkeln erst gut ausruhen und dann prüfen, ob die Schirme durch die Substanzen aufleuchten. Wenn nicht sehr stark radioaktive Substanzen vorliegen, so benutzt man die fluoroskopische Methode am besten zur Ergänzung der elektroskopischen.

[1]) Radioaktive Substanzen dürfen im Meßzimmer nicht aufbewahrt werden, sondern sollten nur während der Zeit der Messung darin sein.

A. Prüfung auf α-Strahlung.

Bei α-strahlenden Substanzen ist zu berücksichtigen, daß die α-Strahlen durch Materie bereits stark absorbiert werden; ein Blatt Papier, eine Aluminiumfolie von 0,05 mm halten sie auf. Wie Papier und Aluminium verhält sich natürlich auch die Substanz selbst, die α-Strahlen aussendet. Hat man sie in einer Schicht von gewisser Dicke, so absorbieren die oberen Teile der Schicht die Strahlung der unteren vollkommen und man mißt nur die Strahlen, die eine ganz dünne obere Schicht aussendet. Daraus ergibt es sich, daß man α-Strahler so zur Messung bringen muß, daß ihre α-Strahlen möglichst vollkommen die Luft ionisieren können. Man muß sie feinst gepulvert in möglichst dünner Schicht in die Ionisierungskammer des Elektroskops bringen, dessen Normalverlust kurz vorher bestimmt wurde. Dann stellt man in üblicher Weise den Voltabfall für eine bestimmte Zeit fest. Ist das geschehen, so nimmt man die Substanz aus dem Elektroskop heraus, bedeckt sie vollkommen mit einem Blatt Papier oder einer ganz dünnen Aluminiumfolie und macht die gleiche Messung noch einmal, nachdem natürlich die ionisierte Luft im Ionisierungsraum durch frische Luft ersetzt und die Luftzerstreuung von neuem ermittelt wurde. War bei unbedeckter Schicht Elektrizitätszerstreuung nachweisbar, bei bedeckter nicht mehr, so liegt ein α-Strahler vor und man wird sein Verhalten gegen einen Sidot-Blendenschirm untersuchen, Reichweite, Absorption durch Metallfolien usw. (s. später) zu bestimmen suchen. Wird die Elektrizitätszerstreuung durch das Papier- oder das Aluminiumblatt nur erheblich vermindert, nicht aufgehoben, so gibt die Substanz neben α- noch β- resp. γ-Strahlen ab.

Um möglichst dünne Schichten von strahlender Substanz zu erhalten, hat McCoy[1]) für Uranoxyd eine zweckmäßige Vorschrift gegeben, die auch bei anderen α-Strahlern verwendet werden kann. Er nimmt eine Aluminiumfolie von ca. $^1/_{10}$ mm Dicke, preßt darauf einen Glasring so fest auf, daß eine flüssigkeitsdichte Verbindung entsteht, und stellt das Ganze genau horizontal. Nun wird die zu untersuchende Substanz fein gepulvert, eine passende Menge davon mit Chloroform oder Alkohol geschüttelt und rasch in den Glasring auf die Aluminiumfolie gegossen[2]). Beim Verdunsten des Suspensionsmittels bleibt ein dünner gleichmäßiger Film radioaktiver Substanz auf dem Aluminium und wird zur Messung verwendet. Selbstverständlich wählt man für die gleiche Untersuchungsreihe möglichst gleich große Oberflächen.

---
[1]) Phil. Mag. **11**, 176 (1906).
[2]) Andere streichen diese Masse mit einem Pinsel auf.

B. Prüfung auf β-Strahlung.

Hier verwendet man am besten ein β-Strahlenelektroskop (s. S. 56) und stellt resp. legt die Substanz am besten unmittelbar unter oder (z. B. beim Wulfschen Elektrometer) auf das Aluminiumfenster desselben. Auch hier soll die Dicke der Substanzschicht gering sein. Auch sie wird in Gramm pro Quadratzentimeter angegeben. Im allgemeinen ist die Durchdringungsfähigkeit von β-Strahlen auch nicht groß. Aluminiumschichten von mehr als 0,1 mm Dicke werden höchstens noch von sehr harten β-Strahlen durchsetzt. Eine Bleischicht von 2 mm wird von β-Strahlen nicht mehr durchdrungen. Hat man β-Strahlung bei einer Substanz einwandfrei festgestellt, so bestimmt man ihre Natur (Absorption durch Aluminium, Ablenkung durch magnetische und elektrische Felder usw.) in später angegebener Weise.

C. Prüfung auf γ-Strahlen.

Da γ-Strahlen durch dickere Schichten von Materie gehen (die γ-Strahlen von z. B. RaC durchsetzen Bleiplatten von 5 mm Dicke ohne erhebliche Absorption), so schließt man die Präparate zweckmäßig in dünne Glasröhren (von ca. $1/5$ mm) ein, legt sie zur Prüfung auf einen Holzrahmen (oder eine Rinne), der in einiger Entfernung vom Elektroskop aufgestellt wird, etwa wie es beistehende Abbildung 29 veranschaulicht.

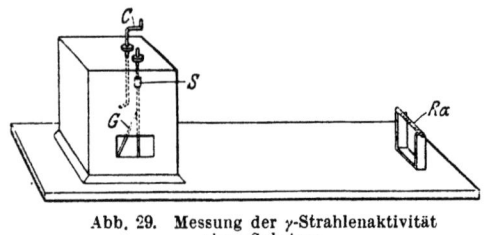

Abb. 29. Messung der γ-Strahlenaktivität einer Substanz.

Als Elektroskop wählt man am besten ein γ-Strahlenelektroskop (s. S. 56) oder ein mit Bleiplatten umgebenes anderes, das so aufgestellt ist, daß die Strahlen auf ihrem Wege zu ihm keine anderen Gegenstände treffen, weil dadurch Sekundärstrahlen entstehen können.

Über die am zweckmäßigsten auszuführenden Vergleichsmessungen nach der γ-Strahlenmethode s. S. 112ff.

II. Die Substanz ist fest und gibt Emanation aus.

Entwickelt eine Substanz Emanation, so bringt man sie im Falle von Radiumemanation am besten in Lösung, läßt die Lösung bis zum Gleichgewicht von Emanation und aktiver Substanz (etwa einen Monat lang) hermetisch verschlossen stehen, trennt dann die Emanation nach einer der gleich unten angegebenen Methoden ab und mißt ihre Aktivität in der dort angegebenen Weise. Man kann aber auch durch die Emanation einen aktiven Niederschlag erzeugen und dessen Natur feststellen, wobei auch bei Gemischen die Natur der Emanation unschwer festzustellen ist (s. S. 123 ff.).

III. Die zu prüfende Substanz ist eine Flüssigkeit.

In Flüssigkeiten wird die Aktivität stets durch die Emanationen von Radium, Thorium und Actinium, also durch gelöste Gase, bewirkt. Man bestimmt die Aktivität von Flüssigkeiten nun so, daß man die Emanationen ganz oder teilweise aus den Flüssigkeiten entfernt und in den Meßraum eines Elektroskops bringt. Dort ionisieren sie die Luft, und man mißt den so erhaltenen Ionisationsstrom elektroskopisch. Völlig kann man die Emanationen aus den Flüssigkeiten entfernen, wenn man sie auskocht, teilweise, wenn man ein bestimmtes Luftvolum im Kreisstrom durch sie hindurchschickt oder indem man sie mit einem bestimmten Luftvolum schüttelt.

Zum Auskochen von Emanationen aus Flüssigkeiten kann man u. a. folgende Apparatur (Abb. 30) benutzen:

Die die Emanation enthaltende Lösung befindet sich im Gefäß A und wird während des Versuches gekocht, wodurch die gelösten und

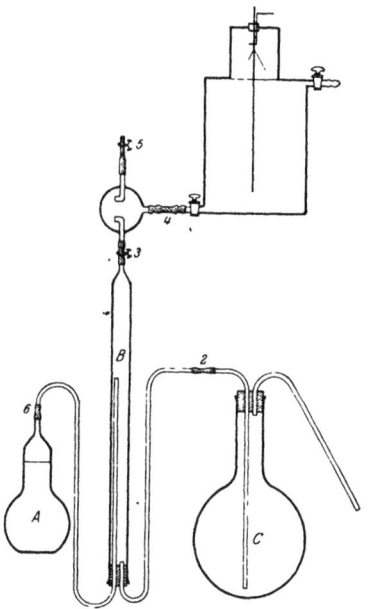

Abb. 30. Messung der Aktivität einer Substanz nach der sog. Emanationsmethode.

überstehenden Gase (Luft) in das Rohr B getrieben werden, das ungefähr 3—4 cm weit und 30—40 cm lang ist. Durch einen Gummistopfen sind unten Glasröhren von ca. 0,6 cm Weite eingesetzt, die einerseits mit der 1—1½ l fassenden Flasche C durch einen Gummischlauch verbunden sind, andererseits mit der Flasche A durch einen dickwandigen Gummischlauch verbunden werden können. Oben ist an das Rohr B ein Kugelrohr angesetzt, das drei verschiedene Öffnungen hat, die in der aus der Abbildung ersichtlichen Weise mit der Apparatur verbunden sind. Zwischen

Kugelrohr und Elektroskop kann man auch noch ein Trockenrohr einschalten. Mit dieser Apparatur arbeitet man folgendermaßen:

Vordem man den Kolben A durch einen dickwandigen Gummischlauch und Ligatur an das nach B führende Rohr anschließt, gibt man destilliertes Wasser in den Kolben C, erhitzt es und läßt es ca. 10 Minuten kochen. Dann schließt man einen bei 1 befindlichen Gummischlauch, wodurch das Wasser aus der Flasche C in das Rohr B tritt. Man läßt es sich bei den geschlossenen Schraubenquetschhähnen 6 und 4 und geöffneten Hähnen 3 und 5 füllen, bis das heiße Wasser an die Stelle 3 kommt. Dann schließt man an dieser Stelle und bei 6 und öffnet gleichzeitig bei 1 wieder. Das Wasser in C läßt man gelinde weitersieden.

Nun ritzt man das zugeschmolzen gewesene Gefäß A oben gut an, verbindet es durch Ligatur an 6 mit der Apparatur, setzt eine Flamme darunter und bricht unmittelbar darauf die angeritzte Spitze ab. Sogleich tritt Gas aus A nach B, das sich in dem Maße vermehrt als die Flüssigkeit in A Gas durch Erhitzen verliert. Man läßt sie kochen bis alles Gas ausgetrieben ist (was nach ca. $1/4$ Stunde bis 20 Minuten der Fall ist), entfernt dann die Flamme unter A und schließt sofort darauf den Hahn bei 6. Nun muß sogleich das noch heiße Gas in das Elektroskop übergeführt werden, dessen Luftzerstreuung man vorher bestimmt hat. Man hat zu diesem Zweck den Elektroskopraum vorher teilweise evakuiert, schließt dann bei 5 und öffnet bei 4 und vorsichtig bei 3. Wenn das heiße Wasser in die Kugel zu tropfen beginnt, schließt man 3 und öffnet nun 5, wodurch Luft eintritt und den gasförmigen Kugelinhalt in den Elektroskopraum ausspült. Dann wird auch Hahn 4 geschlossen, das Elektroskop auf den Meßtisch gestellt und nach dreistündigem Warten der Voltabfall bestimmt.

Früher wurde gewöhnlich die sog. Zirkulationsmethode zur Bestimmung der Aktivität von Wasser und Ölquellen benutzt. Hier hat sich folgende Apparatur[1]) bewährt, die aus der Abbildung 31 ohne weiteres verständlich ist.

Das zu untersuchende Wasser kommt in passender Menge in die Wulfsche Flasche. Dann wird bei sehr gut schließendem und gedichtetem Apparat vermittels des Gummigebläses 10—15 Minuten lang Luft durch die Flüssigkeit gedrückt, wodurch die Emanation sich bis zu einem Gleichgewicht zwischen Luft und Flüssigkeit verteilt. Nach etwa drei Stunden mißt man dann den Voltabfall im Elektroskop und berechnet die Aktivität nach der im folgenden entwickelten Formel. Es sei

---

[1]) Das Elster-Geitelsche Elektroskop wird zweckmäßig durch ein Emanationselektroskop ersetzt (s. d.).

Prüfung von Substanzen auf Radioaktivität.

E die Menge Emanation in 1 ccm Flüssigkeit (meist Wasser);
v das Volum des zur Untersuchung gelangenden Wassers;
V das gesamte zu aktivierende Luftvolum (Vol. der Glocke + Vol. über den H_2O in der Wulfschen Flasche + Volt des Chlorcalciumrohres, des Gebläses und der Schläuche, weniger dem Vol. des Elektroskops und Zerstreuungskörpers);
M Volum des Meßraums in der Glocke, abzüglich des Elektroskops mit Zerstreuungskörper;
e die Emanationsmenge in 1 ccm Luft vor dem Durchleiten der Luft;
e' die in 1 ccm enthaltene Emanationsmenge nach dem Durchleiten der Luft durch das Wasser;
α der Absorptionskoeffizient der Emanation für Wasser.

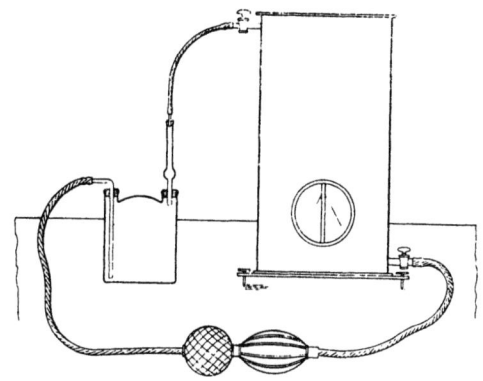

Abb. 81. Messung der Aktivität einer Flüssigkeit nach der Zirkulationsmethode.

Vor dem Zirkulieren des Luftvolums V durch das Wasser haben wir als Gesamtvolum $V + v$, ferner als

Emanationsmenge in $V = Ve$,
Emanationsmenge in $v = vE$,
Gesamtmenge-Emanation $= Ve + vE$. (I)

Nach dem Zirkulieren der Luft durch das Wasser haben wir als

Emanationsmenge in $V = Ve'$,
Emanationsmenge in $v = ve'\alpha$, (II)

Gesamtmenge der Emanation. Da I = II sein muß, ergibt sich:

$$Ve + vE = Ve' + ve'\alpha,$$

woraus folgt:
$$E = \frac{V(e' - e) + v e' \alpha}{v}.$$

Wählt man v stets $= 1000$ ccm, so ist
$$E = \frac{V(e' - e) + e' \alpha \cdot 1000}{1000}$$

Nun mißt man nicht Ve' und Ve, sondern Me' und Me. Ist $Me' = a$ Volt und $Me = b$ Volt, so lassen sich e', e und $(V - M)e'$ berechnen, da V und M bekannt sind. Es ergibt sich dann für die Aktivität von 1 l Wasser $Ve' = Me' + (V - M)e'$.

Bei einem Elster-Geitelschen Glockenelektroskop war z. B. $M = 8350$ ccm, ferner $V = 8800$ ccm, folglich $V - M = 450$ ccm.

Spezielle Apparate zur Bestimmung der Radioaktivität von Wässern.

Fast alle Wässer, die wir in der Natur finden, zeigen Radioaktivität. Indem sie Gesteine, die durch Beimengungen radioaktiver Mineralien Emanation entwickeln, durchfließen, lösen sie diese auf und führen sie mit. Je nach den Gesteinen, die sie durchfließen, je nachdem der Weg der Quelle durch geschlossene oder mit der Luft kommunizierende Räume geht, zeigen die Wässer Aktivitäten in allen Abstufungen von mehr als 2000 bis zu Bruchteilen von einer Mache-Einheit. Diese Radioaktivität wird hauptsächlich durch die Emanation von Radium, Thorium und Actinium bedingt, doch finden sich zuweilen auch radioaktive Salze im Wasser gelöst. Dann zeigen sie sog. Restaktivität und regenerieren Radioaktivität, wenn sie einmal davon befreit sind. Man bestimmt die Stärke der Radioaktivität eines Wassers, d. h. die darin gelöste Emanation, dadurch, daß man sie z. B. durch Schütteln in ein bestimmtes Volum Luft überführt. Dadurch wird dies Luftvolum ionisiert und aus der Stärke der Ionisierung, die man elektrometrisch mißt, kann man auf die Menge der Emanation im Wasser schließen. Restaktivität wird dadurch festgestellt, daß man das von Emanation befreite Wasser in einem gut verstopften Gefäße einen Monat oder länger stehen läßt und dann von neuem ein Luftvolum mit dem Wasser schüttelt. Wird die Luft ionisiert, so hat das vorher inaktiv gemachte Wasser wieder Emanation nachgebildet und muß dann radioaktive Körper gelöst enthalten.

Bei der Bestimmung der Radioaktivität von Wasser müssen eine Reihe von Verhältnissen berücksichtigt, einige Vorsichtsmaßregeln beachtet werden, auf die kurz hingewiesen sei. Da die Emanationen, die die Aktivität der Luft und vorzugsweise auch die der Wässer bedingen, Gase sind, so sind barometrische Schwankungen (die sog. Bodenatmung) von leicht ersichtlichem Einfluß auf die Menge Emanation, die aus der Erde aufsteigt. Da Wasser bei niederer Temperatur mehr Emanation löst als bei höherer, so kann auch die Temperatur von Einfluß sein. Ferner setzt Regen- oder Schneewasser, die sehr wenig aktiv sind, die Aktivität von aus der Erde quellendem Wasser herab, wenn es vor dem Quellenaustritt hineingelangt. Bei Thermalquellen macht sich eine solche Beeinflussung durch Sinken der Temperatur bemerkbar[1]). Daher sollte man bei Untersuchungen von Quellen auf Radioaktivität die betr. Quelle an ihren Ursprung hin verfolgen und Angaben über Temperatur von Wasser und Luft, Barometerstand sowie Bemerkungen über das Wetter im speziellen und die Witterung im allgemeinen machen, ja die Quelle so oft als möglich zu den verschiedensten Jahreszeiten, Witterungsverhältnissen usw. untersuchen. Nur so kann man ein richtiges Bild von ihrer Natur erhalten.

Von besonderer Wichtigkeit ist vor allen Dingen die Entnahme der Wasserproben für die Untersuchung auf Radioaktivität. Engler, Sieveking und Koenig, die zahlreiche Quellen im Laufe der Jahre untersuchten, machen darüber folgende Angaben[2]):

„Entnahme und Vorbereitung des Wassers. Die Entnahmebedingungen sind von Fall zu Fall verschieden. Nur sehr selten liegen die Verhältnisse so günstig, daß eine völlig einwandfreie Gewinnung des Wassers erfolgen kann, ohne daß Schwierigkeiten auftreten. Häufig ist eine völlig einwandfreie Entnahme sogar ausgeschlossen. Am einfachsten ist die Entnahme in den Fällen, in denen das Quellwasser im langsamem Lauf aus festem Gestein austritt, manchmal gleichzeitig aus mehreren Öffnungen, deren Edukte sich in einem natürlichen Tümpel, einem Senkschacht oder Staubassin sammeln und über ein Wehr oder durch ein Rohr abfließen. Bei stationären Verhältnissen genügt dann ein Einsenken des vorher sorgfältig mit Wasser aus der Quelle gespülten Gefäßes. Letzteres darf weder zu eng noch zu weit sein. Sonst steht das Wasser schnell ab oder beim Füllen treten schwer zu vermeidende Luftblasen auf, die die Emanation mitreißen und daher die Aktivität sehr stark beeinflussen. Tritt die Quelle aus der Erde in Senkkasten, Brunnenstuben oder auch in einem natürlichen Tümpel

---

[1]) Solche Beeinflussungen machen sich manchmal erst Monate später bemerkbar. In der Fränkischen Schweiz z. B. nahm nach dem wasserarmen, heißen Sommer des Jahres 1911 das Wasser der Mühlen erst 6—7 Monate später ab.
[2]) Chem.-Ztg. **1914**, 427.

aus, so muß das Wasser möglichst an der Eintrittsstelle entnommen werden, denn der Aufenthalt in solchen Behältnissen ist mit Emanationsverlust verbunden, der je nach den Umständen sehr groß sein kann. Man bedient sich dabei am besten eines großen Scheidetrichters, den man bei geschlossenem Hahn mit der Stöpselöffnung nach unten in das Wasser einsenkt, worauf man den Hahn öffnet. Bei Quellen mit starken Wasseransammlungen in natürlichen Tümpeln oder künstlich hergerichteten Behältnissen (Brunnenstuben) empfiehlt sich die Anwendung einer Art Scheidetrichters mit (unter Umständen 1—1$\frac{1}{2}$ m) langer Ablaufröhre nach beistehender Abbildung 32.

Abb. 32.

Die Stöpselöffnung wird durch einen Kork lose verschlossen, der an einer Schnur befestigt ist. Indem man dann mit der Öffnung a bis an die meist bekannte oder doch erkennbare Zulaufstelle des Quellwassers fährt, den Kork durch Zug an der Schnur lüftet und den Hahn b öffnet, füllt sich das Gefäß von unten mit Wasser an, worauf der Hahn wieder geschlossen und das Ganze vorsichtig herausgenommen wird, um dann genau 1 l in die Kanne des Fontaktoskops direkt abzulassen. Dazu sind entsprechende Marken an dem Gefäß angebracht. Daß man sich dabei auch mit einem gewöhnlichen Scheidetrichter, dessen Auslaufseite mit einer langen, in geeigneter Weise befestigten Glasröhre verbunden wird, behelfen kann, ist selbstverständlich. Statt mit Hahn b kann man das Rohr mit einem Stöpsel schließen oder es bloß zuhalten, bis man an der gewünschten Stelle ist. Auch eine aufrecht an einem Stock gebundene oder in anderer Weise entsprechend hergerichtete Flasche, deren Öffnung durch Stöpsel mit Ziehschnur verschlossen ist, kann nötigenfalls zum Einsenken und Wasserfassen dienen. Doch kann bei aufrecht eingesenkter Flasche, wenn stark aktives Wasser vorliegt, beim Hineinstürzen des Wassers in die Flasche schon Emanation verloren gehen. Jedenfalls darf man das zu untersuchende Wasser nicht aus der Quelle in eine Flasche emporsaugen, denn dabei können sehr erhebliche Verluste an Emanation stattfinden, zumal bei emanationsreichen und auch sonstige Gase enthaltenden Wässern.

Brunnenstuben sind gelegentlich sehr lange Zeit verschlossen gewesen und werden erst zum Zweck der Untersuchung wieder geöffnet. Dann tritt der sog. Elster-Geitelsche Keller- und Höhleneffekt auf. Die Luft ist in solchen Fällen oft verhältnismäßig überreich an Emanation, und das Wasser ist bei der ersten Messung auffallend stark aktiv; eine unmittelbar darauf wiederholte Messung ergibt dann ein ganz anderes Resultat. Natürlich ist nur die zweite Messung zu verwerten.

Wiederholt haben wir auch beobachtet, daß bei Neuerbohrung einer Quelle eine relativ starke Aktivität des Wassers konstatiert werden konnte, die aber schon nach kurzer Zeit auf einen sehr kleinen bis unmerklichen Betrag zurückging, z. B. bei einer in der Nähe von Krozingen bei Freiburg i. B. erbohrten Quelle, die sich durch starken Kohlensäuregehalt auszeichnet. Gleiches zeigte sich auch an einer frisch erbohrten Quelle bei Donaueschingen. Es handelt sich wohl hier ebenfalls um eine Anreicherung von Emanation in den Quellgasen vor der Erbohrung der Quelle.

Sehr oft stören Gase, die in dem Thermalwasser enthalten sind, das Bild in empfindlicher Weise. Beim Durchperlen reißen sie die Emanation fast ganz mit sich. Auch in den Leitungen setzen sich oft Gasblasen fest, die besonders dann störend in die Erscheinung treten, wenn das Wasser aus speziellen Gründen erst am Ende eines längeren Stückes einer Leitung entnommen werden kann. So haben wir beispielsweise bei einer Thermalquelle am Quellmund 10,3 ME, in dem im Stollen aufgestauten Wasser noch rund 8 ME und am Ende des etwa 90 m langen, das aufgestaute Wasser abführenden Leitungsrohres nur noch etwa 7 ME gefunden; ähnliches bei anderen Quellen. Fließendes Wasser ist bekanntlich sehr arm an Emanation. Die rasche Bewegung entfernt auch etwa vorhandene Reste rasch bis auf minimale Bruchteile. Somit ist es zur Erhaltung des Emanationsgehaltes dringend geboten, jede heftige Bewegung des Wassers bei der Entnahme zu vermeiden.

Wasser, das unter großem Druck aus irgendeiner Leitung herausschießt, ist einer genauen Messung überhaupt nicht mehr zugänglich. Ebenso muß das einem Rohre entströmende Wasser sorgfältig ohne weitere Bewegung in das Meßgefäß gebracht werden. Ist das Wasser sehr heiß, so können leicht Verluste eintreten. Warmes Wasser würde in der Kanne des Schütteltopfes einen sehr großen Druck erzeugen, und die Emanation würde beim Öffnen entweichen. Es muß also gekühlt werden, und dies hat langsam und sorgfältig zu erfolgen. Die dadurch bedingte Abklingungszeit ist evtl. in Rechnung zu ziehen. Ist Kohlensäure im Wasser enthalten, so wird sie beim Schütteln natürlich frei. Dann ist vor Abnahme des Stopfens und Einsetzen des Elektroskops das Herauslassen des Wassers aus dem unten an der Kanne hierzu vorgesehenen Hahn (s. S. 92) unerläßlich, bis innerer und äußerer Druck sich ausgeglichen haben.

Transport des Wassers. Daß jeder Transport des Wassers,

abgesehen von dem schon durch die Zeit bedingten Verlust an Emanation, mit einem Verlustfaktor in Rechnung zu setzen ist, bedarf kaum des Hinweises. Aus diesem Grunde wird es auch unerläßlich bleiben, wirklich präzise Messungen nur an Ort und Stelle vorzunehmen. Aber auch dann noch treten eine Reihe von Schwierigkeiten auf. Passiert das Wasser, wie beispielsweise sehr oft bei Thermen, eine längere Leitung in offener Rinne, so finden, ebenso auch wenn das Wasser in Stollen auf längerer Strecke aufgestaut wird, sehr bedeutende Verluste statt. An einer von uns (Engler, Sieveking und Koenig) wiederholt untersuchten Therme von etwa 7 ME betrug der Verlust durchschnittlich etwa 30% der Emanation. Aber auch in geschlossenen Leitungen kann bei Bildung von Gasblasen das Wasser desaktiviert werden, insbesondere dann, wenn es reich an Emanation, wenn es sehr warm und reich an Gasen (CO_2, N_2) ist, die durch die Bewegung in der Leitung entweichen und die Emanation mit sich reißen. In erhöhtem Maße gilt dies für Pumpen, welche das Wasser passiert. Auch hierbei haben wir selbst schon bei nicht sehr stark aktivem Wasser erhebliche Verluste konstatiert. Als nicht zuverlässig haben sich auch nach unseren Erfahrungen Messungen mit Wässern erwiesen, die in verschlossenen Flaschen per Bahn an uns gelangten, und wobei auf die Zeit der Entnahme zurückgerechnet wurde. Vergleichende Aktivitätsbestimmungen, die mit demselben Wasser an der Quelle ausgeführt wurden, ergaben wiederholt mehr oder weniger erhebliche Differenzen, so daß nur an Ort und Stelle ausgeführte Messungen Anspruch auf Zuverlässigkeit machen können, sofern es sich um Feststellung der Aktivität der Quelle am Quellmund handelt.

In allen diesen Fällen muß deshalb, sofern es sich um die Kenntnis der Radioaktivität des ursprünglichen Quellwassers handelt, bis zum Quellmund vorgedrungen werden. Bei Durchführung der Aktivitätsbestimmung eines Wassers müssen alle diese Verhältnisse berücksichtigt und entsprechende Angaben in das Protokoll aufgenommen werden, also: Ort und Art der Entnahme, Witterung, Barometerstand, Temperatur des Wassers und der Luft."

Es gibt eine ganze Reihe von Apparaten, mit denen man die Radioaktivität von Quellen bestimmen kann. Da die Bestimmung direkt an der Quelle oder in deren Nähe vorgenommen werden muß, so kommen vor allem die handlichen, leicht transportablen Apparate in Betracht. Zu ihnen gehören die Fontaktoskope von Engler, Sieveking und Koenig[1]), das Fontaktometer von

---

[1]) Zeitschr. f. Elektrochemie **11**, 714 (1905); Phys. Zeitschr. **6**, 700 (1905); Zeitschr. f. anorg. Chemie **53**, 1 (1907); Chem.-Ztg. **1914**, 449; E. S. und

H. Mache und Stefan Meyer[1]), der H. W. Schmidtsche Apparat[2]), das Emanometer von Becker[3]), der Apparat von Hammer[4]), das Ionometer von Greinacher[5]). Wir können nur die ersten besprechen.

Ehe wir die einzelnen Apparate genauer aufführen, wollen wir den Prozeß der Ionisierung von Luft durch radioaktive Emanation noch etwas näher betrachten. Dadurch, daß sich beim Zerfall der Radiumemanation in Luft die stark radioaktiven Zerfallsprodukte RaA und RaC bilden, die durch ihre α-Strahlung die Luft ebenfalls ionisieren, addiert sich zu der Aktivität, die durch Emanation bewirkt wird, noch die der Zerfallsprodukte. Macht man darum mehrere Aktivitätsmessungen mit einem richtig zusammengesetzten Apparat kurz hintereinander, so findet man anfangs keine übereinstimmenden Resultate, sondern einen steten Anstieg der Aktivität, bis nach etwa drei Stunden die Aktivität konstant bleibt. Nun herrscht „radioaktives Gleichgewicht" zwischen der Emanation und ihren Zerfallsprodukten, weil dann von letzteren in der Zeiteinheit ebensoviel zerfallen als sich aus der Emanation neu bilden. Man hat nun gefunden, daß dann der Anteil der Emanation an der Gesamtaktivität 46% beträgt. Für ganz exakte Messungen muß man dies radioaktive Gleichgewicht abwarten und die definitive Messung also erst nach 3—4 Stunden machen. Dadurch würde die Bearbeitung eines Quellenkomplexes außerordentlich verlangsamt werden. Darum hat H. W. Schmidt eine Tabelle aufgestellt, die den Anstieg der Aktivität während der ersten vier Stunden gut wiedergibt. Mit Hilfe dieser Tabelle ist es möglich, die zu einer bestimmten Zeit gemessene Aktivität auf einen anderen Zeitpunkt und damit auch auf die Zeit Null, den Augenblick, in dem die Emanation aus dem Wasser ausgeschüttelt wurde, umzurechnen.

Engler, Sieveking und Koenig haben nun Instrumente zur Messung der Aktivität von Quellen konstruiert, die sie Fontaktoskope nennen und die sich sehr gut einerseits zur raschen, andererseits zur exakten Messung der Stärke der Radioaktivität von Quellen eignen und bewährt haben. Je nachdem man nach der „Schnellmethode" oder der „Präzisionsmethode" arbeitet, gebraucht man zwei verschiedene Typen des Fontaktoskops.

Koenig, Phys. Zeitschr. **15**, 441 (1914); A. Koenig, Phys. Zeitschr. **17**, 73 (1916).

[1]) Zeitschr. f. Instrumentenkunde **29**, 65 (1909); Phys. Zeitschr. **10**, 860 (1909); Radium in Biol. u. Heilk. **1**, 350, **2**, 96 (1912).
[2]) Phys. Zeitschr. **6**, 561 (1905), **7**, 209 (1906).
[3]) Zeitschr. f. Instrumentenkunde **30**, 301 (1910).
[4]) Phys. Zeitschr. **13**, 943 (1912), **14**, 451 (1913).
[5]) Phys. Zeitschr. **15**, 410 (1914).

Das einfache Fontaktoskop ist in Abb. 33 abgebildet. Es besteht aus zwei Teilen, dem Elektroskop E mit Zerstreuungskörper Z und einer großen 10 l haltenden Blechkanne beistehender Form. Das Elektroskop hat den Blättchenträger T in den oberen Teil des Gehäuses G mit Bernstein eingesetzt. An ihn kann bei K ein Draht angeschraubt werden, der 7 cm lang, 0,2 cm dick ist, und der sich am einen Ende zu einem 1 cm langen, 3 mm dicken Zylinderansatz erweitert. Dieser Zylinderansatz trägt eine Nase, die in den Bajonettverschluß bei O paßt, der am Stielende eines geschwärzten Zerstreuungszylinders Z (5·10 cm) angebracht ist. Als Fuß des Elektroskops dienen zwei Metallsäulchen, die auf einem massiv gehaltenen Deckel D sitzen, der leicht auf den Hals der Blechkanne aufgelegt werden kann. Durch ein 1 cm weites Loch in der Mitte des Deckels geht der Draht, der zum Zerstreuungskörper führt. Die Blechkanne besteht aus Zink oder besser aus vernickeltem Messingblech. Ihr Durchmesser beträgt 22 cm, die Höhe des zylindrischen Teils 26 cm. Der konische Oberteil ist 3 cm hoch und schließt mit einem 6 cm weiten, 1,6 cm hohen Hals ab, auf den der Deckel D übergreifend aufgesetzt wird. Der Gesamtinhalt der Kanne beträgt, nach Abzug des Zerstreuungszylinders, 10 l.

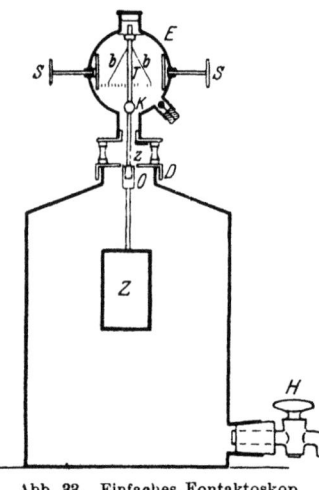

Abb. 33. Einfaches Fontaktoskop von Engler und Sieveking.

Unten trägt die Kanne einen Tubulus, in den ein Glashahn von der aus der Abbildung 33 ersichtlichen Form eingesetzt ist. Dieser Hahn wird geöffnet, wenn beim Schütteln von Wasser in der verschlossenen Kanne ein Überdruck entsteht. Dann fließt das Wasser, das nach dem Schütteln für die Messung wertlos ist, durch den Hahn so lange ab, bis der Überdruck ausgeglichen ist. Dadurch geht keine aktivierte Luft für die Messung verloren.

Die Messung der Stärke der Radioaktivität eines Quellwassers zerfällt in die Bestimmung des „Normalverlustes" oder der „Luftzerstreuung" und in die eigentliche Messung der Aktivität des Wassers.

1. Messung der Luftzerstreuung. Man bringt 1 l destilliertes Wasser in die große Blechkanne, verschließt sie mit einem passenden Stopfen hermetisch und schüttelt eine halbe Minute lang Luft und Wasser tüchtig durch. Dann entfernt man den verschließenden

Stopfen und setzt das Elektroskop mit Zerstreuungskörper ein, um es auf ein genügend hohes Potential (z. B. beiderseits auf Teilstrich 16 entspr. 32 Teilstrichen = 214,8 Volt für ein best. Instrument) zu laden. Nun bestimmt man mit Uhr oder Stechuhr die Zeit, in der die Blättchen auf einen niederen Teilstrich zusammenfallen und rechnet aus der Beobachtung während kürzerer Zeit auf eine Stunde um. Wenn also die Blättchen in 15 Minuten beiderseits vom Teilstrich 16 auf den Teilstrich 15,4 (entspr. 210 Volt) zusammenfielen, so ergibt sich ein „Normalverlust" von 19,2 Volt in einer Stunde, der von der Hauptmessung abzuziehen ist.

Erheblich größer als 20—25 Volt soll der Normalverlust beim einfachen Fontaktoskop nicht sein, sonst zeigt das Elektroskop entweder Isolationsstörungen, oder die Luft resp. die Wände der Kanne sind (etwa durch aktiven Niederschlag von früheren Messungen her) aktiv. Isolationsstörungen werden durch Trocknen des Elektroskopinnern mit Natrium (s. S. 57 und 92) evtl. durch gründliche Reinigung oder durch Entfernung von Stäubchen und Härchen, die eine leitende Verbindung zwischen Kannendeckel und Zerstreuungskörper herstellen, behoben. Selbstverständlich muß der untere kleine Plattenverschluß des Elektroskopinnern, durch den der Draht zum Anhängen des Zerstreuungskörpers geht, ganz zurückgedreht sein, so daß das Loch vollkommen rund ist.

2. Hauptmessung. Nachdem das destillierte Wasser aus der Kanne möglichst vollständig entfernt ist, bringt man mit allen Vorsichtsmaßregeln, die einen Verlust von Emanation hintanhalten, das zu untersuchende Wasser in die Kanne. Am einfachsten ist es, genau ein Liter einzugeben, bei stark aktiven Wässern muß man sich mit genau abgemessenen Bruchteilen von 1 l begnügen und das Resultat dann auf 1 l umrechnen (also bei $^1/_4$ l mit 4 multiplizieren). Ist das Wasser eingebracht, so verschließt man die Kanne hermetisch, notiert die Zeit und schüttelt wieder eine halbe Minute lang Luft und Wasser kräftig durch. Dann öffnet man zuerst bei geschlossenem Stöpsel den unteren Hahn der Kanne um zu sehen, ob Überdruck vorhanden ist. Er gleicht sich ganz aus, indem Wasser, das für die Messung keine Rolle mehr spielt, ausläuft.

Nun ist es am zweckmäßigsten, für die Messung eine bestimmte Normalzeit einzuhalten (Engler, Sieveking und Koenig schlagen vor 2 Minuten), innerhalb deren man unmittelbar nach Beendigung des Schüttelns die Geschwindigkeit des Zusammenfalls der Blättchen mißt, die so kurz als möglich, aber natürlich so bemessen ist, daß man genügend große und scharfe Werte erhält. Nachdem man die Kanne auf eine stabile Unterlage gestellt hat, setzt man Elektroskop mit Zerstreuungskörper ein und lädt sofort so auf, daß man möglichst wieder an den gleichen Teilstrichen wie vorher die Messung beginnen kann.

Werden z. B. in 5 Minuten 10,2 Volt, in 1 Stunde 122,4 Volt zerstreut, so geht davon der Normalverlust von 19,2 Volt in der gleichen Zeit ab, so daß die Luft, die durch die Emanation und ihre Zerfallsprodukte in den ersten fünf Minuten ionisiert wird, in 1 Stunde 103,2 Volt zu zerstreuen vermag.

Nach einem allgemein angenommenen Vorschlag von H. Mache wird nun die Messung stets auf 1 l Wasser bezogen. Da wir ihn in die Fontaktoskopkanne einbrachten, so können wir die letztgenannte Zahl gleich in die Rechnung einführen. Die Stärke des Sättigungsstroms i ist nach S. 52

$$i = C \cdot \frac{v}{300 \cdot 3600} = 14,5 \cdot \frac{103,2}{108 \cdot 10^4} = 0,00139 \text{ ESE}.$$

Da diese und viele analog erhaltenen Zahlen unbequem klein sind, so schlug Mache vor, sie mit 1000 zu multiplizieren. Diese Zahlen geben dann die Aktivität in sog. Mache-Einheiten (ME) an[1]) (folgl. $i = 1,39$ ME), die viel gebräuchlich und bequem zu merken sind. Doch sei nochmals darauf hingewiesen, daß die 1,39 ME sich auf die Volumeinheit von 1 l bezieht.

In dieser Zahl ist aber nicht nur die Aktivität, die durch die Emanation von 1 l Wasser allein bewirkt wird, enthalten, sondern diese vermehrt um die ihrer Zerfallsprodukte. Man kann nun mit folgender von Engler, Sieveking und Koenig auf Grund der H. W. Schmidtschen Zahlen ausgearbeiteten Tabelle 2 (S. 95) die Werte der Aktivität für die Emanation allein berechnen.

In unserem Beispiel wurde 5 Minuten nach Beginn des Ausschüttelns gemessen und dabei kommen nach der Tabelle 70,3% der Aktivität auf die Emanation, der Rest auf die Zerfallsprodukte. Folglich haben wir für die Aktivität, die durch die Emanation allein bedingt wird,

$$\frac{70,3 \cdot 1,39}{100} = 0,974 \text{ oder rund 1 Mache-Einheit}$$

für das in obigem Beispiel behandelte Wasser.

Hat man in einem anderen Fall 2 Minuten nach Beginn des Ausschüttelns gemessen und 30 ME gefunden, so entspricht das einer Anfangsaktivität von 81% dieses Wertes, und somit sind 24,3 ME als Aktivität dieses Wassers anzugeben.

---

[1]) Folglich $i = \dfrac{C \cdot V \cdot 1000}{300 \cdot 3600}$ ME.

Tabelle 2.

Umrechnung der zur Zeit t gemessenen Sättigungsströme (Aktivitäten) auf die Zeit t' in Prozenten: $\dfrac{I_t}{I_{t'}} \cdot 100$.

t'	t							
	0	1	2	3	4	5	10	15	180
0	100,0	113,2	123,5	131,4	137,6	142,2	154,5	160,0	217,5
1	88,3	100,0	109,0	116,0	121,5	125,6	136,5	141,3	192,0
1,5	84,5	95,7	104,4	111,0	116,3	120,2	130,6	135,2	183,7
2	81,0	91,8	100,0	106,4	111,5	115,2	125,2	129,6	176,1
3	76,1	86,2	94,0	100,0	104,7	108,2	117,6	121,8	165,4
4	72,7	82,3	89,7	95,5	100,0	103,4	112,3	116,3	158,0
5	70,3	79,6	86,8	92,4	96,7	100,0	108,6	112,5	152,8
6	68,6	77,7	84,7	90,1	94,4	97,6	106,0	109,8	149,1
7	67,1	76,0	82,8	88,1	92,3	95,5	103,7	107,4	145,8
8	66,2	75,0	81,7	87,0	91,1	94,2	102,3	105,9	143,9
9	65,3	74,0	80,6	85,8	89,8	92,0	100,9	104,5	142,0
10	64,7	73,3	79,9	85,0	89,0	92,0	100,0	103,5	140,6
15	62,5	70,8	77,1	82,1	86,0	98,9	96,6	100,0	135,9
180	46,0	52,1	56,8	60,5	63,3	65,5	71,1	73,6	100,0

Für balneologische Zwecke, bei denen auch die Aktivität der Zerfallsprodukte der Emanation in Betracht kommt, gibt man natürlich die Gesamtaktivität an.

Will man die Aktivität des Wassers in elektromagnetischem Maße, die Sättigungsstromstärke also in Ampère angeben, so haben wir mit Rücksicht darauf, daß 1 ESE $= 0{,}33 \cdot 10^{-9}$ Amp. ist, im angezogenen Fall

$$i = 4{,}6 \cdot 10^{-14} \text{ Amp.,}$$

die dann, wie auch die späteren, nach der Engler - Sieveking - Koenigschen Tabelle zu reduzieren ist.

Soll die Anzahl N Ionen angegeben werden, die in dem Luftraum der Kanne gebildet wurden, so können wir sie nach der Gleichung

$$i = Nev,$$

berechnen, in der e die Ladung eines Ions $4{,}65 \cdot 10^{-10}$ ESE und v 9 l bedeutet. Dann ist die Anzahl Ionen in 1 ccm

$$N = 332.$$

War die Emanation im Wasser Radiumemanation, so ist es wissenschaftlich sehr empfehlenswert, die Aktivität des Wassers in Curie resp. Milli-Curie ($\frac{1}{1000}$ Curie) oder Mikro-Curie ($\frac{1}{1000000}$ Curie) anzugeben. 1 Curie ist die Menge Emanation, die sich im Gleichgewicht mit 1 g metallischem Radium befindet. Nach Rutherford beträgt diese Menge 0,59 cmm bei 0° rund 760 mm. Diese Menge unterhält bei vollständiger Ausnutzung der α-Strahlen im Mittel aus mehreren Angaben einen Sättigungsstrom von $2,5 \cdot 10^6$ ESE. Folglich entsprechen 0,00139 ESE $5,56 \cdot 10^{-10}$ Curie.

Da die in 1 l Wasser oder Gas einer stark radioaktiven Quelle enthaltene Emanation ungefähr von der Größenordnung der von 1 mg Radium in der Minute erzeugten Emanation ist, so nahmen P. Curie und Laborde die Milligramm-Minute als Einheit der Radioaktivität der Quellen.

Bei stark aktiven Quellen muß berücksichtigt werden, daß nach dem Schütteln noch Emanation im Wasser gelöst ist und ferner, daß durch den Zerstreuungszylinder ein ihm gleiches Volum aktivierte Luft verdrängt wird. Im ersten Fall muß man beim Fontaktoskop 25% der Aktivität addieren, im letzten Fall kann man den zu addierenden Betrag leicht aus dem Volum des Zerstreuungskörpers berechnen. Endlich muß in solchen Fällen auch noch die sog. Duanesche Korrektur[1]) berücksichtigt werden. Die Ionisierung der Luft in der Kanne geschieht durch die α-Strahlen der Emanation und ihrer Zerfallsprodukte. Die α-Strahlen ionisieren längs ihrer Reichweite, wobei die des RaC 7 cm beträgt. Da nun die Kannen beschränkte Größe haben, so ist es klar, daß viele α-Partikeln an die Wand fliegen müssen ehe sie ihre Reichweite voll ausgenutzt haben. Der gemessene Wert der Aktivität ist also zu klein. Die hier anzubringende Korrektur K berechnet sich nach Duane für zylindrische Ionisierungskammern zu

$$K = \frac{1}{1 - k \frac{s}{v}},$$

wobei k ein Koeffizient ist, den Duane auf empirischem Wege für Ra-Emanation allein zu 0,52, für Ra-Emanation im Gleichgewicht mit ihren Zerfallsprodukten zu 0,572 ermittelte. s ist die Innenfläche in Quadratzentimeter, v ihr Rauminhalt in Kubikzentimeter. Die Messungen mit verschiedenen Apparaten lassen sich nur dann untereinander vergleichen, wenn man diese Korrektur bei ihnen angebracht hat. Für die Kanne des Fontaktoskops beträgt die Korrektur K für den Anfangswert der Aktivität der Emanation allein etwa 1,15, und für die Aktivität der Emanation im Gleichgewicht mit ihren Zerfallsprodukten etwa 1,175. Um die Aktivität bei vollkommener Ausnutzung der α-Strahlen zu erhalten, sind also 15 resp. 17,5% hinzuzuzählen.

---
[1]) Compt. rend. **140**, 581 (1905).

Hat man aber die Messung der Aktivität des Quellwassers zwei Minuten nach Beginn des Ausschüttelns beendet, so kompensiert sich der Betrag der Duaneschen Korrektur mit dem für die Aktivität der Zerfallsprodukte fast vollkommen.

Verbessertes Fontaktoskop von Engler und Sieveking.

Das gewöhnliche Fontaktoskop gestattet es, in sehr kurzer Zeit die Radioaktivität eines Wassers zu bestimmen. Beim richtigen Arbeiten erhält man auch ziemlich genaue Resultate, doch besitzt der Apparat Fehlerquellen. Man muß die Messung rasch ausführen, weil sonst Diffusion aktivierter Luft aus dem Loch des Kannendeckels stattfinden kann. In kurzer Zeit kann aber ein Gleichgewicht zwischen der Aktivierung der Luft durch die Emanation und durch ihre Zerfallsprodukte nicht stattfinden, und darum muß der wirkliche Wert interpoliert werden.

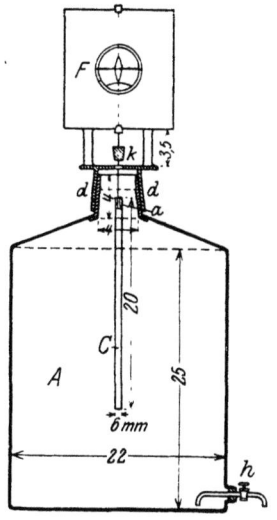

Abb. 34. Fontaktoskop für sehr genaue Messungen.

Diese Nachteile vermeidet das verbesserte Fontaktoskop von Engler, Sieveking und A. Koenig[1]), das verschließbar ist und eine Messung beim Gleichgewicht gestattet. Als Elektroskop wird hier ein auf dem Kopfe stehendes[2]) Wulfsches Elektrometer F mit einem wesentlich kleineren Zerstreuungskörper C von 0,6 cm Durchmesser und 20 cm Länge, der durch einen Draht von 2 mm Dicke mit den Quarzfäden verbunden ist, deren Träger oben und unten in Bernstein eingelassen sind, verwendet. Das Elektrometer hat als Fuß Metallsäulchen, die auf einem konischen Deckel d sitzen. Durch ein 1,4 cm weites rundes Loch dieses Deckels geht der Draht, der Elektroskop und Zerstreuungskörper verbindet. Ein Gummistopfen k, der auf dem Draht verschiebbar ist, gestattet es, das Loch des Elektroskopdeckels zu verschließen. Die Kanne dieses Elektroskops ist in ihren Dimensionen nur wenig verschieden von der des gewöhnlichen Fontaktoskops. Die Breite ist die gleiche wie früher, die Höhe wegen des kleineren Zerstreuungskörpers statt 26 nur 25 cm. Der konische Hals ist in den Elektroskopdeckel

---

[1]) Chem.-Ztg. **1914**, 449; Phys. Zeitschr. **17**, 73 (1916).
[2]) S. Berndt, Phys. Zeitschr. **12**, 1125 (1911); B. Walter, Phys. Zeitschr. **17**, 21 (1916); V. F. Hess, Phys. Zeitschr. **17**, 72 (1916).

hermetisch eingeschliffen. Unten befindet sich, wie bei der Kanne des gewöhnlichen Fontaktoskops, ein Ausguß mit Hahn.

„Zur Durchführung einer Messung[1]) wird zunächst der Normalverlust bestimmt. Dann gibt man bei abgenommenem Elektroskop 1 l destilliertes oder anderes inaktives Wasser in die Kanne, verschließt sie sorgfältig durch einen Gummistopfen und schüttelt kräftig etwa $1/2$ Minute lang. Dann setzt man nach Ablaufen des Wassers das Elektroskop auf und lädt das letztere durch Berührung der Leitstange oder des oberen Stiftes mittels eines geriebenen Ebonitstäbchens oder einer Zamboni-Säule. Bei der Kapazität unseres Apparates von z. B. 10 ccm beträgt der Potentialabfall in gewöhnlicher Luft unter sonst normalen Verhältnissen etwa 15 bis 30 Volt in der Stunde (Normalverlust).

Das zu untersuchende am Quellenmund regelrecht entnommene Wasser wird, sofern es nicht schon kalt ist, durch Abkühlung auf Außentemperatur oder darunter gebracht und in genau abgemessener Menge in die Flasche gegeben. Bei mittelaktivem Wasser nimmt man 1 l, bei ganz schwach aktivem 2, bei stark aktivem Wasser $1/2$ bis $1/4$ l, die man auf 1 l mit indifferentem Wasser verdünnt; jedenfalls gehe man für genaue Messungen über einen Potentialabfall von 4000 Volt pro Stunde womöglich nicht hinaus. Nun wird wieder mit Stopfen verschlossen, $1/2$ Minute geschüttelt und genau so verfahren wie bei Bestimmung des Normalverlustes oder 3 Stunden verschlossen stehen gelassen, dann gemessen (wobei der kleine Gummiverschluß hinaufgeschoben werden muß) und nach der Tabelle S. 95 reduziert. Von dem jetzt erhaltenen und auf 1 Stunde umgerechneten Potentialabfall wird der Normalverlust in Abzug gebracht, der Restbetrag der im Wasser verbliebenen Emanation unter Zugrundelegung des Absorptionskoeffizienten, für gewöhnliche Temperatur etwa 0,25, dagegen hinzuaddiert.

Der so ermittelte Voltabfall des Elektrometers pro Liter und Stunde ergibt durch Multiplikation mit der Kapazität des Systems (in Zentimeter) und Division durch 300 und durch 3600 die Sättigungsstromstärke in absoluten elektrostatischen Einheiten (ESE). Multipliziert man diesen Wert mit 1000, so erhält man die Aktivität des Wassers in Mache-Einheiten (ME). Bei relativen Bestimmungen mit dem gleichen Apparat genügt die Angabe in Volt pro Stunde und pro Liter oder in Mache-Einheiten vollkommen. Da aber bei Anwendung von Apparaten verschiedener Konstruktion die Resultate nicht ohne weiteres miteinander vergleichbar sind, ist es, wenn überhaupt eine Vergleichung ermöglicht werden soll,

---

[1]) Vgl. Chem.-Ztg. **1914**, 453.

unbedingt notwendig, auf die absoluten Werte umzurechnen, indem man die für jeden einzelnen Apparat berechnete Duane-Korrektur die für unseren Apparat 15% ausmacht, zum Resultat hinzuzählt.

Wie schon oben ausgeführt, sollten bei den Angaben der Messungsresultate bestimmte Normalzeiten eingehalten und bei den Resultaten angegeben werden. Wir schlagen aus ebenfalls schon angeführten Gründen für alle Schnellmessungen als Normalzeit 2 Minuten vor, aus welchen Werten ja unter Benutzung der Reduktionstabelle von Schmidt (vgl. S. 95) die der Zeit Null entsprechenden Werte ermittelt werden können. Die Aktivität zur Zeit Null, also unmittelbar nach dem Ausschütteln der Emanation aus dem Wasser, entspricht der reinen Emanation. Die Menge Emanation, welche im radioaktiven Gleichgewicht mit 1 g metallischen Radiums steht, ist als Einheit gewählt worden und wird ein ‚Curie‘ genannt. Der Sättigungsstrom, den die Ionisation durch die α-Strahlen von einem Curie bei vollständiger Ausnutzung derselben zu unterhalten vermag, berechnet sich zu $2{,}75 \cdot 10^6$ ESE. Experimentell haben Duane und Laborde $2{,}49 \cdot 10^6$, Mache und Meyer $2{,}67 \cdot 10^6$ ESE gefunden. In einer letzten Mitteilung gibt Mache $2{,}4 \cdot 10^6$ ESE = 1 Curie an. Wie ersichtlich, differieren die Werte noch ziemlich stark (um rund 10%), doch ist, wie Rutherford (a. a. O.) bemerkt, in Anbetracht der großen experimentellen Schwierigkeiten die Übereinstimmung dennoch als sehr gut zu bezeichnen. Wird der in der Mitte liegende Wert von Duane und Laborde $2{,}5 \cdot 10^6$ ESE als der wahrscheinlichste angesehen, so besagt dies, daß ein Wasser, welches im Fontaktoskop eine Anfangsaktivität (Zeit Null) von 2500 ME (einschließlich der Duaneschen Korrektur) zeigt, einen Emanationsgehalt von 1 Mikro-Curie im Liter besitzt.

Zur Prüfung eines Wassers auf einen etwaigen Gehalt an Ra in Substanz wird das Wasser, sofern man eine Radioaktivität durch gewöhnliche Messung gefunden hat, bis zur vollständigen Entfernung der Emanation ausgekocht, dann wieder in die Kanne gegeben, verschlossen einen Monat lang stehen gelassen und darauf wieder gemessen. Auch die minimalste Menge Ra-Salz wird so nachzuweisen sein.‟

Das Fontaktometer von H. Mache und Stefan Meyer[1]).

Durch einen geistvollen Kunstgriff gelang es den genannten Forschern, das Öffnen der Kanne nach dem Schütteln zu umgehen und die durch nachträgliches Einsenken des Zerstreuungs-

---

[1]) Phys. Zeitschr. **10**, 861 (1909).

körpers eintretenden Störungen und Verluste an aktiver Luft zu vermeiden. Als Ionisierungskammer benutzen Mache und Meyer eine größere Kanne als Engler und Sieveking. Sie faßt 15 l und hat beistehende Form (Abb. 35). Oben und unten befinden sich zwei Metallhähne H_1 und H_2 und am Boden noch ein weiter Tubulus T, der dicht verschließbar ist. W deutet einen Wasserstandszeiger an und bei N befindet sich die sorgfältig gearbeitete Öffnung der Kanne. N besteht aus einem Rohrstück, das unten eine verstärkte, konisch gearbeitete Vertiefung enthält. In sie paßt genau ein massiver Messingkonus K_1, der von dem Metallstifte A_1A durchsetzt wird, so daß die Kanne durch den Konus wasserdicht verschlossen werden kann.

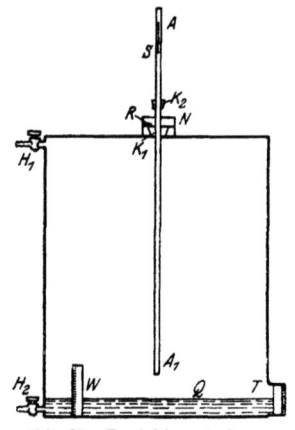
Abb. 35. Fontaktometerkanne.

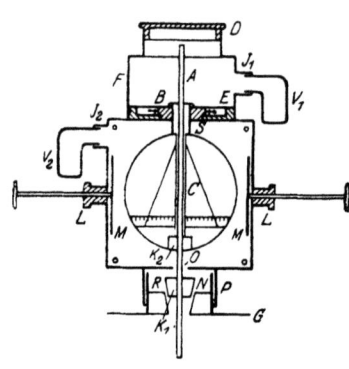
Abb. 36. Elektroskop des Fontaktometers.

Der untere in die Kanne reichende Teil des Stabes A_1A dient zugleich als Zerstreuungskörper und kann in folgender Weise mit dem Elektroskop verbunden werden. Am oberen Teil des Stabes A_1A ist ein zweiter mit der Schmalseite nach oben gerichteter Konus K_2 angebracht, der in den hohlen Blättchenträger des Elektroskops in einer durch die Abbildung 36 ersichtlichen Weise eingesetzt werden kann. Der obere Teil des Stabes A_1A ist bei S ein kurzes Stück geschlitzt, wodurch er in der Höhlung des Blättchenträgers federt. Hat man das zu untersuchende Wasser in die Kanne vorsichtig eingefüllt, so wird sie mit dem Konus, der den Stab A_1A trägt, verschlossen und der Konus durch einen Sperreiber R fest in der Bohrung gehalten. Nach dem tüchtigen Durchschütteln von Wasser und Luft wird, falls Überdruck vorhanden ist, der Hahn H_2 vorsichtig geöffnet und Wasser in ein Meßgefäß so lange ausfließen lassen, bis der Druck ausgeglichen ist. Nun verschließt man den Hahn H_2, schiebt den Sperreiber zurück und setzt das Elektroskop auf, indem man den herausragenden Teil des Stiftes A_1A in die Höhlung des Blättchenträgers C vorsichtig eindrückt, wobei zugleich der Fuß des Elektroskops als übergreifender Deckel auf N geht. Wenn er fest auf der Kanne aufsitzt, zieht man den aus dem Blättchenträger herausragenden Teil des Stabes A_1A so weit in die Höhe, bis der kleine Konus K_2 in dem Hohlkonus des Blättchenträgers sitzt. Nun ist der Zerstreuungskörper isoliert mit dem Blättchenträger verbunden und der Apparat zum Messen fertig. Man lädt das Elektroskop an dem herausragenden Stabe, verschließt mit dem Deckel D und bestimmt den Voltabfall wie beim Fontaktoskop. Für die im Wasser gelöst gebliebene Emanation sind hier nur 1,6% zu addieren.

Vergleichende Versuche mit Fonktatometer und Fontaktoskop wurden von mehreren Seiten unabhängig voneinander ausgeführt. Zu gleicher Zeit wurden unter den gleichen Verhältnissen an derselben Stelle der Quellen Wasserproben entnommen und von zwei Experimentatoren gleichzeitig im gewöhnlichen Fontaktoskop und Fontaktometer gemessen[1]). Die Resultate waren von recht befriedigender Übereinstimmung mit Rücksicht auf die Tatsache, daß die Radioaktivität der Quellen fortwährenden Schwankungen unterworfen ist. Es ist also von geringem Einfluß auf das Resultat, ob mit dem Fontaktoskop oder mit dem Fontaktometer gemessen wurde.

Das H. W. Schmidtsche Elektrometer für radioaktive Untersuchungen[2]).

Dieser Apparat besteht aus dem Einblattelektrometer E und dem Ionisierungsgefäß Z, die hermetisch voneinander abgeschlossen sind. Der Blättchenträger des Elektroskops geht durch den Bernsteinpfropf b in das Ionisierungsgefäß und endet dort in den nadelförmigen Zerstreuungszylinder k, der sich bei e herausnehmen läßt. Das Elektrometer wurde bereits früher (S. 64) beschrieben. Das Ionisierungsgefäß besteht aus einem Messingmantel m, der sich auf den Boden r aufschrauben läßt, und dem ebenfalls aufschraubbaren Deckel d, der mit zwei Metallhähnen und einer Libelle l

---

[1]) Vgl. F. Henrich und F. Glaser, „Über die gebräuchlichen Apparate zur Bestimmung der Radioaktivität von Quellen". Zeitschr. f. angew. Chemie **1912**, S. 16; s. a. H. Günther, „Radioaktive Erscheinungen im Fichtelgebirge", Diss. München Techn. Hochschule.
[2]) S. Phys. Zeitschr. **6**, 561 (1905), **7**, 209 (1906). Zu beziehen durch Spindler & Hoyer in Göttingen.

versehen ist. Die käuflichen Apparate haben zwei solche Metallzylinder, einen kürzeren und einen längeren, die je nach Bedürfnis verwendet werden. Will man feste Substanzen untersuchen, so genügt der kürzere Metallmantel und man bringt die Substanz entsprechend vorgerichtet in eine Metallschale auf den Boden r des Ionisierungsgefäßes. Hat man die Aktivität von Flüssigkeiten und Gasen zu bestimmen, so schraubt man oft besser den langen Metallmantel auf, muß aber dann in jedem Falle die Verschraubungen dichten, da sie ohne das für Gase nicht undurchlässig sind. Zu diesem Zweck gießt man die Rinnen o mit einem geschmolzenen Gemisch von gleichen Teilen Kolophonium und Wachs aus. Um diese Dichtung beim Auseinandernehmen des Apparates zu entfernen, erhitzt man sie gelinde mit einem Bunsenbrenner, wobei der Kitt erweicht und sich abheben läßt. In den luftdicht vorgerichteten Apparat kann man ein Gas entweder dadurch einführen, daß man das Ionisierungsgefäß evakuiert und das Gas vermittels des Apparates S. 83 in die Glocke hineinbringt oder auf dem Wege der Zirkulation. Diese letztere Methode wird bei Wasseruntersuchungen angewendet und folgendermaßen gehandhabt (s. Abb. 37). Das Elektroskop ist auf einem Stativ fest angeschraubt und durch Schlauchverbindungen mit dem Gummigebläse G und der ca. 2 l fassenden Blechkanne F so verbunden, daß man vermittels des Gebläses einen Luftstrom durch den oberen Teil von F, den Schlauch c, die Ionisierungskammer z, zurück zum Gebläse zirkulieren lassen kann. Auch die Blechflasche F und eine Stechuhr u lassen sich an dem Stativ befestigen.

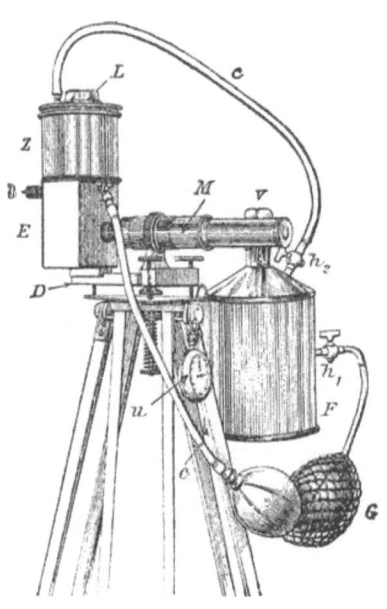

Abb. 37. H. W. Schmidtscher Universalapparat.

Will man nun eine Wasserprobe auf Radioaktivität in diesem Apparat untersuchen, so füllt man sie (wenn möglich in der Menge von 1 l) vorsichtig und ohne zu schütteln in die Flasche F, nachdem diese von den Schlauchverbindungen gelöst und vom Stativ abgenommen ist. Nachdem die Hähne und die Öffnung geschlossen sind, schüttelt man das Wasser mit der in der Flasche noch vorhandenen Luft $^1/_2$ Minute lang kräftig durch, verbindet sie dann in der aus der Abbildung ersichtlichen Weise wieder mit der Apparatur (auf gutes Einpassen der Schläuche ist besonders zu achten), öffnet sämtliche Hähne und setzt nun das Gebläse in Gang. Die geschüttelte Luft wird dadurch mit der anderen gleichmäßig gemischt und nach $^1/_2$ Minute langem Zirkulieren kann mit der Messung begonnen werden. Man schließt dann die Hähne des Ionisierungsgefäßes, wartet drei Stunden und bestimmt den Voltabfall in bestimmter Zeit mit Elektroskop und Stechuhr.

Für viele Zwecke genügt es, wenn die Skala des Okularmikrometers in relativem Maße geeicht ist. Man bestimmt zu diesem Zwecke die Geschwindigkeit der Bewegung des Blättchens an verschiedenen Stellen der Skala, wenn sich ein radioaktiver Körper in der Nähe des Apparates befindet. Die Zeiten, die das Blättchen beim Sättigungsstrom nötig hat, um einen bestimmten Teil der Skala zu durchlaufen, ist dann den Spannungsdifferenzen proportional, die zwischen den betreffenden Teilstrichen herrschen. Um absolute Messungen auszuführen, muß man die Skala in Volt eichen. Man legt zu diesem Zweck bekannte Spannungen an. Diese Eichung wird bereits von den Lieferanten ausgeführt und in einer Tabelle angegeben, welcher Voltzahl jeder Teilstrich der Skala entspricht.

Die Sättigungsstromstärke berechnet sich hier nach der Formel

$$i = a \frac{CV}{300 \cdot 3600} \text{ ESE,}$$

wobei

$$a = \frac{1000}{w} \frac{l_1 + l_2 + l_3}{l_3} \left(1 + \alpha \frac{w}{l_1}\right)$$

ist. Dabei bedeuten:

w die angewendete Wassermenge in Kubikzentimeter;
l_1, l_2, l_3 das Volum der Luftmengen (in Kubikzentimeter) in Schüttelflasche, Gebläseteilen und dem Zerstreuungsgefäß;
$\alpha = 0{,}25$ (die im Wasser zurückgebliebene Emanation);
C die Kapazität des Elektroskops;
v den Voltabfall in 60 Minuten (abzüglich des Normalverlustes in der gleichen Zeit).

IV. Bestimmung der Radioaktivität von Gasen (Emanationen).

Wenn Emanationen resp. Gemische von Emanationen mit anderen Gasen (Quellengasen) vorliegen, so führt man ein abgemessenes Volum derselben nach der früher (S. 83) mitgeteilten Art in die vorher evakuierte Ionisierungskammer des Elektroskops, oder man benutzt folgende Apparatur[1]):

Die Bunte-Bürette A (Abb. 38) steht mit einem Chlorcalciumrohr der Form B in Verbindung. Die geringen Mengen Wasser in dem Dreiweghahn und dem Gummischlauch der Bürette werden in der Kugel zurückgehalten und nach Beendigung eines jeden Versuches durch Ausschleudern entfernt. Unten ist das Chlorcalciumrohr an das Metall- oder Glasrohr C angeschlossen, das Metallwolle oder irgendein anderes, die Elektrizität gut ableitendes Material enthält. Dies muß während des Versuches stets mit der Metallglocke D in Verbindung bleiben, die während des Versuches geerdet ist. Der obere Hahn der Metallglocke ist durch Gummischlauch mit einem Gummigebläse E verbunden, das auf der anderen Seite zu einem kleinen Erlenmeyerschen Saugkolben führt.

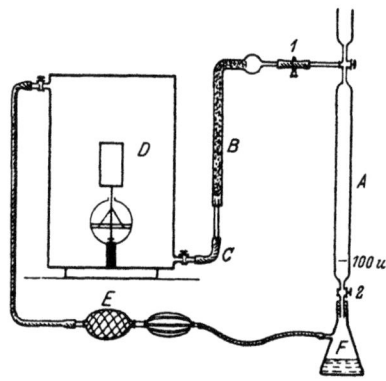

Abb. 38. Apparat zur Bestimmung der Radioaktivität von Gasen.

In die obere Öffnung desselben wird die Bunte-Bürette durch einen Gummistopfen hermetisch eingeführt.

Vor der Bestimmung der Luftzerstreuung wurde in der mit Luft gefüllten Apparatur, bei ausgeschalteter Bürette, eine Zirkulation durch das Gebläse bewerkstelligt. Dann wurden die Hähne der Glocke D geschlossen und die Luftzerstreuung bestimmt. Nun füllte man die Bunte-Bürette mit 100 ccm Gas (notierte Temperatur und Barometerstand) und brachte sie an ihren Platz in der Apparatur. Nachdem für kurze Zeit der Gebläseschlauch vom oberen Hahn der Glocke D gelöst war, wurde erst Hahn 2, dann Quetschhahn 1, sowie die Hähne der Glocke D geöffnet. Das unter dem Gas stehende Wasser der Bunte-Bürette fließt so nach F, und im Moment, wo die Bürette wasserfrei ist, verbindet man den Gebläseschlauch wieder mit dem oberen Hahn der Glocke. Sofort wird das Gebläse in Tätigkeit gesetzt und je nach seiner Größe 10 Minuten bis $1/4$ Stunde in Tätigkeit erhalten.

Alle Apparatenteile waren möglichst genau ausgemessen und bei den vergleichenden Versuchen stets mit den gleichen Schläuchen

---

[1]) F. Henrich, Zeitschr. f. Elektrochemie **1909**, 754ff.

in der gleichen Weise verbunden. Bei meinen, sich über ein Jahr erstreckenden Versuchen legte ich auf diese Dinge besonderes Gewicht und verwandte, wenn ein Schlauch undicht wurde, stets neue, von gleicher Länge und gleichem Volum.

Selbstverständlich wurde jedesmal nach dem Zusammensetzen des Apparates geprüft, ob die Schläuche und Verbindungen der Apparatur auch gut schließen.

Da die Konstanten des Elektrometers nur für den Raum der Metallglocke gelten, die aktivierte Luft aber auf ein wesentlich größeres Volum verteilt ist, so muß eine Umrechnung der direkten Versuchsresultate stattfinden. Es sei:

V das gesamte Luftvolum, das aktiviert wird, also in Abb. 38 S. 104
$$B + C + D + E + F.$$

Hier gleich 9 000 ccm;

M das Volum des Meßraumes D;
v das Volum des in der Bunte-Bürette abgemessenen Gases;
e die Wirksamkeit der Emanation in 1 ccm Luft vor dem Mischen mit dem aktiven Gas der Bunte-Bürette;
e' die Wirksamkeit der Emanation in 1 ccm Luft nach dem Mischen des aktiven Gases in der Bürette;
E die Aktivität in 1 ccm Gas der Bunte-Bürette.

Denkt man sich den Apparat zusammengesetzt, aber die Hähne 1 und 2 noch geschlossen, so ist die Gesamtmenge der Emanation vor der Zirkulation
$$Ve + vE.$$

Wird dann nach dem Öffnen der Hähne 1 und 2 das Gas durch Zirkulation völlig in der Luft verteilt, so ist die Gesamtmenge der wirksamen Emanation jetzt
$$(V + v)e'.$$

Setzt man
$$Ve + vE = (V + v)e',$$
so folgt:
$$E = \frac{(V + v)e' - Ve}{v} \qquad (1)$$

Nun ergibt die Ablesung am Elektroskop nicht die Werte für $(V + v)e'$ und Ve, sondern man mißt Me und Me'. Es ist aber
$$(V + v)e' = Me' + (V + v - M)e'$$
und
$$Ve = Me + (V - M)e.$$

Diese Werte, in Gleichung (1) eingesetzt, ergeben:

$$E = \frac{Me' + (V + v - M)e' - [Me + (V - M)e]}{v} \quad (2)$$

Da die gemessenen Produkte Me' und Me bestimmte Zahlen geben und da M bekannt ist, so kann man e' und e berechnen.
Beispiel: Am 9. Oktober 1907 wurde die Luftzerstreuung in 60 Minuten, also Me zu 18,6 Volt gefunden. Dann wurden 100 ccm Kochbrunnengas von Wiesbaden, das von Kohlensäure befreit war, bei 18° und 746 mm in der Bürette abgemessen, durch Zirkulation mit dem Luftvolum V homogen gemischt und nach dreistündigem Warten (genau so lange wurde bei allen anderen Versuchen gewartet) der Voltabfall bestimmt. Er ergab sich zu 117,8 Volt in 4 Minuten, folglich 1770 Volt in 60 Minuten. Die Aktivität des aktiven Niederschlags in der Meßglocke betrug 531 Volt in 60 Minuten, folglich ist

$$Me' = 1770 - 531 = 1239 \text{ Volt}.$$

Da $Me = 18,6$ Volt betrug, so berechnete sich:

$$e' = 0,1484 \quad \text{und} \quad e = 0,00223,$$

weiter nach Gleichung (2):

$$E = \frac{1239 + 111,3 - [18,6 + 1,4]}{92,08} = 14,45 \text{ Volt}.$$

Statt der Wirksamkeit der Emanation in 1 ccm nehmen wir, Maches Vorschlag folgend, den tausendmal größeren Betrag, folglich $1000 E = 14450$ Volt.

Rechnet man diesen Wert in absolute, elektrostatische Einheiten (bezogen auf 1 Sekunde) um, so ergibt sich bei einer Kapazität des Elektrometers von 15 ccm

$$\frac{14450 \cdot 15}{300 \cdot 3600} = 200,7.$$

Dieser Wert muß dann noch auf die Emanation ohne Zerfallsprodukte reduziert werden. Bei Ra-Emanation s. S. 95.

Ist nur Radiumemanation vorhanden, so nimmt die Aktivität von Anfang an stetig zu, bis nach etwa drei Stunden ein Gleichgewichtszustand erreicht ist. Bei Anwesenheit von Thoriumemanation wird man bei genügend raschem Arbeiten in den ersten Minuten eine Zunahme wahrnehmen können. Actiniumemanation dürfte so kaum mit Sicherheit nachzuweisen sein. In solchen Fällen kann man oft die Zerfallsprodukte dieser Emanation untersuchen, die sich als aktive Niederschläge auf kleinen Metallflächen sammeln lassen, wenn man diese, negativ elektrisch geladen, den Emanationen aussetzt. Bringt man solche mit aktivem Niederschlag beladenen Metallflächen (Kupferstücke, Bleidrähte usw.) in ein Elektroskop und mißt von Zeit zu Zeit ihre Aktivität, so kann man aus den Zeiten und den zugehörigen Aktivitäten eine Kurve (die sog. Abklingungskurve) konstruieren, deren Form für die aktiven Niederschläge der verschiedenen Emanationen charakteristisch ist. Wir bringen dafür später Beispiele (S. 125).

Um die Radioaktivität von Gasen einheitlich auszudrücken, machen Engler und Sieveking besondere Vorschläge, nämlich:
1. den Voltabfall pro Stunde unter genauer Angabe des benutzten Apparates zu registrieren;
2. die Sättigungsstromstärke elektrostatisch oder elektromagnetisch anzugeben;
3. noch besser die Anzahl der Ionen anzugeben, die in einem Kubikzentimeter enthalten sind.

Zur Berechnung des letzteren Wertes braucht man nur die Sättigungsstromstärke zu dividieren durch die Einheit der elektrischen Ladung. Zur Berechnung dieses vorgeschlagenen Falles geben Engler und Sieveking[1]) folgendes Zahlenbeispiel: „Mit einem Elster-Geitelschen Elektroskop sei eine Ionisierungskammer von 2 l verbunden. Die Kapazität des Elektroskops bei aufgesetztem Zerstreuungszylinder, der in die Ionisierungskammer isoliert eingeführt ist, beträgt 12 ccm. Beobachtet wurde ein Abfall von 20 Volt pro Stunde. Dann ist die Sättigungsstromstärke

$$= \frac{20}{300} \cdot \frac{12}{3600} = 2 \cdot 2 \cdot 10^{-4} \text{ ESE},$$
$$= 0{,}75 \cdot 10^{-13} \text{ Amp.}$$

Ist g die Anzahl Ionen im Kubikzentimeter und $1{,}55 \cdot 10^{-19}$ Coulomb die Elektrizitätsmenge eines Ions, so folgt aus der Gleichung $0{,}75 \cdot 10^{-13} = g \cdot 2{,}000 \cdot 155 \cdot 10^{-19}$ für g der Wert 242. Im Kubikzentimeter sind also 242 Ionen enthalten."

Vergleichsmessungen von Präparaten mit unbekannter Menge Radioelement mit solchen von bekanntem Gehalt (sog. Standard-Messungen).

Die bisher besprochenen Messungen der Stärke der Radioaktivität von Körpern durch die Sättigungsstromstärke sind indirekte Bestimmungen und darum nur für eine Versuchsreihe

---
[1]) Radium in Biol. u. Heilk. 1, 286 (1912).

mit denselben Meßapparaten, Versuchsanordnungen usw. gültig. Absolut betrachtet sind sie ungenau, denn man kann nach ihnen keine sicheren Angaben über die Menge des untersuchten Radiumpräparats machen. Die einfachste Art, das Gewicht eines Radioelements selbst zu bestimmen (etwa in Millionstel Milligramm Radium oder Radiumemanation usw.), versagt natürlich in den allermeisten Fällen, weil sie meist in minimalen oder unwägbaren Mengen vorhanden sind. Man kann aber ziemlich zuverlässige Angaben über die Menge Radium in einer Substanz (Mineral oder Verarbeitungsprodukt eines Minerals) machen, wenn man die von dieser Substanz erzeugte Sättigungsstromstärke vergleicht mit der eines Präparats von bekanntem Radiumgehalt (Normalradiummaß, Radium-Standard, Radium-Étalon oder wie sonst die Namen für diese Eichpräparate alle heißen) und danach auf die Menge des Vergleichsmaterials umrechnet. Da Radiumpräparate meist als Normalmaß dienen, so bezieht man den Gehalt des zu untersuchenden Präparats nicht auf das Radioelement, das er enthält, sondern auf Gewichtsmengen metallischen Radiums. Der Gehalt eines Mesothoriumpräparats wird also z. B. durch die Gewichtsmenge Radium ausgedrückt, dessen γ-Strahlung einen gleich starken Sättigungsstrom erzeugt wie es. Man muß also nach dieser Vergleichsmethode mindestens zwei Messungen machen. Die eine mißt in bekannter Weise die Elektrizitätszerstreuung der Substanz, deren Aktivität festgestellt werden soll. Bei der zweiten wird das gleiche mit einem Normalpräparat von bekanntem Gehalt (Standard) vorgenommen, wobei ein Standard gewählt werden muß, der eine Elektrizitätszerstreuung bewirkt, die der zu messenden Substanz möglichst nahe liegt. Denn Präparate, die sich stark in der Menge des Radioelements unterscheiden, geben naturgemäß keine gleichartigen Sättigungsbedingungen für den zu messenden Strom.

Zu solchen Vergleichsmessungen werden zwei Methoden angewendet: 1. die γ-Strahlenmethode, 2. die Emanationsmethode; beide erfordern verschiedene Normalmaße, die wir zuerst kennenlernen wollen. (Beide Methoden sind dann am genausten, wenn man die Substanz, die gemessen werden soll, mit einer von bekanntem, passendem Radiumgehalt vergleicht.)

Radiumnormalmaße.

Die Herstellung von Radiumnormalmaßen, sog. Radiumstandards, die besonders durch Rutherford angeregt und durch den Kongreß für Radiologie und Elektronik in Brüssel im Jahre 1910 beschlossen wurde, bedeutete einen Fortschritt von grundlegender Bedeutung auf dem Gebiete der radiometrischen Messungen. Vorher hatte jeder Forscher für seine Messungen eine ihm passende Vergleichssubstanz gewählt. Als Rutherford dann einmal solche Normalpräparate, die in den verschiedenen europäischen Laboratorien in Gebrauch waren, miteinander verglich, fand er, daß sie bis zu 20% voneinander abwichen. Dadurch waren viele Messungen von zweifelhafter Bedeutung und mußten unter einheitlicheren Bedingungen wiederholt werden, als ein passendes Normalmaß gefunden war. Das Material für ein Urmaß war gegeben, als es Frau Curie gelungen war, das metallische Radium zu bereiten und so die elementare Natur dieses Körpers außer Zweifel zu setzen. Auf dem oben genannten Kongreß wurde eine internationale Kommission gewählt, die Frau Curie beauftragte, aus einer Menge Radiumsalz, die eine möglichst genaue Gewichtsbestimmung ermöglicht, ein Urmaß herzustellen. Im Jahre 1911 wurde diese Maßeinheit fertig, und wie wir ein Urmeter in Paris für internationale Vergleiche besitzen, so haben wir jetzt dort für den gleichen Zweck auch ein internationales Radiumnormalmaß. Es besteht aus 21,99 mg wasserfreien Radiumchlorids, das in ein Glasröhrchen von 0,27 mm Wandstärke, 1,45 mm Weite und 32 mm Länge eingeschmolzen ist und versiegelt im Bureau International des poids et mesures in Sèvres bei Paris aufbewahrt wird.

Bald darauf hat das Institut für Radiumforschung in Wien drei sehr reine und sicher von Mesothorium freie Präparate von 10,11 mg, 31,17 mg und 40,43 mg wasserfreien Radiumchlorids, die O. Hönigschmid für Atomgewichtsbestimmungen herstellte (s. unten), mit dem Pariser Urmaß verglichen. Die Übereinstimmung war eine gute und die Abweichungen blieben in den Fehlergrenzen, jedenfalls innerhalb 1:300. Daraufhin wurde das Wiener Präparat von 31,17 mg $RaCl_2$, das in einem Glasröhrchen von 0,27 mm Wandstärke, 3,2 mm Weite und ca. 30 mm Länge eingeschlossen ist, als internationaler Ersatzstandard erklärt. Er wird von der Kaiserlichen Akademie der Wissenschaften in Wien aufbewahrt.

Diese Normalmaße sind definiert durch das Atomgewicht des Radiums = 225,97 (Cl = 35,457) und durch eine Wärmeentwicklung von 132,2 g/cal für das metallische Radium, wobei alle α- und β-Strahlen sowie etwa 18% der γ-Strahlen absorbiert werden, was extrapoliert für die Absorption aller Strahlen 137 g/cal liefern würde. Durch Zerfall des Radiums verlieren sie jährlich $0,4^0/_{00}$. Ihre Wärmeentwicklung steigt infolge Nachbildung von RaD, RaE, RaF und RaG in den ersten Jahren um 1% jährlich.

Auf Vorschlag der internationalen Kommission haben sich andere Staaten „sekundäre Radiumétalons" angeschafft, die vom Wiener Institut für Radiumforschung nach dem Muster des Wiener Standards hergestellt und in Wien und in Paris unabhängig voneinander auf γ-Strahlung geeicht wurden. Das Normalpräparat des Deutschen Reichs besteht aus 19,73 mg wasserfreiem Radiumchlorid und ist 1912 hergestellt worden. In Frankreich ist dann von Frau Curie noch 1912 ein Normalmaß von 22,45 mg $RaCl_2$ hergestellt worden. Englands Standard (von 1912) beträgt 21,13 mg $RaCl_2$; Vereinigte Staaten von Amerika (1913) 20,28 mg $RaCl_2$; Schweden 9,73 mg $RaCl_2$ (1913); Dänemark (1915) 9,75 mg $RaCl_2$; Japan (1913) 9,8 mg $RaCl_2$; Portugal (1913) 9,09 mg $RaCl_2$.

Diese Normalpräparate (Standards, Étalons) dienen im wesentlichen zur Eichung von anderen Präparaten nach der Methode der γ-Strahlenmessung. Wenn γ-strahlende Produkte anderer Radioelemente verglichen werden sollen, so muß die Verschiedenheit der Absorptionskoeffizienten der einzelnen γ-Strahler in Rechnung gezogen werden (vgl. darüber Stefan Meyer und V. F. Hess in den Wiener Akad.-Berichten **1914**, Abt. IIa, S. 1443).

Da nun die Vergleichsmessungen nur dann genau sind, wenn das zu vergleichende und das geeichte Präparat sich nicht zu stark im Radiumgehalt unterscheiden, so ist man darangegangen, eine Vergleichsskala von Radiumpräparaten anzufertigen.

Die Herstellung wurde von O. Hönigschmid[1]) ausgeführt. Er krystallisierte reines Radiumchlorid aus Salzsäure um, wusch die Krystalle mit konzentrierter Salzsäure und trocknete sie in einer Quarzschale auf dem Wasserbad. Dabei verwitterten die Krystalle, indem sie den größten Teil ihres Krystallwassers verloren. Das so getrocknete Chlorid kam nun in ein Platinschiffchen und wurde in einem passenden Apparat im trockenen Luftstrom 45 Minuten lang bei 200° erhitzt. Eine Analyse ergab, daß sie so alles Wasser verloren hatten. So behandelte Präparate wurden zur Herstellung der Standards verwendet. Dabei wurden die kleinen Standardpräparate bis zu 40 mg $RaCl_2$ in dünne Glasröhrchen von 0,27 mm Wandstärke und 3 mm lichter Weite eingeschmolzen. Die größeren Präparate kamen in ca. 5 mm weite Glasröhrchen, die mit eingeriebenem Stöpsel und aufgeschliffener Kappe versehen waren. In die Wand dieser Röhrchen war ein kurzer, dünner Platindraht eingeschmolzen. Zum Abwiegen wurden die zur Aufnahme des Salzes bestimmten einseitig offenen Röhrchen in gut verschlossenen Wägegläschen nach der Kompensationsmethode

---

[1]) Wiener Monatshefte **33**, 296 (1912). Ferner St. Meyer und Victor F. Hess, Wiener Monatshefte **33**, 583 (1912).

mit Gegengewichten so genau als möglich ausgewogen. Durch einen kleinen Platintrichter mit 25 mm langem Rohr wurde dann das getrocknete Salz im Laufe von höchstens 1 Minute eingefüllt, so daß kein Radiumsalz im oberen Teile der Röhrchen hängenbleiben und Wasseraufnahme nicht erfolgen konnte[1]). Sofort nach der Füllung wurde gewogen und so die Menge Radiumsalz genau festgestellt. Dann wurden die Röhrchen mit den Mengen bis 40 mg zugeschmolzen, wobei ein dünner Platindraht mit eingeschmolzen wurde. Danach wurde sein herausragendes Ende knapp über der Einschmelzstelle abgeschnitten. Bei den großen Standardpräparaten wurden dagegen die Kappen mit Paraffin abgedichtet, damit keine Emanation entweichen kann. So wurden folgende Standards mit reinstem $RaCl_2$ hergestellt:

Standard I . . . . 10,11 mg $RaCl_2$
,, II . . . . 31,17 ,, ,,
,, III . . . . 40,43 ,, ,,
,, IV . . . . 236,91 ,, ,,
,, V . . . . 680,50 ,, ,,

Die mögliche Beimengung von Mesothor in diesen Präparaten bleibt unterhalb der Grenze der Beobachtungsmöglichkeit und spielt bei der Beurteilung der Standardpräparate keine Rolle[2]).

Da eine Skala von Radiumnormalmaßen sehr kostspielig ist, so sei auf eine Kompensationsmethode von Rutherford und Chadwick[3]) hingewiesen, bei der man mit einem geeichten Präparat auskommt. Bei ihr wird ein Sättigungsstrom, der in einer Ionisierungskammer durch die γ-Strahlen von Präparaten bekannten Gehalts erzeugt wird, gegen einen kompensiert, der sich in einer zweiten Kammer unter dem Einfluß der zu untersuchenden Substanz bildet. Für γ-Strahlenmessung besonders geeignet ist dann noch der große Plattenkondensator von M. Curie[4]) und St. Meyer[5]), auf die verwiesen sei.

Für die Untersuchung von α- und β-Strahlen kann man sich Vergleichsmaße (Standards) aus Uranpecherz oder Uranoxyd leicht herstellen. Man wiegt z. B. eine Cu- oder Al-Platte und trägt darauf in früher (S. 81) beschriebener Weise fein gepulvertes in Chloroform oder Äther suspendiertes Uranoxyd (das man im Sauer-

---

[1]) Bes. Bestt. ergaben, daß dabei die Wasseraufnahme nicht mehr als 0,03% betragen haben konnte.
[2]) Wiener Monatshefte **33**, 608 (1912).
[3]) Proc. Phys. Soc. London **24**, 141 (1912); Rutherford, Radioakt. Subst. **1913**, 595; Meyer und Schweidler, Radioaktivität 1916, S. 224.
[4]) Journ. d. Phys. **2**, 795 (1912).
[5]) Strahlentherapie **2**, 536 (1912).

stoffstrom geglüht und erkalten gelassen hat) auf. Dann wiegt man die Platte wieder und erhält das Gewicht des Uranoxyds. Wird das Uranoxyd in dünner Schicht aufgetragen, so sind vorzugsweise nur α-Strahlen bei der Ionisierung wirksam. Verwendet man eine dickere Schicht, so kommt der Haupteffekt etwa vorhandenen β-Strahlen zu.

Für starke α-Strahlung benutzt man einen dünnen Film eines Ioniumpräparates. Dabei kann die Aktivität etwa vorhandenen Thoriums im Vergleich zu der des Ioniums vernachlässigt werden.

Bestimmung von Radiummengen nach der γ-Strahlenmethode durch Vergleich mit einem Präparat von bekanntem Gehalt (Normalpräparat, Standard).

Diese Methode ist verwendbar für Mengen reines Radiumsalz, die größer sind als $1/_{10}$ mg. Als apparative Anordnung wählt man die gleiche, wie die S. 82 beschriebene. Der Vergleich zweier Präparate ist nur dann ein hinreichend genauer, wenn beide sich in ihrer Wirksamkeit auf das Elektroskop nicht allzusehr unterscheiden. Man sucht darum ein geeichtes Normalpräparat aus, das eine möglichst ähnliche Wirkung auf das Elektroskop hat wie das Präparat, dessen Gehalt man bestimmen will. Zwei Proben, von denen die eine zehnmal mehr Radium enthält als die andere, sind nicht mehr mit genügender Genauigkeit zu vergleichen.

Für die Ausführung einer Vergleichsmessung nach der γ-Strahlenmethode ist folgendes zu beachten. Radium selbst sendet keine γ-Strahlen aus, sondern seine Zerfallsprodukte RaB und RaC, von denen nur letzteres harte γ-Strahlung hat. Ein Radiumpräparat kann infolgedessen nur eine konstante γ-Strahlung zeigen, wenn es sich im Gleichgewicht mit seinen Zerfallsprodukten befindet. Das ist bei einem frisch dargestellten Präparat nach einem Monat der Fall, und darum ist es zweckmäßig, ein zu untersuchendes Präparat erst einige Zeit, evtl. einen Monat lang, hermetisch verschlossen[1]) stehenzulassen ehe man zur definitiven Messung schreitet. Dann sind RaB und RaC in ihrer Menge proportional der Radiummenge. Als Elektroskop verwendet man am besten ein γ-Strahlenelektroskop. Ein anderes muß (was aber wegen der entstehenden Sekundärstrahlen nicht so empfehlenswert ist) von 3—4 mm dicken Bleiplatten bei der Messung umgeben werden.

---

[1]) Am besten schließt man das Präparat in Glasröhren von 0,2—0,3 mm Dicke ein. Durch dickeres Glas kann die γ-Strahlung schon merklich beeinflußt werden, doch kann man in solchen Fällen den Absorptionskoeffizienten dieser Strahlen für Glas in Rechnung ziehen.

Vom Elektroskop und Meßbereich müssen alle anderen Gegenstände ferngehalten werden, weil sonst störende Sekundärstrahlen auftreten können. Die Strahlenquelle soll möglichst punktförmig gestaltet sein resp. in solcher Entfernung aufgestellt werden, daß sie so wirkt.

Die Ausführung einer Vergleichsmessung und Gehaltsbestimmung nach der γ-Strahlenmethode geschieht, nachdem man den Normalverlust (Luftzerstreuung) des Elektroskops V in der Zeiteinheit bestimmt hat.

Nun macht man, wenn mehrere Präparate von bekanntem Gehalt (Standards) zur Verfügung stehen, einen Vorversuch um herauszufinden, welches in seiner Wirksamkeit dem zu untersuchenden am nächsten kommt. Ist das geschehen, so bringt man bei der Apparatur S. 82 zunächst das geeichte Präparat (den Standard), das p g metallisches Radium enthalten möge, in solche Entfernung vom γ-Strahlenelektroskop, daß man den Zusammenfall der Blättchen resp. Fäden gut ablesen kann. Wenn dann die Größe des Zusammenfalls dieser Blättchen für eine passende Zeit bestimmt und auf die Zeiteinheit umgerechnet ist (er entspreche einer Elektrizitätszerstreuung von V_1 Volt), so ersetzt man das Normalpräparat durch das zu untersuchende Präparat und bestimmt die Zerstreuung von neuem, die jetzt V_2 für die gleiche Zeit betrage. Ist x der Gehalt des zu messenden Präparats an Radium, so haben wir

$$x = p \frac{V_2 - V}{V_1 - V}.$$

Ein anderes Beispiel für eine schwächer radioaktive Substanz, deren Uran- und Radiumgehalt bestimmt werden soll, sei angefügt. Als Vergleichspräparat (Standard) diene dabei eine Pechblende von 60% Ur. In einer Menge von 25 g auf den Deckel des Elektroskops gebracht, verursache sie einen Spannungsabfall von 15 Skalenteilen pro Minute. Das Präparat, dessen Uran- und Radiumgehalt man bestimmen will, werde in einer Menge von 40 g auf das Elektroskop gebracht und verursache einen Abfall von 10,4 Skalenteilen pro Minute. Dann ist die Menge Uran in dem Präparat

$$= \frac{25}{40} \cdot \frac{10,4}{15} \cdot 60 = 26\% \text{ U}.$$

Da nun beim Gleichgewicht das Verhältnis von metallischem Radium zum metallischem Uran durch die konstante Zahl $3,2 \cdot 10^{-7}$ ausgedrückt wird, so beträgt die Radiummenge pro Tonne des radioaktiven Materials $0,26 \cdot 0,32 = 0,083$ g.

Bei relativ niedrigprozentigen radioaktiven Substanzen nimmt man größere Mengen Substanz, bei sehr hochprozentigen legt man das Präparat in eine passende Entfernung vom Elektroskop. Enthält ein Radiumpräparat Thorium, das ebenfalls γ-Strahlen aussendet, so kann man den Radiumgehalt aus einer solchen Messung ungefähr berechnen, wenn man gewisse Beträge der Radio- und Mesothoriumstrahlung abzieht. Das Mesothorium vermehrt erfahrungsgemäß die γ-Strahlung um etwa ein Fünftel pro Einheit, das Radiothorium vermutlich um den gleichen Betrag. Da häufig Radiumpräparate durch Mesothoriumzusatz gefälscht werden, ist auf solche Verhältnisse Rücksicht zu nehmen. Nach Verlauf von mehreren Jahren, wenn die Mesothoriumaktivität so gut wie verschwunden ist, sinkt die Aktivität eines solchen Präparates auf den Wert der Aktivität des Radiums. Auf einen Gehalt eines Präparates an Mesothorium kann man so prüfen, daß man das Präparat in Wasser auflöst, eindampft und nach drei Stunden wieder mißt. Durch das Eindampfen ist die Radiumemanation entwichen, und nach der angegebenen Zeit hat das Mesothorium bereits seine γ-Aktivität entwickelt.

In Deutschland führt jetzt die Physikalisch-Technische Reichsanstalt auf Antrag Gehaltsbestimmungen von Radium- und Mesothorpräparaten aus. Sie mißt bei Radiumpräparaten die durchdringende γ-Strahlung, die von den Zerfallsprodukten des Radiums emittiert wird. „Bei der Prüfung wird zunächst durch Vergleich mit dem Standard der Radiumgehalt des Präparats bestimmt. Nach Ablauf von 8—10 Tagen findet eine zweite Messung des Präparats statt, welche im wesentlichen den Zweck hat, die Konstanz der Strahlung des Präparats festzustellen. Stimmen beide Messungen innerhalb der Fehlergrenze der Versuche überein, so gilt die Untersuchung als beendet, und es wird ein Attest ausgestellt, in dem die Tage der Messungen, der Radiumgehalt und die Fehlergrenze der Versuche, die im allgemeinen 1% beträgt, angegeben werden. Die Ausstellung der Prüfungsscheine erfolgt jedoch stets mit dem Vorbehalt, daß das Präparat außer Radium keine Substanzen enthält, die durchdringende Strahlen aussenden. Von solchen Substanzen kommt vor allem Mesothor in Betracht, das sich chemisch analog dem Radium verhält und mit diesem aus thorhaltigen Uranerzen abgeschieden wird. Bei Anwesenheit von Mesothor bleibt die Strahlung nicht konstant, sondern nimmt nach Herstellung des Präparats zunächst während eines Zeitraums von mehr als zwei Jahren zu und fällt dann langsam wieder ab. Das bei der Eichung von Radiumpräparaten geübte Verfahren findet entsprechende Anwendung bei der Gehaltsbestimmung von

Mesothorpräparaten, indem die γ-Strahlung des Präparats in der beschriebenen Weise mit dem Radiumstandard verglichen wird. Die Anordnung wird dabei stets so getroffen, daß die γ-Strahlen vor Eintritt in das Meßgefäß eine Bleischicht von 5 mm Dicke zu durchsetzen haben. Ein solches einheitliches Verfahren ist nötig, da infolge der etwas verschiedenen Durchdringungsfähigkeit der γ-Strahlen des Radiums und Mesothors die Schichtdicke auf die Messungen von Einfluß ist. Das Prüfungsattest enthält die Angabe der Radiummenge, der das Mesothorpräparat zur Zeit der Messung an Intensität der γ-Strahlung äquivalent ist. Eine Angabe über die zu erwartende zeitliche Änderung der Aktivität ist nur dann möglich, wenn Radiumgehalt und Herstellungszeit des Präparats bekannt sind.

In allen Fällen, wo die Methode der γ-Strahlenmessung nicht anwendbar ist, wie etwa bei schwach aktiven Mesothor- und Radiothorpräparaten, kann die Aktivität nur dadurch bestimmt werden, daß der von den Strahlen einer dünnen Schicht des Salzes erzeugte Ionisationsstrom gemessen wird. Die Angabe der Aktivität erfolgt in diesen Fällen in elektrostatischen Einheiten[1]).

Anfangs hat sich die Physikalisch-Technische Reichsanstalt darauf beschränkt, den Gehalt nur in Radiumelement (metallisches Radium) als Einheit anzugeben, wie es das natürlichste ist. Dadurch sind vielfach Rückfragen von Firmen veranlaßt worden, die den Verkauf radioaktiver Präparate betreiben und es vorziehen, andere Einheiten, wie Radiumchlorid, wasserfreies und wasserhaltiges Radiumbromid u. a., zu benutzen. Darum gibt die Physikalisch-Technische Reichsanstalt auf Wunsch auch den Gehalt in diesen Salzen nach folgender Tabelle an:

1 mg Ra-Element ist enthalten in 1,314 mg $RaCl_2$,
1 ,, ,, ,, ,, ,, 1,707 ,, $RaBr_2(H_2O\text{-frei})$,
1 ,, ,, ,, ,, ,, 1,867 ,, $RaBr_2 + 2\,H_2O$,
1 ,, $RaCl_2$ enthält . . . . 0,761 mg Ra-Element,
1 ,, $RaBr_2$ enthält . . . 0,586 ,, ,,
1 ,, $RaBr_2\,2\,H_2O$ enthält . 0,536 ,, ,,

Es ist aber wünschenswert, daß bei Abschließung von Kaufverträgen nur auf das Radiumelement Bezug genommen wird, da dies allein das Wirksame ist.

---

[1]) l. c. **33**, 259f. Die Prüfungsgebühr der Physikalisch-Technischen Reichsanstalt betrug vor dem Kriege bei einem Ra-Präparat nach der γ-Strahlenmethode 50 M., bei Präparaten, deren Gehalt unter 1 mg/m Ra liegt, ermäßigt sich die Gebühr auf 25 M. Analog ist es bei Mesothorpräparaten. Für eine Messung nach der Emanationsmethode werden 50 M., für eine Aktivitätsbestimmung durch Messung des von einer dünnen Schicht Substanz erzeugten Ionisationsstroms 25 M. berechnet.

Vergleichsmessungen nach der Emanationsmethode.

Diese Methode wird angewendet, wenn es sich um genaue Bestimmung relativ kleiner Mengen von Radium in Gesteinen oder von Radiumemanation handelt, wie sie in Quellwässern oder auch in künstlich hergestellten emanationhaltigen Wässern vorkommen. Nach dieser Methode kann man Radiummengen von der Größenordnung eines milliontel Milligramm bestimmen. Da die Radiumemanation bei vielen wissenschaftlichen Untersuchungen eine Rolle spielt, so ist es wünschenswert, zunächst eine Einheit für die Radiumemanationsmenge festzustellen. Man wählte, wie gesagt, in Brüssel die **Menge Radiumemanation als Einheit, die mit 1 g Ra (als Element) im Gleichgewicht steht**, und nannte sie den Curies zu Ehren 1 Curie. Der tausendste Teil dieser Einheit heißt 1 Millicurie und entspricht also der Menge, die mit 1 mg Ra im Gleichgewicht steht, der millionste Teil heißt 1 Mikrocurie.

Nach den Berechnungen von Rutherford ist das Volum Radiumemanation, das mit 1 g met. Ra im Gleichgewicht steht, gleich 0,59 cmm bei 0° und 760 mm. Nach Berechnungen von L. Flamm und H. Mache, die durch Versuche von St. Meyer und V. F. Hess[1]) bestätigt wurden, verursacht die mit 1 g Radium im Gleichgewicht befindliche Menge Emanation, also 1 Curie, einen Sättigungsstrom von $2{,}75 \cdot 10^6$ ESE.

Diese Einheit der Radiumemanation hat man benutzt, um den Emanationsgehalt der Quellwässer schärfer zu definieren als bisher. Die noch meist benutzten Mache-Einheiten sind sehr bequem, soweit balneologische Verhältnisse und angenäherte Werte in Betracht kommen, für scharf wissenschaftliche Angaben sind sie unzureichend. Hier erhält man genauere Werte, wenn man die Menge Radiumemanation in einem Wasser vergleicht mit der, die sich mit einer Radiumlösung von bekanntem Gehalt im Gleichgewicht befindet. Man kann dann auf eine bestimmte Radiummenge umrechnen. Schon auf dem Kongreß in Brüssel wollte man eine für solche Zwecke passende wässerige Radiumsalzlösung vorschlagen. Die Sache scheiterte aber daran, daß nach den damaligen Erfahrungen solche Lösungen sich nicht gut hielten. Eve hatte gefunden, daß solche Lösungen im Laufe einiger Jahre das Radium in nicht emanierender Form an den Wänden des Glasgefäßes ausschieden, wodurch der Gehalt an Emanation in der Lösung wesentlich geringer wurde. Es lag nahe, diese Ausscheidung dadurch zu verhindern, daß man das Radiumsalz in angesäuertem Wasser

---

[1]) Sitzungsberichte d. k. k. Akad. d. Wissensch. in Wien **121**, 630 (1912).

gelöst aufbewahrt. Das taten Rutherford und Boltwood, und diese Lösungen haben sich bis jetzt viele Jahre unverändert gehalten. So empfiehlt denn Rutherford, in folgender Weise eine Standardlösung herzustellen:
„Eine Menge Radiumsalz wird genau mit Hilfe der γ-Strahlenmethode in Einheiten des Radiumstandards bestimmt. Angenommen z. B., das Radiumsalz enthalte 1 mg Radium. Es wird in Wasser gelöst und Salzsäure hinzugefügt, um sicher zu sein, daß die Lösung vollkommen ist. Durch Hinzufügen von destilliertem Wasser wird dann das Volum vergrößert bis zu einer bekannten Menge, sagen wir 1 l. Ein bestimmter Bruchteil dieser Lösung, etwa 1 ccm, der durch Wägung bestimmt wird oder durch eine genaue Pipette, wird entnommen, und diese Menge wird wieder auf 1 l verdünnt. Unter diesen Bedingungen enthält 1 ccm der letzten Lösung 1 Milliontel eines Milligramms Radium. Für die meisten experimentellen Zwecke wird dies als eine bequeme Standardradiumlösung zu verwenden sein, denn sie gibt einen annehmbaren Abfall in einem Emanationselektroskop[1])."

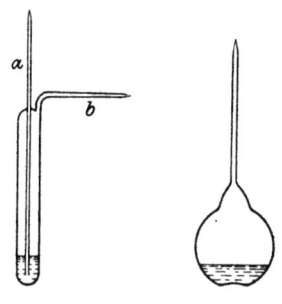

Abb. 39.

Passende Teile solcher Lösungen von bekanntem Gehalt (Standardlösung) bewahrt man in zugeschmolzenen Rundkolben oder waschflaschenartigen Gefäßen beistehender oder anderer passender Form auf (s. Abb. 39).

Nach Ebler[2]) kann man sich „in Ermangelung einer Standardlösung von Radium-Bariumchlorid eine solche selbst aus unzersetztem Uranpecherz bereiten, indem man eine abgewogene, feinst gepulverte Probe dieses Erzes durch Behandeln mit Salpetersäure, Flußsäure und Salzsäure in Lösung bringt. Aus dem genau zu bestimmenden Urangehalte des Uranpecherzes läßt sich der Radiumgehalt ermitteln, denn in unzersetztem Uranpecherze verhält sich der Radiumgehalt zum Urangehalt:

$$\mathrm{Ra : Ur} = 3{,}328 \cdot 10^{-7} \text{``}.$$

Nach der Herstellung kocht man die Lösungen aus und schmilzt die Gefäße zu. Nach einem Monat, wenn die Emanation im Gleichgewicht mit der Lösung ist, kann man sie dann verwenden. Um

---

[1]) Rutherford, Radioakt. usw., S. 591 (1913); von Spindler und Hoyer in Göttingen kann man solche Lösungen beziehen.
[2]) Zeitschr. f. angew. Chem. **26**, 660 (1913).

zum Vergleich mit einer anderen Lösung den Voltabfall der Emanation der Standardlösung festzustellen, verfährt man verschieden, je nachdem man die Normallösung im Waschflaschengefäß oder in einem Rundkolben (s. Abb. 39) aufbewahrt hat. Im ersteren Fall evakuiert man den Ionisierungsraum des Elektroskops mit einer Wasserstrahlluftpumpe, verbindet dann den einen Hahn des Ionisierungsraums durch Ligaturen mit Rohr b, das vorher vorsichtig an seiner äußersten Spitze angeritzt wurde. Nun öffnet man den Hahn und bricht vorsichtig die Spitze von b ab. Gleich darauf schließt man den Hahn wieder, ritzt die oberste Spitze von a und bricht auch sie ab, um nach Ausgleich des Druckes den Hahn vorsichtig wieder zu öffnen, bis der Unterdruck im Ionisierungsraum ausgeglichen ist. Nun wird der Hahn geschlossen und die Messung gleich oder nach drei Stunden ausgeführt und wie früher angegeben, auf die Emanation reduziert. Das Gefäß mit der Normallösung muß sorgfältig wieder zugeschmolzen werden, wenn es nach 1 Monat wieder gebrauchsfähig sein soll. Hat man die Normallösung in einem Kolben aufbewahrt, so muß man den angeritzten Kolben mit einem Apparat, wie S. 83 angegeben (oder auch mit einem Azotometer u. a.), durch Ligaturen gut verbinden, die Emanation auskochen, über heißem Wasser auffangen und dann in früher angegebener Weise in das Meßgefäß überführen. Die Meßgenauigkeit dieser Methode beträgt etwa 5%.

Die Physikalisch-Technische Reichsanstalt arbeitet nach dieser Methode bei Quellwässern und Salzen, die in Wasser oder Säuren löslich sind. Die Emanation wird durch Kochen ausgetrieben und im Elektroskop gemessen, nachdem vorher oder nachher mit einer Standardlösung genau so verfahren worden war. Auf Grund dieser Messungen wird dann der Emanationsgehalt der untersuchten Lösung in Millicurie, auf Wunsch auch in Mache-Einheiten angegeben (1 Millicurie = $2{,}73 \cdot 10^6$ ME).

Quantitative Bestimmung kleinerer Mengen Radium in Mineralien und Gesteinen.

Hierzu ist die Emanationsmethode vorzüglich geeignet, besonders wenn es sich um Radiummengen handelt, die zwischen ca. 10^{-12} bis 10^{-4} g liegen. Man bringt das Mineral oder Gestein, evtl. nach dem Aufschließen, in Lösung, kocht die Emanation dann aus und führt sie in ein Emanationselektroskop über, um sie in angegebener Weise zu messen. Nach Ebler[1]) braucht man dabei gar nicht

---

[1]) Zeitschr. f. angew. Chemie **26**, 658 (1913) und Chemiker-Kalender Bd. II, Nr. 275.

einen Monat lang zu warten, bis sich aus der Lösung die Emanation im Gleichgewicht mit dem Radium eingestellt hat. „Vor Ablauf eines Monats ist die angesammelte Emanationsmenge eine Funktion der Ansammlungszeit, und zwar ist

$$Q_t = Q_0(1 - e^{-\lambda t}),$$

worin Q_t die nach der Ansammlungszeit t vorhandene, Q_0 die im Gleichgewichte vorhandene Emanationsmenge und λ die Radioaktivitätskonstante der Radiumemanation

$$\lambda = 2{,}08 \cdot 10^{-6} \text{ sec}^{-1} = 0{,}18 \text{ Tage}^{-1}$$

bedeutet.

Hiernach läßt sich jederzeit für eine beliebige Ansammlungsdauer (t) der während dieser Zeit gebildete Prozentsatz Q_t von der im Gleichgewicht vorhandenen Emanationsmenge Q_0 berechnen, wobei man die ‚Erholungstabelle' im Chemiker-Kalender (l. c.) benutzt."

Zur Ausführung solcher Bestimmungen hat sich in der Praxis die im folgenden beschriebene Versuchsanordnung von E. Ebler bewährt (Abb. 40).

Der Rundkolben a aus schwer angreifbarem Glas ist durch den Schliff b mit dem Rückflußkühler c verbunden, der durch den Schliff d mit der Glaskugel e in Verbindung steht. f_1 und f_2 sind Behälter für Quecksilber mit Ablaßhähnen zum Dichthalten der Schliffe während der Erholungszeit. In den Hals des Kolbens a ist das zweimal rechtwinklig gebogene Glasrohr g mit Glashahn h eingeschmolzen, dessen Ende im Kolben bis fast auf den Kolbenboden,

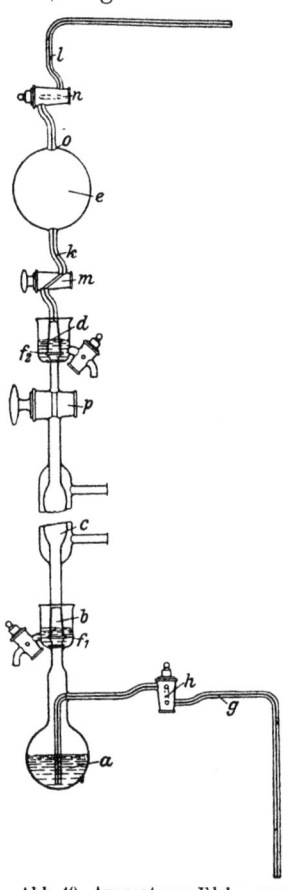

Abb. 40. Apparat von Ebler zur Bestimmung kleiner Radiummengen.

und dessen anderes Ende etwas tiefer reicht, derart, daß beim Festmachen des Apparates auf ein Stativ bei unter den Kolben a gestelltem Brenner sich unter das Ende des Glasrohres g noch bequem ein Gefäß mit Flüssigkeit unterschieben läßt. Die Kugel c trägt die Capillarröhren k und l mit den Capillarhähnen m und n. Die Ansatzstelle o der Capillare l an die Kugel e liegt zweckmäßig nicht genau diametral der Ansatzstelle der Capillare k

gegenüber, weil sonst leicht Flüssigkeit in die Capillare l spritzt und dadurch in die Ionisierungskammer kommt, was streng vermieden werden muß. Der Kühler trägt an seinem oberen Ende den Hahn p.

Zur Ausführung einer Bestimmung gibt man die zu untersuchende Flüssigkeit (klare, saure Lösung) in den Kolben a, der dadurch etwa zur Hälfte gefüllt sein soll, und hält die Flüssigkeit unter stetem Durchleiten emanationsfreier und durch Watte filtrierter Luft durch eine beim Schliff d angebrachte Saugleitung (die Kugel e ist entfernt) etwa eine Viertel- bis eine halbe Stunde im Sieden. Dadurch wird alle Emanation ausgetrieben. Man schließt nun zuerst den Hahn h, gibt Quecksilber in den Napf f, evakuiert den Apparat weiter und schließt nach eingetretenem Vakuum den Hahn p und notiert genau die Zeit als Zeitpunkt des „Entemanierens". — Nun läßt man, je nach der vorhandenen Radiummenge und je nach der Empfindlichkeit der elektrischen Meßinstrumente den geschlossenen Apparat einen oder mehrere Tage ruhig stehen und die Emanation sich ansammeln. Zu deren Auffangung setzt man zunächst die Kugel e auf den Schliff d und füllt den Becher f_2 mit Quecksilber; alsdann evakuiert man bei geöffneten Hähnen m und n und immer noch geschlossenem Hahn p die Kugel e durch eine bei Rohr l angebrachte Vakuumleitung. Dann schließt man Hahn n, öffnet Hahn p und kocht nun in dem im Apparate befindlichen Vakuum die gelöste Emanation in den Luftraum, während man das Wasser im Kühler laufen läßt.

Um nun die im Luftraum des Kolbens und Kühlers verteilte Emanation ganz in die Kugel e zu bringen, bringt man unter das Ende des Rohres g eine warme gesättigte, völlig sulfatfreie radium- und radiumemanationsfreie Kochsalzlösung (in der Radiumemanation so gut wie unlöslich ist), hört mit dem Kochen auf, öffnet vorsichtig den Hahn h und läßt so viel Flüssigkeit eintreten, bis dieselbe bis zur Bohrung des Hahnes m den Kolben und Kühler anfüllt. Diesen Zeitpunkt notiert man als Ende der Ansammlungszeit t. Nun läßt man das Sperrquecksilber aus dem Becher f_2 heraus und nimmt die Kugel vom Schliff d fort.

Bisweilen (bei der Untersuchung von Sulfaten) ist es zweckmäßig, die Lösung der Substanz, das Auskochen und Überführen der Emanation mit konzentrierter Schwefelsäure vorzunehmen.

Vor der nun folgenden Überführung der Emanation aus der Kugel e in eine Ionisierungskammer überläßt man die Emanation in der Kugel etwa 5 Minuten sich selbst. In dieser Zeit zerfallen etwa beigemischte Thoriumemanation und Actiniumemanation bis auf unmeßbare kleine Beträge, während die verhältnismäßig langlebige Radiumemanation sich in ihrer Menge nicht bemerkbar vermindert.

Zur elektrometrischen Bestimmung der Emanationsmenge und Vergleich mit einer bekannten Emanationsmenge dient das Emanationselektrometer (s. S. 63)."

Über elektrische Maßsysteme.

Zu den elektrischen Messungen benutzte man zuerst empirische Maße. Dann ist man zu den sog. absoluten Maßen des CGS-Systems übergegangen. Letztere beruhen entweder auf der Wirkung elektrischer Ströme auf eine Magnetnadel (absolutes elektromagnetisches Maßsystem EME) oder auf der Wirkung elektrischer Ladungen aufeinander (absolutes elektrostatisches Maßsystem ESE). Dabei wurden aus praktischen Gründen Einheiten gewählt, die Bruchteile oder Multipla der absoluten Einheiten sind. Sowohl das elektromagnetische als auch das elektrostatische Maßsystem sind durchaus logisch aufgebaut, doch wird das elektromagnetische Maßsystem in der Praxis bevorzugt. Für die Messungen auf dem Gebiet der Radioaktivität benutzt man freilich fast noch häufiger die elektrostatischen Maße.

Die Einheit der Stromstärke ist 1 Ampère. Man hat sie empirisch durch die chemischen Wirkungen des elektrischen Stromes definiert: 1 Amp. Stromstärke besitzt ein Strom, der in 1 Sekunde 1,118 mg (genauer 1,1183 mg) Silber oder 0,329 mg Kupfer oder 0,174 ccm Knallgas (von 0° und 760 mm Druck) aus entsprechenden Lösungen auszuscheiden vermag.

1 absol. elektromagnet. (CGS-)Einh. der Stromstärke [Dimension $cm^{\frac{1}{2}} g^{\frac{1}{2}} sek^{-1}$] . . . . . . = 10 Amp.
1 absol. elektrostatische (CGS-)Einh. der Stromstärke [Dimension $cm^{\frac{3}{2}} g^{\frac{1}{2}} sek^{-2}$] . . . . . . = $\frac{1}{3} \cdot 10^{-9}$ Amp.

folglich

1 Amp. = $\frac{1}{10}$ elektromagnet. Einh. = $3 \cdot 10^9$ ESE,
1 ESE = $0,333 \ldots \cdot 10^{-9}$ Amp.

Die Einheit der Elektrizitätsmenge ist 1 Coulomb (1 Sekunde-Ampère). Es ist diejenige Elektrizitätsmenge, welche bei der Stromstärke von 1 Amp. in 1 Sekunde durch den Querschnitt fließt.

1 absol. elektromagnet. (CGS-)Einh. der Elektrizitätsmenge [Dimension $cm^{\frac{1}{2}} g^{\frac{1}{2}}$] . . . . . = 10 Coul.
1 absol. elektrostatische (CGS-)Einheit der Elektrizitätsmenge [Dimension $cm^{\frac{3}{2}} g^{\frac{1}{2}} sek^{-1}$] . . = $\frac{1}{3} \cdot 10^{-9}$ Coul.

122 Theorie der Ionisation und Meßmethoden der Radioaktivität.

folglich

$$1 \text{ Coulomb} = \tfrac{1}{10} \text{ absol. elektromagnet. Einh.} = 3 \cdot 10^9 \text{ ESE.}$$

Die **Einheit des Widerstandes** ist 1 **Ohm** (Ω). Sie ist gleich dem Widerstand, den ein Quecksilberfaden von 106,3 cm Länge und 1 qmm Querschnitt bei 0° einem Strome entgegensetzt.

1 absol. elektromagnet. (CGS-)Einheit des Widerstandes [Dimension cm sek^{-1}] . . . . = 10^{-9} Ohm

1 absol. elektrostatische (CGS-)Einheit des Widerstandes [Dimension cm^{-1} sek] . . . . = $9 \cdot 10^{11}\ \Omega$

folglich

$$\underline{1 \text{ Ohm} = 10^9 \text{ absol. elektromagnet. Einheiten} = \tfrac{1}{9} \cdot 10^{-11} \text{ absol. elektrostat. Einh.}}$$

Die **Einheit der elektromotorischen Kraft** (d. i. Spannung, Spannungsdifferenz, elektrisches Potential, Potentialdifferenz) ist 1 **Volt**. Sie ist diejenige elektromotorische Kraft, die in einem Stromkreis von 1 Ohm Widerstand einen Strom von der Stärke 1 Amp. erzeugt.

1 absol. elektromagnet. (CGS-)Einheit der elektromotorischen Kraft [Dimension cm$^{\frac{3}{2}}$ g$^{\frac{1}{2}}$ sek^{-2}] . . . . . = 10^{-8} Volt

1 absol. elektrostatische (CGS-)Einheit der elektromotorischen Kraft [Dimension cm$^{\frac{1}{2}}$ g$^{\frac{1}{2}}$ sek^{-1}] . . = 300 Volt

folglich

$$\underline{1 \text{ Volt} = 10^8 \text{ absol. elektromagnet. Einh.} = \tfrac{1}{300} \text{ ESE}}$$

Die **Einheit der Kapazität** eines elektrischen Leiters ist 1 **Farad**. Sie ist diejenige Elektrizitätsmenge, mit der man einen Körper laden muß, damit seine elektromotorische Kraft um 1 Volt steigt.

1 absol. elektromagnet. (CGS-)Einheit der Kapazität [Dimension cm^{-1} sek^2] . . . . . = 10^9 Farad

1 absol. elektrostatische (CGS-)Einheit der Kapazität [Dimension cm] . . . . = $\tfrac{1}{9} \cdot 10^{-11}$ Farad

Da 1 Farad für die Praxis zu groß ist, benutzt man ein Millionstel dieser Einheit, d. i. 1 Mikrofarad. 1 Mikrofarad = 10^{-6} Farad.

Herstellung und Untersuchung von aktiven Niederschlägen aus Emanationen.

Wenn man Emanationen in einem elektrischen Felde zerfallen läßt, so reichern sich, wie Rutherford beobachtete, ihre Zerfallsprodukte an der negativen Elektrode stark an und so können auch kleinere Mengen aus größeren angesammelt und erkannt werden. Darauf fußend wiesen Elster und Geitel Emanationen und deren Zersetzungsprodukte in geschlossenen Kellern, Erdhöhlen u. a. nach und stellten fest, daß sie fortwährend aus der Erde kommen. Auch in Erdproben, Quellensedimenten u. a. konnten sie so Emanationen nachweisen und ihre Eigenart bestimmen. Das Prinzip der Methode ist sehr einfach. Man hängt in einem geschlossenen Raum, der Emanation enthält, einen Metalldraht isoliert auf und lädt ihn auf ein hohes Potential (ca. 3000 Volt). Wenn der Draht einige Zeit in dem Raume hing, wird er zu einer bestimmten Zeit (die gleich Null gesetzt wird) entladen, herausgenommen, in ein Elektroskop gebracht und nun beobachtet, wie sich seine Fähigkeit, das Elektroskop zu entladen, mit der Zeit ändert. Die Änderung dieser Entladung mit der Zeit ist charakteristisch für verschiedene Emanationen und kann rechnerisch oder graphisch leicht erkannt werden.

Die Versuchsanordnung ist verschieden je nach der Art und Menge Emanation, die eine Substanz ausgibt; im allgemeinen exponiert man bei Ra- und Actinium-haltigen Körpern kurz, bei Th-haltigen lang.

Bei stark aktiven Radiumsalzen trennt man am besten durch Lösen und Auskochen die Emanation ab und bringt sie zum Aktivieren eines Drahtes in einen passenden Raum. Auch kleine Mengen Radium bringt man in einer Flasche, die noch viel Luft enthält, in stark saure Lösung, lädt die Lösung positiv und den isoliert hängenden Draht negativ. Nach drei Stunden Exposition ist die größtmögliche Menge aktiven Niederschlags auf dem Draht gesammelt.

Müssen große Mengen schwach emanierenden Materials verarbeitet werden, so ist es unbequem, sie in Lösung zu bringen, man läßt sie dann trocken oder besser angefeuchtet auf den negativ geladenen Metalldraht einwirken, da trockene Substanzen Emanation stark zurückhalten (okkludieren). Von den Verbindungen des Thoriums gibt z. B. das Hydroxyd viel mehr Emanation ab als die anderen. In solchen Fällen, und auch wenn es sich um Quellengase u. a. handelt, kann man einen Apparat verwenden, den Elster und Geitel angegeben haben[1]) (Abb. 41).

---
[1]) Zeitschr. f. Instrumentenkunde **1904**, 199.

In dem Metall- (Zink-) Gefäß G_1, das ca. 100 l faßt, steht unten die Metallschale L, welche die zu untersuchende Substanz enthält. Bei Substanzen von so geringer Aktivität wie der bekannte zu Heilzwecken dienende Fangoschlamm oder anderen Quellsedimenten gebraucht man 20—25 kg, bei solchen von der 30—40fachen Aktivität $^1/_2$—1 kg. Hat man Gase zu untersuchen, so läßt man das Gefäß unten und oben mit Hähnen versehen, durch die man das Gas während des Versuches leitet oder saugt. Durch den gut schließenden Metalldeckel des Gefäßes geht durch eine isolierende Vorrichtung der metallische Drahthalter OO_1, an dem während des Versuchs ein 30—40 cm langer Draht (z. B. 1 mm dicker Bleidraht), der aktiviert werden soll, hängt (er darf aber natürlich das aktivierende Material nicht berühren). Um ihn gut zu isolieren, steckt OO_1 in aus der Abbildung ersichtlichen Weise in einem Ebonitrohr, das bei N einen Ansatz aus dem gleichen Material hat. In diesen Ansatz steckt man einen Stopfen mit Nadel, auf die ein Stückchen metallisches Natrium aufgespießt ist. Dadurch wird das Innere des Ebonitrohres trocken gehalten und die Isolierung des Drahts vervollkommnet. Vor dem Beginn des Versuches läßt man zweckmäßig das zu untersuchende Material etwa einen halben bis einen Tag in der Schale L im Gefäße liegen, damit sich der Raum über der Schale mit Emanation erfüllen kann. Dann verbindet man die Klemmschraube an O_1 mit dem negativen Pol einer Hochspannungsbatterie[1]), deren positiver Pol ebenso wie das Gefäß G_1 zur Erde abgeleitet wird, lädt auf ein Potential von 2000—3000 Volt und läßt etwa zwei Stunden, evtl. aber auch erheblich länger, auf dieser Ladung. Durch ein eingeschaltetes Braunsches Hochspannungselektroskop überzeugt man sich von der steten Ladung des Drahts während des Versuchs. Nach Ablauf von etwa zwei Stunden entfernt man die Erdleitung vom positiven Pol der Säule und entlädt dann den Draht. Dieser Moment gilt als Zeit $t = 0$. Nun wickelt man den herausgenommenen aktivierten Draht entweder um den mit einem Stanniolblättchen umgebenen Zer-

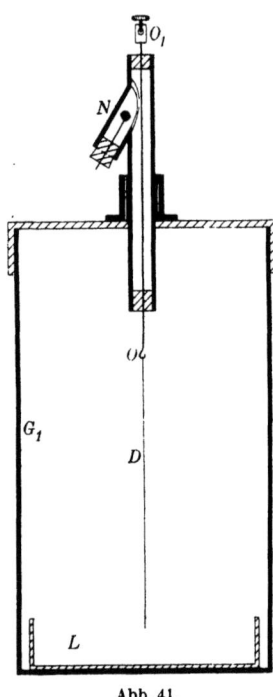

Abb. 41.

---

[1]) Siehe Anm. 1, S. 123.

Herstellung und Untersuchung von aktiven Niederschlägen usw. 125

streuungskörper eines Elster-Geitelschen Glockenelektroskops oder besser um ein Drahtnetz, das an der Wand der Glocke so hängt, daß es den Zerstreuungskörper des Elektroskops umgibt. (Man kann die gleiche Anordnung natürlich auch um die Stifte des H. W. Schmidtschen Apparats oder des Wulfschen Elektroskops u. a. einrichten.) Man setzt nun die Glocke über das Elektroskop, lädt letzteres und macht sofort eine orientierende Bestimmung. Wird im Laufe von 4 Minuten das Elektroskop um 50—100 Volt resp. so entladen, daß die Blättchen nicht vollkommen zusammensinken, so beginnt man die erste Beobachtung zur Zeit $t = 13'$ und schließt sie zur Zeit $t = 17'$. Man beobachtet also den Voltabfall in 4 Minuten und notiert ihn als die Intensität der Strahlung des aktiven Niederschlags zur Zeit $t = 15$ (I_{15}). Die zweite Beobachtung beginnt man zur Zeit $t = 28'$ und schließt sie zur Zeit $t = 32'$. Der in dieser Zeit gemessene Voltabfall entspricht I_{30}. Analog macht man die Bestimmungen von I_{45} usw. bis I_{120}. Von den acht so gewonnenen Werten wird der Normalverlust abgezogen und nun vergleicht man sie in folgender Weise mit den Curieschen Werten für den Abfall der induzierten Aktivität des Radiums für die gleichen Zeiten. Für den aktiven Radiumniederschlag ist, wenn man $I_0 = 100$ setzt,

$I_{15} = 92{,}3, \quad I_{30} = 78{,}0, \quad I_{45} = 62{,}7, \quad I_{60} = 48{,}7, \quad I_{75} = 36{,}9,$
$I_{90} = 27{,}5, \quad I_{105} = 20{,}3, \quad I_{120} = 14{,}8.$

In unserem Beispiel möge man gefunden haben:

$I_{15} = 49{,}2, \quad I_{30} = 40{,}8, \quad I_{45} = 33{,}2, \quad I_{60} = 24{,}0, \quad I_{75} = 20{,}4,$
$I_{90} = 14{,}2, \quad I_{105} = 12{,}0, \quad I_{120} = 8{,}0.$

Dividiert man die Glieder der unteren Reihe in die obere, so erhält man die Zahlen

1,88 1,91 1,89 2,03 1,81 1,94 1,69 1,85

also im Mittel $1{,}87_5$. Dividiert man die Glieder der für Radium gültigen Reihe durch diesen Mittelwert, so ergibt sich eine Zahlenfolge, die mit der beobachteten innerhalb der Genauigkeitsgrenzen der Methode identisch ist. Man erhält:

	I_{15}	I_{30}	I_{45}	I_{60}	I_{75}	I_{90}	I_{105}	I_{120}
Berechnet . . .	49,2	41,6	33,4	26,0	19,7	14,7	10,8	7,9
Beobachtet (s. o.)	49,2	40,8	33,2	24,0	20,4	14,2	12,0	8,0

Es war also Radiumemanation, die der untersuchte Körper abgab.

Ist aber der wie oben gebildete Quotient zweier entsprechender Glieder kein so konstanter Wert wie oben, so klingt die Aktivität des aktiven Niederschlags nach einem anderen Gesetze als für

Radium gilt, ab. Hierfür liegen Beispiele bei der Verarbeitung von Quellensedimenten vor. Als Elster und Geitel einen Draht mit dem Thermalquellenschlamm von Baden-Baden in oben angegebener Weise induzierten und die Werte I_{15}, I_{30} usw., aus denen sich die sog. „Abklingungskurve" zusammensetzt, bestimmten, fanden sie folgende Werte:

$I_{15} = 87{,}7, \quad I_{30} = 70{,}2, \quad I_{45} = 60{,}7, \quad I_{60} = 50{,}1, \quad I_{75} = 41{,}3,$
$I_{90} = 33{,}3, \quad I_{105} = 26{,}7, \quad I_{120} = 22{,}7.$

Im Vergleich zur Radiumreihe fanden sie die Quotienten:

1,05 1,11 1,03 0,97 0,89 0,83 0,76 0,65

Schon hieraus sieht man, daß die zeitliche Abnahme hier nach einem anderen Gesetz erfolgt wie vorher. Dies tritt noch deutlicher zutage, wenn man in der obigen und in der Radiumreihe, die für $t = 30'$ gültigen Werte dadurch gleich macht, daß man alle beobachteten Werte mit 1,11 multipliziert. Man erhält so für

das Sediment von Baden-
Baden 97,4 78,0 67,4 55,7 45,9 37,0 29,7 24,7
das Radium nach Curie 92,3 78,0 62,7 48,7 36,9 27,5 20,3 14,8

Von dem Sediment der Baden-Badener Thermen geht also Emanation aus, deren aktiver Niederschlag langsamer abklingt als Radium. Nun klingt aber auch der aktive Niederschlag der Thoriumemanation langsamer ab als der der Radiumemanation. Für den aktiven Thoriumniederschlag fand anfangs eine Zunahme der Aktivität zu einem Maximum und daraufhin eine sehr langsame Abnahme im Vergleich zum aktiven Niederschlag des Radiums statt. Die Werte waren hier die folgenden:

$I_0 = 102{,}1, \quad I_{6^h} = 70{,}2, \quad I_{12^h} = 48{,}3, \quad I_{18^h} = 33{,}2, \quad I_{24^h} = 22{,}5,$
$I_{30^h} = 15{,}7, \quad I_{36^h} = 10{,}8, \quad I_{42^h} = 7{,}4, \quad I_{48^h} = 5{,}1.$

Es war nun nicht ausgeschlossen, daß vom Thermalschlamm der Baden-Badener Quellen beide Emanationen ausgehen und daß sich in der Wirkung beider aktiver Niederschläge die Werte superponieren. Als nun Elster und Geitel den Schlamm chemisch zerlegten, gelang es ihnen in der Tat zwei Fraktionen zu erhalten, von denen die eine die Abklingungskurve des Radiums, die andere die des Thoriums zeigte[1]).

Der Vollständigkeit halber seien dann noch die Abklingungswerte des aktiven Actiniumniederschlags mitgeteilt:

$I_0 = 142{,}8, \quad I_{15} = 105{,}6, \quad I_{30'} = 78{,}0, \quad I_{45'} = 57{,}7, \quad I_{60'} = 42{,}7,$
$I_{75'} = 31{,}5, \quad I_{90'} = 23{,}3, \quad I_{105'} = 17{,}2, \quad I_{120'} = 12{,}8.$

---

[1]) Arch. d. Sc. Phys. et Nat. **16**, 21 (1905).

Bestimmung der Radioaktivitätskonstanten λ [1]).

Wir haben S. 34 gesehen, daß der radioaktive Zerfall durch die Gleichungen

$$I_t = I_0 e^{-\lambda t} \quad \text{resp.} \quad N_t = N_0 e^{-\lambda t}$$

dargestellt wird. I_0 und I_t sind die Sättigungsstromstärken zu den Zeiten 0 und t, N_0 und N_t die Zahl der Atome zu den gleichen Zeiten, e die Basis der natürlichen Logarithmen. Dabei ist vorausgesetzt, daß die Zahl der Atome, die sich in der Zeiteinheit umwandeln, in jedem Augenblick der Aktivität proportional ist. λ gibt dann den Bruchteil der Atome an, die sich in der Zeiteinheit umwandeln. Sie ist, wie gesagt, eine Konstante, die für jedes Radioelement einen bestimmten, charakteristischen Wert hat und ,,Radioaktivitätskonstante", ,,Umwandlungskonstante", ,,Zerfallskonstante" genannt wird. Aus ihrem Zahlenwerte kann man andere Charakteristica der Radioelemente, wie mittlere Lebensdauer, Halbwertszeit usw., berechnen.

Um den Zahlenwert von λ festzustellen, muß man den Zerfall eines Radioelementes an der Abnahme seiner Aktivität in einem Elektroskop oder Elektrometer verfolgen. Noch überall, wo das mit reinen Radioelementen geschah, fand man, daß, wenn der Sättigungsstrom zu Beginn der Beobachtung I_0 und in den Zeiten $t_1\ t_2\ t_3\ \ldots\ t\ I_{t_1}\ I_{t_2}\ I_{t_3}\ \ldots\ I_t$ war, die Aktivitätsänderung das obige exponentielle Gesetz befolgte. Aus dem Werte von I_0 und jedem I_t mit zugehörigen t kann man nach obiger Gleichung den Wert von λ sovielmal berechnen, als man Werte von I_t beobachtet hat. Durch Logarithmieren obiger Gleichung erhält man:

$$\lambda = \frac{\lg^{10} I_0 - \lg^{10} I_t}{t \lg^{10} e}.$$

Beim Polonium z. B. fanden W. Marckwald, H. Greinacher und K. Herrmann[2]) beim Beginn ihrer Messungsreihe einen Wert von $0{,}39 \cdot 10^{-9}$ Amp. für den Sättigungsstrom I_0, den sie $= 1$ setzten und die Werte der später beobachteten Sättigungsströme danach umrechneten. Sie erhielten so:

für $t = 0$ . . . . . . $I_0 = 1$
,, $t = 70$ Tage . . . $I_t = 0{,}725$
,, $t = 97$,, . . . $I_t = 0{,}591$

---
[1]) Da eine erschöpfende Besprechung dieses Gegenstandes den Rahmen dieses Buches überschreitet, werden hier nur die Prinzipien und die einfachsten Fälle der Bestimmung von λ besprochen.
[2]) Jahrb. d. Radioakt. u. Elektronik II, 136.

für $t = 128$ Tage ... $I_t = 0{,}514$
„ $t = 260$ „ ... $I_t = 0{,}265$
„ $t = 319$ „ ... $I_t = 0{,}210$

Am anschaulichsten stellt man die Versuchsergebnisse graphisch dar. Dabei kann man in zweierlei Weise verfahren. Beide Male wird die Zeit als Abszisse aufgetragen. Als Ordinate aber das eine Mal die Verhältniswerte der Sättigungsströme (1, 0,725, 0,591 usw.), das zweitemal deren Logarithmen. Das zweite Verfahren ist deshalb vorzuziehen, weil man dann Punkte erhält, die auf einer geraden Linie liegen, falls die Abnahme der Aktivität, also der Atomzerfall, nach einem exponentiellen Gesetz erfolgt. Nimmt man zur Auflösung der Gleichung

$$I_t = I_0 e^{-\lambda t}$$

natürliche Logarithmen, so erhält man

$$\lambda = \frac{\lg^e I_0 - \lg^e I_t}{t}.$$

Man kann dann λ graphisch ableiten aus dem Schnittpunkt der Geraden der Logarithmen sämtlicher I_t-Werte mit der Abszisse. Es wäre dann

$$\lambda = \frac{\lg^e_1 - \lg^e_{0{,}21}}{319} = 0{,}00497.$$

Nun kann aber nur in wenigen Fällen eine radioaktive Substanz rein isoliert und in ihrem Zerfall so einfach untersucht werden, wie es hier angegeben wurde. Außer Polonium liegt im UrX noch ein gutes Beispiel vor[1]). Auch die D-Glieder der Th- und Act.-Zerfallsreihen lassen sich durch Rückstoßstrahlung rein darstellen, zerfallen aber zu rasch, um sie elektrometrisch messen zu können.

Meist mischen sich einem Radioelement aber beim Atomzerfall andere bei, deren Strahlungen sich der seinen superponieren. In diesem Fall sehen die Kurven meist anders aus als die oben angegebene, und sind verschieden, je nachdem man die zerfallenden Elemente im Gleichgewicht hat oder nicht. Die klassischen Beispiele für diese Fälle sind die aktiven Niederschläge, die sich aus den Emanationen der drei Zerfallsreihen bilden. Man erzeugt sie, wie gesagt, indem man ein negativ geladenes Metallstück einige Zeit in eine Emanation hineinbringt, dann herausnimmt und entlädt. Der aktive Niederschlag befindet sich dann auf dem Metall, das jetzt auf das Elektroskop wirkt. Hat man das Metall nur ganz kurze Zeit in z. B. Th-Emanation gelassen, so befindet sich im Moment

---

[1]) Phil. Mag. **5**, 444 (1903); **19**, 847 (1910).

der Herausnahme ThA darauf, das aber fast momentan zerfällt, da seine Halbwertszeit 0,14 Sekunden beträgt und ThB bildet. Dies zerfällt mit einer Halbwertszeit von 10,6 Stunden zu ThC und es ist begreiflich, daß hier die Menge von ThC allmählich zunehmen muß. Hat man aber das Metall längere Zeit (einige Tage) in geladenem Zustande z. B. der Th-Emanation ausgesetzt, so hat sich inzwischen ThA zu ThB, dies zu ThC usw. zersetzen können. Bei 4—5 tägiger Exposition ist dann hier ein Gleichgewichtszustand eingetreten, bei dem in der gleichen Zeit sich ebenso viele Atome eines Zerfallsprodukts bilden wie zerfallen, was durch die Bedingung

$$N_1 \lambda_1 = N_2 \lambda_2$$

ausgedrückt wird. Hier bedeuten, wie gesagt, N_1 N_2 usw. die Zahl der sich bildenden resp. zerfallenden Atome von ThB und ThC, λ_1 λ_2 usw. die zugehörigen Umwandlungskonstanten.

Mißt man im Falle kurzer und langer Exposition in bestimmten Zeiten die Aktivität und konstruiert aus diesen Werten die Kurven, so erhält man verschiedene Kurven, die im Falle des Thoriums so aussehen (s. Abb. 42).

Aus diesen Kurven können durch mathematische Analyse die Werte von λ_1 und λ_2 ermittelt

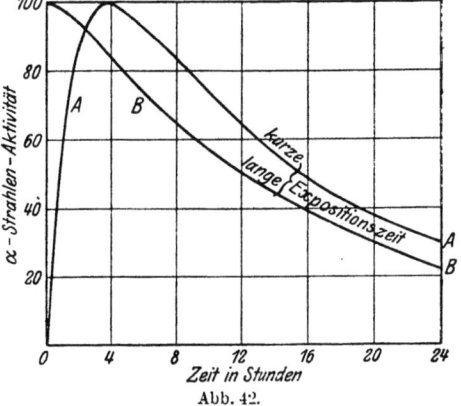

Abb. 42.

werden. Komplizierter gestalten sich die Verhältnisse beim aktiven Niederschlag des Radiums. Vgl. hierüber Rutherford, „Radioakt. Subst.", S. 384; Makower und Geiger, „Practical Measurments usw.", S. 83ff.

Für sehr rasch zerfallende Radioelemente wie die α-strahlenden ThA, Act. gibt es besondere Methoden zur Bestimmung von λ. Mosely und Fajans haben eine Apparatur hierfür angegeben[1]), durch die man imstande ist, den Zerfall eines α-strahlenden Elements, dessen Halbwertszeit nicht unter einer hunderttausendstel Sekunde liegt, zu messen; doch muß auch hier auf die Literatur

---

[1]) Phil. Mag. **22**, 629 (1911); sowie Makower und Geiger, Pract. Meas., S. 98 u. 100; vgl. auch O. H. Göhring, Diss. Karlsruhe 1914.

verwiesen werden[1]). Endlich kann die S. 14 mitgeteilte Geiger-Nutallsche Beziehung zwischen Radioaktivitätskonstante und Reichweite bei α-Strahlen zur Bestimmung der Radioaktivitätskonstanten dienen.

Reichweite der α-Strahlen[2]).

Wie schon mitgeteilt, haben α-Strahlen eine ganz bestimmte Reichweite, wenn sie von einer einheitlichen radioaktiven Substanz stammen. α-Strahlen verschiedenen Ursprungs haben verschiedene Reichweiten. Die Reichweite ändert sich mit der Natur, dem Druck und der Temperatur des Gases. Diese müssen deswegen stets mit der Reichweite angegeben werden. Gewöhnlich bezieht man die Reichweite auf Luft, normalen Barometerstand und 0° oder 15° C. Im allgemeinen haben kurzlebige α-Strahlen lange Reichweite und umgekehrt.

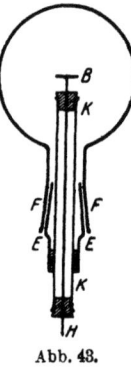

Abb. 48.

Die Bestimmung der Reichweite kann auf elektrischem und auf optischem Wege geschehen. In beiden Fällen beruht die Bestimmung auf der Eigenschaft der α-Strahlen, daß am Ende ihrer Reichweite die Wirkung der α-Strahlen fast plötzlich aufhört. Sie ionisieren dann weder Luft noch erzeugen sie Szintillationen auf einem Schirm von Schwefelzink.

Auf elektrischem Wege haben Bragg und Kleemann[3]) bei Radium, O. Hahn[4]) bei Radio-Th und Radio-Act., Elster und Geitel beim Blei Messungen der Reichweite ausgeführt, auf die verwiesen sei. Eine einfache elektrische Methode, die sich besonders bei schwach α-strahlenden Substanzen bewährt, haben H. Geiger und J. M. Nutall[5]) ausgearbeitet. Das α-strahlende Material kommt dabei in möglichst dünner Schicht und geringer Oberfläche auf das kleine Metalltischchen B (Abb. 43)[6]), das sich genau in der Mitte eines innen versilberten, evakuierbaren Glasrundkolbens von genau bestimmtem Radius (im vorliegenden Fall 7,95 cm) befindet. Durch H steht das Tischchen mit einem Elektrometer

---

[1]) St. Meyer-Schweidler, „Radioaktivität", S. 244ff.
[2]) Zu Übungs- oder Orientierungsversuchen nimmt man ein Poloniumpräparat, das man beziehen oder sich nach später gegebener Vorschrift herstellen kann.
[3]) Phil. Mag. **12**, 82 (1906).
[4]) Phys. Zeitschr. **7**, 412, 456 (1906).
[5]) Phil. Mag. **22**, 613 (1911).
[6]) Den Originalapparat s. ibid.

so in Verbindung, daß der Sättigungsstrom gemessen werden kann. Die α-Strahlen ionisieren von B aus die Luft oder ein Gas in dem Kolben längs ihrer Reichweite, die geringer sein möge als der Radius des Kolbens. Dadurch kann die Ionisationsenergie der α-Strahlen voll zur Wirkung kommen und es entsteht das Maximum der möglichen Ionisation. Vermindert man nun den Gasdruck im Kolben, so vergrößert sich die Reichweite der α-Strahlen und die Ionisation bleibt so lange auf dem Maximalwert, als die Reichweite der α-Teilchen den Radius des Kolbens nicht überschreitet. Sowie der Druck aber so weit vermindert wird, daß die Reichweite der α-Strahlen den Radius des Kolbens überschreitet, können nicht mehr so viele Ionen erzeugt werden wie vorher und darum muß der Sättigungsstrom sinken. Diesen kritischen Druck bestimmt man aus einer Reihe von Messungen des Sättigungsstroms bei einer Reihe von Drukken unterhalb des herrschenden Barometerstands. Trägt man die Drucke als Ordinaten, die zugehörigen Ionisationswerte als Abszissen auf und verbindet die so erhaltenen Punkte, so erhält man Kurven, die an der Stelle des kritischen Drucks einen Knick zeigen, wie aus Abb. 44 ersichtlich ist.

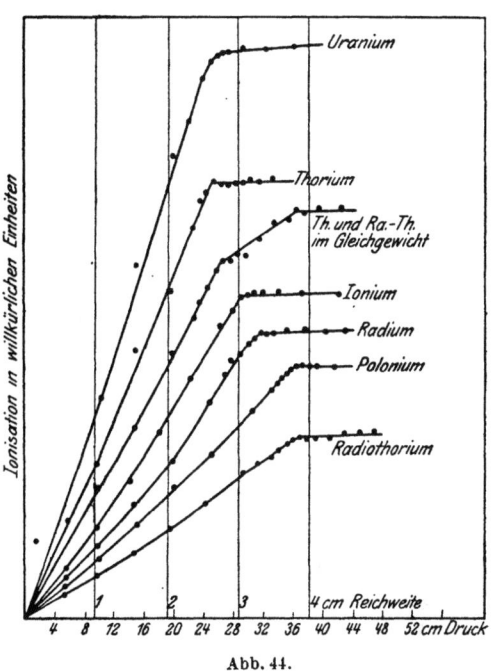

Abb. 44.

Dieser Knick entspricht der maximalen Reichweite der α-Teilchen bei diesem Gasdruck. Nun ist die Reichweite der α-Teilchen dem Drucke umgekehrt proportional und so kann man sie aus dem kritischen Druck und dem Radius des Kolbens leicht auf Atmosphärendruck umrechnen.

Eine neuere, erheblich verfeinerte Versuchsanordnung, die auf dem gleichen Prinzip beruht, s. Stefan Meyer, V. F. Hess und

F. Paneth, Sitzungsbericht d. Wiener Akad. Abt. IIa **123**, 1459 (1914).

Bestimmung der Reichweite auf optischem Wege.

Bei stark aktiven α-strahlenden Körpern läßt sich die Reichweite auch auf optischem Wege bestimmen. Wie schon mitgeteilt, erzeugen α-Strahlen bei ihrem Aufprall auf Zinksulfid punktförmige Lichterscheinungen, sog. Szintillationen, die man leicht sehen kann. Diese Szintillationen treten nur längs der Reichweite der α-Strahlen auf. Ist diese überschritten, so nimmt man die Erscheinung nicht mehr wahr. Da nun diese Wirksamkeit der α-Strahlen bis zum Ende der Reichweite fast unvermindert anhält, kann man mit ziemlicher Genauigkeit die Entfernung finden, bei der die Szintillationen gerade aufhören.

Die Versuchsanordnung ist die folgende: Zum Beobachten der Szintillationen verwendet man am besten ein Mikroskop. Gute Resultate werden mit mäßiger Vergrößerung (ca. 50—70facher) erhalten. Ein lichtstarkes Objektiv wird am besten mit einem lichtschwachen Okular kombiniert. Passende Kombinationen sind Zeißsches Apochromatobjektiv ($f = 8$ mm) und zweimal vergrößerndes Sucherokular (zusammen 62fache Vergrößerung)[1]), auch Apochromat mit numer. Apertur 1,40 (homog. Imm.) und Brennweite 3 mm mit Kompensationsokular Nr. 2 (167fache Vergrößerung bei 160 Tubuslänge) ist anwendbar[2]). Bei Leitzschen Mikroskopen empfehlen Geiger und Makower[3]) zu kombinieren entweder Objektiv Nr. 4 mit Okular Nr. 0 (70fache Vergrößerung) oder Objektiv Nr. 3 mit Okular Nr. 0 (49fache Vergrößerung).

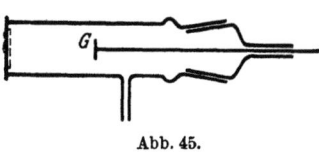

Abb. 45.

Die Substanz, die durch die α-Strahlen zum Szintillieren erregt werden soll, muß zunächst in den Brennpunkt des Objektivs kommen. Man verwendet entweder ein Schwefelzink, das am besten etwas kupferhaltig ist (von Buchler & Comp. in Braunschweig bezogen) oder gewisse Sorten von Diamant. Letztere müssen erst ausgesucht werden. Von mehreren plan geschliffenen Diamanten gaben ein wasserheller, ein zitronengelber und ein schwach erdbeerroter keine Szintillationen, ein anderer erdbeerroter, ein bräunlich-

---

[1]) Verhandl. d. Deutsch. Phys. Gesellsch. **1908**, 78.
[2]) Sitzungsberichte d. preuß. Akad. d. Wissensch. **1909**, 948.
[3]) Measurments S. 49.

gelber und ein gelber zeigten die Erscheinung sehr schön. Anscheinend sind es also Verunreinigungen des Diamants, die seine Erregbarkeit durch Strahlen bedingen. E. Regener[1]) verwendete zur Zählung der α-Teilchen (s. später) einen ca. 0,1 mm dicken Dünnschliff eines gelben Diamanten (von J. Urbanek & Comp. in Frankfurt a. M. bezogen).

Zur Herstellung eines passenden Zinksulfidschirms verfährt man entweder nach Regeners Vorschrift oder man befolgt die von The Svedberg[2]), nach der man eine gleichförmige und lückenlose Schicht erhalten kann. Ein gut gereinigtes Deckgläschen wird mit einer Lösung von Canadabalsam in Xylol möglichst dünn bestrichen. Nachdem der größte Teil des Xylols verdunstet ist, wird das möglichst fein gepulverte Schwefelzink mit dem Finger eingerieben. Nach einiger Übung erhält man so sehr brauchbare Schirme.

Man befestigt nun den Leuchtschirm im beistehenden Versuchsgefäß (Abb. 46) so auf dem Objektivtisch (Abb. 47)[3]), daß die Schwefelzinkseite nach unten gerichtet ist und stellt mit sehr gut ausgeruhtem

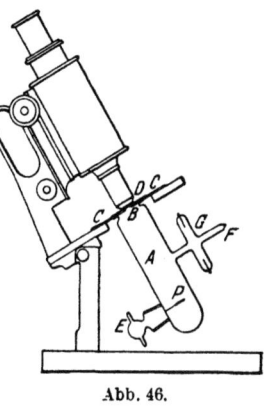

Abb. 46.

Auge scharf darauf ein. Dabei wird die Entfernung des Auges vom Okular durch einen Korkring möglichst konstant gehalten. Unter den Schirm bringt man, in der aus der Abbildung ersichtlichen Weise im Rohre unter dem Objekttisch eingefügt, das α-strahlende Präparat auf dem Tischchen P zunächst so nahe an den Schirm, daß die Szintillationen deutlich zu sehen sind. Dann entfernt man den Schirm, der an einer Skala läuft, mehr und mehr bis zu dem Punkt, wo die Szintillationen gerade aufhören zu erscheinen, und liest diese Ent-

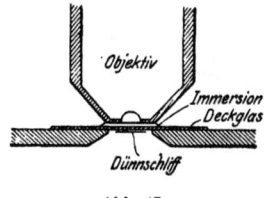

Abb. 47.

fernung ab. Am besten übt man sich mit einem Poloniumpräparat ein, bei dem die Szintillationen verschwinden, wenn die Entfernung des Präparats vom Schirm 3,8 cm beträgt.

Nach dieser Methode kann man auch die Szintillationen zählen, und so bestimmen, wie viele α-Teilchen von einer Substanz in der

---

[1]) Vgl. Anm. 2, S. 132.
[2]) Zeitschr. f. physikal. Chemie **74**, 740 (1910), Anm. 2.
[3]) Vgl. Sitzungsberichte d. preuß. Akad. d. Wissensch. **1909**, 953.

Zeiteinheit ausgesendet werden. Man wählt dann die obige Versuchsanordnung (Abb. 45), die E. Regener[1]) mitgeteilt hat. Man blendet dabei am besten ein Gesichtsfeld von ca. 1 qmm ab und beleuchtet das Gesichtsfeld mit einer kleinen regulierbaren elektrischen Lampe so schwach, daß man die Blitze deutlich erkennt, weil es in der Dunkelheit schwer ist das Auge fest auf den Schirm zu richten. Vordem man die Untersuchung beginnt, bleibe man 15—20 Minuten im Dunkeln. Am besten übt man sich so ein, daß man mit Stoppuhr und Morseapparat zuerst 1—2 Minuten lang die Lichtblitze zählt und dies 2—3 Minuten lang wiederholt, nachdem man das Auge ausgeruht hat. Bequem kann man 40 Szintillationen in der Minute zählen. Mehr als 80 und weniger als 10 Szintillationen geben unsichere Zählungen[2]).

Allgemeines über die Absorption von Strahlen durch verschiedene Körper.

Als man die Größe der Absorption (den sog. Absorptionskoeffizienten μ) verschiedener Körper für die gleiche Strahlenart verglich, fand man zuerst, daß sie im allgemeinen der Dichte d der Körper annähernd proportional ist. Später ergab es sich für Elemente, daß das Verhältnis von $\dfrac{\mu}{d}$ ähnliche periodische Maxima und Minima zeigt, wie viele andere physikalische Konstanten im Sinne des periodischen Gesetzes. Als man nun versuchte, aus dem numerischen Werte von $\dfrac{\mu}{d}$ für die Elemente, die der chemischen Verbindungen additiv zu berechnen, fand man im allgemeinen eine gute Übereinstimmung mit den praktisch bestimmten Werten[3]).

Bestimmung der Absorption von α-Strahlen durch Materie.

Oft ist es zur Charakterisierung von α-Strahlen wichtig festzustellen, wie stark sie von irgendeiner Materie bzw. Metallen in ihrer Geschwindigkeit verzögert werden. Zu diesem Zweck bringt

---

[1]) Ebenda 954.
[2]) Andere Methoden und Lit. vgl. St. Meyer und Schweidler, Radioaktivität, S. 256 ff.
[3]) J. A. Crowther, Phil. Mag. **12**, 379 (1906); J. A. Mc. Clelland und F. E. Hockett, Dublin Transact. **9**, 37 (1906); N. R. Campbell, Phil. Mag. **17**, 180 (1909); W. H. Schmidt, Phys. Zeitschr. **11**, 262 (1910); W. A. Borodowsky, Phil. Mag. **19**, 605 (1910); J. Geduld und Jungenfeld, Phys. Zeitschr. **14**, 507 (1913).

man die α-strahlende Substanz in einen Behälter, der einen kleinen Rand besitzt, in dünner Schicht gleichmäßig hinein und bestimmt im α-Strahlenelektroskop den Sättigungsstrom. Nun bedeckt man sie mit einem Blatt möglichst dünner Metallfolie so, daß sie davon nicht berührt wird und bestimmt von neuem den Sättigungsstrom. Er ist nun kleiner als das erstemal. Nun fährt man mit dem Auflegen einer neuen Metallfolie und Bestimmung des Sättigungsstroms solange fort, bis die Aktivität verschwunden ist. Nun addiert man die Dicken der aufgelegten Metallfolien und hat damit die Größe der Metallschicht, durch die die betreffenden α-Strahlen gerade absorbiert werden. Es ist das gleichsam die Reichweite der α-Strahlen für das betreffende Metall. Am besten berechnet man die Dicke der Metallfolie aus dem Flächeninhalt, den sie bedeckt, und dessen Gewicht.

Sehr anschaulich wird diese Absorption durch eine Kurvenzeichnung (Abb. 48), in der die Zahl der Aluminiumfolien als Abszissen, die zugehörigen Sättigungsströme als Ordinaten fungieren.

Da man nicht alle Metalle in genügend dünnen Folien erhalten kann, so bezieht man ihre Absorptionsfähigkeit zweckmäßig auf Aluminium.

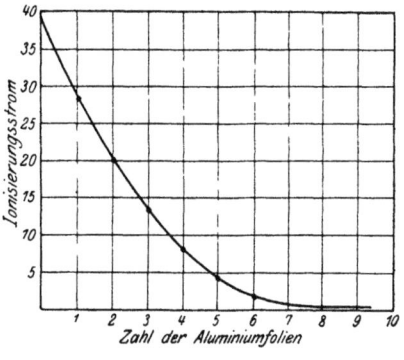

Abb. 48.

Von diesem Metall kann man Blättchen von 0,003 mm Dicke käuflich erhalten und führt mit ihnen die oben beschriebene Versuchsreihe durch. Nun nimmt man eine passende Folie des betr. Metalls, bedeckt damit die α-strahlende Substanz, deren Sättigungsstrom man bereits vorher bestimmt hat, und bestimmt ihn von neuem. Dann stellt man fest, wie viele Aluminiumfolien von 0,003 mm Dicke nötig sind, um die gleiche Reduktion des Sättigungsstroms zu bewirken. Die Summe von deren Dicken gibt die Absorption des Metallblatts auf Aluminium bezogen an.

Genauer bestimmt man die Absorption vermittels der Szintillationen. Man bestimmt in der beschriebenen Apparatur die Reichweite des α-Strahlers in Luft. Dann schaltet man zwischen ihn und den Zinkblendeschirm eine passende Metallfolie und bestimmt den Punkt, bei dem die Szintillationen gerade verschwinden. Die Differenz in der Stellung des Mikroskops ohne und mit Metallfolie gibt die Absorption für die betr. Metalldicke an.

Isolierung reiner Radioelemente durch Rückstoßstrahlung.

Wie schon S. 24 mitgeteilt wurde, kann man durch den Rückstoß, den das Atom eines α-strahlenden Radioelements im Augenblick des Zerfalls erleidet, das Umwandlungsprodukt rein abscheiden. Die Versuchsanordnung ist die folgende, wobei die Abscheidung von Act. D aus aktivem Niederschlag von Actinium als Beispiel dienen mag. Die Platte A in Abb. 49 setzt man, negativ geladen, einseitig Actiniumemanation längere Zeit aus, wodurch auf der exponierten Seite der aktive Actiniumniederschlag entsteht, von dem dann Act. C unter α-Strahlung zerfällt. Nachdem die Platte von der Emanation entfernt ist, legt man über ihre Schichtseite den Isolierring B, der möglichst geringe Höhe haben soll, so daß die Metallplatte C, die auf ihn kommt, die Platte A nirgends berühren kann. Zwischen beiden Platten erzeugt man dann eine Potentialdifferenz von wenigen Volt und wartet 10—15 Minuten. Nun entfernt man die Platte C und bestimmt ihren Abfall im β-Strahlenelektroskop. Man findet, daß ihre Aktivität mit einer Periode von 4—7 Minuten abfällt, was dem Act. D entspricht.

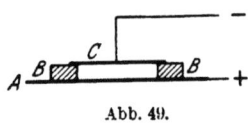

Abb. 49.

β-strahlende Substanzen.

Auch zur Messung der Absorption β-strahlender Substanzen darf man nur dünne Lagen des fein gepulverten Materials verwenden, wenn man übereinstimmende Resultate erhalten will; denn auch β-Strahlen werden von dem Material, das sie aussendet, nicht unerheblich absorbiert. Da sich die Dicke der Schichten bei gepulverter Substanz nicht leicht messen läßt, so gibt man die Menge pro Quadratzentimeter an. Man wiegt also die Substanz, die man über eine gemessene Fläche gleichmäßig verteilt hat. Durch einfache Umrechnung findet man dann die Menge pro Quadratzentimeter. Dabei stellt man zuerst die richtige Quantität durch Versuche fest, indem man etwa mit 0,1 g pro Quadratzentimeter beginnt.

Bestimmt man nun den Sättigungsstrom mit einer passenden Substanzmenge im β-Strahlenelektroskop, bedeckt sie dann zuerst mit einer, dann nach und nach mit mehr dünnen Metallfolien bekannter Dicke, um jedesmal den Sättigungsstrom wieder zu messen, so findet man oft, daß durch Metallfolien gleicher Dicke stets eine gleichmäßige Abnahme des Sättigungsstroms erfolgt, daß also jedesmal ein gleicher Prozentsatz der Strahlung absorbiert wird. Hat man eine bestimmte Anzahl von Metallfolien aufgelegt, so beobachtet man von einem bestimmten Punkte ab keine wesentliche Abnahme des Sättigungsstromes mehr, der nunmehr ziemliche Konstanz zeigt. Dann ist alle β-Strahlung absorbiert und nur noch γ-Strahlung vorhanden, deren Betrag man natürlich von den früheren Messungen abziehen muß, um die Ionisation zu erhalten, die nur durch β-Strahlen bedingt wird. Die Resultate stellt man nun graphisch dar, indem man als Abszissen die Dicken der Folien, als Ordinaten die zugehörigen Werte der Ionisationsströme aufträgt und die Kurve zeichnet.

Aus diesen Messungsergebnissen folgt dann, daß die Absorption der β-Strahlen durch Metallfolien exponentiell nach der Gleichung

$$I = I_0 e^{-\mu d}$$

verläuft, in der I_0 die Sättigungsstromstärke resp. Ionisation ohne Metallblattauflage, I die nach Durchsetzung der Metalldicke d und μ den Absorptionskoeffizienten der β-Strahlung durch das Metall bedeutet. Man findet μ durch Auflösung obiger Gleichung zu

$$\mu = \frac{\lg^{10} I_0 - \lg^{10} I}{2{,}3026 \cdot d}.$$

Der Zahlenwert von μ ist natürlich bei ein und demselben β-Strahler für verschiedene Metalle verschieden, bei UrX ist er z. B. für Al 14,4 cm^{-1}, für Cu 66 cm^{-1}, für Pb 103 cm^{-1} usw. β-Strahler, die weichere oder härtere β-Strahlen aussenden, haben natürlich kleinere oder größere Werte von μ. Meist bezieht man μ auf die Absorption durch Al und hat z. B. seinen Wert bei UrX zu 14,4 cm^{-1} Al, bei RaE zu 44 cm^{-1} Al, beim aktiven Niederschlag von Act. zu 28,5 cm^{-1} Al usw.

Hat man nun bei einer β-strahlenden Substanz einen exponentiellen Verlauf der Absorption gefunden, so darf man noch nicht auf die Einheitlichkeit in bezug auf die Geschwindigkeit ihrer β-Strahlen schließen. Wie schon früher ausgeführt, hat es sich nämlich gezeigt, daß β-Strahlen, die eine Absorption nach einem exponentiellen Gesetz zeigen, durch ein magnetisches Feld in Gruppen von β-Strahlen verschiedener Geschwindigkeit zerlegt werden können[1]). Man muß also in diesem Fall noch einen photographischen Versuch, wie ihn Baeyer, Hahn und Meitner l. c. 11, 488 Taf. XII und 12, 274 und Taf. XIV angegeben haben, machen. Es hat sich gezeigt, daß das obige exponentielle Gesetz erhalten wird in Fällen, wo die Geschwindigkeiten mehrerer β-Strah-

---

[1]) Wilson, Proc. Royal Soc. A **82**, 612 (1909); ferner Baeyer, O. Hahn und L. Meitner, Phys. Zeitschr. **11**, 488 (1910), **12**, 273, 1099 (1911); sowie Jahrb. d. Radioakt. **11**, 69 (1914).

lenarten nicht weit auseinander liegen. β-Strahlen sehr verschiedener Geschwindigkeit werden nicht mehr nach einem exponentiellen Gesetz absorbiert. Der Betrag der Aktivitätsabnahme ist dann anfangs viel größer als später.

Da es weiche β-Strahlen gibt, die ähnlich leicht absorbiert werden wie α-Strahlen, so sind sie bei Anwesenheit von α-Strahlen nicht direkt festzustellen. Hier muß die magnetische Ablenkung, das sog. magnetische Spektrum, untersucht werden.

Erwähnt sei noch, daß sowohl α- wie β-Strahlen beim Auftreffen auf Materie eine Streuung erleiden können, so daß sie auf derselben Seite der Platte, auf die sie auftreffen, wieder zurückkommen. Man erklärt das durch die Annahme, daß die Strahlen die Atome des Metalls der Platte durchsetzen, in die sie eintreten. Dadurch gelangen sie in sehr starke elektrische Felder und werden zum Teil in einem Winkel abgelenkt, der größer ist als $90°$. (Vgl. Rutherford, „Radioakt. Subst. usw.", S. 171ff.)

Die Messung der Absorption von γ-Strahlen führt in Einzelfällen zu dem Resultat, daß die Absorption nach einem exponentiellen Gesetz verläuft, meist treten aber Komplikationen ein. Die Ionisationsströme, die man bei analogen Versuchsanordnungen wie vorher mißt, werden nicht durch die γ-Strahlen allein, sondern durch Sekundärstrahlen bewirkt, die die γ-Strahlen in den Schirmen, Elektroskopwänden und in der Nähe liegenden Körpern erzeugen. Hier hängen die Resultate also in hohem Maße von den Versuchsbedingungen ab, und um sie möglichst zweckmäßig zu gestalten, schirmt man das Präparat nicht einseitig, sondern allseitig, also durch kugelförmig gestaltete Schirme ab. Spezielle Versuchsanordnungen hierfür s. St. Meyer-Schweidler, „Die Radioaktivität", S. 250f.

Die Chemie der Radioelemente.

Schon die Entdeckungsgeschichte des Poloniums, Radiums und Actiniums lehrte uns, daß die Radioelemente spezifisch-chemische Eigenschaften besitzen. Polonium wurde durch Schwefelwasserstoff in saurer Lösung gefällt und blieb nach der Trennung beim Wismut. Es ließ sich dann aber auch von diesem wieder trennen. Actinium fiel mit den seltenen Erden nieder und kam in seinen chemischen Reaktionen dem Lanthan am nächsten. Radium dagegen verhielt sich wie ein Erdakali. Beim weiteren Studium der Radioaktivität mehrten sich die Radioelemente rasch und man suchte ihre chemische Natur zu erkennen. Das war besonders schwer bei Radioelementen, die man weder sehen noch wiegen konnte, die sich wie ein winziger Hauch auf anderen Körpern niederschlagen und häufig mit großer Geschwindigkeit wieder zerfielen. Anfangs kannte man von ihnen oft nur ihre elektrometrische Wirksamkeit und daraus abgeleitet ihre Konstanten λ usw. Später erhielt man, freilich oft nach vielen mühsamen Untersuchungen und Analogieschlüssen, auch über ihr chemisches Verhalten Auskunft, und es gelang dann, die Radioelemente im periodischen System unterzubringen. Dabei wurde eine Entdeckung von fundamentaler Bedeutung für die ganze Chemie gemacht. Das war die Erkenntnis, daß es Elemente gibt — radioaktive und nicht nachweisbar radioaktive — die sich chemisch durch keine Reaktion unterscheiden und sich somit auch nicht voneinander trennen lassen. Wir kommen auf diese sog. isotopen Elemente bald näher zu sprechen.

Eine Reihe von zum Teil zufälligen Beobachtungen, die sich methodisch erweitern ließen, leisteten der Erkenntnis auf diesem Gebiete Pionierdienste. Es waren dies: die verschiedene Flüchtigkeit mancher Radioelemente, das Verhalten bei Fällungen aus einer Lösung, die noch andere Elemente enthielt, und das Verhalten bei der Elektrolyse, das elektrochemische Verhalten.

Schon bei ihren Versuchen mit poloniumhaltigem Wismut hatte Frau Curie beobachtet, daß sich Polonium von Wismut durch Erhitzen teilweise abtrennen lasse. Als sie Wismut-Poloniumsulfid im Vakuum erhitzte, sublimierte ein Teil, der wesentlich stärker aktiv war als die Hauptmenge des zurückbleibenden Wismutsulfids. Später erhitzte man des öfteren Körper, wie Platinbleche, auf denen sich radioaktiver Niederschlag (induzierte Aktivität) befand. Schwaches Erhitzen brachte dabei keine merkbare Aktivitätsabnahme hervor. Beim stärkeren Erhitzen wird dagegen die Aktivität des Bleches schwächer und ein durch Thorium aktivierter Platindraht kann beim Glühen seine Wirksamkeit fast völlig verlieren. v. Lerch fand[1]) z. B., daß ein durch Thorium aktivierter Draht 99% seiner Aktivität verliert, wenn man ihn eine halbe Minute auf 1460° erhitzt. Miß Gates hat gezeigt, daß hierbei keine Zerstörung sondern eine Verdampfung des aktiven Niederschlags stattfindet. Erhitzt man den mit aktivem Niederschlag behafteten Körper in einem Rohr, so verläßt die Aktivität beim Erhitzen den Körper ganz oder teilweise und kondensiert sich an den kälteren Teilen des Rohres wieder. J. Curie und Danne[2]) bestimmten die Radioaktivitätskonstanten der Sublimate und der zurückbleibenden Körper und fanden, daß sie meist verschieden voneinander waren. Daraus mußte man schließen, daß die Bestandteile eines solchen aktiven Niederschlags verschieden stark flüchtig sind und damit war ein Weg zur Trennung radioaktiver Gemische gegeben, der mehrfach angewendet und wesentlich verfeinert wurde[3]).

Was nun die **Fällungsreaktionen** anbetrifft, so machte hier Crookes folgende grundlegende Beobachtung, die mit der schon erwähnten Entdeckung des UrX zusammenhängt. Als er die Lösung eines käuflichen Uransalzes mit einem Überschuß vom Ammoniumcarbonat versetzte, so daß der anfangs ausfallende Uranniederschlag wieder gelöst wurde, blieb ein sehr kleiner Rückstand, der nach der Isolierung fast die ganze Aktivität des Urans besaß. Dies in Ammoniumcarbonat unlösliche UrX konnte danach zu den Erdalkalien gehören, und in der Tat wurde es auch mit Schwefelsäure gefällt, wenn sich neben ihm noch Bariumsalz in Lösung befand. Es wurde aber auch durch Ammoniak ausgefällt und man fand, daß es nach seinem chemischen Verhalten kein Erdalkali ist, sondern dem Thorium am nächsten steht. Anders war die Sache beim ThX. Als Rutherford und Soddy eine wässerige Lösung von Thoriumsalz mit Ammoniak fällten, erhielten sie einen sehr viel schwächer aktiven Thoriumniederschlag als der Aktivität des Salzes entsprach. Aus dem Filtrate dagegen gewannen

---

[1]) v. Lerch, Ann. d. Phys. **12**, 745 (1903).
[2]) Compt. rend. **138**, 748 (1904).
[3]) Vgl. Rutherford, Radioakt. Subst., S. 541.

sie durch Eindampfen und Abrauchen einen winzigen Rückstand, der sehr stark aktiv war und dies ThX ward ebenfalls aus seinen Lösungen bei Gegenwart von Bariumsalz durch Schwefelsäure abgeschieden. ThX stand aber in seinem Verhalten dem Radium am nächsten. Andererseits wurde ThX sowohl als auch UrX bei Gegenwart von Eisensalz durch Ammoniak mit dem Eisenhydroxyd gefällt. Hatte man anfangs geglaubt, daß diese winzigen Mengen radioaktiver Materie aus ihren Lösungen mit den Elementen gefällt werden, denen sie chemisch verwandt sind, so fand man, daß das zuweilen der Fall ist, zuweilen nicht. Doch war die Zahl der Radioelemente, bei denen man abweichende chemische Eigenschaften von bisher bekannten beobachtet hatte, nur gering. Es zeigte sich, daß es vorzugsweise solche waren, die an Stellen im periodischen System der Elemente gehörten, die bisher keinem inaktiven Element entsprachen.

Die Reihe der Untersuchungen, die Ordnung in das Chaos brachten, eröffneten D. Strömholm und Svedberg[1]). Sie ließen Lösungen, die radioaktive Substanzen mit Salzen verschiedener Elemente enthielten, krystallisieren. Es zeigte sich, daß viele Salze völlig inaktiv aus diesen Lösungen wieder herauskamen. Andere dagegen schieden sich radioaktiv aus und die Radioaktivität haftete hartnäckig an den Krystallen. Aus Lösungen von AcX, ThX u. a. z. B., krystallisierten Mg- und La-Salze völlig inaktiv aus, Ba- und Pb-Salze dagegen hielten das AcX fest. Daraus schlossen Strömholm und The Svedberg, daß das verwendete AcX-Salz isomorph mit den betreffenden Ba- und Pb-Salzen ist. Ac selbst, in gleicher Weise untersucht, erwies sich als isomorph mit La, RaAc und Th. W. Metzener[2]) fand bei der Fortführung solcher Untersuchungen, daß dabei quantitative Ausfällungen schwer löslicher Salze weniger charakteristisch sind. Wenn aber ein Radioelement mit dem gut löslichen Salze eines inaktiven Elements (am besten aus saurer Flüssigkeit) zum Teil auskrystallisiert, zum Teil in Lösung bleibt, so machte er im allgemeinen die Erfahrung, daß diese Erscheinung nicht wesentlich durch eine Adsorption an der verhältnismäßig kleinen Krystalloberfläche bedingt wird, daß man hier auf Isomorphie schließen könne. Hatte man so festgestellt, daß ein Radioelement mit einem Salze isomorph krystallisierte, so konnte man auch in beschränktem Maße auf eine chemische Analogie mit dem Kation oder Anion des betreffenden Salzes schließen.

---

[1]) Zeitschr. f. anorg. Chemie **61**, 338 (1909), **63**, 197 (1909).
[2]) Ber. d. Deutsch. Chem. Gesellsch. **46**, 981 (1913).

Dann fanden aber K. Fajans und P. Beer[1]) eine Gesetzmäßigkeit für die Fällung von Radioelementen durch andere Körper, die fast ausnahmslos gilt und die als ein Leitstern auf diesem Gebiet gelten kann. Sie zeigten, daß ein Radioelement aus äußerst verdünnten Lösungen mit den verschiedensten Niederschlägen gewöhnlicher Elemente ausfällt, wenn der elektronegative (Säure-) Bestandteil des Niederschlags mit wägbaren Mengen des Radioelementes eine schwer lösliche Verbindung gäbe. RaE z. B. verhält sich chemisch genau so wie Wismut. Dies wird z. B. von Carbonaten nicht, aber von überschüssiger Schwefelsäure gefällt. Hat man nun RaE in der Lösung eines Bariumsalzes und fällt Barium als Carbonat, so fällt auch RaE mit aus. Schlägt man aber das Barium mit überschüssiger Schwefelsäure nieder, so enthält das gefällte $BaSO_4$[2]) kein RaE. In den meisten Fällen wird ein Radioelement ausgefällt, wenn es mit dem Anion des Fällungsmittels ein schwer lösliches Salz bildet.

Diese Regel gilt fast ausnahmslos, aber manche Beobachtungen komplizieren die Erklärung. Vieles wies darauf hin, daß bei Niederschlägen, die in einer Lösung erzeugt wurden, die radioaktive Elemente auch mechanisch mitrissen, neben spezifischen Fällungsphänomenen auch Adsorptionserscheinungen eine Rolle spielen. Sehr viel trug zu dieser Auffassung die Beobachtung bei, daß manche Radioelemente wie z. B. UX, aus ihren Lösungen schon durch Schütteln mit Tierkohle entfernt werden können[3]). Bei dieser Reaktion war freilich bisher eine einfache Beziehung zur chemischen Natur nicht nachzuweisen. Doch stellten F. Paneth und K. Horovitz[4]) eine der obigen ähnliche Regel auf, durch die die bei Fällungs- und Kolloidversuchen beobachteten Gesetzmäßigkeiten auf Adsorptionserscheinungen zurückgeführt werden. Diese Regel lautet: **Irgendein Salz absorbiert diejenigen Radioelemente gut, deren analoge Verbindung in dem betreffenden Lösungsmittel schwer löslich ist.** $BaSO_4$ z. B. adsorbiert $RaSO_4$ gut, weil $RaSO_4$ ebenfalls schwer löslich ist, ebenso Pb, RaG, AcD, ThD u. a., weil auch deren Sulfate schwer löslich sind, Bi, RaE, RaC, ThC, AcC aber schlecht, weil deren Sulfate in verdünnten Säuren leicht löslich sind.

Besonders fruchtbar für das Studium der chemischen Eigen-

---
[1]) Ber. d. Deutsch. Chem. Gesellsch. **46**, 3489 (1913), **48**, 700 (1915).
[2]) In sehr schwach saurer Lösung fällt $BaSO_4$ RaE mit aus.
[3]) A. Ritzel, Zeitschr. f. physikal. Chemie **67**, 725 (1909); ferner H. Freundlich, Neumann und Kaempfer, ebenda **90**, 681 (1915).
[4]) Zeitschr. f. physikal. Chemie **89**, 513 (1913).

schaften der Radioelemente waren ihre elektrochemischen Reaktionen. Wenn zwei Metalle chemisch verschieden sind, so zeigen ihre Lösungen verschiedenes Verhalten bei der Elektrolyse. Sie werden bei verschiedenen Potentialdifferenzen nicht in gleichen, sondern in verschiedenen Mengen abgeschieden, so daß das eine gegen das andere angereichert erscheint. Als W. Marckwald 1902 entscheiden wollte, ob radioaktives Wismut neben gewöhnlichem Wismut noch ein zweites radioaktives Metall enthält, das dem Wismut in seinen Eigenschaften sehr ähnlich ist, schickte er durch eine Lösung des radioaktiven Wismuts einen elektrischen Strom. Das Metall, das sich dabei zuerst abschied, zeigte eine viel stärkere Aktivität als das Ausgangsmaterial, woraus man schließen konnte, daß dem an sich inaktiven Wismut ein radioaktives Metall beigemengt sein mußte. Zur noch besseren Abscheidung dieses Radiometalles schlug Marckwald einen sehr originellen Weg ein, der sich auch in manchen anderen Fällen als nutzbringend erwies [1]).

Bekanntlich werden eine Reihe von Metallen aus der wässerigen Lösung ihrer Salze durch andere Metalle ausgefällt. Das bekannteste Beispiel dafür ist die Ausscheidung von Kupfer aus Kupfervitriollösung durch Zink, Eisen u. a.. Man erklärt diese Reaktion in folgender Weise: In der wässerigen Lösung seines Salzes befindet sich Kupfer als zweiwertiges Ion. Bei der Einwirkung von metallischem, d. i. elektrisch neutralem Zink, gehen die zwei Ladungen des Kupferions auf das Zink über, das dadurch in den ionisierten Zustand gelangt und in Lösung geht. Kupfer wird dadurch aus dem ionisierten in den metallischen Zustand übergeführt.

$$Cu^{\cdot\cdot} + Zn = Zn^{\cdot\cdot} + Cu.$$

Vermöge seiner stärkeren Verwandtschaft zur elektrischen Ladung, d. i. seiner Elektroaffinität, vermag das metallische Zink dem Kupferion seine elektrischen Ladungen gleichsam zu entreißen. Wie bei Zink und Kupfer ist es bei vielen anderen Metallen, und die Gesetzmäßigkeit, durch die dies gegenseitige Ausfällen der Metalle geregelt wird, hat man durch die Aufstellung einer Reihenfolge formuliert, die „Spannungsreihe" oder „Elektroaffinitätsreihe" heißt, und die mit der berühmten Voltaschen Spannungsreihe ziemlich übereinstimmt. Sie beginnt mit den sog. unedlen Metallen, deren Ionen ihre elektrische Ladung am festesten halten und geht allmählich zu den edlen Metallen über, deren Ionen die elektrische Ladung relativ sehr leicht abgeben. Wir geben nur die wichtigsten Glieder der Reihe:

KNa; RaBaSrCa; Mg; Al; ZnCd; FeCoNi; PbSn; H; Cu; SbBi; HgAgPtAu.
  unedle Metalle   edle Metalle

[1]) Ber. **35**, 2285 (1902).

Jedes in der Reihe vorherstehende Metall fällt als solches die folgenden aus ihren wässerigen Lösungen aus[1]).

War der radioaktive Begleiter des Wismuts ein besonderes Metall, so mußte es wie alle anderen Metalle einen Platz in der Spannungsreihe haben, mußte also aus seinen Lösungen durch die vorhergehenden ausgefällt werden. Als nun Marckwald in die salzsaure Lösung des radioaktiven Wismuts ein Wismutstäbchen eintauchte, überzog sich dies sofort mit einem feinen schwarzen Anflug, der sich im Laufe einiger Stunden sichtlich vermehrte. Diese kleine Menge der schwarzen Substanz ließ sich vom Wismutstäbchen abkratzen und enthielt die Hauptmenge der Aktivität. Auf dies Weise war bewiesen, daß Polonium ein selbständiges chemisches Individuum, also ein Element, ist und daß es in der Spannungsreihe rechts vom Wismut seinen Platz unter den edlen Metallen haben muß. Der schwarze Niederschlag war kein reines Polonium, sondern enthielt noch Tellur u. a. Elemente. Aus weiteren analogen Versuchen ergab sich, daß Polonium in seinen Eigenschaften dem Tellur am nächsten steht.

Diese einfache und elegante Methode zur Bestimmung der Selbständigkeit als Element und des chemischen Verhaltens ist noch öfters angewendet worden. Ebenso hat sich durch die Methode der elektrolytischen Abscheidung bei bestimmten Potentialen ein wertvolles Forschungsmittel auf diesem Gebiet ergeben. Hier hat zuerst F. v. Lerch[2]) bei dem aktiven Thoriumniederschlag wichtige Erfolge erzielt. Schon früher hatte man gefunden, daß sich der winzige aktive Thoriumniederschlag durch chemische Agenzien von den Metallen abtrennen läßt, auf denen er sich befindet. Am besten eigneten sich hierzu Mineralsäuren. Kochte man ein mit aktivem Niederschlag behaftetes Platinblech 20 Minuten lang mit verdünnter Salzsäure, so wurden 97,2% der Aktivität abgelöst. 30 Minuten langes Kochen mit verdünnter Schwefelsäure entfernte 99% des aktiven Niederschlags. Als in solche Lösungen die Metalle Kupfer, Zinn, Blei, Nickel, Eisen, Cadmium, Zink, Magnesium und Aluminium getaucht wurden, schlug sich Aktivität auf ihnen nieder. Platin, Palladium und Silber dagegen blieben auch nach längerem Eintauchen inaktiv. Daraus ergab sich die Stellung der Elemente des radioaktiven Niederschlags in der Spannungsreihe. v. Lerch fand dann auch Bedingungen, unter denen man Komponenten des aktiven Niederschlags abzuscheiden imstande war.

---

[1]) Diese Reihenfolge der Metalle erleidet Änderungen, die von der Konzentration, Temperatur u. a. abhängen. Vgl. darüber W. Böttger, Qualitative Analyse 1913, S. 206.

[2]) Ann. d. Phys. 12, 750 (1903), 20, 345 (1906).

RaC erwies sich als edler als RaB und wurde durch Eintauchen von Cu und Ni in seine Lösung, ebenso durch Elektrolyse bei geringerer Stromdichte an einer Platinkathode abgeschieden. RaB erforderte andere Bedingungen und höhere Stromstärke.

Eine für das elektrochemische Verhalten eines Elementes charakteristische Größe ist die Zersetzungsspannung eines Ions, d. h. die elektromotorische Kraft, die gerade nötig ist, um die elektrische Ladung vom Ion abzutrennen[1]). Numerisch ist die Zersetzungsspannung gleich der elektromotorischen Kraft des Elementes gegenüber der Lösung, in der es sich befindet, und diese Zahl hat für die verschiedenen Ionen verschiedene Werte, für das einzelne aber ceteris paribus stets den gleichen Wert. Sie wird dargestellt durch die Gleichung

$$\varepsilon = \frac{RT}{nF} \ln \frac{c}{C}$$

worin ε die Zersetzungsspannung, R die Gaskonstante, T die absolute Temperatur, n die Wertigkeit des betreffenden Ions, F die Einheit der elektrischen Ladung (96 570 Coul.), c und C die Ionenkonzentrationen bedeuten.

Durch allmähliche Steigerung der elektromotorischen Kraft ist es darum möglich, verschiedene Metalle aus einer Lösung nacheinander quantitativ abzuscheiden, d. h. sie zu trennen. Hat man z. B. ein Gemisch von Cu- und Cd-Salz, so besitzt darin die Zerstreuungsspannung von Cd einen höheren Wert als die von Cu. Man wählt zur elektroanalytischen Trennung beider zunächst eine elektromotorische Kraft (Klemmspannung), bei der das Cu-Ion, nicht aber das Cd-Ion entladen wird. Wenn alles Cu abgeschieden ist, entfernt man es und steigert nun die elektromotorische Kraft. Bald kommt ein Punkt, wo sich nun auch das Cd abscheidet.

Am besten nimmt man bei solchen Versuchen eine Kurve auf, indem man die Stromstärke oder bei Radioelementen die in gleicher Zeit abgeschiedene Menge des Elementes (gemessen durch die Aktivität) als eine Funktion des Elektrodenpotentials darstellt und eine Reihe der Werte der ersteren als Ordinaten, der zugehörigen Werte der letzteren als Abszissen in ein Koordinatensystem einträgt. So entstehen die „Stromspannungskurven" resp. die „Kurven der Zersetzungsspannung". Sie zeigen da, wo die Entladung des Ions einsetzt, einen Knickpunkt, der der Zersetzungsspannung entspricht.

Auf diesem Wege ist eine sehr genaue Prüfung des elektrochemischen Verhaltens eines Elementes möglich, und F. Paneth

---

[1]) Vgl. Le Blanc, Lehrbuch d. Elektrochemie; F. Förster, Elektrochemie wässeriger Lösungen.

und G. v. Hevesy[1]) beschritten ihn, um zu sehen, ob sich die Radioelemente analog den gewöhnlichen Elementen verhalten. Sie bestimmten die Kurven der Zersetzungsspannung der einzelnen Radioelemente und erhielten auch hier die charakteristischen Knickpunkte, so daß auch hier Trennungen ausführbar sind. Sie erhielten aber noch andere merkwürdige Resultate. Als man eine Lösung von Polonium der Elektrolyse unterwarf, hatte man schon mehrfach beobachtet, daß sich nicht nur auf der Kathode sondern auch auf der Anode ein aktives Produkt abscheidet. v. Hevesy und Paneth nahmen nun die Kurve der Zersetzungsspannung einer Elektrolyse von Polonium in $^1/_{10}$ normaler HNO_3 auf und erhielten folgendes Bild:

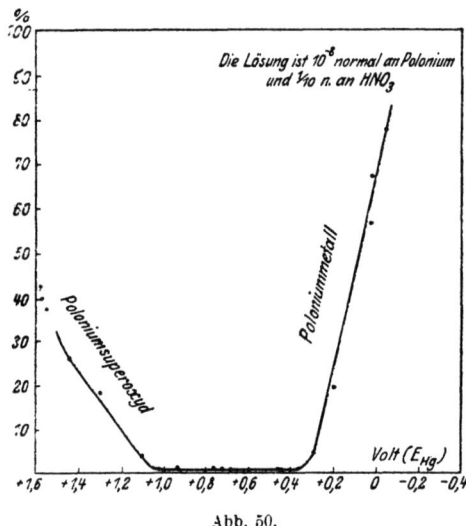

Abb. 50.

Man sieht, daß diese Kurve zwei Knickpunkte hat, einen an der Kathode E_{Hg}[2]) = 0,35 Volt und einen an der Anode E_{Hg} = 1,05 Volt. Der niedrigere Wert liegt durchaus im Bereich der Abscheidungspotentiale der Metalle, so daß man annehmen kann, daß sich an der Kathode metallisches Polonium abscheidet. Der höhere Wert liegt aber von diesen Potentialen weit entfernt und hat nur Analogie mit den Zersetzungsspannungen, die man an der Anode bei den als Superoxyde abgeschiedenen Metallen Pb und Mn beobachtet. So hat man auf diesem Wege eine bisher unbekannte chemische Eigenschaft des Poloniums entdeckt, nämlich die, ein Superoxyd zu bilden.

Als man nun nach den angegebenen Methoden fortfuhr, die Radioelemente zu untersuchen, machte man[3]) auf verschiedenen Wegen eine merkwürdige Beobachtung. Man lernte nämlich Radioelemente kennen, die sich von anderen Elementen in keiner Weise

---

[1]) Monatshefte f. Chemie **34**, 1593 (1913).
[2]) Potential bezogen auf die Normalkalomelelektrode.
[3]) Transact. Chem. Soc. **103**, 381, 1052 (1913).

trennen ließen. Das am besten untersuchte Beispiel ist das folgende. Wenn man aus Uranmineralien Blei abschied, so war dies Blei immer radioaktiv. Die Radioaktivität wurde durch beigemengtes RaD (resp. dessen Zerfallsprodukte RaE und RaF) verursacht. Durch alle zu Gebote stehenden Mittel versuchte man es nun, dies RaD vom Pb zu trennen. Aber weder durch die verschiedensten Fällungs- und Adsorptionsversuche, noch durch teilweise Verflüchtigung, Diffusion, Dialyse und Elektrolyse in wässeriger Lösung oder im Schmelzfluß gelang es auch nur eine Anreicherung von RaD zu bewirken. Ja es ergab sich, daß die Zersetzungsspannungen beider Elemente durchaus gleich sind. Dennoch sind beide völlig verschiedene Elemente und man kann das RaD durch Selbstzersetzung von Radiumemanation völlig frei von Blei darstellen.

Analog fanden Paneth und Hevesy, daß ThC_1 und RaE die gleiche Zersetzungsspannung haben wie Bi, RaA hat die des Po, ThB die des Pb usw. (s. unten). Diese Elemente waren in ihrem elektrochemischen Verhalten identisch und nicht zu trennen, und das gleiche fand man bei anderen Reaktionen und Elementen auch. Thorium z. B., das man aus Pechblende abschied, besaß eine Aktivität, die fast eine Million mal größer war als die des gewöhnlichen Thoriums. Sie wurde durch beigemengtes Ionium verursacht, aber auch hier gelang es trotz mannigfaltigster Versuche nicht, das Gewichtsverhältnis von Thorium und Ionium in irgendeiner Weise zu verschieben. Eine ähnliche Trennung machte F. Soddy zum Gegenstand eines ganz besonderen Studiums[1]). Mesothorium nämlich war bei seiner Herstellung meist mit Radium verunreinigt. Da beide verschiedene Verteilung der Strahlungen haben, wurde es von praktischem Interesse beide zu trennen. Aber wie man auch vorging, die Anreicherung eines Bestandteils gegen den anderen gelang in keiner Weise. Noch in anderen Fällen wurde genau das gleiche Resultat erhalten und die Arbeiten von A. Fleck[2]), A. Russell[3]), K. Fajans[4]), F. Soddy[5]), G. v. Hevesy und F. Paneth[6]) u. a. führten zu der Erkenntnis, daß es Elemente gebe, die sich chemisch mit keiner der bekannten Methoden voneinander trennen ließen, obwohl sie in ihren Strahlungen völlig verschieden sind. Ja, das chemische Verhalten der vielen Radioelemente kam auf das verhältnismäßig weniger

---
[1]) Ebenda **99**, 72 (1911).
[2]) Transact. Chem. Soc. **103**, 381, 1052 (1913).
[3]) Chem. News **107**, 49 (1913).
[4]) Phys. Zeitschr. **14**, 131, 136 (1913).
[5]) Chem. News **107**, 97 (1913); Jahrb. d. Radioakt. u. Elektronik **10**, 188 (1913).
[6]) Sitzungsberichte d. Wiener Akad. **42**, 993, 1001, 1037 (1913).

Elemente zurück. Wir stellen solche, chemisch untrennbare Elemente in horizontalen Reihen zusammen, wobei der typische Vertreter fett gedruckt ist:

U I, U II zeigen die chemischen Reaktionen des Urans;
Th, RdTh, Io, UX_1, UY, RdAc zeigen die chemischen Reaktionen des Thoriums;
Bi, RaE, RaC, ThC, AcC zeigen die chemischen Reaktionen des Wismuts;
Pb, RaD, RaB, ThB, AcB zeigen die chemischen Reaktionen des Bleis;
Tl, RaC_2 (RaC''), ThD, AcD zeigen die chemischen Reaktionen des Thalliums.
Po(RaF), RaA, ThA, AcA, RaC', ThC' AcC' stehen im chemischen Verhalten am nächsten dem Tellur;
Ra-Em, Th-Em, Ac-Em stehen im chemischen Verhalten am nächsten dem Xenon;
Ra, $MsTh_1$, ThX, AcX stehen im chemischen Verhalten am nächsten dem Barium;
Ac, $MsTh_2$ stehen im chemischen Verhalten am nächsten dem Lanthan;
UX_2 (Brevium) steht im chemischen Verhalten am nächsten dem Tantal.

} Sie sind aber nicht damit identisch.

Diese Reihen von Elementen absolut gleichen chemischen Verhaltens müssen, wie wir bald sehen werden, im periodischen System an der gleichen Stelle aufgeführt werden. Man nennt sie deshalb auf Vorschlag von Fajans[1]) Plejaden. Die Glieder einer Plejade nennt man auf Vorschlag von Soddy[2]) Isotope oder isotopische Elemente. Isotopische Elemente haben also gleiche chemische Reaktionen und lassen sich durch keine der zur Zeit bekannten Methoden voneinander trennen.

Diese Befunde waren mit Rücksicht auf das periodische System der Elemente höchst auffällig. Das Gesetz, das diesem System zugrunde liegt, lautet: **Die Eigenschaften der Elemente sind periodische Funktionen ihres Atomgewichts.** Nach der üblichen Auffassung hätten Elemente von gleichem Atomgewicht gleiche Eigenschaften haben müssen und umgekehrt. Hätten die Elemente einer Plejade alle das gleiche Atomgewicht gehabt wie das typische Element, also RaB, AcB usw. 207 wie Pb; RaC_2, AcD usw. 204 wie Tl; RaC_1, AcC usw. 208,5 wie Bi, so hätte

---

[1]) Ber. d. Deutsch. Chem. Gesellsch. **35**, 240 (1913).
[2]) Chemie d. Radioelemente II, 13 (1914).

das der üblichen Auffassung vom periodischen System entsprochen. Aber das war, wie wir gleich sehen werden, keineswegs der Fall.

Wie ist man zu den Atomgewichten der Radioelemente gekommen? Einige wenige konnten mit großer Genauigkeit experimentell bestimmt werden, weil sie wegen ihrer großen Lebensdauer in genügender Menge zur Verfügung standen. Hier seien besonders die Atomgewichtsbestimmungen hervorgehoben, die O. Hönigschmid[1] im Wiener Institut für Ra-Forschung mit den feinsten Mitteln moderner Experimentierkunst ausführte. Sie ergaben für Uran den Wert 238,18 oder rund 238,2, für Thorium 232,12, für Radium 225,97 oder rund 226. Andere Atomgewichte konnten indessen nur errechnet werden. Das gelang durch die genetischen Beziehungen der Radioelemente als Zersetzungsprodukte des Urans oder Thoriums und die Beobachtung ihrer Strahlung, wobei α-Strahlung das Atomgewicht um je 4 Einheiten verminderte, β-Strahlung es nicht beeinflußte. Als man die so erhaltenen Werte, die alle zwischen 206 und 238 liegen, für die Isotopen verglich, fand man in den Plejaden Unterschiede bis zu 8 Einheiten. Außerdem hatte man Elemente kennengelernt, die zwar gleiches Atomgewicht haben müssen, wie Ac und Radio-Ac, UrX_1, UrX_2 und U_2, die aber chemisch durchaus verschieden waren. Die obige übliche Formulierung des periodischen Systems stand also nicht mit den Befunden bei den Radioelementen im Einklang. Für die chemischen Eigenschaften konnte das Atomgewicht allein nicht maßgebend sein. Man fand vielmehr, daß die Stelle eines Atoms im periodischen System vor allem eine Funktion seiner positiven elektrischen Ladung ist. Sehen wir zu, wie man zu dieser Erkenntnis kam.

Schon 1911 hatte F. Soddy in seiner Chemie der Radioelemente auf eine merkwürdige Verschiebung im periodischen System aufmerksam gemacht, die einige Radioelemente erleiden, wenn sie durch α-Strahlenumwandlung aus anderen entstanden sind. Thorium (Atomgewicht = 232,2), das letzte Element der Gruppe IV (s. Schema unten), geht auf diese Weise in Mesothorium 1 (Atomgewicht = 228,2) über, das nach seinem chemischen Verhalten dem Ba gleicht, also zur Gruppe II gehört. ThX vom Atomgewicht 224,2, nach seinem chemischen Charakter der Gruppe I zugeordnet, verwandelt sich in Th-Emanation vom Atomgewicht 220,2, die ein Glied der Gruppe 0 des periodischen Systems ist. Natürlich war durch Massenverlust bei der α-Strahlenumwandlung eine Zurückversetzung in eine vorhergehende Gruppe des periodischen Systems zu erwarten. Das Charakteristische der

---

[1] Ber. d. Wiener Akad. **121**, 1973 (1912); Wiener Monatshefte **34**, 283 (1913); **36**, 51 (1915); **37**, 185, 305 (1916).

beiden obigen Umwandlungen war aber, daß die Zurückversetzung um zwei und nicht um eine Gruppe stattfand. In anderen Fällen konnte auch der entgegengesetzte Vorgang nachgewiesen werden. Mesothorium 1 der Gruppe II geht durch strahlenlose Umwandlung in Mesothorium 2 über, das zur Gruppe III gehört und dies wandelt sich unter Aussendung von β-Strahlen in Radiothorium um, das nach seinen chemischen Eigenschaften der Gruppe I zugeteilt werden muß. Radio-Th aber sendet α-Strahlen aus und sein Zerfallsprodukt, das ThX, ist wieder um zwei Gruppen gegen sein Vaterelement zurückversetzt. Im betrachteten Fall wollen wir diesen Prozeß übersichtlich darstellen, indem wir den unteren Teil der 4 Gruppen des periodischen Systems betrachten.

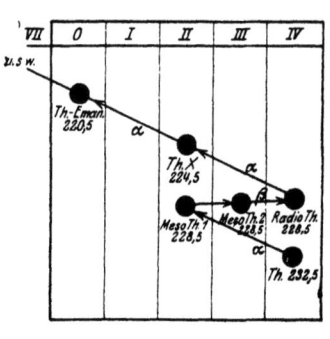

Abb. 51.

Trotz dieser richtigen Beobachtungen gelang es Soddy damals noch nicht, die Gesamtheit der Radioelemente in das periodische System einzureihen. Erst als man zu dem chemischen das elektrochemische Verhalten der Radioelemente mit heranzog, ergab sich eine befriedigende Lösung des Problems. Sie wurde 1913 in ähnlicher Weise durch, unabhängig voneinander entstandene, Arbeiten von G. v. Hevesy[1]), Russell[2]) und Fajans[3]) herbeigeführt. Augenblicklich stehen die Formulierungen von Fajans, der sich auch F. Soddy[4]) anschloß, im Vordergrund der Diskussion.

Wir benutzen im folgenden hauptsächlich das nur wenig abgeänderte Mendelejeffsche Schema für das periodische System. Darin befinden sich die Elementefamilien in vertikalen Gruppen, die periodischen Änderungen in horizontalen Reihen dargestellt. Um es zum Ausdruck zu bringen, daß die Gruppe 0 nicht den Anfang und die Gruppe VIII nicht das Ende des Systems darstellen, sondern daß von VIII ein Übergang nach 0 stattfindet, haben wir hier zuerst das von Remsen angegebene Schema gewählt. Denkt man sich das Schema ausgeschnitten und zu einem Zylinder zusammengerollt, so daß VIII in I an den entsprechenden Stellen eingreift:

---

[1]) Phys. Zeitschr. **14**, 49 (1913).
[2]) Chem. News **107**, 49 (1913).
[3]) Phys. Zeitschr. **14**, 131 u. 136 (1913).
[4]) Chem. News **107**, 97; Jahrb. f. Radioakt. u. Elektronik **10**, 188 (1913); Chemie d. Radioelemente Bd. II, 1914.

Die Chemie der Radioelemente.

Reihe	Gruppe 0	Gruppe I a	Gruppe I b	Gruppe II a	Gruppe II b	Gruppe III a	Gruppe III b	Gruppe IV a	Gruppe IV b	Gruppe V a	Gruppe V b	Gruppe VI a	Gruppe VI b	Gruppe VII a	Gruppe VII b	Gruppe VIII
1		H 1														
2	He 4	Li 6,9		Be 9,1		B 11,0		C 12		N 14,01			O 16		F 19	
3	Ne 20	Na 23,0		Mg 24,32		Al 27,1		Si 28,3		P 31,04			S 32,06		Cl 35,46	
4	Ar 39,9	K 39,1		Ca 40,07		Sc 44,1		Ti 48,1		V 51		Cr 52		Mn 54,93		Fe 55,84, Co 58,97, Ni 58,68
5			Cu 63,57		Zn 65,37		Ga 69,9		Ge 72,5		As 75		Se 79,2		Br 79,92	
6	Kr 83	Rb 86,45		Sr 87,63		Y 88,7		Zr 90,6		Nb 93,5		Mo 96				Ru 101,7, Rh 102,9, Pd 106,7
7			Ag 107,88		Cd 112,4		Zn 65,37		Sn 118,7		Sb 120,2		Te 127,5		J 126,92	
8	X 130	Cs 132,8		Ba 137,37		La 139 usw.		Ce 140,25 usw		Prd 140,9 Nd 144,3						
9																
10						Yt 173,5				Ta 181,5		Wo 184				Os 190,9, Ir 193,1, Pt 195,2
11		Au 197,2		Hg 200,6		Tl 204,0		Pb 207,2		Bi 208		Po 210				
12		RaX 222,6		Ra 226,0		Ac 227 (?)		Th 232,4		UX₂ 234		Ur 238,2				

Bekanntlich stellt das periodische System die elektrochemische Beschaffenheit der Elemente sehr anschaulich dar. In Gruppe I sind die elektropositivsten, in Gruppe VII die elektronegativsten vereinigt und die dazwischenliegenden Gruppen enthalten Elemente mit entsprechend abgestuften elektrochemischen Eigenschaften. Bei der Umwandlung der Radioelemente finden nun Elektrizitätsverluste statt. Die α-Strahlen besitzen eine doppelte positive Ladung und das Atom, das den α-Strahl ausgesendet hat, muß durch diesen Elektrizitätsverlust beeinflußt werden. Das macht sich nach Fajans bei der Wertigkeit bemerkbar. Die Elemente der Gruppe IV des periodischen Systems haben als Ion vier positive Valenzladungen. Mit der Abstoßung eines α-Teilchens gehen zwei positive Valenzladungen fort und es muß ein zweiwertiges Produkt übrigbleiben, das zur Gruppe II gehört. Ein Element dieser letzteren Gruppe muß nach Verlust eines α-Strahls in eines der Gruppe 0 übergehen. So erklären sich sehr plausibel die Übergänge von Th in Mesothorium 1 und von ThX in Th-Emanation (s. Schema S. 150). Beim Übergang der Emanationen in andere Radioelemente wird die Gruppe VII übersprungen und die Elemente RaA, ThA, AcA gehören zur Gruppe VI. Die Gruppe VIII hat nach Fajans den Charakter der Gruppe 0, und er meint, daß die Triaden der Gruppe VIII in die Lücken der Gruppe 0 gehören. Wenn aber ein Atom einen β-Strahl aussendet, so verliert es ein negatives Elektron und Fajans macht die Annahme, daß durch diesen Verlust an negativer Ladung die positive Wertigkeit um eins erhöht wird. Aus diesem Grunde geht (s. Übersicht S. 150 und 154) Mesothorium 2 (Gruppe III) in Radiothorium (Gruppe IV) über und analog RaB (Gruppe IV) in RaC (Gruppe V). Nach Fajans findet bei den strahlenlosen Umwandlungen das gleiche statt wie bei den β-Strahlenumwandlungen, nämlich Erhöhung der Wertigkeit um eins. Nach manchen Anzeichen sind diese Umwandlungen nämlich nicht strahlenlos, sondern mit der Aussendung sehr weicher β-Strahlen verknüpft, die sich nur schwer nachweisen lassen. Das Atomgewicht kann in den letzteren Fällen natürlich nicht geändert werden. Fajans formuliert diese Feststellungen zu dem allgemeinen Satze: **Durch jede α-Strahlenumwandlung wird das Umwandlungsprodukt unedler, durch jede β-Strahlenumwandlung edler, als die Muttersubstanz ist.** Wenn nun ein Radioelement nacheinander einen α- und zwei β-Strahlen aussendet, so wird nur die Masse um 4 Einheiten vermindert, das elektrische Ladungsverhältnis bleibt im Sinne obiger Auffassung unverändert; das Umwandlungsprodukt muß zur gleichen Gruppe des periodischen Systems wie das Vaterelement gehören (s. Übersicht S. 150 und 154).

Um auch die Actiniumreihe in das periodische System einreihen zu können, mußten Annahmen über das Atomgewicht dieses Elementes gemacht werden. Darüber, daß es ein Zweigprodukt der Uran-Radiumreihe ist, herrscht kein Zweifel. Es entsteht aus einem Glied der Uran-Radiumreihe dadurch, daß dieses zu 8% ein Zweigprodukt bildet, das beim weiteren Zerfall zum Actinium führt. Unter der naturgemäßen Annahme, daß bis zum Zerfall zum Actinium nur α- und β-Strahlen abgespalten werden, muß das Atomgewicht des Actiniums um ein Multiplum von 4 geringer sein als das des Urans. Von den so in Betracht kommenden Werten war mit Rücksicht auf die weitgehende Analogie zwischen der Th- und Ac-Zerfallsreihe der von 226 für das Atomgewicht des Actiniums der wahrscheinlichste. Später zeigte Fajans auf Grund eines näheren quantitativen Vergleichs der Lebensdauer der Isotopen in Abhängigkeit von ihrem Atomgewicht, daß der Wert 227 für das Atomgewicht des Actiniums größere Wahrscheinlichkeit habe[1]).

Auf Grund dieser Annahmen war Fajans imstande, die Stellung aller Radioelemente im periodischen System anzugeben. Um in Übereinstimmung mit anderen Elementen zu bleiben, wurden die Atomgewichte der langlebigsten Glieder der Plejaden in das System eingesetzt. Es ergab sich dabei das Schema (Tab. 3, S. 154/155), das an den unteren Teil des periodischen Systems anzuschließen ist.

Übersichtlicher in genetischer Hinsicht ist eine bildliche Darstellung, die F. Soddy im zweiten Teil seiner Chemie der Radioelemente gibt, und eine Übersicht von St. Meyer und Schweidler (Abb. 52 und 53 S. 156 und 157).

Hierbei ist festzuhalten, daß sämtliche Glieder einer Plejade nur einen Platz im periodischen System der Elemente einnehmen. Wir werden weiter unten darauf zurückkommen.

Die Tabelle von Fajans schloß, als sie aufgestellt wurde, Prophezeiungen ein, die inzwischen durch Experimentaluntersuchungen von A. Fleck, F. Paneth, G. v. Hevesy u. a. bestätigt wurden. Ja, Fajans fand in Gemeinschaft mit O. Göhring das neue Radioelement, das er annehmen mußte um zu erklären, daß Ur I und Ur II isotopische Elemente sind. Der Übergang von U I in U II war nur dadurch möglich, daß ein α- und zwei β-Strahlen abgeschleudert wurden. Ur I und Ur II mußten also statt durch ein (UX) durch zwei Zwischenprodukte voneinander getrennt sein. In der Tat erwies sich UrX als komplex, und die beiden genannten Forscher trennten davon ein Radioelement UX_2 ab, das eine Halbwertszeit von 1,5 Minuten hatte, darum Brevium (Bv) genannt

---

[1]) Neuerdings sind wieder die Atomgewichte 230 und 226 wahrscheinlicher (vgl. O. Hahn und L. Meitner, Phys. Zeitschr. **19**, 217 (1918).

Tabelle 3.

0	I	II	III
	Au 107,2	Hg 200,6	**Tl 204,4** Ac D 206,5 **Th D 208,4** **Ra C$_2$** **210,5**
Ac-Em 218,5 **Th-Em** **220,4** **Ra-Em** **222,5**	(Ac X$_2$) 218,5 (**Th X$_2$**) **220,4** (**Ra X**) **222,5**	Ac X 222,5 **Th X 224,4** **Ra 226,5** **Mes Th I** **228,4**	Ac 226,5 **Mes Th II** **228,4**

wurde, und das sich chemisch wie Tantal verhielt. Die Umwandlung geht also nach folgendem Schema vor sich:

$$\text{Ur I} \xrightarrow{\alpha} \text{Ur X}_1 \xrightarrow{\beta} \text{Ur X}_2 \xrightarrow{\beta} \text{Ur II} \longrightarrow \text{usw.}$$

Dieser Übergang und ähnliche sind aus der Soddyschen Tabelle S. 154 besonders gut zu erkennen. Man sieht darin auch die Ursachen für das Zustandekommen der Plejaden. Außer einem mehrfach vorhandenen Übergang, wie er soeben beim U I und U II besprochen wurde, bedingt das Vorhandensein von drei analogen Zerfallsreihen diese merkwürdige Erscheinung.

Als interessanteste und wichtigste Bestätigung obiger Gesetzmäßigkeiten ergab sich aber die experimentelle Untersuchung der Endprodukte der radioaktiven Zerfallsreihen. Wie man aus der Soddyschen Tabelle sieht, gehören die Endprodukte alle zur Gruppe IV des periodischen Systems. Uran vom Atomgewicht 238,2 gibt beim Atomzerfall bis zu seinem Endprodukt Ra G acht α-Strahlen ab. Das Atomgewicht dieses Endprodukts muß deshalb

Tabelle 3.

IV	V	VI
Pb 206,5		
ThD$_2$ 208,4	Bi 208,4	
RaD 210,5	RaE 210,5	
AcB 210,5	AcC 210,5	RaF 210,5
ThB 212,4	ThC$_1$ 212,4	ThC$_2$ 212,4
RaB 214,5	RaC$_1$ 214,5	RaC' 214,5
		AcA 214,5
		ThA 216,4
		RaA 218,5
Rad Ac 226,5		
Rad Th 228,4		
Io 230,5		
Th 232,4		
UrX 234,5	(UrX) 234,5	Ur II 234,5
		Ur I 238,5

238,2 — 8 · 4 = 206,2 sein, oder, wenn man das am genauesten bestimmte Atomgewicht des Radiums 225,97, also 226, zugrunde legt, 226 — 5 · 4 = 206. Beim Zerfall des Thoriums (a = 232,2) werden bis zum Endprodukt ThD$_2$ sukzessive sechs α-Strahlen abgegeben, und so muß ein Element vom Atomgewicht 208,2 entstanden sein. Diese Zahlen stehen den Atomgewichten des Bleis (207,2) und des Wismuts (208) am nächsten. Da die Gesetze des Atomzerfalls die Endprodukte auch des Thoriums in die Gruppe IV des periodischen Systems verweisen, so kommt nur Blei in Betracht, das zur Gruppe IV gehört, während Bi in der Gruppe V sich befindet. Die Endprodukte der radioaktiven Zerfallsreihen müssen nun in sehr alten U- und Th-Salzen vorhanden sein, und solche Salze sind die U- und Th-Mineralien. Wenn man Blei aus ihnen darstellte und sein Atomgewicht bestimmte, mußte sich eine Entscheidung treffen lassen. Dieser Aufgabe unterzog sich zuerst auf Veranlassung von K. Fajans M. E. Lembert im Laboratorium des bekannten Atomgewichtsforschers Th. W. Richards[1]). Bei

---

[1]) Zeitschr. f. anorg. Chemie 88, 429 (1914).

mehreren Bleiproben aus Uranmineralien, die sehr sorgfältig gereinigt waren, ergaben sich folgende Resultate:

Atomgewicht
(Verbindungsgew.)

Blei aus Carnotit von Colorado (Th-frei) . . . . = 206,6 ± 0,01
,, ,, Pechblende von Joachimsthal (Th-frei) = 206,6 ± 0,03
,, ,, Uraninit von Nord-Carolina (Th-frei) . = 206,35 ± 0,1

Eine Neubestimmung des Atomgewichts des gewöhnlichen Bleis ergab 207,15 ± 0,01. Baxter und Grover bestimmten auch die Atomgewichte von Blei aus Mineralien verschiedenen

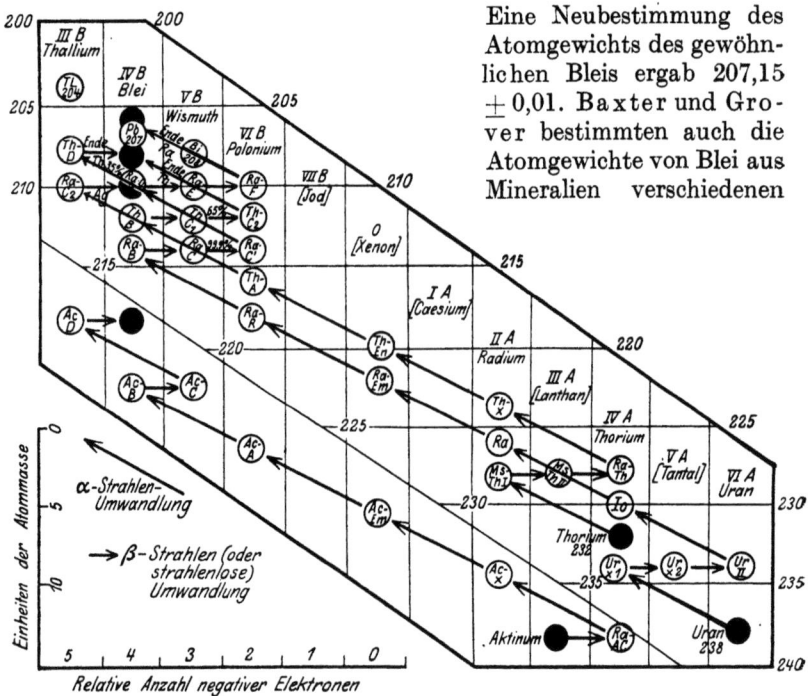

Abb. 52.

mineralogischen und geographischen Ursprungs und fanden stets das Atomgewicht um 207,2[1]). Man sieht, daß das Atomgewicht des Bleis aus radioaktiven Mineralien tatsächlich weit über die Fehlergrenzen hinaus geringer ist als das des gewöhnlichen Bleis[2]). Um

[1]) Journ. Amer. Chem. Soc. **37**, 1027 (1915).
[2]) Es ist bereits die Frage aufgeworfen worden, ob sich nicht andere Elemente ähnlich verhalten wie Blei, d. h. ob sie, aus verschiedenen Mineralien abgeschieden und gereinigt, nicht verschiedene Atomgewichte zeigen. Th. W. Richards (Zeitschr. f. anorg. Chemie **88**, 429 [1914]) hat auf diese Frage bereits seit Jahren sein Augenmerk gerichtet, aber Verschiedenheiten bisher noch nicht auffinden können. Kupferproben aus Deutschland und Lake Superior (Amerika) lieferten genau identische Atomgewichtswerte.

Die Chemie der Radioelemente. 157

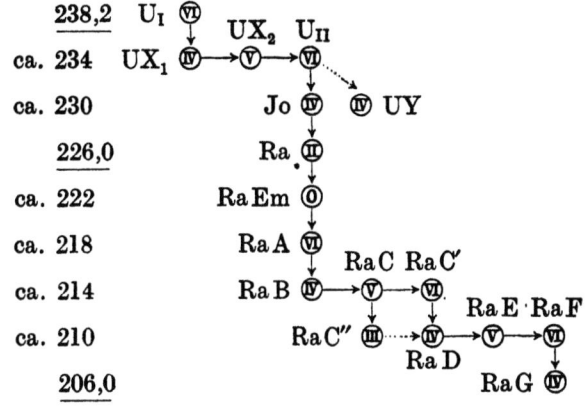

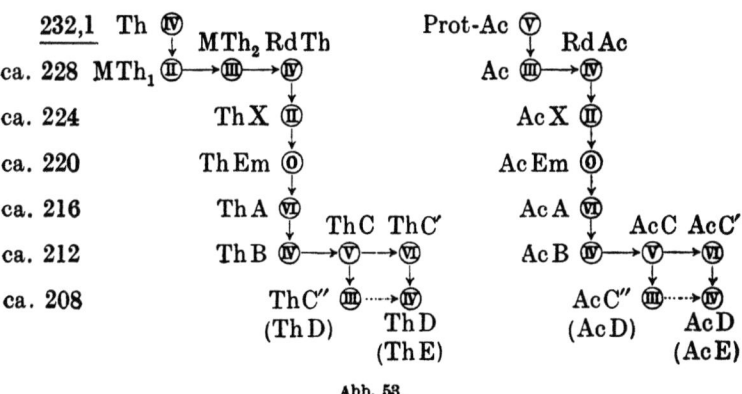

Abb. 58.

ganz sicher zu gehen, war das Blei, das einen Atomgewichtsunterschied von 0,5 gegenüber dem gewöhnlichen Blei ergab, aus Carnotit

---

Ebenso war es mit Proben von Calciumcarbonat aus Vermont (Amerika) und aus Italien. In beiden Fällen zeigte das Calcium dasselbe Atomgewicht. Bei einer sehr ausführlichen Untersuchung über das Atomgewicht von Natrium wurde Natriumchlorid aus verschiedenen Proben deutschen Steinsalzes, sowie von Sole aus den Bergwerken der Solvay Process Company in Syracuse (N.Y.) erhalten und ebenso Silber verschiedenen Ursprungs verwendet. Obwohl alle diese Präparate sich sowohl in ihrer Behandlungsweise als auch in ihrem geographischen Ursprung stark voneinander unterschieden, ergaben sie doch übereinstimmende Atomgewichte innerhalb der Fehlergrenzen. Neuerdings bestimmten dann Baxter und Thorwaldson (Journ. Amer.

dargestellt und besonders weitgehend gereinigt worden. Das Spektrum beider Bleisorten war ebenfalls nicht zu unterscheiden, so daß die chemisch identischen Bleisorten auch spektroskopisch identisch zu sein scheinen. Weiter fanden diese Forscher für das Atomgewicht des Bleis aus Thorianit (der ca. 60% Th. und 40% U enthält) den Wert 206,83 ± 0,02; bei ihm lag also ein Gemisch von Uranblei und Thoriumblei vor.

Nun enthält die Joachimsthaler Pechblende fast alle chemischen Elemente, und man hat eingewendet, daß bei der Reinigung des aus ihr dargestellten Bleis noch geringe Mengen anderer Elemente darin blieben, die das Atomgewicht herabdrückten. Hier konnte eine Pechblende die Entscheidung bringen, die in Morogoro in Ostafrika krystallisiert vorkommt und wesentlich reiner ist als die von Joachimsthal. Als O. Hönigschmid und St. Horovitz[1]) aus ihr das Element mit den Reaktionen des Bleis rein darstellten und sein Atomgewicht bestimmten, fanden sie den Wert 206,05 ± 0,014. Fast die gleichen Resultate erhielt der berühmte Forscher auf dem Gebiete der Atomgewichtsbestimmung Th. W. Richards[2]), der neuerdings auch noch konforme Unterschiede in der Dichte bei isotopischen Elementen fand. Auch ein anderes Uranmineral, Bröggerit, lieferte Blei vom Atomgewicht 206,06. Aus allen diesen Versuchen folgt, daß **Blei aus Uranmineralien ein wesentlich niedrigeres Atomgewicht besitzt als Blei aus nicht uranhaltigen Mineralien**. Da solches Blei aus Uranmineralien RaG neben wenig Ac-Endprodukt enthalten muß, die die gleichen Reaktionen wie gewöhnliches Blei zeigen, die also mit Blei isotop sind, so ist in einem Falle bewiesen, daß die chemischen Eigenschaften eines Elementes nicht vom Atomgewicht abhängen. Andererseits hatte schon F. Soddy für das Verbindungsgewicht von Blei aus dem Thoriummineral Thorit den Wert 207,74 erhalten, den O. Hönigschmid neuerdings bestätigte[2]). Es muß hier somit ein Gemisch von Uranblei (RaG = 206) und Thoriumblei (ThD$_2$ = 208,1) vorliegen.

Einen weiteren Fall konnten O. Hönigschmid und Frl. Horowitz[3]) bei den Isotopen Thorium und Ionium experimentell be-

---

Chem. Soc. **33**, 337 [1911]) das Atomgewicht außerterrestrischen Eisens aus dem Cumpasmeteorite und fanden, daß es innerhalb der experimentellen Fehler übereinstimmende Werte mit dem terrestrischen Eisen gibt. Nach den bisherigen Untersuchungen liefern also Kupfer, Silber, Eisen, Natrium und Chlor ungeachtet verschiedenen geographischen Ursprungs konstante Atomgewichte.

[1]) Wiener Monatshefte **37**, 309 (1916).
[2]) Zeitschr. f. Elektrochemie **23**, 161 (1917).
[3]) Wiener Akad. Ber. **125** (IIa), 179 (1918).

stätigen. Wie schon erwähnt, sind auch diese beiden Elemente chemisch untrennbar, dem Atomgewicht nach müßten sie aber verschieden sein. Th aus reinsten Mineralien hat ein Atomgewicht von rund 232,2. Aus Joachimsthaler Pechblende gewann man aber ein Gemisch von Thorium-Ionium, das absolut identische chemische und spektroskopische Eigenschaften zeigt. **Das Atomgewicht dieses Thorium-Ionium-Gemisches betrug 231,5, war also erheblich niedriger als das des reinen Thoriums.** Für reines Ionium berechnet sich ein Atomgewicht von 230,2.

Es ist damit in mehreren Fällen mit den feinsten Mitteln, die der Forschung zur Zeit zur Verfügung stehen, bewiesen, **daß Elemente von durchaus gleichen (identischen) chemischen Reaktionen verschiedene Atomgewichte haben können.** Sie müssen somit als Gemische verschiedener isotoper Elemente angesehen werden. Wenn aber einerseits Elemente mit verschiedenem Atomgewicht die gleichen chemischen Eigenschaften zeigen und andererseits Elemente mit gleichem Atomgewicht (UII; UX_2, UX_1 usw.) verschiedenen chemischen Charakter haben können, dann kann das Atomgewicht die chemischen Eigenschaften nicht bestimmen wie das periodische Gesetz das fordert. Das periodische System der Elemente hat damit in der bisherigen Formulierung seine Gültigkeit verloren. Da es aber doch eine ganze Reihe von Erscheinungen erklärte, so muß ihm eine Gesetzmäßigkeit zugrunde liegen, die eine Formulierung fordert. So erhob sich die Frage: Was tritt an die Stelle der alten Formulierung des periodischen Gesetzes?

So viele Bestätigungen das periodische System bereits erfahren hat, so viele wertvolle Dienste es den Chemikern in systematischer Hinsicht leistete, so war man doch stets davon überzeugt, daß es in seinen üblichen Anordnungen noch keine vollkommene Gesetzmäßigkeit darstellt. Das beweisen die vielen stets neu unternommenen Versuche, es abzuändern, die bisher nicht zum Stillstand kamen. Vor allem zeigten sich drei Elementenpaare, die so eingeordnet werden mußten, daß das Element mit höherem Atomgewicht vor das mit niederem kam, wenn das Gesetz gelten sollte. Es waren das Ar und K, Co und Ni, Te und J. Anfangs glaubte man, daß eine fehlerhafte Bestimmung der Atomgewichte dieser Elemente die Ursache jener Ausnahmen wären, aber alle Neubestimmungen konnten die Unstimmigkeit nicht aus der Welt schaffen. Dann war die Einreihung der Metalle der Eisengruppe keine naturgemäße, und bei den seltenen Erden schien das periodische System so unterbrochen zu sein, daß man nicht entscheiden konnte, wie viele Elemente in diesem Bereich zu erwarten sind.

Im letzteren Falle half man sich nach Vorschlägen von Brauner, Biltz u. a. so, daß man eine Reihe von seltenen Elementen an einem Platz im System unterbrachte. Biltz machte an die betreffende Stelle ein Σ. Brauner dachte sich diese Elemente auf einer Koordinate senkrecht auf der Ebene des Systems angeordnet.

Das periodische System war also von jeher reformbedürftig, und es ist das große Verdienst verschiedener Forscher, es zu einer Vervollkommnung gebracht zu haben, bei der die alten wie die neuen Unstimmigkeiten teils verschmolzen, teils herabgemindert wurden. Vor allem ist mit der Einreihung der Radioelemente in das periodische System, besonders durch Fajans[1], Soddy[2] u. a., der erste Schritt vorwärts gemacht worden. Soddy, Fajans, v. Hevesy, Russell fanden, daß bei der Umwandlung der Radioelemente der chemische Charakter des neu entstehenden Elementes sich dem Mutterelement gegenüber gesetzmäßig ändert. Durch α-Strahlenumwandlung wird, wie ausgeführt, stets ein Element erzeugt, das nach seinem chemischen Verhalten um zwei Gruppen im periodischen System zurückliegt. Wird aber bei der Umwandlung ein β-Strahl abgeschleudert, so rückt das neu entstandene Element im periodischen System gleichsam eine Gruppe vor.

Die Durchführung dieser Gesetzmäßigkeit zeigte nun, daß Isotope stets in die gleiche Gruppe des periodischen Systems kommen und man teilte den zusammengehörigen Isotopen immer einen Platz im periodischen System zu, so daß also je eine Plejade je einen Platz einnahm, eine Plejade also als ein Element galt. Wie kam man aber über die Unstimmigkeit mit den Atomgewichten hinweg? Hier halfen neue Untersuchungen über die sog. Röntgenstrahlenspektren, auf die wir zunächst etwas näher eingehen müssen.

Von Laue, Friedrich und Knipping[3] fanden, daß Röntgenstrahlen beim Auftreffen auf einen Krystall Interferenzerscheinungen hervorrufen, deren Ursache die als Gitter wirkenden Atome des Krystalls sind. W. H. und L. W. Bragg[4] stellten nun für die Reflexion von Röntgenstrahlen an der Netzebene eines Krystalls die Gleichung

$$n\lambda = 2\,d\,\cos\varphi$$

auf, in der φ der Einfallswinkel der Strahlen, d eine Konstante, die für den betreffenden Krystall gilt, λ die Wellenlänge, n die Zahlen 1, 2, 3, 4 usw. sind. Diese Gleichung drückt aus, daß ein

---

[1] Phys. Zeitschr. **14**, 131 (1913).
[2] Die Chemie der Radioelemente Bd. II.
[3] Jahrb. d. Radioakt. u. Elektronik **11**, 308 (1914).
[4] Ebenda S. 346.

Interferenzmaximum für eine Wellenlänge λ stets dann eintritt, wenn die cos des Eintrittswinkels φ der Gleichung genügen. Für Maxima verschiedener Ordnung ($n = 1$, 2, 3 —) müssen also die cos φ im Verhältnis der ganzen Zahlen stehen. Nachdem es den Braggs (Vater und Sohn) bei einem Kochsalzkrystall gelungen war, den Zahlenwert von d zu ermitteln, wurde es möglich, die Wellenlänge λ einer bestimmten Röntgenstrahlung in absolutem Maße zu ermitteln.

Nun hat jedes Element unter dem Einfluß von Röntgenstrahlen ein „charakteristisches Röntgenstrahlenspektrum". Es sendet Strahlen mehrerer Wellenlängen aus, die in ihrer Intensität und Frequenz stets in demselben Verhältnis zueinander stehen, so daß es leicht ist, die korrespondierenden Linien verschiedener Elemente zu erkennen. Es zeigte sich dabei allgemein, daß die Frequenz korrespondierender charakteristischer Linien eines Elementes mit steigendem Atomgewicht größer wird. H. G. Moseley[1]), ein junger englischer Physiker, der bei den Kämpfen an den Dardanellen den Tod fand, untersuchte die korrespondierenden Linien des Röntgenstrahlenspektrums und fand dabei eine merkwürdige Gesetzmäßigkeit. Er trug in ein Koordinatensystem als Ordinaten die sog. Ordnungszahlen (oder Atomnummern) der Elemente, d. h. die Zahlen, die man erhält, wenn man das Element mit niedrigstem Atomgewicht, H mit 1, das nächsthöhere He mit 2, das dann folgende Li mit 3 usw. bezeichnet. Als Abszisse trug er die Quadratwurzeln aus der Frequenz, die entsprechende charakteristische Röntgenlinien zeigen, für jedes Element auf. Es zeigte sich, daß die aus zusammengehörigen Ordinaten und Abszissen erhaltenen Punkte für die einzelnen Elemente annähernd auf einer geraden Linie liegen, d. h. die **Quadratwurzel aus der Frequenz charakteristischer Röntgenlinien steht in linearer Abhängigkeit von der Ordnungszahl (Atomnummer) der Elemente**, während sich zum Atomgewicht keine eindeutige Beziehung zeigte. Das spricht dafür, daß jedem Element eine fundamentale Größe (Konstante) zukommt, die sich von einem Element zum nächsten um genau den gleichen Betrag (also linear) ändert. Wie es nun Mendelejeff gelang, auf Grund seines Systems die Existenz und Eigenschaften noch unentdeckter Elemente vorauszusagen, so auch mit dem Gesetz von Moseley, ja noch mehr. Wie mitgeteilt, ist das periodische Gesetz der Elemente bei den seltenen Erden unterbrochen, und man kann nicht voraussagen, wie viele Elemente hier zu erwarten sind. Die Gesetzmäßigkeit in den Röntgenspektren erleidet aber keine Ausnahme.

---
[1]) Phil. Mag. **28**, 787 (1914).

Durch seine charakteristische Röntgenstrahlung ist auch jedem Element aus der Gruppe der seltenen Erden ein bestimmter Platz angewiesen und die lineare Beziehung bleibt vollkommen erhalten, wenn wir zwischen Neodym und Samarium eine einzige Lücke lassen, die einem noch unentdeckten seltenen Element entspricht. Wenn man außerdem noch weitere vier Lücken bei den sämtlichen Elementen läßt, so gilt die lineare Beziehung für alle Elemente. Danach wären nur noch fünf neue Elemente zu entdecken, und wir erhalten folgende Tabelle für die Reihenfolge im Sinne der Moseleyschen Gesetzmäßigkeit[1]).

Tabelle 4.

1 H	17 Cl	33 As	49 In	65 Tb	81 Tl
2 He	18 Ar	34 Se	50 Sn	66 Dy	82 Pb
3 Li	19 K	35 Br	51 Sb	67 Ho	83 Bi
4 Be	20 Ca	36 Kr	52 Te	68 Er	84 Po
5 C	21 Sc	37 Rb	53 I	69 Tu I	85 —
6 N	22 Ti	38 Sr	54 X	70 Tu II	86 Em
7 N	23 V	39 Y	55 Cs	71 Yb (Ad)	87 —
8 O	24 Cr	40 Zr	56 Ba	72 Lu (Cp)	88 Ra
9 F	25 Mn	41 Nb	57 La	73 Ta	89 Ac
10 Ne	26 Fe	42 Mo	58 Ce	74 W	90 Th
11 Na	27 Co	43 —	59 Pr	75 —	91 Bv
12 Mg	28 Ni	44 Ru	60 Nd	76 Os	92 U
13 Al	29 Cu	45 Rh	61 —	77 Ir	
14 Si	30 Zn	46 Pd	62 Sm	78 Pt	
15 P	31 Ga	47 Ag	63 Eu	79 Au	
16 S	32 Ge	48 Cd	64 Gd	80 Hg	

Die Striche bedeuten dabei die noch zu entdeckenden Elemente.

Den Isotopen kommt, wie gesagt, jedesmal ein Platz (Atomnummer) im periodischen System zu, und in der Tat haben Rutherford und C. Andrade gefunden, daß die Isotopen RaB und Pb das gleiche Röntgenspektrum haben.

Welches ist nun aber die fundamentale Konstante, die sich, im Gegensatz zum Atomgewicht, von einem Element zum anderen stets um den gleichen Betrag ändert? Sie ist nach der Rutherford-Bohrschen Atomtheorie die sog. „Kernladungszahl", d. h. die Zahl der Elementarladungen, die der positive Atomkern enthält. Die Sache wird klarer, wenn wir uns diese Atomtheorie, oder besser gesagt, Theorie der Atomstruktur ins Gedächtnis zurückrufen. Seitdem man erkannt hatte, daß sich aus allen Elementen z. B. durch hochgespannte Ströme negative Elektronen abspalten lassen, hat man sich Vorstellungen über den inneren Bau der Atome gemacht. Versuche, die Atome der Elemente nur aus Elektronen aufzubauen,

---

[1]) Vgl. Paneth, Zeitschr. f. physikal. Chemie **91**, 179 (1916).

hatten keinen bleibenden Erfolg. Da man bei der Spaltung der Atome aller Elemente einesteils negativ geladene Elektronen, anderenteils einen positiven Rest erhielt, so war es das naturgemäßeste, anzunehmen, daß ein Atom aus beiden Teilen besteht. Die Elektronen haben nur die verschwindende Masse von $1/1800$ Wasserstoffatom, und darum muß die Hauptmasse des Atoms, die eben sein Gewicht ausmacht, im positiven Kern sitzen. Man drückte das bei den ersten Atommodellen dadurch aus, daß man den positiven Kern gegenüber den Elektronen bildlich sehr ausgedehnt darstellte. Doch hat sich dies Atommodell nicht halten lassen. Geiger und Marsden hatten nämlich beim Studium der Eigenschaften von x-Strahlen beobachtet, daß einige schnelle α-Strahlen Atome gleichsam durchschießen können und dabei eine Ablenkung von mehr als einem rechten Winkel aus ihrer Bahn erleiden. Eine solche Ablenkung kann aber nur durch ein so starkes positiv elektrisches Feld hervorgerufen werden, daß die positive Ladung des Atomkerns nicht auf einen so großen Umfang verteilt sein kann, wie es das oben erwähnte Atommodell vorstellt. Sie muß vielmehr auf einen sehr kleinen Raum verteilt sein (etwa 10^{-13} cm). Dieser Erkenntnis Rechnung tragend, geben Rutherford und Bohr folgendes Atommodell: Jedes Atom besteht aus einem positiv geladenen Kern, der von einem Schwarm von Elektronen umgeben ist, die in konzentrischen Ringen um ihn kreisen und die durch die Anziehungskraft des Kerns zusammengehalten werden. Die gesamte negative Ladung der Elektronen ist dabei gleich der positiven Ladung des Kerns. Der Kern kann bei radioaktiven Umwandlungen α- (und β-)Teilchen abgeben, wobei natürlich im ersteren Fall seine Masse sich ändert. Die positive Ladung des Atomkerns ist danach als eine algebraische Summe der den Kern zusammensetzenden positiven und negativen Teilchen aufzufassen. Der Kern ist der Sitz eines wesentlichen Teils der Atommasse und hat geringe Dimensionen im Vergleich zum Gesamtatom. Die Ladung dieses Kerns wechselt nun von Element zu Element, so wie es Moseleys Tabelle angibt. Im Aufstieg von einem Element zu dem mit dem nächsthöheren Atomgewicht erhöht sich dabei die Kernladung stets um den gleichen Betrag, also linear, und nach A. van den Broek ist die Kernladung gleich der Ordnungszahl der Elemente in Moseleys Reihenfolge. Hier reihen sich denn auch die berühmten Ausnahmen im periodischen System, Argon und Kalium, Tellur und Jod, Kobalt und Nickel harmonisch ein. Obwohl Kobalt ein höheres Atomgewicht hat als Nickel, besitzt es eine um eine Einheit niedrigere Kernladung als dieses und bildet im linearen Gesetze die Regel und keine Ausnahme mehr. Analog ist es mit K und Ar, sowie Te und J. Wie steht es nun mit der Kernladungszahl von Isotopen? Rutherford und C. Andrade haben diese Größe bei den Isotopen RaB und Pb durch Untersuchung der Röntgenstrahlenspektren bestimmt und gefunden, daß sie bei beiden Elementen gleich groß ist, obwohl sie sich um 8 Einheiten im Atomgewicht unterscheiden. Damit ergab sich die Möglichkeit einer Neuformulierung des periodischen Systems und einer passenden Einordnung der Isotopen. An Stelle des Atomgewichts tritt die positive Ladung des Atomkerns, die sog. Kernladung, und dann haben alle zusammengehörigen Isotopen, also eine Plejade, nur je einen einzigen Platz (Atomnummer) im periodischen System: Die Eigenschaften der Elemente sind periodische Funktionen der Kernladung. Nach K. Fajans, dem wir, wie schon früher mitgeteilt, die Einreihung der Radioelemente in das periodische System verdanken, ist zur Zeit die zweckmäßigste Anordnung der Elemente die, welche die Tabelle auf Seite 165 zeigt.

Die fettgedruckten Zahlen sind die Atomnummern (Ordnungszahlen), die normal gedruckten die Atomgewichte der Elemente. Hier ist bei Isotopen das Atomgewicht des langlebigsten Gebietes der Plejade eingesetzt. Dabei kann man sich die Isotopen an den zugehörigen Stellen des Systems auf einer Senkrechten zur Ebene dieses Systems in der Reihenfolge ihrer Atomgewichte angeordnet denken. „Die gewöhnliche Tabelle des periodischen Systems wäre dann eine Projektion eines wirklich räumlich gedachten Systems, längs dessen dritter Achse die Kernladung konstant wäre und hauptsächlich nur das Atomgewicht und die Lebensdauer als Variable auftreten würden. In der Projektionsebene wären nach der früher vertretenen Auffassung die langlebigsten Glieder der Plejaden zu fixieren" (Fajans, Phys. Zeitschr. 16, 456ff. [1915]). Die seltenen Elemente sind von den anderen im System gleichsam abgetrennt. Sie folgen zwar dem Moseleyschen Gesetze, aber die normale Periodizität der Eigenschaften in Abhängigkeit von der Kernladung ist bei ihnen unterbrochen, um erst beim Ta wieder normal zu werden[1]).

Bei diesen Untersuchungen haben sich merkwürdige Beziehungen zwischen Atomgewicht und Lebensdauer der Glieder einer Plejade ergeben, die freilich noch nicht in allen Punkten geklärt sind. Als Fajans einerseits bei α-Strahlern, andererseits bei β-Strahlern Atomgewicht und Lebensdauer miteinander verglich, fand er folgende Gesetzmäßigkeiten. Bei den α-Strahlern einer

---

[1]) Eine noch neuere und anschaulichere Tabelle des periodischen Systems s. im Anhang S. 346.

Tabelle 5.

0	VIII			I		II		III		IV		V		VI		VII	
				a	b	a	b	a	b	a	b	a	b	a	b	a	b
1 H 1,008																	
2 He 4,00					**3** Li 6,94		**4** Be 9,1		**5** B 11,0		**6** C 12,00		**7** N 14,01		**8** O 16,00		**9** F 19,0
10 Ne 20,2					**11** Na 23,00		**12** Mg 24,32		**13** Al 27,1		**14** Si 28,3		**15** P 31,04		**16** S 32,06		**17** Cl 35,46
18 A 39,88	**26** Fe 55,84	**27** Co 58,97	**28** Ni 58,68	**19** K 39,10	**29** Cu 63,57	**20** Ca 40,07	**30** Zn 65,37	**21** Sc 44,1	**31** Ga 69,9	**22** Ti 48,1	**32** Ge 72,5	**23** V 51,0	**33** As 74,96	**24** Cr 52,0	**34** Se 79,2	**25** Mn 54,93	**35** Br 79,92
36 Kr 82,92	**44** Ru 101,7	**45** Rh 102,9	**46** Pd 106,7	**37** Rb 85,45	**47** Ag 107,88	**38** Sr 87,63	**48** Cd 112,40	**39** Y 88,7	**49** In 114,8	**40** Zr 90,6	**50** Sn 118,7	**41** Nb 93,5	**51** Sb 120,2	**42** Mo 96,0	**52** Te 127,5	**43** —	**53** J 126,92
54 X 130,2		**65** Tb 159,2 **66** Ds 162,5 **67** Ho 163,5	**68** Er 167,7 **78** Pt 195,2	**55** Cs 132,81	**68** Er 167,7	**56** Ba 137,37	**69** Tu 168,5	**57** La 139,0	**70** Yb 173,5 **71** Lu 175,0	**58** Ce 140,25 **59** Pr 140,6	**72** —	**60** Nd 144,3	**73** Ta 181,5	**61** —	**62** Sm 150,4 **74** W 184,0		**63** Eu 152,0 **75**
86 Em (222,0)	**76** Os 190,9	**77** Ir 193,1	**78** Pt 195,2	**79** Au 197,2		**80** Hg 200,6		**81** Tl 204,0		**82** Pb 207,20		**83** Bi 208,0		**84** Po (210,0)		**85** —	
				87 —		**88** Ra 226,0		**89** Ac (227)		**90** Th 232,15		**91** Bv (UX$_2$) (234)		**92** U 238,2			

Neben den Bezeichnungen der Elemente sind die Ordnungszahlen (Atomnummern), darunter die Atomgewichte angegeben.

Plejade fällt die Lebensdauer mit dem Atomgewicht, bei den β-Strahlern ist es umgekehrt: Die Lebensdauer steigt bei ihnen mit fallendem Atomgewicht. Diese Regel ist freilich nicht ohne Ausnahmen.

Durch die besprochenen Gesetzmäßigkeiten ist in die Kompliziertheit der Erscheinungen einige Klärung gekommen und die Regelmäßigkeiten der Atomgewichte werden uns in den Horizontalreihen des periodischen Systems verständlich. Der vom Uran bis Thallium reichende Teil des periodischen Systems wird durch die Gesetze der Gruppenänderungen bei radioaktiven Umwandlungen und durch die Gesetzmäßigkeiten der Lebensdauer innerhalb der Plejaden beherrscht.

Da es nicht wahrscheinlich ist, daß diese Gesetzmäßigkeiten nur für die Elemente vom Atomgewicht 238 (Ur) bis 204 (Tl) gelten und dann aufhören, erhebt sich die Frage, ob nicht das ganze periodische System ein Ausdruck der Gesetze der Umwandlungen der Elemente ist. Mit Rücksicht auf den Grundgedanken des periodischen Systems über die Genesis der Elemente ist die Beantwortung dieser Frage äußerst verlockend. Freilich kennen wir β-Strahlungen bei Elementen mit niedrigerem Atomgewicht nur beim Kalium und Rubidium, und hier ist es noch nicht gelungen, Umwandlungsprodukte festzustellen und die oben mitgeteilten Gesetzmäßigkeiten zu bestätigen. „Bedenkt man aber, daß die Lebensdauer der uns bekannten Radioelemente zwischen 10^{-11} Sekunden und 10^{10} Jahren variiert, so spricht nichts dagegen, daß die anderen Elemente noch viel langlebiger und deshalb für die radioaktiven Methoden nicht mehr zugänglich sind. Da nun das höhere Atomgewicht der Radioelemente das einzige ist, was ihnen im periodischen System eine Sonderstellung verschafft, so müssen wir dann schließen, daß im allgemeinen Elemente mit höherem Atomgewicht sich schneller umwandeln als die leichten. Wir besitzen eine Möglichkeit, diese Folgerung zu prüfen, denn es ist klar, daß die kurzlebigen Elemente in einer kleineren Menge vertreten sein werden als die langlebigen, und wir haben also in der Häufigkeit des Vorkommens der gewöhnlichen Elemente ein Kriterium für die Beurteilung ihrer Lebensdauer. Nun ist es eine altbekannte Tatsache, daß beinahe 99% der ganzen Erdkruste aus Elementen zusammengesetzt ist, deren Atomgewicht nicht größer ist als das des Eisens. Es scheinen also in der Tat die leichteren Elemente langlebiger als die schweren zu sein. Wir können aber noch weiter gehen. Das Atomgewicht allein ist bei den Radioelementen noch nicht maßgebend für ihre Lebensdauer. So haben z. B. die drei Elemente von gleichem Atomgewicht Ur II, UrX_2 und UrX_1 so verschiedene Halbwertszeiten, wie $2 \cdot 10^6$ Jahre, 24,6 Tage und

1,15 Minute. Es kommt offenbar auch auf den chemischen Charakter an. Wir wollen deshalb die Häufigkeit des Vorkommens chemisch ähnlicher Elemente, die zu denselben Gruppen und Untergruppen des periodischen Systems gehören, miteinander vergleichen, wobei wir die ersten zwei Horizontalreihen, die auch sonst im System eine Ausnahmestellung einnehmen, von der Betrachtung ausschließen. Und da hat schon E. Clarke gezeigt, daß in den allermeisten Gruppen beim Vergleich ähnlicher Elemente die Häufigkeit mit steigendem Atomgewicht fällt. So ist das Arsen viel häufiger als Antimon und dieses häufiger als das Wismut. Dasselbe wiederholt sich in den Reihen Cl, Br, J; Argon, Xenon, Krypton, Emanation; Kalium, Rubidium, Cäsium usw. usw. Es gibt aber drei Ausnahmen von dieser Regel: das Gallium ist seltener als das Indium, und dieses häufiger als das Thallium. Ähnliches finden wir in der Reihe Scandium, Yttrium, Lanthan und Germanium, Zinn, Blei. Wenn wir nun die entsprechenden Radioelemente ansehen (vgl. Tabelle S. 154), so finden wir, daß gerade in diesen drei Gruppen β-Strahler vorliegen, während in allen anderen Gruppen die α-Strahler überwiegen. Es scheint also ein bemerkenswerter Zusammenhang zu bestehen zwischen der Art, in der die Häufigkeit ähnlicher Elemente von ihrem Atomgewicht abhängt, und der Umwandlungsart der zugehörigen Radioelemente. Auffallend ist dabei, daß innerhalb der Plejaden die Abhängigkeit vom Atomgewicht entgegengesetzt ist der innerhalb der Gruppen bestehenden, wobei das Actinium allerdings aus der Reihe herausfällt.

Eines verdient noch hervorgehoben zu werden: Wenn wir die Häufigkeit der Elemente Pb, Bi und Tl vergleichen, so nimmt sie in der genannten Reihenfolge ab, und wir sehen, daß auch die Radioelemente in der Bleiplejade die langlebigsten sind. Die Verhältnisse der Häufigkeit des Vorkommens der gewöhnlichen Elemente sprechen also durchaus zugunsten der Auffassung, daß alle Elemente einem Umwandlungsprozeß unterliegen und daß für die Umwandlungsgeschwindigkeit einerseits der chemische Charakter, andererseits das Atomgewicht maßgebend sind.

Wie soll man sich nun diese Umwandlungen der gewöhnlichen Elemente denken? Die natürlichste Annahme, die man machen kann, ist die, daß diese Umwandlungen einfach die Fortsetzung der drei uns bekannten Reihen sind und daß diese von den schwersten bis zu den leichtesten Elementen durch das ganze System auf diese Weise, wie wir sie für die zwei unteren Reihen schon kennengelernt haben, durchgehen. Die sogenannten Endprodukte dieser Reihen würden also nach dieser Auffassung die ersten Glieder der Reihe sein, deren Umwandlungen zu langsam sind, als daß wir sie mit den heutigen Methoden noch nachweisen könnten. Wenn das aber so ist, so wird sich wohl auch weiterhin die Erscheinung wiederholen, die wir in den untersten zwei Reihen kennengelernt haben, nämlich daß die uns chemisch einheitlich scheinenden Elemente in Wirklichkeit Gemische mehrerer chemisch identischer Elemente mit verschiedenem Atomgewicht darstellen. Also sind die Atomgewichte der gewöhnlichen Elemente vielleicht nur Mittelwerte der Atomgewichte mehrerer Elemente[1]."

Was nun die experimentelle Behandlung der Frage anbetrifft, ob die inaktiven Elemente bereits Endprodukte von früher vorhanden gewesenen Radioelementen sind, so ist darüber folgendes zu sagen. Wenn sie Endglieder von Zerfallsreihen darstellen, so dürften sie, wenigstens zum Teil, Gemische isotoper Elemente sein. Da sich isotope Elemente durch die Masse unterscheiden, im chemischen Verhalten aber identisch sind, so könnten Methoden zum Ziele führen, die zur Trennung von Körpern verschiedener Masse führen. Das sind Diffusion und Zentrifugieren im Gaszustande sowie die sog. Kanalstrahlenanalyse. Während man mit den ersten zwei Methoden direkt noch keine Erfolge erzielte, sind bei der letzteren wenigstens verheißungsvolle Ansätze gemacht. Bei seinen Untersuchungen über Kanalstrahlen verschiedener Atomgewichte beobachtete W. Wien, daß sie durch magnetische und elektrische Felder nicht gleichmäßig abgelenkt, sondern fächerartig ausgebreitet werden. Als J. J. Thomson[2]) die Kanalstrahlen in einem mit Neon gefüllten Rohre der magnetischen und elektrischen Zerlegung unterwarf, fand er ganz in der Nähe der Strahlen, die einem Elemente mit dem Atomgewicht des Neon (20) entsprechen, andere, die einem Elemente mit dem Atomgewicht 22 entsprechen müssen. Mit Aston zusammen versuchte er, Neon und das schwerere Element durch Diffusion zu trennen und beide fanden, daß der langsam diffundierende Teil ein etwas höheres spezifisches Gewicht hat. Sie vermuteten deshalb darin ein neues schwereres Element, das sie Metaneon nannten, doch wird dessen Existenz noch bestritten und weitere Untersuchungen müssen hier Aufklärung bringen. Jedenfalls ist aber die Kanalstrahlenanalyse ein sehr verheißungsvolles Mittel zur Auffindung neuer Elemente. Wir können mit ihrer Hilfe Mengen eines fremden Gases entdecken, die man im Spektralapparat nicht mehr nachweisen kann. Nach J. J. Thomson genügt $1/100$ mg einer Substanz, um sowohl die Anwesenheit im Kanalstrahl festzustellen als auch aus der Größe

---

[1]) Fajans, Die Naturwissenschaften 1914, Heft 19.
[2]) Rays of positive Electricity London 1914; Lit. s. a. H. Kayser, Handb. d. Spektroskopie 5, 515 (1910).

der magnetischen und elektrischen Ablenkung ihr Atomgewicht zu bestimmen.

Nachdem so die Radioelemente harmonisch in das periodische System eingeordnet und das System selbst vervollkommnet waren, erhob sich die Frage, ob nicht auch die üblichen Definitionen von Element und Atom geändert werden müssen. Beim Atom war nach den gemachten Erfahrungen nicht gut davon abzusehen, und darum bezeichnete man als Atome die kleinsten Teilchen, in die ein Element durch äußere Einwirkungen zerlegt werden kann. Aber auch den Begriff und die Definition eines Elementes glaubte F. Paneth[1]) abändern zu müssen. Unsere Definition des Elementbegriffs stammt von Boyle, der, ca. 1600, als Element jeden Stoff bezeichnete, der durch keine bekannte physikalische oder chemische Methode in einfachere Stoffe zerlegt werden kann (besser sagt man jetzt, zerlegt wurde). Nach Daltons Atomtheorie müssen dann alle Atome eines Elements gleiches Gewicht haben, und eine Hauptforderung seiner Theorie war die, daß es so viel Arten absolut gleicher Atome gibt wie Elemente. Bei den Isotopen trifft diese Definition nicht mehr zu. Die Atome von Isotopen haben verschiedenes Gewicht, sie können somit nicht absolut gleich sein. Wie kam es, daß man Blei aus Bleiglanz und Blei aus Uranpecherz bisher für identisch hielt? Weil die chemischen Reaktionen und besonders die sog. Identitätsreaktionen beider Bleiproben übereinstimmten. Und wie hier so hat man angenommen, daß, wenn einige Eigenschaften zweier Körper übereinstimmen, die anderen es dann auch tun. Wilh. Ostwald hat diesen Erfahrungssatz folgendermaßen formuliert[2]): ,,Wenn zwei Stoffe bezüglich einiger Eigenschaften übereinstimmen, so tun sie es auch bezüglich aller anderen Eigenschaften." Nun, wo wir wissen, daß solche zwei Bleisorten trotz identischer Reaktionen verschiedene Atomgewichte haben, gilt dieser Satz nicht mehr allgemein. Darum ist es nach Paneths Ansicht nötig, die Boylesche Definition eines Elementes zu ergänzen durch eine bestimmte Annahme darüber, wann zwei Stoffe, die sich chemisch nicht weiter zerlegen lassen, denselben Namen erhalten können. Müssen sie immer in allen Eigenschaften übereinstimmen, oder ist in bestimmten Fällen auch die überwiegende Mehrzahl der Eigenschaften dafür ausreichend?

Paneth glaubt nun allen Schwierigkeiten zu entgehen, wenn er, um zwei Elemente mit demselben Namen zu bezeichnen, nicht die Gleichheit aller, sondern nur die Gleichheit der chemischen Eigenschaften fordert. Er schlägt darum vor, zwei Elemente

---
[1]) Zeitschr. f. physikal. Chemie **91**, 171 (1916).
[2]) Grundriß d. allgem. Chemie 1899, 1.

dann mit demselben Namen zu bezeichnen, wenn sie, einmal miteinander gemischt, durch kein chemisches Verfahren wieder getrennt werden können. Damit ist ausgesprochen, daß er Isotope als ein und dasselbe chemische Element ansieht, denn ihre Untrennbarkeit bildet ja ihre charakteristische Eigenschaft. K. Fajans[1]) vertritt aber mit guten Gründen die Ansicht, daß man am wenigsten von dem bisher üblichen Begriff eines Elementes aufzugeben braucht, wenn man **Isotope als verschiedene Elemente** ansieht. Seine Definition lautet: „**Ein Element ist ein Stoff, der durch kein physikalisches oder chemisches Mittel in einfachere Bestandteile zerlegt wurde und nicht als Gemisch anderer Stoffe erkannt worden ist.**"

Nach Fajans sind danach die Glieder einer Plejade, die einzelnen Isotopen, selbständige Elemente. Auch er unterscheidet, wie Paneth, Elemente und Mischelemente. Während aber für Paneth die Isotopen und ihre Gemische dasselbe Element vorstellen, schließen sich nach Fajans die Begriffe Element und Gemisch gegenseitig aus und die Bezeichnung Mischelement soll nur ausdrücken, daß man ein Gemisch vor sich hat, das sich in vieler Hinsicht wie ein Element verhält, obwohl es kein Element ist. Mischelemente nach Fajans sind z. B. Uran (U I + U II), Ionium-Thorium, Radium-Mesothorium, Blei vom Verbindungsgewicht 206,5 u. a.

Die Entdeckung der Isotopen und ihre Einordnung in das periodische System hat Fajans veranlaßt, die übliche Nomenklatur zu erweitern. Die Isotopen einer Plejade nehmen, wie wir sahen, ein und denselben Platz im periodischen System ein, da sie identische Eigenschaften haben. Ein Glied einer Plejade ist also typisch für das chemische Verhalten aller anderen Glieder der gleichen Plejade. Darum schiebt Fajans eine neue Klassifikationseinheit ein, den **Elementtypus**, der den Namen des jedesmal langlebigsten Elementes der Plejade trägt: Wie man von Thoriumplejade, Wismutplejade spricht, so auch von Bleitypus, Poloniumtypus. Um einen Typus besonders zu bezeichnen, benutzt Fajans das fettgedruckte Symbol des Hauptelementes, z. B. **Pb**, **Th**, **Po** usw. Soll also angedeutet werden, daß alle Glieder der Bleiplejade das gleiche Atomvolum oder die gleiche molare Löslichkeit haben, so schreibt man: „Das Atomvolum von **Pb** ist gleich 18,28 ccm; die molare Löslichkeit von **Pb**$(NO_3)_2$ beträgt 1,6172 Mol. **Pb**$(NO_3)_2$ pro Liter." Will man zum Ausdruck bringen, daß sämtliche Glieder

---

[1]) K. Fajans und Lembert, Zeitschr. f. anorg. Chemie **95**, 331 (1916); K. Fajans, Jahrb. d. Radioakt. **14**, 314 (1917), **15**, 101 (1918).

der Bleiplejade mit H_2S ein Sulfid bilden, so schreibt man: $PbCl_2 + H_2S = PbS + 2\,HCl$. Damit ist gesagt, daß alle Arten von Blei verschiedensten Atomgewichts mit Schwefelwasserstoff ein Sulfid bilden. Soll aber z. B. ausgerechnet werden, wieviel Gramm H_2SO_4 zur Fällung von Blei eines bestimmten Atomgewichts, z. B. 206,42, also einer bestimmten Bleiart, nötig sind, so schreibt man:

$$\overset{206,42}{Pb}(NO_3)_2 + H_2SO_4 = \overset{206,42}{Pb}SO_4 + 2\,HNO_3$$

und berechnet nach dieser Gleichung.

Das Symbol Pb ohne Fettdruck oder darüberstehende Zahl ist das gewöhnliche Blei vom Atomgewicht 207,2.

Bei einem Mischelement, das z. B. aus gleichen Teilen von $\overset{206,0}{Pb}$ und $\overset{207,2}{Pb}$ besteht, stellt der Wert 206,6 natürlich nicht das relative Gewicht seiner Atome, sein Atomgewicht, vor und darum spricht man in solchen Fällen besser vom Verbindungsgewicht statt vom Atomgewicht.

Zu unterscheiden ist manchmal zwischen den Bezeichnungen „Isotopen" und „isotopen Elementen". Letztere Bezeichnung kann immer angewendet werden, wenn es sich um unzerlegte, nicht als Gemische erkannte Stoffe handelt. RaB und Pb sind zwei verschiedene isotope Elemente. Nicht aber sind $\overset{206}{Pb}$, $\overset{206,4}{Pb}$ und $\overset{207,2}{Pb}$ drei verschiedene isotope Elemente, denn das zweite kann ein Gemisch des ersten und dritten sein. Hier sagt man, daß drei verschiedene Bleiarten vorliegen[1]). Unter Bleiart versteht Fajans eine Unterart des Bleitypus. Etwa in dem Sinne wie Löwe eine Art der Gattung Katze ist, ist $\overset{206,5}{Pb}$ eine Art des Typus **Pb**. Dabei kann eine Art ebenso ein Element wie ein Mischelement sein. Nach diesem Prinzip der Klassifikation ordnet sich z. B. die Bleiplejade folgendermaßen in das periodische System ein:

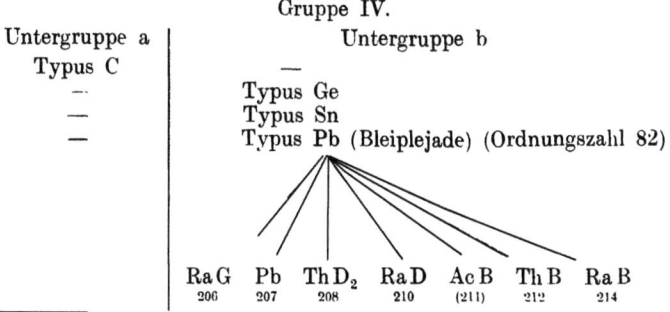

[1]) Fajans, Jahrb. d. Radioakt. **14**, 349 (1917).

Zur Zeit nimmt man 92 Elemententypen an. Doch kennt man von 77 Typen nur je 1 Element, von 6 Typen keinen Repräsentanten (unentdeckte Elemente), und die 9 übrigen Typen stellen Mischungen von Arten von (2 bis 7) Elementen vor. Die Gesamtzahl der jetzt bekannten Elemente und Atomarten beträgt 117[1]).

Besonders anschaulich für den Chemiker wird nun die Betrachtung der Eigenschaften der Elemente und Isotopen an der Hand des Rutherford-Bohrschen Atommodells. Danach besteht jedes Atom aus einem positiv geladenen Kern, um den Elektronen in konzentrischen Ringen kreisen. Dem Kern sowohl wie den Elektronen kommen bestimmte Eigenschaften zu, die man als „Kern"- und „Elektronen"- oder „Ring"-Eigenschaften unterscheidet. Der Kern ist der Sitz der Hauptmasse des Atoms und alle Eigenschaften, die mit der Masse zusammenhängen, haben darum ihren Sitz im Kern. Sein Hauptcharakteristicum ist seine elektrische Ladung. Bei dem Kern von Isotopen dürfen wir die Ladung des Kerns mit seiner Zusammensetzung (Struktur) nicht verwechseln. Isotope einer Plejade haben das Gemeinsame, daß die positive Kernladung oder, besser gesagt, die algebraische Summe der sie zusammensetzenden positiven und negativen Ladungen, gleich ist. Die Zusammensetzung des Kerns ist aber nach Masse und Struktur durchaus verschieden. Der Kern von RaG enthält z. B. zwei α-Teilchen und vier negative Elektronen weniger als der Kern seines Isotopen RaB. Nur die positive Ladung, nicht die Masse und Konstitution des Kerns braucht bei Isotopen gleich zu sein. Dagegen sind die außerhalb des Kerns befindlichen Elektronen eines Atoms von Isotopen einer Plejade sowohl nach Zahl wie nach Konfiguration bis auf winzige Unterschiede gleich. Und ebenso muß der Radius des äußersten Elektronenrings, also auch der des Gesamtatoms bei Isotopen bis zu einem hohen Grad von Genauigkeit gleich sein. Da nun die chemischen Eigenschaften durch die Elektronen bedingt werden, so kann man theoretisch nur ganz geringe Unterschiede im chemischen Verhalten von Isotopen erwarten, man hat sie aber praktisch noch nicht auffinden können. Bis jetzt haben alle diesbezüglichen Untersuchungen absolut gleiches chemisches und elektrochemisches Verhalten der Isotopen einer Plejade ergeben. Auch im Spektrum hat man bei Thorium, Ionium und den Bleiisotopen keinerlei Unterschiede finden können[2]). Besonders frappant zeigt sich die Übereinstimmung beim elektrochemischen Verhalten.

---

[1]) Fajans, l. c.
[2]) Vgl. Th. R. Merton, Proc. Royal Soc. A **91**, 198 (1915).

G. v. Hevesy und F. Paneth[1]) haben dies Verhalten mittels der Zersetzungsspannung im Wiener Institut für Radiumforschung in folgender Weise geprüft: Sie schieden zunächst RaE mit und ohne Zusatz von Wismut elektrolytisch ab und fanden, daß die Zersetzungsspannung durch Zusatz von Wismut in der Richtung und um den Betrag verschoben wird, wie es nach der Nernstschen Theorie bei Zusatz des gleichen (RaE) Ions zu erwarten wäre. Analog war es bei der Abscheidung von ThB mit und ohne Bleizusatz. Weiter fanden sie, daß die Abscheidung der minimalen Mengen von Radioelementen, die sich unterhalb der Zersetzungsspannung niederschlagen, durch die Anwesenheit der Isotopen verhindert wird, was sich gleichfalls am besten dadurch erklären läßt, daß Isotope sich vertreten können. Dann ließen sie Radiumemanation in Quarzgefäßen zerfallen und schlugen das RaD elektrolytisch als Superoxyd nieder. Sie erhielten so einige Tausendstelmilligramm elektromotorisch wirksame Mengen RaD, die sie nun zu einer Kette

RaD-Superoxyd | RaD-Nitratlösung | Normalelektrode

zusammensetzten. Diese Kette zeigte dieselbe elektromotorische Kraft wie eine, die Bleisuperoxyd an Stelle von RaD-Superoxyd enthielt. Ein Zusatz von Bleiionen zur RaD-Nitratlösung veränderte den Potentialsprung in der gleichen Weise, wie ihn nach der Nernstschen Theorie ein entsprechender Zusatz von RaD-Ionen ändern würde. Analog fanden v. Hevesy und Paneth[2]), daß, wenn das zweite Glied der vorher auskompensierten Kette

PbO_2 | $Pb(NO_3)_2$ | Vergleichungselektrode

durch eine gleichnormale $RaG(NO_3)_2$-Lösung ersetzt wird, sich die Kompensation innerhalb der Versuchsgenauigkeit nicht ändert.

In der Nernstschen Formel für das Elektrodenpotential (s. S. 145)

$$\varepsilon = \frac{RT}{nF} \ln \frac{c}{C}$$

ist darum als Ionenkonzentration c die Summe der isotopen Ionen einzusetzen, und das gleiche ist auch beim Massenwirkungsgesetz zulässig.

Sind aber die Glieder der Bleiplejade elektrochemisch völlig vertretbar, so dürfte eine Kette

PbO_2 | $Pb(NO_3)_2$ | $RaG(NO_3)_2$ | $RaGO_2$

keine erhebliche elektromotorische Kraft zeigen. In der Tat ist sie hier kleiner als 10 Mikrovolt.

---

[1]) Wiener Monatshefte **36**, 75 (1915).
[2]) Wiener Akad.-Ber. Abt. IIa **1915**, 381.

Z. Klemensizwicz[1]) hat flüssiges RaB (bzw. ThB) Bleiamalgam mit der Lösung einer Säure fraktioniert gewaschen und dabei gefunden, daß das Verhältnis von RaB oder ThB zum Blei sowohl bei der ersten wie bei der zehnten Fraktion bis auf $1/_2\%$ gleich ist. Daraus konnte auf Grund der Nernstschen Formel gefolgert werden, daß das Normalpotential von RaB und ThB bis aus $2 \cdot 10^{-5}$ Volt mit dem des Bleis übereinstimmt.

An dieser Stelle sei über interessante Resultate berichtet, die v. Hevesy[2]) im Wiener Institut für Radiumforschung über den Austausch der Atome zwischen festen und flüssigen Phasen ausführte. Nach unseren kinetischen Anschauungen findet für den Fall, daß eine Flüssigkeit mit ihrem gesättigten Dampf in Berührung ist, ein ständiger Austausch zwischen den Molekülen der beiden Phasen statt. In Analogie hierzu ist zu erwarten, daß ein ähnlicher Austausch der Moleküle stattfindet, wenn ein Bodenkörper mit seiner gesättigten Lösung in Berührung ist. Das ließ sich bei Isotopen experimentell prüfen. Blei, das sich in Bleinitratlösung befand, wurde mit seinem Isotopen ThB gemengt (indiziert) und festgestellt, wieviel vom letzteren in einer gegebenen Zeit in die andere Phase übergetreten ist. Bei Pb | Pb(NO$_3$)$_2$ ist der Austausch ein sehr reger und beruht in der Hauptsache darauf, daß an einzelnen Stellen des Metalls etwas Blei in Lösung geht, an anderen Stellen aber Blei aus der Lösung ausfällt. Zwischen einer Bleisuperoxydfläche und einer Bleinitratlösung ist der Austausch aber viel geringer. Bei einer $1/_{100}$ n.-Lösung betrug er unter den Versuchsbedingungen v. Hevesys im Laufe einer Minute nur den dritten Teil einer molekularen Bleisuperoxydschicht. Erst nach einer Stunde war die ganze molekulare Oberflächenschicht ersetzt. Bei der Verwendung des stabilen Bleisuperoxyds kam man dem idealen Fall des „kinetischen Austausches", d. i. dem Austausch zwischen zwei Phasen beim völligen thermodynamischen Gleichgewicht, viel näher als bei dem leicht angreifbaren metallischen Blei. —

Da chemisch und im Atomgewicht benachbarte Elemente wie seltene Erden zuweilen in bezug auf die magnetische Suszeptibilität erheblich differieren, so war es von Wichtigkeit, das magnetische Verhalten von Isotopen zu prüfen. Dies tat Stefan Meyer[3]) im Wiener Institut für Radiumforschung mit den Materialien der Atomgewichtsbestimmung von O. Hönigschmid und St. Horowitz, nämlich reinstem Blei und praktisch bleifreiem RaG aus

---

[1]) Compt. rend. **158**, 1899 (1914).
[2]) Wiener Akad.-Ber. Abt. IIa **1915**, 131.
[3]) Wiener Akad.-Ber. Abt. IIa **1915**, 187.

krystallisiertem Uranpecherz. Es zeigte sich, daß beide Isotopen (als Chloride) die gleiche magnetische Suszeptibilität besitzen.

Analog war es mit Versuchen über die verschiedene Flüchtigkeit von Isotopen. Nach einer Reihe vergeblicher früherer Versuche hat Stanislaw Loria[1]) diese Frage im Wiener Institut für Radiumforschung beim ThC und RaC zu beantworten versucht. Er fand, daß die Verdampfungskurven beider Isotopen innerhalb der Versuchsgenauigkeit zusammenfallen.

Unterschiede muß man dagegen bei Isotopen erwarten, wenn die Masse in Frage kommt. Außer dem Atomgewicht kommt hier, wie gesagt, die Diffusion im Gaszustande und das Verhalten beim Zentrifugieren sowie die elektromagnetische Analyse eines Kanalstrahlenbündels[2]) in Frage, durch die eine Trennung möglich sein müßte, die indessen noch nicht erreicht ist. Positive Resultate erhielten K. Fajans, J. Fischler[3]) und M. Lembert[4]) dagegen bei Untersuchungen über die Löslichkeit der Salze von Isotopen. Löslichkeitsunterschiede ermöglichten bekanntlich bei den seltenen Erden subtile Trennungen. Sie haben sich aber bei Isotopen einer Plejade bisher nicht feststellen lassen. Wenn nun die molare Löslichkeit der Salze solcher Isotopen, das Molekularvolum die Volumänderung bei der Bildung ihrer Verbindungen gleich sind, so muß die Dichte von Salzlösungen der Glieder einer Plejade proportional dem Molekulargewicht sein. Fajans und seine Mitarbeiter bestimmten zur Beantwortung dieser Frage die Dichte gesättigter Lösungen der Nitrate von gewöhnlichem Blei Pb (a = 207,15), von Blei aus Carnotit Pb' (a = 206,51) und von Blei aus Joachimsthaler Pechblende Pb'' (a = 206,57) bei 24,45°. Sie fanden dabei folgende Werte für

$Pb(NO_3)_2$ . . . . 1,444 499 ± 0,000 013
$Pb'(NO_3)_2$ . . . . 1,443 587 ± 0,000 016
$Pb''(NO_3)_2$ . . . . 1,443 586 ± 0,000 015

Die molare Löslichkeit der Nitrate von $Pb(NO_3)_2$ und $Pb'(NO_3)_2$ fanden sie bis auf drei Viertel pro Tausend übereinstimmend zu 1,6172 Mol. $Pb(NO_3)_2$ / 1 bei 24,45° und die molare Zusammensetzung der oben genannten Lösungen bis auf $1 1/4 \%_{00}$ als gleich zu 0,032 05 Mol. $Pb(NO_3)_2$ / Mol. H_2O. Daraus und aus dem Atomgewicht jener Bleiarten läßt sich der zu erwartende Gewichtsunterschied zwischen einem bestimmten Volum der Lösungen berechnen

---

[1]) Wiener Akad.-Ber. Abt. IIa **1915**, 1077.
[2]) Vgl. J. G. Thomson, „Rays of positive Electrizity" London 1914 und Skaupy, Ber. d. Deutsch. Phys. Gesellsch. **18**, 231 (1916).
[3]) Zeitschr. f. anorg. Chemie **95**, 284 (1916).
[4]) Zeitschr. f. anorg. Chemie **95**, 297 (1916).

und mit den Resultaten obenstehender Dichtebestimmungen vergleichen. Man erhält dann den Gewichtsunterschied zwischen je 10 ccm der gesättigten Nitratlösungen bei gewöhnlichem Blei und Carnotitblei unter Berücksichtigung der Tatsache, daß sie auf 10 ccm 0,01617 Mol. Blei enthalten:

ber. 9,04 $\pm$ 0,26 mg
gef. 9,12 $\pm$ 0,29 „

bei gewöhnlichem Blei und Pechblendeblei:

ber. 9,35 $\pm$ 0,52 mg
gef. 9,13 $\pm$ 0,28 „

Aus diesen gut übereinstimmenden Resultaten formulieren Fajans und Lembert folgendes Prinzip einer Methode zur relativen Atomgewichtsbestimmung von Bleiisotopen: Der Unterschied im Gewicht eines bestimmten Volums der gesättigten Nitratlösungen zweier Bleiarten steht in demselben Verhältnis zum mittleren Gehalt der Lösungen an Blei, wie der Unterschied im Atomgewicht der betreffenden zwei Bleiarten zu ihrem mittleren Atomgewicht.

Daß die Dichtebestimmung in festem Zustand ebenso wie die in gesättigter Lösung bei Isotopen zur relativen Atomgewichtsbestimmung dienen kann, hat eine Untersuchung von Th. W. Richards und Ch. Wadsworth[1]) gezeigt. Sie bestimmten die Dichte zweier Bleiarten in metallischem Zustand. Das eine war gewöhnliches Blei vom Atomgewicht 207,2, das andere eines, das aus australischen radioaktiven Mineralien hergestellt war und ein Atomgewicht von 206,3 hatte. Beide waren auf das sorgfältigste gereinigt worden. Es ergaben sich für die pyknometrisch bei 19,94° bestimmten Dichten die Werte: Pb (207,2) = 11,337 bzw. Pb (206,3) = 11,289. Diese Dichten berechnen sich durch Division in das Atomgewicht die Atomvolumina: Pb (207,2) = 18,277 und Pb (206,3) = 18, 274. Das Atomvolum ist also bei beiden Bleiarten mit großer Annäherung gleich. Diese Tatsache steht im Einklang mit den Forderungen des Rutherford-Bohrschen Atommodells.

Im Anschluß hieran sei noch eine interessante Untersuchung von Stefan Meyer[2]): „Über die Atomvolumkurve und über den Zusammenhang zwischen Atomvolum und Radioaktivität", be-

---
[1]) Journ. Amer. Chem. Soc. **38**, 221 (1916).
[2]) Wiener Akad.-Ber. Abt. IIa **1915**, 249; vgl. auch Th. W. Richards und Ch. Wadsworth, Die Dichte des Bleis aus radioaktiven Mineralien. Zeitschr. f. angew. Chemie **29**, II, 293 (1916).

sprochen. Er hat in zeitgemäßer Abänderung eine Atomvolumkurve gezeichnet, die als Abszisse die Atomnummer (Kernladungszahl),

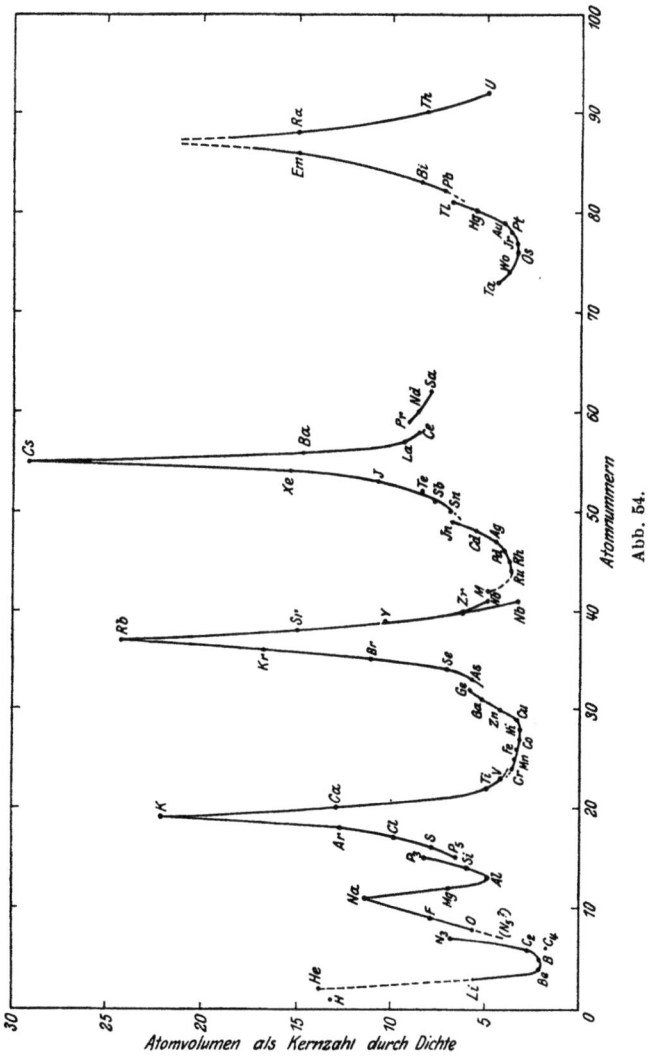

Abb. 54.

als Ordinate den Quotient von Kernladungszahl und Dichte (als Atomvolum) enthält (s. Abb. 54), und diskutiert diese Kurve unter Zugrundelegung des Rutherford - Bohrschen Atommodells. Er fand, daß diese Atomvolumkurve keinen glatten Verlauf nimmt, sondern sprunghafte Änderungen zeigt, wenn die Valenz eines Elementes zunimmt. Der Verlauf ist darum sinngemäßer darzustellen als zusammengesetzt aus gegeneinander verschobenen Kurvenstücken. Bei höheren Atomgewichten treten Knicke in der Kurve auf, die Anhaltspunkte für die Aufstellung des Konstitutionsmodells bei diesen Atomen versprechen. Mit Rücksicht auf die Radioaktivität ist es bemerkenswert, daß die radioaktiven Elemente Kalium und Rubidium besonders große Atomvolumina zeigen. Beim Verlauf des radioaktiven Zerfalles der Uran-, Thorium- und Actiniumreihe wird ein Maximum des Atomvolums überschritten und ein Hinstreben gegen das Minimum, aber es ist kein Überschreiten desselben bemerkbar. Die Lebensdauer nimmt für die α-Strahlen jeder Reihe mit steigendem Atomvolum ab, mit fallendem Atomvolum nimmt sie von den A-Körpern an wieder zu.

Für gleichartige Strahler, abgesehen von den Verzweigungsprodukten C', zeigt sich bei Entwicklung mit ansteigendem Atomvolum folgendes: ,,Rückkehr in die gleiche Plejade ergibt ein Element kürzerer Lebensdauer (minder stabil) als das primäre; bei Entwicklung mit sinkendem Atomvolum: Rückkehr in die gleiche Plejade ergibt ein Element längerer Lebensdauer (stabiler) als das vorhergehende Isotop. In den Verwandlungsfolgen $\alpha \to \beta \to \beta \to \alpha$ hat immer das erste β-Produkt die größere Lebensdauer als das zweite; die rückläufige Entwicklung bei UX_1 und allen B-Stoffen setzt in einem relativen Minimum des Atomvolums ein. Der duale Zerfall der C-Körper findet sich an den Stellen der Doppelvalenz III—V, demnach an ganz analogen Orten, wo für analog situierte Elemente die sprunghaften Änderungen im Verlaufe der Atomvolumkurve zu bemerken sind."

Bei der Einreihung der Radioelemente in das periodische System hat, wie wir sahen, in gewisser Hinsicht eine Umwertung der Werte stattgefunden. Früher nahm man an, daß jeder Stelle im periodischen System nur einem Element von bestimmten chemischen Eigenschaften entsprach. Jetzt wird gelehrt, daß zwar nach wie vor einer Stelle im periodischen System ein bestimmter chemischer Charakter zukommt, daß diese Stelle aber nicht immer nur einem, sondern oft auch mehreren Elementen von verschiedenem Atomgewicht und verschiedener Lebensdauer — den Isotopen — zukommen kann. An die Stelle einzelner Elemente sind die Plejaden getreten. Danach erscheint uns die gewöhnliche Tabelle des periodischen Systems als eine Projektion eines räumlich gedachten Systems in die Papierebene. Längs der dritten, senkrecht der Papierebene zu denkenden Achse ist die chemische Natur der isotopen Elemente eine Konstante, Atomgewicht und Lebensdauer erscheinen dagegen als Variable. Selbstverständlich fällt diese Darstellung des Systems, wenn es gelingen sollte, die Isotopen chemisch voneinander zu trennen.

Im Sinne der vorgetragenen Anschauung vermag unsere chemische Analyse nur Beschränktes zu leisten. Man kann mit ihr die Materie nicht in einzelne homogene Elemente zerlegen, sondern nur in Elementengruppen, Gemische also, die in ihrem chemischen Verhalten homogen sind. Diese Gemische können aus Isotopen zusammengesetzt sein, die sich nur erkennen lassen, wenn sie sich in ihren Strahlungen voneinander unterscheiden. So ist die Radioaktivität ein äußerst empfindliches Mittel geworden, Elemente, die man chemisch nicht voneinander trennen kann, zu erkennen, auch wenn sie in ganz winzigen, sonst in keiner Weise nachweisbaren Mengen vorhanden sind. Sie übertrifft in dieser Hinsicht die Spektralanalyse außerordentlich.

Doch hat nicht nur das theoretische System sondern auch die Praxis des Chemikers durch das Studium der Radioelemente eine erhebliche Befruchtung erfahren. Die Methodik zeitigte hier bereits schöne Erfolge, die sich im Laufe der Zeit noch vermehren werden. Radioelemente zerfallen, wie wir sahen, nach dem einfachen logarithmischen Gesetz monomolekularer chemischer Reaktionen. Bestimmt man danach die Umwandlungskonstante resp. Halbwertszeit (S. 35), so hat man eine besonders charakteristische Eigenschaft des Radioelements. Ergibt es sich nun, daß eine radioaktive Substanz nicht nach dem obigen Zeitgesetze zerfällt, sondern daß ihre Umwandlung einen komplizierteren Verlauf nimmt, so liegt ein Gemisch vor, das man nun durch die verschiedenen physikalischen und chemischen Methoden so lange zerlegen muß (evtl. auch durch mathematische Analyse), bis die durch Zerlegung erhaltenen Produkte dem einfachen logarithmischen Zeitgesetz gehorchen. Klingt die Aktivität einer Substanz aber von vornherein nach dem einfachen Zeitgesetz ab, so braucht freilich noch kein einheitliches Radioelement vorzuliegen. Denn wenn z. B. zwei genetisch zusammenhängende Radioelemente vorliegen, von denen das eine, z. B. das Mutterelement, erheblich langsamer zerfällt als das Tochterelement, so findet man auch hier einen Zerfall, der sehr genau dem einfachen logarithmischen Zeitgesetz folgt. Da aber benachbarte Glieder einer Zerfallsreihe, wie aus den Verschiebungssätzen folgt, niemals gleiches chemisches Verhalten zeigen, also z. B. isotop sind, so kann man chemisch wie physikalisch eine Trennung erreichen, vorausgesetzt natürlich, daß das Tochterelement nicht zu kurzlebig ist. Isotope Elemente unterscheiden sich aber außer durch ihr verschiedenes Atomgewicht noch durch ihre verschiedene Aktivität und können auch so erkannt werden.

Was nun die kurzlebigen und darum in äußerst geringer Menge vorkommenden Radioelemente anbetrifft, so hat das Studium von Gliedern der Brevium-Actinium-Radium-Emanation- und Poloniumplejade uns bereits gelehrt, wie sich die Materie in äußerst dünnen Schichten und sehr geringen Konzentrationen physikalisch wie chemisch verhält, so daß auch sie von der experimentellen Forschung bereits weitgehend gemeistert sind.

Eine interessante Anwendung auf die analytische Chemie sei im Anschluß hieran noch erwähnt, die zeigt, wie man durch die Verwendung radioaktiver Elemente die Grenzen der Genauigkeit noch erheblich weiter hinausschieben kann als es selbst die Mikrochemie erlaubt.

Wie wir sahen, sind Isotope chemisch untrennbare Elemente. Mischt man nun Isotope, wie z. B. RaD und Blei, miteinander, so gelingt es in keiner Weise, das Verhältnis beider zu verschieben oder die Aktivität vom Blei abzutrennen. Da nun RaD durch seine Aktivität noch in sehr großen Verdünnungen nachweisbar ist, so wird dadurch auch beigemengtes Blei erkannt. RaD ist also in Mischungen beider ein äußerst empfindlicher Indicator für Blei. Bisher hat man Blei mit den empfindlichsten mikrochemischen Reaktionen in einer Menge von $3 \cdot 10^{-9}$ g qualitativ nachweisen können. Für die quantitative mikrochemische Bestimmung sind natürlich wesentlich größere Mengen erforderlich. F. Paneth und G. v. Hevesy[1]) haben nun mit RaD als Indicator Mengen von Blei quantitativ bestimmen können, die man bisher weder mikrochemisch noch durch Leitfähigkeit der Menge nach bestimmen konnte. Sie bestimmten auf diese Weise die Löslichkeit des Bleichromats und Bleisulfids in Wasser. Die Ausführung des Verfahrens war die folgende: Ungefähr $1/5$ Curie Emanation ließ man in einem verschlossenen Kolben über destilliertem Wasser zerfallen, wodurch eine Lösung von etwa 10^{-6} g RaD in Wasser entstand, der noch eine ebensolche Lösung von rund 10 mg $PbCl_2$ zugefügt wurde. Nun wurde das Blei mit Kaliumbichromat gefällt, abfiltriert, vom Filter in eine Stöpselflasche gespült und mit ca. 100 ccm dest. H_2O im Thermostaten bei 25° stets über 24 Stunden geschüttelt. Nun wurde abfiltriert, die ersten Teile des Filtrats wegen möglicher Änderung der Konzentration infolge Adsorption durch das Filter weggegossen und 70 ccm des übrigbleibenden Filtrats in einem uhrglasartigen Nickelschälchen auf

---

[1]) Wiener Sitzungsberichte IIa **122**, 1002.

dem Wasserbad zur Trockne verdampft. Nachdem das Gleichgewicht zwischen RaD und RaE eingetreten war, wurde die Aktivität des Schälchens gemessen. Die Berechnung geschah folgendermaßen: 1 ccm der zur Aktivierung des Bleis verwendeten RaD-Lösung zeigte nach eingetretenem Gleichgewicht eine β-Aktivität von 16,9 relativen Einheiten, die 120 ccm der gesamten Lösung demnach 2030 Einheiten. Diese Aktivität verteilte sich auf 9,69 mg $PbCl_2$ resp. 11,35 mg $PbCrO_4$, so daß eine relative Einheit RaD mit $\frac{11,35}{2030} = 0,00559$ mg $PbCrO_4$ verbunden war. Die 70 eingedampften Kubikzentimeter hatten dem Schälchen eine Aktivität von 0,15 Einheiten verliehen, es mußten also $0,15 \cdot 0,00559$ mg $PbCrO_4$ darin enthalten sein. Daraus berechnet sich die Löslichkeit des $PbCrO_4$ in 1 l bei 25° zu $\frac{1000}{70} = 0,000839 = 0,012$ mg oder $1,2 \cdot 10^{-5}$ g.

Ein zweiter Versuch ergab das gleiche Resultat.

Zur Bestimmung der Löslichkeit des Bleisulfids wurden 9,69 mg $PbCl_2 = 8,36$ mg PbS in 140 ccm einer RaD-Lösung aktiviert, die 66,2 relative Einheiten pro 1 ccm enthielt. Nun wurde das Pb mit Na_2S in der Siedehitze quantitativ als PbS gefällt, abfiltriert, ausgewaschen und in gleicher Weise wie vorher angegeben, mit destilliertem Wasser geschüttelt. Das Filtrat, dessen erster Anteil ebenfalls eliminiert wurde, war völlig klar und farblos. Es enthielt 415 relative Einheiten RaD auf 1 l. Nun entspricht hier eine relative Einheit $\frac{8,36}{140 \cdot 66,2} = 9 \cdot 10^{-4}$ mg PbS. Folglich waren $415 \cdot 9 \cdot 10^{-4} = 0,37$ mg $= 3,7 \cdot 10^{-4}$ g PbS in 1 l enthalten.

Zum Schlusse sei dann noch eine Übersicht über die wichtigsten chemischen Reaktionen der Radioelemente gegeben. Es sind deren 33 bekannt, die sich zu 10 Plejaden ordnen. Als typische Repräsentanten dieser Plejaden gelten die Elemente: U, Th, Bi, Pb, Tl, Po, RaEm, Ra, Ac und Bv. So handelt es sich denn im Grunde um die Reaktionen dieser Elemente. Nach Paneth[1]) unterscheiden wir die Fälle, daß 1. das Radioelement in wägbarer Menge vorhanden ist, 2. das Radioelement sich in unwägbarer, ein mit ihm isotopes in wägbarer Menge vorfindet und 3. daß weder das Radioelement noch ein mit ihm isotopes in wägbarer Menge vorhanden ist.

Für den Fall 1 kommen 10 Elemente in Betracht, die man teils schon in wägbaren Mengen erhalten hat, oder von denen erwartet werden kann, daß sie darin erhalten werden, nämlich Th, U, Io,

---

[1]) Jahrb. d. Radioakt. **11**, 451 (1915).

Ra, Ac, RaD, MsTh$_1$, RdTh, Po und RaEm. Letztere scheidet indessen wegen ihres absolut chemisch indifferenten Charakters aus.

Die erstgenannten Elemente können nach den gewöhnlichen Reaktionen der analytischen Chemie erkannt werden. Th z. B. durch Fällung mit Oxalsäure, U durch Niederschlagen mit Ammoniak, Radium infolge der Unlöslichkeit seines Sulfats usw. Bei den langlebigen dieser Elemente stört auch der geringe Bruchteil der zerfallenen Atome (die andere Eigenschaften haben) nicht und die Strahlung ist nur insofern von Einfluß, als sie Salze wie RaBr$_2$. RaJ$_2$ u. a. rascher zersetzt als sie ohne dies sich zersetzen würden. Beim Polonium allerdings dürfte seine hohe Aktivität die Bestätigung der Eigenschaften, die ihm nach seiner Stellung im periodischen System zukommen müßte, sehr erschweren, selbst wenn man einmal größere Quantitäten davon besitzen sollte als bisher. Sonst bietet die chemische und elektrochemische Untersuchung der in wägbarer Menge zugänglichen Radioelemente keine Besonderheiten. Die chemischen Reaktionen der Radioelemente sind eben immer die Reaktionen der im Augenblick vorhandenen stabilen Atome.

Wenn zweitens das Radioelement nur in unwägbarer, ein mit ihm isotopes in wägbarer Menge vorhanden ist, so gilt die Erfahrung, daß das Mengenverhältnis isotoper Atome durch keine chemische und elektrochemische Reaktion geändert wird. Bei allen Abscheidungen verteilt sich das Radioelement völlig gleichartig zwischen Niederschlag und Lösung wie das mit ihm isotope. RaD und Pb werden z. B. durch H$_2$S vollständig, durch Salzsäure nur partiell gefällt, eine Anreicherung des einen gegen das andere findet im letzten Falle absolut nicht statt. Nach der Rutherford-Bohrschen Theorie erklärt man das so, daß bei den Isotopen die Elektroneneigenschaften, die das chemische Verhalten bedingen, die gleichen sind.

Am kompliziertesten sind die Verhältnisse im Falle 3, wo weder ein Radioelement noch ein mit ihm isotopes in wägbarer Menge, z. B. in einer Lösung, vorhanden ist. Setzt man zu solchen Lösungen ein anderes Element hinzu und fällt es wieder, so ist die Fällung mehr oder weniger radioaktiv durch das in Lösung befindliche Radioelement. Lange war es zweifelhaft, ob es sich hierbei um eine Fällung handelt, die auch das betreffende Radioelement allein zeigen würde, wenn es in größerer Konzentration vorläge oder ob es sich nur um ein Mitreißen infolge der Adsorption an der Oberfläche des Niederschlags handelt. Wir haben gesehen, wie nach den Vorarbeiten von Strömholm und The Svedberg die Klärung dieser Frage durch die Fällungsversuche von Fajans (mit Beer und später Richter) sowie durch Adsorptionsversuche von F. Paneth und K. Horovitz erfolgte. Für Fällungen lautet hier die Regel: „Ein Radioelement wird in um so höherem Grade von einem schwer löslichen Niederschlag mitgefällt, je weniger löslich seine Verbindung mit dem negativen (Säure-) Bestandteil des Niederschlages ist." Für Adsorptionen lautet sie analog: „Radioelemente werden von solchen Salzen gut adsorbiert, deren Verbindung mit dem elektronegativen (Säure-) Bestandteil des Adsorbens in dem betreffenden Lösungsmittel schwer löslich ist."

Man kann diese Gesetzmäßigkeit verstehen, wenn man annimmt daß auch in festen Salzen dem anodischen und kathodischen Bestandteil gesonderte Valenzen zukommen und daß die Schwerlöslichkeit eines Niederschlags durch das feste Zusammenhalten dieser Valenzen bedingt wird. Wenn bei dem kinetischen Austausch in der Lösung fremde Atomionen, die Affinität zu den elektronegativen Gruppen des Adsorbens besitzen, auf die feste Phase auftreffen, so können sie natürlich als unlösliche Verbindungen festgehalten, also mitgefällt, werden. Die Erfahrungen bei der Röntgenspektrographie der Krystalle stützen diese Annahme.

Erwähnt sei noch, daß manche Radioelemente unter günstigen Bedingungen in den kolloidalen Zustand übergehen können. Sie zeigen dann, wie Godlewski[1]) nachwies, alle für die Kolloide charakteristischen Erscheinungen: Umladungen nach Zusatz von Säuren, Basen, mehrwertigen Salzen und Hydrosolen, Unfähigkeit durch Pergament zu dialysieren, verlangsamte Diffusion u. a. Läßt man z. B. das aus Pechblende gewonnene aktive Blei, das ein Gemisch darstellt, durch Pergament dialysieren, so zeigt sich, daß in neutraler Lösung RaE und RaF größtenteils zurückgehalten werden, während das RaD mit dem Blei diffundiert. In saurer Lösung diffundieren aber auch RaE und RaF, in ammoniakalischer ist aber auch das mit dem Blei isotope ThB kolloid. Messungen der Diffusionsgeschwindigkeit, die v. Hevesy[2]) und Paneth[3]) ausführten, zeigten, daß hier größere Partikel als Ionen fungieren müssen. Nach ihrer immerhin beträchtlichen Diffusionsgeschwindigkeit stehen die Radiokolloide den echten Lösungen näher als alle anderen bisher studierten Kolloide.

---

[1]) Kolloid-Zeitschr. **14**, 229 (1914); Phil. Mag. **27**, 618 (1914).
[2]) Phys. Zeitschr. **14**, 1202 (1913).
[3]) Kolloid-Zeitschr. **13**, 297 (1913); Wiener Akad.-Ber. Abt. IIa **122**, 1080, 1637 (1913).

Die Uran-Radium-Reihe.

Uran U (genauer $U_I + U_{II}$) a = 238,18.

Vorkommen. Uran findet sich in der Natur in einer Reihe seltenerer und seltener Mineralien vor und wird daraus im großen dargestellt. Am verbreitetsten ist das Uranpecherz auch Pechblende, seltener Uraninit oder Uraninin genannt. Es ist meist glänzend schwarz bis bräunlichschwarz und wird besonders in den Gängen von St. Joachimsthal in Böhmen gewonnen. Größere Lager finden sich auch in Johanngeorgenstadt in Sachsen, in Cornwall (England), in Connecticut, North Carolina u. a. Orten in Nordamerika. Eine krystallisierte und darum reinere Modifikation des Uranpecherzes fand man in Morogoro in Deutsch-Ostafrika. Pechblende enthält das Uran als Oxydoxydul U_3O_8 meist vergesellschaftet mit Fe, Al, Ca, Mg, Mn, Sb, As, Bi, Cu, Pb, Tl, V, SiO_2, seltenen Erden u. a. sowie mit radioaktiven Zerfallsprodukten des Urans. Der Urangehalt schwankt zwischen 50—85%. Als Hydratations- und Zersetzungsprodukte der Pechblende werden u. a. aufgefaßt Cleveit und Gummit. Als zweites für die Verarbeitung im großen noch wichtigeres Uranmineral kommt der Carnotit in Betracht, ein Kalium-Uranvanadat $K_2O \cdot 2\,UO_3 \cdot V_2O_5 \cdot 3\,H_2O$ mit ca. 50% Uran. Es findet sich als kanariengelber, ockeriger Anflug besonders in Colorado und Utah auf Jurasandstein und wird dort besonders auf U und Ra verarbeitet. Auch Samarskit, ein Tantaloniobat von U, Y, Ce und Fe mit ca. 15% U, wird in geringem Maße zur Urangewinnung herangezogen. Verbreiteter ist Autunit oder Kalkuranglimmer $Ca(UO_2)_2 \cdot 2\,PO_4 + 8\,H_2O$, der in Form von gelben Einsprengungen oder Anflügen besonders im Granit vorkommt. Auch Kupferuranglimmer oder Kupferuranit, Chalkolith $(Cu(UO_2)_2 \cdot 2\,PO_4 + 8\,H_2O$ sei hier genannt. Zahlreiche andere Uranmineralien sind von untergeordneter Bedeutung. Erwähnt sei noch, daß auch Th-haltige Gesteine meist Uran enthalten, der Thorianit z B. kann bis zu 10% Uran aufweisen.

Im Jahre 1789 erhielt M. H. Klaproth[1]) durch Reduktion von Uranverbindungen aus Uranpecherz einen braunen bis kupfer-

---

[1]) Mémoire de l'Académie royale des sciences Août 1786 jusquà la fin de 1787, Berlin 1792; Beiträge zur chemischen Kenntnis der Mineralkörper **2**, 197ff.; Crells Ann. 1789 [2], 387.

roten Körper, den er für eine neues Element ansprach und Uran nannte. 1841 zeigte aber E. Péligot[1]), daß dieser rotbraune Körper kein Element, sondern das Oxyd eines Elementes — nach unserer heutigen Auffassung Uranoxydul UO_2 — war. Erst ihm gelang es, das Element Uran als solches zu isolieren und dabei zeigte es sich, daß Klaproths Irrtum daher kam, daß der Komplex UO_2 wie ein Element resp. Metall Salze bilden kann. Man nennt diesen in Verbindungen zweiwertig fungierenden Komplex : UO_2 im Anklang an Sulfuryl-. Antimonyl- usw. „Uranyl" und leitet von ihm folgende Gruppe von Uranverbindungen ab:

$O_2U:O$ $O_2U:Cl_2$ $O_2U:(ONO_2)_2$ $O_2U:SO_4$
Uranyloxyd   Uranylchlorid   Uranylnitrat   Uranylsulfat

die die wichtigsten Uranverbindungen darstellen.

Peligot hatte auf Grund seiner Untersuchungen dem Uran das Atomgewicht 120 zuerteilt. Mendelejeff verdoppelte 1870 dieses Atomgewicht, um das Element in seinem System unterbringen zu können. Die Richtigkeit dieser Annahme bestätigte 1882 Cl. Zimmermann auf experimentellem Wege, indem er u. a. die Dampfdichte des Uranochlorids und -bromids, sowie die spezifische Wärme des metallischen Urans bestimmte und im Einklang mit dem Atomgewicht 240 fand. Später benutzte man die genaueren Atomgewichte von 238,4 (Th. W. Richards und Merigold) und 238,5 (P. Lebeau). Diese Atomgewichte wurden 1913/14 durch das von O. Hönigschmid ersetzt, der bei mehreren Uranproben (UBr_4) verschiedenen Ursprungs nach Bestimmungen, die mit allen Mitteln moderner Experimentierkunst durchgeführt wurden, den Wert 238,18 fand, wenn $Ag = 107,88$ und $Br = 79,916$ angenommen werden.

Metallisches Uran kann man als grauschwarzes Pulver oder geschmolzen in Form einer sehr harten silberglänzenden Masse erhalten. Das spezifische Gewicht beträgt bei 24° C 18,685. Das Spektrum des Elements zeigt eine abnorm große Zahl von Linien. Exner und Haschek maßen im Bogenspektrum 4940, im Funkenspektrum 5655 Linien.

Durch sein Atomgewicht kam Uran in die Gruppe VI des periodischen Systems der Elemente von Mendelejeff. Es bildet darin das Endglied der Reihe Cr, Mo, Wo, mit denen es — in den zu erwartenden Abstufungen — unzweifelhafte Ähnlichkeit zeigt (CrO_3, MoO_3, WoO_3, UO_3 u. a.). Gut charakterisierte Salze bildet Uran der vier- und der sechswertigen Stufe, die sich von

---

[1]) Compt. rend. **12**, 735 (1841); Journ. f. prakt. Chemie **23**, 494 (1841), **24**, 442 (1841); Liebigs Ann. **41**, 141 (1841).

den Oxyden UO_2 (Uranoxydul) und UO_3 (Uranoxyd) ableiten. Ersteres ist basischer, letzteres basischer und saurer Natur. Beide Oxyde gehen beim Erhitzen in U_3O_8, das Uranoxydoxydul über. das man als $2\,UO_3 \cdot UO_2$ auffaßt. Die Uranosalze, wie UCl_4, $U(SO_4)_2$ sind grün und oxydieren sich ähnlich wie Eisenoxydulsalze rasch an der Luft zu Uranylsalzen, z. B.:

$$U(SO_4)_2 + O + H_2O = O_2USO_4 + H_2SO_4.$$

Diese beständigen gelben Uranylsalze kann man von dem Hydrat $O_2U(OH)_2$ (Uranylhydroxyd) ableiten, dessen Anhydrid das Uranoxyd UO_3 ist. Die Salze dieses Hydrats mit Säuren sind die gebräuchlichsten Uranylsalze, wie Uranylsulfat O_2USO_4, Uranylacetat $O_2U(OCOCH_3)_2 \cdot 2\,H_2O$, Uranylnitrat $O_2U(ONO_2)_2 \cdot 6\,H_2O$ u. a.

Das am meisten verwendete und untersuchte Salz ist das Uranylnitrat, das sich aus konzentriert wässerigen Lösungen leicht in großen, wasserhaltigen Krystallen von obiger Zusammensetzung abscheidet. Im Lichte zeigen diese Krystalle grünliche Fluorescenz, und auch wenn man sie schüttelt oder zerbricht, sieht man sie im Dunkeln aufleuchten (Triboluminiscenz). Erhitzt man die Krystalle, so schmelzen sie bei 50° in ihrem Krystallwasser, gehen beim weiteren Erhitzen auf höhere Temperatur erst in basisches Salz, dann in Oxyd, zuletzt in Oxydoxydul über. Sowohl wasserhaltig wie wasserfrei hat Uranylnitrat die Eigenschaft, in Äther (auch in Alkohol) löslich zu sein. Dadurch kann man Uran bei der Verarbeitung von Mineralien extrahieren. Als man aus größeren Mengen einer Lösung von Uranylnitrat in Äther das Lösungsmittel abdestillierte, beobachtete man mehrfach Explosionen[1]), die zuweilen so heftig waren, daß Laboratoriumsutensilien in Stücke geschlagen wurden. Nach Soddy[2]) soll die Explosion durch eine amorphe, gelbe, unlösliche Uranverbindung von der Zusammensetzung UCH_4O verursacht werden, die sich bei 220—330° (!) unter Abscheidung von Kohlensäure, Wasser und basischem Uranocarbonat zersetzt. Nach Untersuchungen von Arno Müller[3]) konnte aber eine Detonation oder Decrepitation der aus Äthyläther erhaltenen Uranylnitratpräparate als eine spezifische Eigenschaft nicht erwiesen werden. Bei 20 Versuchen traten nur in drei Fällen Decrepitierungen ein, wenn das Präparat mit Wasser befeuchtet wurde. Das Geräusch dabei glich dem Auffallen kleiner Sandkörnchen auf eine Glasplatte. Dabei

---

[1]) Chem.-Ztg. **1912**, 297, 499, 1463, **1914**, 139.
[2]) Chemie d. Radioelemente **1**, 66.
[3]) Chem.-Ztg. **1916**, 38, **1917**, 439.

entwickelte sich ein Gas, das vermutlich aus geringen Mengen von Stickoxyden und von Krystalläther bestand. Die Erscheinungen traten nur auf, wenn die ursprünglichen wässerigen Lösungen etwas freie Salpetersäure enthielten (höhere Konzentration der Salpetersäure wirkt nicht anders als niedere). Nach A. Müller rühren die Erscheinungen von einer sehr unstabilen Additionsverbindung eines niederen Stickoxyds mit einer Uranätheradditionsverbindung her. Beleuchtung mit Röntgenstrahlen fördert die Erscheinung nicht.

Außer mit Säuren, vermag das Hydrat $O_2U(OH)_2$ aber auch mit Basen derart Salze zu bilden, daß zwei Moleküle desselben zunächst ein Molekül Wasser abspalten und die sog. Uransäure bilden:

$$O_2U\begin{matrix}OH\\OH\end{matrix}\ \ O_2U\begin{matrix}OH\\OH\end{matrix} = H_2O + O_2U\begin{matrix}OH\\\ \\\end{matrix}O\ \ O_2U\begin{matrix}\ \\OH\end{matrix}$$

Uransäure

die sich dann ihrerseits mit Basen wie Alkalilauge, Ammoniumhydroxyd u. a. zu in Wasser unlöslichen Salzen vereinigt, z. B.

$H_2U_2O_7 + 2\ NaOH = 2\ H_2O + Na_2U_2O_7$ (Natriumuranat).

Dies Natriumsalz ist das Urangelb des Handels, das man besonders zum Färben von Gläsern verwendet, denen es eine gelblichgrüne opalisierende Farbe erteilt.

Die Uranate sind in Alkalicarbonaten leicht löslich. Diese Eigenschaft benutzt man besonders zur Trennung des Urans von Eisen u. a. Elementen. Am zweckmäßigsten ist es, dabei Ammoniumcarbonat zu verwenden, dessen Überschuß sich nachher durch Eindampfen entfernen läßt.

Die quantitative Bestimmung des Urans kann auf gewichts- oder auf maßanalytischem Wege geschehen. Im ersteren Falle scheidet man es am einfachsten aus Uranylsalzlösungen mit Ammoniak als Ammoniumuranat ab: Die genügend verdünnte Lösung wird in einer Porzellanschale bis fast zum Sieden erhitzt und mit kohlensäurefreiem Ammoniak gefällt, das nur in geringem Überschuß zugesetzt werden darf. Die noch heiße Flüssigkeit wird filtriert und mit heißem Wasser, dem etwas Chlorammonium (1—2%) zugesetzt ist, ausgewaschen, weil sonst der Niederschlag kolloidal durch das Filter geht. Nach dem Trocknen wird das Filter getrennt vom Niederschlag verascht, dann der Niederschlag zugegeben und erst vorsichtig, dann stark im Sauerstoff- oder Wasserstoffstrom bis zur Gewichtskonstanz geglüht. Im ersteren Fall entsteht U_3O_8 im zweiten UO_2.

Maßanalytisch kann man Uran ähnlich wie Eisen durch Kaliumpermanganat bestimmen. Man führt es durch Reduktion, am besten mit Zink in schwefelsaurer Lösung in die vierwertige Stufe $U(SO_4)_2$ über und titriert mit eingestellter Permanganatlösung, bis die Flüssigkeit dauernd rot gefärbt ist. 'Dabei sind indessen gewisse Vorsichtsmaßregeln zu beachten. Es kommt vor, daß dabei das Uran bis zur dreiwertigen Stufe reduziert wird. Man erkennt das an einer dunkelgrünen Farbe der Lösung. Um diesen Fehler zu vermeiden bzw. zu korrigieren, muß man sich genau an die Vorschriften halten.

Hat man Uran in phosphorsäurehaltiger Lösung zu bestimmen, so muß man besondere Vorsichtsmaßregeln anwenden, da die Phosphorsäure mit dem Uran durch Ammoniak gefällt wird. Häufig gibt man dann zur angesäuerten und evtl. von Kohlensäure befreiten Lösung Phosphorsalzlösung hinzu, neutralisiert mit Ammoniak, bis sich Niederschlag abzuscheiden beginnt, bringt diesen wieder in Lösung, gibt Natriumthiosulfat in erheblichem Überschuß hinzu und kocht etwa zehn Minuten lang. In dieser Zeit fällt alles Uran als Phosphat zusammen mit Schwefel nieder. Es wird filtriert, mit heißem Wasser gewaschen und der Niederschlag nach dem Veraschen des Filters auf dunkle Rotglut erhitzt. Dies sog. „grüne Phosphat" enthält, wie man empirisch festgestellt hat, 68,55% Ur. War es rein, so löst es sich völlig in konzentrierter Salpetersäure auf. Zur Kontrolle dampft man diese Lösung ein und glüht sie, wodurch das gelbe Pyrophosphat $(UO_2)_2P_2O_7$ gebildet wird, das 66,81% Ur enthält, aber hygroskopisch ist und darum entsprechende Behandlung beim Wiegen erfordert.

Komplexe Natur des Urans. Die käuflichen und natürlich vorkommenden Uranpräparate senden gewöhnlich α-, β- und γ-Strahlung aus, von der aber nur ein Teil der α-Strahlung vom Uran herrührt. Der Rest der Strahlung stammt von den Zerfallsprodukten des Elementes. Im Jahre 1900 fand, wie schon mitgeteilt, W. Crookes[1]), daß sich aus käuflichen Uransalzen nach mehreren Methoden Spuren einer uranfreien Substanz abspalten lassen, die durch Papier hindurch die photographische Platte schwärzt, während das übrige Uransalz diese Eigenschaft verloren hat. Den in winziger Menge abtrennbaren Bestandteil nannte Crookes UrX. Das davon befreite Uransalz war nun keineswegs inaktiv. Es besaß nur statt der vorher vorhanden gewesenen durchdringenden Strahlung vorzugsweise α-Strahlung. Dann ergab sich aus Unter-

---
[1]) Proc. Royal Soc. A **66**, 409 (1900).

suchungen von Mc. Coy, Roß und Boltwood[1]) sowie von Rutherford und Geiger[2]) an gealterten Uranmineralien, daß vom Uran doppelt so viele α-Teilchen ausgehen als von anderen α-Strahlern, z. B. Ra. Aus dieser Beobachtung ergab sich die Alternative, daß das Uranatom beim Zerfall wirklich zwei α-Strahlen aussendet oder daß das gewöhnliche Uran aus zwei α-strahlenden Elementen besteht. War das erste der Fall, so hätten die α-Strahlen bei jeder Szintillation als Doubletten erscheinen müssen. Da das nach Untersuchungen von Marsden und Barrat nicht der Fall war, so blieb nur die zweite Annahme übrig, daß nämlich das Uran aus zwei α-Strahlern besteht. In der Tat gelang es Geiger und Nutall nachzuweisen, daß die zwei vom Uran ausgehenden α-Strahlen verschiedene Reichweite haben, nämlich 2,5 cm und 2,9 cm. Damit war es erwiesen, daß auch das von UrX befreite Uran komplex ist und aus zwei Elementen besteht, die man U I und U II nannte. Aus der Beziehung, die Geiger und Nutall zwischen der Reichweite und der Zerfallsperiode von α-Strahlern fanden[3]), berechnete sich für die Reichweite von 2,5 cm eine Halbwertszeit von $5 \cdot 10^9$ Jahren, für eine Reichweite von 2,9 cm eine Halbwertszeit von $2 \cdot 10^6$ Jahren. Erstere Halbwertszeit stimmte gut mit der des Urans überein und somit beträgt die Halbwertszeit des U I = $5 \cdot 10^9$ Jahre, die des U II = $2 \cdot 10^6$ Jahre.

Erst glaubte man, daß U II ein direktes Zerfallsprodukt des U I wäre, aber es zeigte sich, daß beide untrennbar sind, also die gleichen chemischen Reaktionen besitzen. Nach den Verschiebungssätzen konnten deshalb beide nicht unmittelbar aufeinander folgen, sondern es mußten zwei β-Strahler zwischen ihnen liegen. Da lag es nahe, als primäres Zerfallsprodukt des U I das β-strahlende UX anzunehmen und nach Vermutungen von Fajans und Russell mußte auch dies aus einem Gemisch von zwei β-Strahlern bestehen, die man UX_1 und UX_2 nannte. In der Tat ließ sich die β-Strahlung von UX in zwei gegensätzliche Gruppen zerlegen, eine sehr harte und eine sehr weiche. Bald darauf gelang es Fajans und O. Göhring[4]) UX_2 als sehr hartstrahlendes und darum äußerst kurzlebiges Element vom UX abzutrennen. Sie nannten es Brevium und stellten seine radioaktiven, chemischen und elektrochemischen Eigenschaften fest, die dann von anderer Seite[5]) bestätigt wurden.

---

[1]) Phys. Rev. **24**, 124 (1907); Amer. Journ. Science **25**, 269 (1908).
[2]) Phil. Mag. **20**, 691 (1910).
[3]) s. S. 14.
[4]) Fajans und Göhring, „Die Naturwissenschaften" I, 339 (1913).
[5]) Fleck, Phil. Mag. **13**, 528 (1913); O. Hahn und L. Meitner, Phys. Zeitschr. **14**, 758 (1913).

So ist denn der Anfang der Uranzerfallsreihe im Sinne der Verschiebungssätze folgendermaßen zu formulieren, wobei es noch nicht sicher ist, ob UY von U I oder U II abzweigt, wenn letzteres auch wahrscheinlicher ist.

$$\begin{array}{c} (UY \rightarrow \text{Actiniumreihe}) \quad UY \rightarrow \text{Actiniumreihe} \\ U\,I \rightarrow UX_1 \rightarrow UX_2 \rightarrow U\,II \rightarrow Io \text{ usw.} \end{array}$$

Das reinste Uran (U I + U II) hat wohl O. Hönigschmid dargestellt. Um Th, Radiothor, UX, Io, Ac und Radioactinium zu entfernen, versetzte er die Lösung des zu reinigenden Uransalzes mit etwas Thoriumnitrat und fällte dies in stark salpetersaurer Lösung wiederholt mit Oxalsäure. Das Filtrat wurde zur Trockene verdampft, die Oxalsäure durch Glühen zerstört, das entstehende Uranoxyd in Salpetersäure gelöst, mit Bleinitrat und krystallisiertem Wismutnitrat versetzt und die Metalle durch Schwefelwasserstoff wieder ausgefällt, wobei Radioblei und Polonium mit ausfallen. Endlich wurde mehrmals Bariumsalz zugegeben und das Barium als Sulfat wieder ausgefällt, wodurch Ra, Mesothor, ThX, AcX und UX entfernt wurden.

Uran I und Uran II, die das Uran zusammensetzen, sind isotop. Sie zeigen also die gleichen chemischen Reaktionen und sind darum chemisch untrennbar. H. Geiger und E. Rutherford haben die Anzahl der α-Teilchen durch die Szintillationen gezählt, die Uran (d. i. U I + U II) emittiert. Sie fanden, daß pro 1 g Uran und pro 1 Sek. $2{,}37 \cdot 10^4$ α-Teilchen abgeschleudert werden. Dieser Wert ist vermutlich etwas zu groß, da es nicht ausgeschlossen ist, daß die Präparate dieser Forscher etwas Ionium enthielten. Auf Grund neuerer Messungen und Berechnungen gibt Stefan Meyer an, daß U I + U II $2{,}32 \cdot 10^4$ resp. $2{,}28 \cdot 10^4$ α-Partikeln pro 1 g in 1 Sek. aussenden.

Da 0,1 mg Uran einseitig pro Sekunde nur einen α-Strahl aussendet, so kann die photographische Wirksamkeit nur gering sein, zumal nur die unter kleinem Raumwinkel auf die Platte treffenden Strahlen Schwärzung in Form von Punkten bewirken. Man muß daher sehr lange exponieren, um einen deutlichen Effekt zu erhalten. Wenn man Spuren von Uranoxydpulver auf eine photographische Platte aufträgt und einige Tage exponiert, so sieht man bei mikroskopischer Beobachtung leicht die charakteristischen Punkte folgender streifender α-Partikelbahnen.

Die Berechnung der Konstanten von U I und U II ergab folgende Resultate:

Für U I: Zerfallskonstante .... $\lambda = 4{,}5 \cdot 10^{-18}$ Sek.
Mittlere Lebensdauer .. $\tau = 7{,}1 \cdot 10^9$ Jahre
Halbwertszeit...... $T = 4{,}9 \cdot 10^9$ Jahre
Für U II: Zerfallskonstante .... $\lambda = 10^{-14}$ Sek.
Mittlere Lebensdauer .. $\tau = $ ca. $3 \cdot 10^6$ Jahre
Halbwertszeit...... $T = $ ca. $2 \cdot 10^6$ Jahre

$$\text{Uran X} = \text{UX}_1 + \text{UX}_2$$

UX_1 (auch kurz als UX bezeichnet)
Vaterelement: U I.
Halbwertszeit: 23,5 Tage (Antonoff).
Strahlung: Weiche β-Strahlung ($\mu = 500$ cm^{-1} Al).
Chemisches Verhalten: Identisch mit Th (Th-Plejade).
Zerfallsprodukt: UX_2.

UX_2 (Brevium, Ekatantal)
Vaterelement: UX_1.
Halbwertszeit: 1,17 Min.
Strahlung: Harte β-Strahlung ($\mu = 15$ cm^{-1} Al).
Chemisch am ähnlichsten dem Ta.
Zerfallsprodukt: Io.

Neuerdings ist das von Crookes[1]) 1900 entdeckte UX als ein Gemisch von zwei Radioelementen UX_1 und UX_2 (Brevium) erkannt worden. Ersteres folgt dem Th in seinen Reaktionen und besitzt eine weiche β-Strahlung, letzteres gleicht in seinem chemischen Verhalten dem Tantal und sendet harte β-Strahlen aus. Ehe wir beide getrennt betrachten, wollen wir ihre Abscheidung als Gemisch, also als UX kennenlernen. Es gibt eine ganze Reihe von Methoden, um UX aus Uransalzen abzuscheiden, also vom Uran zu trennen.

1. Von Crookes entdeckt und noch jetzt viel angewendet ist die Ammoniumcarbonatmethode. Sie beruht darauf, daß Uran von diesem Reagens erst gefällt, dann aber vom Überschuß wieder gelöst wird, während UX sich im Überschuß des Carbonats nicht auflöst und bei dem geringen Niederschlag der Verunreinigungen der Uransalze durch Eisen und Aluminium bleibt. Man gießt eine Uransalzlösung evtl. unter Zusatz von etwas Eisenchloridlösung, der aber meist nicht nötig ist[2]), in überschüssige nicht zu konzentrierte (am besten $1/2$ norm.) Ammoniumcarbonatlösung und filtriert von dem geringen Niederschlag von Hydroxyden des Eisens und Aluminiums ab, den man noch gut auswäscht. Dieser Niederschlag enthält nun die ganze durchdringende Strahlung, die dem UX eigen ist. Vom Eisen kann man dann das UX da-

---
[1]) Proc. Royal Soc. **66**, 409 (1900).
[2]) O. H. Göhring, Diss. Karlsruhe 1914.

durch trennen, daß man den Niederschlag in konzentrierter Salzsäure löst und die Lösung mit Äther, der mit Salzsäure gesättigt ist, auszieht. Das UX bleibt dann in der wässerigen Flüssigkeit. Ist aber der Niederschlag, der UX enthält, groß, so kann man ihn nach Soddy[1]) folgendermaßen verkleinern: Man löst ihn in Salzsäure auf, trägt die Lösung in sehr konzentrierte Ammoniumcarbonatlösung ein und erhitzt zum Sieden. Das Uran fällt dann nicht auf einmal, sondern allmählich aus, so daß man es in Fraktionen erhalten kann. Eine dieser Fraktionen, die gewöhnlich in der Mitte der Reihe liegt, und die von der Natur der übrigen Ingredienzien abhängt, enthält das UX.

2. Konnte Crookes das UX auch so gewinnen, daß er Krystalle von Uranylnitrat mit Äther schüttelte. Es bilden sich dabei zwei Schichten. UX befindet sich dabei ganz in der unteren wässerigen, während das Uran fast völlig in den Äther geht. Um es daraus herauszuholen, schüttelt man sie mit frisch gefälltem Ferrihydroxyd, das alles UX aufnimmt und das dann abfiltriert werden kann. Statt Äther kann man auch andere organische Lösungsmittel wie Methyl-, Äthyl-, Amylalkohol, Essigsäuremethyl- oder -äthyläther und besonders Aceton verwenden, da UX in Aceton noch weniger löslich ist als in Äther. Bei Zugabe von etwas Eisen werden die Trennungen mit Methylacetat so weitgehend, daß nur noch 0,4% der β-Strahlung beim Uran bleibt[2]).

Wie die unter 2 besprochene Methode auf verschiedener Löslichkeit des Urans und des UX beruht, so auch die Methode

3. Godleski fand nämlich[3]), daß schon beim bloßen Umkrystallisieren von Uransalz eine Anreicherung von UX in der wässerigen Lösung stattfindet, da UX in Wasser erheblich löslicher ist als Uransalz. Beim einmaligen Umkrystallisieren bleiben aber nur etwa $6/7$ des vorhandenen UX in der Mutterlauge, die natürlich auch noch Uran enthält, denn aus einer heißen Urannitratlösung von der Dichte 2,05 krystallisiert beim Abkühlen nur rund $2/3$ des Salzes aus[4]). Eine

4. Methode, UX aus Uransalzen darzustellen, besteht darin, daß man zu einer Uransalzlösung lösliches Bariumsalz setzt und das Barium mit Schwefelsäure wieder ausfällt. Mit $BaSO_4$ fällt dann UX nieder, freilich nicht vollständig, so daß man die Fällung öfters wiederholen muß. Dabei hindert zudem die Gegenwart

---

[1]) Phil. Mag. **18**, 861 (1909).
[2]) Moore, Phil. Mag. **12**, 379 (1906) und Hess, Wiener Akad.-Ber. **116**, 109 (1907).
[3]) Phil. Mag. **10**, 45 (1905).
[4]) S. Szilard, Le Radium **6**, 258 (1909).

von Th das Ausfallen des UX. Aus dem mit UX behafteten $BaSO_4$ kann man dann durch Aufschließen ein lösliches Bariumsalz erzeugen und so eine weitere Konzentration des UX bewirken.

5. In manchen Fällen ist es angebracht, eine Ansammlung von UX aus einer Lösung durch Kochen mit Kohle zu bewerkstelligen. Man kann dabei Tierkohle nehmen, mehr empfohlen wird Ruß, den man sich durch Verbrennen von Naphthalin bereiten kann. Mit solchem Ruß kocht man eine Lösung von z. B. Urannitrat (auf 50 g ca. 2 g Ruß) eine Stunde lang, filtriert, wäscht gut aus und kann dann UX noch dadurch vom Kohlenstoff trennen, daß man letzteren verbrennt. UX bleibt dann in sehr reinem Zustand zurück. Befindet sich aber außer UX noch Th in der Lösung, so fällt auch hier, wie beim Bariumsulfat, kein UX nieder.

6. Um aus größeren Mengen von Uransalzen das UX in konzentrierter Form abzuscheiden, wird folgende Methode empfohlen. Man versetzt die stark saure Uranlösung mit wenig Natriumphosphat und neutralisiert vorsichtig mit verdünnter Natronlauge bei Zimmertemperatur. Allmählich scheidet sich ein Teil des Urans als Phosphat ab, das alles UX enthält. Nun versetzt man das Uranphosphat mit Schwefelsäure, setzt etwas Ceriumsalz und dann Flußsäure zu. Dabei fällt das UX mit den Fluoriden nieder[1]). Nach Fajans und Göhring gehört dies Verfahren zu den besten, nur hat das für spätere Versuche notwendige Lösen der Fluoride Nachteile[2]).

7. Da es durch die Methode der Behandlung mit Äther allein nicht möglich ist, uranfreies UX zu erhalten, die Ammoniumcarbonatmethode bei der Herstellung größerer Mengen wegen der beträchtlichen Flüssigkeitsvolume (für 500 g Uranylnitrat etwa 10 l) aber zu umständlich ist, so empfiehlt Göhring[3]) eine kombinierte Äther-Ammoncarbonat-Methode: 500 g Uranylnitrat werden fein gepulvert und in 500—600 ccm Äther gelöst. Das Krystallwasser, das die gesamte UX-Menge enthält, setzt sich dabei zu Boden und kann von der Ätherlösung im Scheidetrichter getrennt werden. Nun sind nur noch etwa 2 l $^1/_2$n-Ammoncarbonatlösung nötig. Etwa 500 ccm davon gibt man so lange zur wässerigen UX-Lösung, bis eben ein Niederschlag entsteht. Der auf diese Weise erzeugte U-Niederschlag ist sehr feinkörnig und löst sich spielend leicht in kaltem Ammoncarbonat auf, wenn er unter starkem Umrühren in den Überschuß der Lösung gegossen wird. Das ungelöst gebliebene Eisen- oder Thoriumhydroxyd wird nach

---
[1]) Zeitschr. f. physikal. Chemie **67**, 725 (1909).
[2]) Keetmann, Diss. Berlin 1909.
[3]) Diss. Karlsruhe, S. 16.

einstündigem Stehen durch Filtrieren von der Uranlösung getrennt. Die ganze Operation — das Stehenlassen vor dem Filtrieren einbegriffen — nimmt höchstens 2 Stunden in Anspruch. Die Ausbeute an UX beträgt bis zu 98% der β-Strahlung des Urans. Das UX verliert seine Aktivität im Laufe mehrerer Monate. Da man fand, daß UX zwei Arten von β-Strahlen aussandte, die in ihrer Härte sehr verschieden waren, so vermutete man schon frühzeitig, daß es aus zwei Radioelementen besteht, indessen ließ es sich durch physikalische Methoden, wie Rückstoßstrahlung, Sublimation u. a., nicht zerlegen. Dagegen führten chemische und elektrochemische Trennungsversuche zum Ziel, und man konnte das sehr kurzlebige, hartstrahlende UX_2, das bereits nach 1,17 Minuten zur Hälfte zersetzt ist (darum auch Brevium genannt), vom UX_1 nach mehreren Methoden abtrennen.

Nach dem Verschiebungsgesetz mußte das UX_2 edler sein als sein Mutterelement und sich infolgedessen elektrochemisch auch leichter abscheiden lassen als dieses. Göhring und Fajans verfuhren folgendermaßen. Eine Bleischale von 4 cm Durchmesser und 4 mm Höhe wurde unmittelbar vor dem Versuch mit feinem Schmirgelpapier und konzentrierter Salpetersäure blank gemacht, dann über freier Flamme so erhitzt (ca. 100°), daß sich die Innenfläche nicht oxydierte. Dann wurde eine schwach saure UX-haltige Eisenlösung in die Schale gegossen und eine Minute lang mit einem Glasstab stark gerührt. Nun wurde rasch ausgegossen, die Schale mit Alkohol und Äther ausgespült und sofort unter die Öffnung eines Elektroskops gebracht. Anfangs fällt die Aktivität stärker ab und bleibt dann konstant. Der starke Abfall wird durch die harte β-Strahlung des UX_2 bedingt. Der Reinheitsgrad hängt vom Säuregrad der UX-Lösung ab. Das reinste so erhaltene Präparat enthielt 85% UX_2 und 15% UX_1[1]).

Bedeutend reiner kann man UX_2 nach einer zweiten Methode abscheiden. Sie beruht darauf, daß UX_2 das Ta als chemisches Analogon hat, während UX_1 mit Th identisch ist. Fällt man nun eine Ta-haltige UX_2-Lösung mit einem Reagens, das Th nicht fällt, so muß das UX_2 mit dem Ta niedergeschlagen werden, während UX_1 in Lösung bleibt. Fajans und Göhring benutzten die Fällung des Tantals als Tantalsäure ($Ta_2O_5 + XH_2O$) aus Kaliumhexatantalatlösung. Da die Tantalsäure sowohl in Alkalien wie in Säuren löslich ist, so muß so eingestellt werden, daß die Flüssigkeit nach der Fällung neutral oder schwach sauer war. Saure Th-haltige Lösungen von UX wurden mit entsprechend eingestellten alkalischen

---

[1]) Göhring, Diss. Karlsruhe, S. 18.

Kaliumhexatantalatlösungen vermischt, so daß Tantalsäure niederfiel, die alles UX_2 enthielt. Sie wurde nach dem Filtrieren mit destilliertem Wasser gewaschen, scharf abgesaugt, zur völligen Trocknung auf einen heißen Tonteller gebracht und dann in einer Quarzschale unter das Elektroskop gestellt. Vom Augenblick der Fällung bis zur ersten Messung dürfen dabei nicht mehr als 5 Minuten verstreichen. Mit der Tantalsäure fiel ein UX_2 nieder, das nicht mehr als 0,2% UX_1 enthielt[1]).

3. O. Hahn und Lise Meitner[2]) suchten UX_2 aus dem UX direkt durch Tantalsäure zu adsorbieren und verfuhren dazu folgendermaßen: 400 g Uranylnitrat wurden dreimal aus Wasser umkrystallisiert, wobei die Mutterlaugen das UX ($UX_1 + UX_2$) neben Uran enthielten. Sie wurden in überschüssiges Ammoniumcarbonat eingetragen und dadurch das Uran abgetrennt. Dies schon ziemlich starke UX-Präparat wurde mit Säure in Lösung gebracht und auf ein Filter gegossen, auf das man vorher einige Milligramm Tantalsäure in Wasser aufgekocht gegossen und möglichst gleichmäßig verteilt hatte. Nun wurde oberflächlich oder auch gar nicht gewaschen, rasch getrocknet und zur Messung gebracht, wobei die Zeit vom Augenblick des Filtrierens bis zum Beginn der Messung nicht mehr als 1,5—2 Minuten betrug. Auch hier ist die Aktivität in den ersten Minuten erheblich stärker als bei $UX_1 + UX_2$, nimmt rasch ab und nähert sich dann einem konstanten Wert, der von der Aktivität des UX_1 herrührt. Arbeitet man in schwach saurer Lösung, so wird relativ viel UX_1 mitgerissen, und der von UX_2 herrührende Abfall macht sich weniger geltend. Verwendet man dagegen konzentrierte Säure, so erhält man UX_2 in geringerer Menge (da es zum Teil in Säure löslich ist), aber bis auf weniger als 1% frei von UX_1.

4. Fast quantitativ fällt UX_2 nieder, wenn man eine es enthaltende Kaliumtantalfluoridlösung mit Kaliumsulfat fällt. Man geht aus von einer eisenhaltigen Uran-X-Lösung, setzt erst Kaliumtantalfluorid und dann eine gesättigte Lösung von Kaliumsulfat zu. Sofort entsteht eine Trübung, und dann scheiden sich Flocken ab, die sich gut filtrieren lassen und die UX_2 enthalten.

5. Auch in folgender Weise kann man UX_2 von UX_1 trennen. Setzt man zu einer schwach essigsauren Eisen- oder Thoriumlösung von UX ($UX_1 + UX_2$) Silbernitrat und erhitzt dies Gemisch, so fällt rasch metallisches Silber nieder, das sich gut filtrieren läßt und das UX_2 fast quantitativ enthält.

---
[1]) Göhring, Diss. Karlsruhe, S. 18—19.
[2]) Phys. Zeitschr. **14**, 758 (1913).

6. Eine weitere praktisch quantitative Methode zur Trennung von UX_1 von UX_2 besteht darin, daß man aus einer thoriumhaltigen UX-Lösung mit Flußsäure oder Ammoniumfluorid Thoriumfluorid niederschlägt. Dies enthält dann UX_1, während sich im Filtrat UX_2 befindet.

UX_1 ist ein Glied der Th-Plejade, gehört also in die letzte Horizontalreihe der Gruppe IV des periodischen Systems. Seine Diffusionskonstante fand G. von Hevesy zu $0{,}4\,\text{cm}^2\,\text{Tag}^{-1}$; sie entspricht einem vierwertigen Ion. UX_2 hat seinen Platz in der letzten Horizontalreihe der V. Gruppe des periodischen Systems. In seinem chemischen Verhalten steht es dem Ta am nächsten. Elektrochemisch ist UX_2 edler als UX_1, d. h. es wird leichter auf Metallen abgeschieden als UX_1.

Uran Y UY [1]) (Zweigprodukt).

Vaterelement: U I oder U II, also

entweder U I $\begin{cases} \xrightarrow{\alpha} UY \xrightarrow{\beta} \text{Actiniumreihe} \\ \xrightarrow{\beta} UX_1 \xrightarrow{\beta} UX_2 \xrightarrow{\beta} U\,II \xrightarrow{\alpha} Io\ \text{usw.} \end{cases}$

oder $U\,I \xrightarrow{\alpha} UX_1 \xrightarrow{\beta} UX_2 \xrightarrow{\beta} U\,II \begin{cases} \xrightarrow{\alpha} UY \xrightarrow{\beta} \text{Actiniumreihe} \\ \xrightarrow{\beta} \text{Ionium-Radiumreihe} \end{cases}$

(für das zweite Schema sprechen die Reichweiten der Actiniumprodukte).

Halbwertszeit: 25,5 Stunden (Hahn und Meitner, Phys. Zeitschr. **15**, 240 [1914]).

Strahlung: Langsame β-Strahlung.

Chemisches Verhalten: Isotop mit UX_1.

Zerfallsprodukt: Unbekannt, vermutlich ist es die Stammsubstanz der Actiniumreihe.

Entdeckung: Bei seinen Untersuchungen über UX hatte Antonoff dies Radioelement (das jetzt als $UX_1 + UX_2$ erkannt ist) einmal mit $BaSO_4$, ein zweites Mal mit FeO_3H_3 niedergeschlagen. Als er nun die Zerfallskurven dieser beiden Niederschläge bestimmte, fand er, daß sie nicht identisch waren. Die Zerfallskurve des mit $BaSO_4$ abgeschiedenen UX folgte sowohl für die harten wie für die weichen β-Strahlen von Anfang an dem exponentiellen Gesetz. Sie fiel mit einer Periode von rund 24 Tagen ab. Das mit FeO_3H_3 abgeschiedene UX zerfiel aber während der ersten paar Tage

---

[1]) Antonoff, Phil. Mag. **22**, 419 (1911); O. Hahn und Lise Meitner, Phys. Zeitschr. **15**, 236 (1914); s. a. Soddy, Phil. Mag. **27**, 215 (1914).

schneller, als dem obigen exponentiellen Gesetz entsprach, wenn sich kein Schirm über dem Präparat befand. Als man die weichen β-Strahlen aber durch Zwischenschaltung einer Aluminiumschicht entfernte, so daß nur die harten β-Strahlen zur Wirkung kamen, ergab sich wieder der normale Abfall mit einer Halbwertszeit von 24 Tagen, wie beim Bariumsulfatniederschlag. Auf diese Beobachtung hin machte Antonoff die Annahme, daß mit dem Eisenhydroxyd ein neues Radioelement, das er UY nannte, abgeschieden worden wäre. Mit Bariumsulfat fällt UY nicht nieder. O. Hahn und Lise Meitner[1]) haben die Existenz des UY bestätigt und es in exakter Untersuchung charakterisiert. Sie stellten zunächst in folgender Weise ein völlig UX-freies Uranpräparat her: 20 g wasserfreies Urannitrat wurden in Wasser gelöst, mit 1 ccm 5 proz. Eisenchloridlösung versetzt und dann mit Ammoniak gefällt. Durch Zusatz von überschüssigem Ammoniumcarbonat wurde von den ausgefällten Uran- und Eisenverbindungen das Uran wieder gelöst, so daß Eisenhydroxyd, das auch den größten Teil des UX usw. enthielt, zurückblieben. Um UX völlig zu entfernen, wurde die Ammoniumcarbonatlösung angesäuert, erneut mit Eisenchloridlösung versetzt und wie früher UX-haltiges Eisenhydroxyd gefällt. Dieser Prozeß wurde so lange wiederholt, bis die Aktivität des gefällten Eisens praktisch gleich Null war. Nun war die Uranlösung frei von UX. Beim Stehen bildete sie von neuem UX und UY, und letzteres mußte sich nunmehr sicher nachweisen lassen. Da UY eine sehr kurze Lebensdauer dem UX gegenüber hat, wählten beide Forscher die Ansammlungszeit nicht zu lang (sie variierten von 5—50 Stunden). Dann wurden in analoger Weise wie oben erneut Eisenfällungen gemacht und diese in zwei verschiedenen geschlossenen Elektroskopen auf ihre Strahlung hin untersucht. Bei dem einen Elektroskop bestand der Boden aus einer 0,01, bei dem anderen aus einer 0,07 mm dicken Aluminiumfolie, so daß bei letzterem nur die durchdringende β-Strahlung zur Wirkung kam. α-Strahlen dagegen konnten in keines der Elektroskope eindringen. Es zeigte sich nun, daß die β-Strahlung beim dünneren Schirm schneller abnahm als beim dickeren. Beim letzteren aber erfolgte sie immer mit der Halbwertszeit des UX. Durch Subtraktion der mit beiden Elektroskopen aufgenommenen Abfallkurven ergab sich die Abfallkurve des schneller zerfallenden UY.

Besondere Versuche ergaben dann noch, daß die Erscheinung nicht durch Spuren von Th in Zerfallsprodukten im Ausgangsmaterial vorgetäuscht sein kann.

---
[1]) l. c.

Danach emittiert UY langsame β-Strahlen und besitzt eine Halbwertszeit von $25,5 \pm 0,5$ Stunden. Es ist ein Zweigprodukt und entsteht entweder aus U I neben UX oder aus U II neben Io. Für die letztere Annahme sprechen, wie gesagt, die Reichweiten der Actiniumprodukte[1]). Durch Bestimmung der Anstiegkurve des UX aus dem vollständig von UX befreiten Uranium ergab sich, daß UY nicht die Muttersubstanz des UX sein kann.

Danne[2]) hat Beweise für die Existenz des sog. Radiouraniums beizubringen gesucht, doch sind seine Experimente nicht bestätigt worden.

Ionium Io (Atomgew. ber. = 230).

Vaterelement: U II.

$\lambda = 4,3 \cdot 10^{-13}$ sek^{-1}.

Mittlere Lebensdauer: $7,4 \cdot 10^4$ Jahre (Wiener Akad.-Ber. **123**, 1472).

Halbwertszeit: ca. 70 000 Jahre (Soddy und Hitchins, Phil. Mag. **30**, 209 [1915]), neuerdings gef. zu $5,1 \cdot 10^4$ Jahre (Wiener Akad.-Ber. **123**, 1472 [1914]).

Strahlung: α-Strahlen von 3,11 cm Reichweite in Luft (15° 760 mm) (St. Meyer, V. F. Hess und F. Paneth, Wiener Akad.-Ber. IIa **123**, 1472 [1914]). Anfangsgeschwindigkeit der α-Strahlen $v_0 = 1,47 \cdot 10^9$ cm/sec.

Chemisches Verhalten: Isotop mit Thorium, dessen chemische Reaktionen es darum auch besitzt.

Zerfallsprodukt: Radium.

Die Entdeckung des Ioniums verdanken wir B. B. Boltwood[3]). Sie ist eng verknüpft mit der Suche nach einem Zwischenprodukt zwischen Uran (U II) und Radium. Boltwood hatte gefunden, daß in den Uranmineralien das Verhältnis zwischen Uran und Radium konstant ist. Radium mußte also ein Umwandlungsprodukt des Urans sein, und man mußte seine Bildung aus Uran messend verfolgen können. Als man nun Uran von Radium befreite und dann Beobachtungen anstellte, ob Radium in absehbarer Zeit entstand, fand man, daß das nicht der Fall ist. Offenbar bildete sich Radium viel langsamer nach, als erwartet werden mußte, wenn Uran resp. UrX sich direkt in Radium verwandelten. Das ließ sich nur erklären, wenn noch ein Zwischenprodukt zwischen diesen

---
[1]) Vgl. St. Meyer-Schweidler, „Radioaktivität", S. 261.
[2]) Compt. rend. **148**, 337 (1909) und Le Radium **6**, 42 (1909).
[3]) Lill. Journ. **22**, 537 (1906); Phys. Zeitschr. **7**, 915 (1906), **8**, 884 (1907); s. a. O. Hahn, Nature **77**, 30 (1907) und Ber. d. Deutsch. Chem. Gesellsch. **40**, 4415 (1907); W. Marckwald und B. Keetman, Ber. d. Deutsch. Chem. Gesellsch. **41**, 49 (1908).

Elementen und Radium vorhanden war, dessen Bildung und Umwandlung in Radium die Entstehung des letzteren so sehr verzögerte. Um dies Zwischenprodukt zu finden, untersuchte Boltwood das Mineral Carnotit. Er brachte es in Lösung, behandelte seine saure Lösung mit Fällungsmitteln für Edelerden, um diese niederzuschlagen. Da nun im Carnotit wenig Edelerden, besonders Th, vorhanden waren, setzte er zur Vermehrung des Niederschlags Thoriumsalz zu und fällte mit Oxalsäure. Dabei entstand ein Niederschlag, der weitaus stärker radioaktiv war, als es die zugesetzte Thoriummenge sein konnte. Boltwood hielt ihn zuerst für Actinium. Es zeigte sich nun, daß der so erhaltene und in Chlorid verwandelte Niederschlag fortwährend Radiumemanation und damit Radium erzeugte. Darum hielt man anfangs das Actinium für das Vaterelement des Radiums. Als aber dann Rutherford ein wirkliches Actiniumpräparat auf anderem Wege herstellte, fand er, daß es im Gegensatz zu dem Präparat aus Carnotit kein Radium erzeugte. Bald darauf stellte Boltwood fest, daß das Präparat aus Carnotit kein Actinium enthielt, sondern ein bisher unbekanntes Radioelement, das er Ionium nannte. Weiter fand Boltwood, daß die in den Uranmineralien vorhandene Ioniummenge einerseits der Menge des vorhandenen Urans, andererseits der sich bildenden Radiummenge proportional war. Ionium war also ein Zerfallsprodukt des Urans und das Vaterelement des Radiums.

Eine einfache und sichere Methode, Ionium aus irgendeiner Mischung abzuscheiden besteht darin, daß man der Mischung ein Thoriumsalz zusetzt, falls sie es nicht schon sowieso enthält, und dann das Thorium durch Fällung (mit Thiosulfat, Oxalsäure usw.) abscheidet. Mit dem Thorium wird dann das Ionium abgeschieden, ist allerdings dann vom Thorium nicht mehr zu trennen, da beide Elemente isotop sind. Die Aktivität des Thoriums ist schwach gegen die des Ioniums.

Eine andere Methode zur Isolierung des Ioniums beschrieb B. Keetman[1]). Er beobachtete, daß seltene Erden auch aus den verdünntesten, stark salz- und schwefelsauren Lösungen selbst bei Gegenwart von Phosphorsäure quantitativ als Fluoride gefällt werden. Daneben fallen Blei- und Calciumfluorid nieder, während Eisen, Uran und die anderen Elemente in Lösung bleiben.

Uranerz wurde in warmer verdünnter Salpetersäure aufgelöst, die Lösung zur Trockne verdampft, um Kieselsäure unlöslich zu machen, dann mit Salpetersäure und Wasser aufgenommen und

---
[1]) Keetman, „Über die Auffindung des Ioniums". Inaug.-Diss. Univ. Berlin 1909, S. 13f.

vom unlöslichen Rückstand abfiltriert. Das Filtrat wurde mit Schwefelsäure versetzt, eingedampft und abgeraucht, um die Nitrate in die Sulfate überzuführen. Auf Zusatz von Wasser fallen die Sulfate von Barium, Radium und Blei nieder, die man abfiltriert. Das Filtrat wird in einer Platinschale zum Sieden erhitzt und so lange mit Flußsäure versetzt, bis es deutlich danach riecht. Nach dem Erkalten filtriert man die Fluoride auf ein gegen Flußsäure beständiges Filter, z. B. einen paraffinierten Tiegel. Sie werden dann wieder mit konzentrierter Schwefelsäure durch Abrauchen zersetzt und durch Zugabe von Wasser in Lösung gebracht. Aus dieser Lösung werden die seltenen Erden zunächst durch Zusatz von Oxalsäure wieder abgeschieden, der Niederschlag in heißem konzentrierten Ammoniumoxalat gelöst und dann stark mit Wasser verdünnt. Es scheiden sich dann die Yttererden ab, die so gut wie inaktiv sind, während Thorium und mit ihm Ionium in Lösung bleiben. Durch Zusatz von Salzsäure werden die Oxalate aus dieser Lösung ausgeschieden. Aus 200 g deutsch-ostafrikanischer Pechblende wurden so einige Zehntel Gramm sehr stark aktives Thoriumoxalat gewonnen. Bei Verwendung von Rückständen von Joachimsthaler Pechblende ergab sich — ceteris paribus — eine viel geringere Ausbeute. Offenbar war das Ionium größtenteils bei dem Uran geblieben und so den Rückständen entzogen worden[1]).

Enthält eine ioniumhaltige Lösung sehr geringe Mengen von Thorium, so sind die Fällungen mit Natriumthiosulfat, wenig Oxalsäure und die Löslichkeit in Ammoniumcarbonat für die Abscheidung des Thoriums ganz unzuverlässig. Man kann dann seine Fällung mit Thiosulfat dadurch erleichtern, daß man das Chlorid eines ganz schwach basischen Metalles, das dadurch auch ausgefällt wird, zusetzt. So fiel auf Zusatz von Aluminiumchlorid das meiste Ionium nach zweimaliger Fällung aus. Das Aluminium konnte dann in der verschiedensten Weise leicht wieder abgetrennt werden durch Natronlauge, Oxalsäure, Flußsäure, Ammoniumcarbonat u. a. Als man aber mit größeren Mengen arbeitete, blieben mehrere Prozente Ionium auch bei wiederholter Fällung bei den Ceriterden. Darum sah Keetmann hier von einer Ausfällung mit Thiosulfat ganz ab und fällte mit Zinkhydroxyd (mit Wasser aufgeschlämmtes Zinkoxyd). „Bei nicht zu geringem Überschuß des genannten Reagenzes konnten selbst die letzten Spuren von Ionium aus großen Mengen anderer Erden quantitativ gefällt werden. Da mitunter etwas Cer und Didym mitgerissen wurde, war eine Wieder-

---

[1]) Keetman, Diss. Berlin 1909, S. 17.

holung des Verfahrens zweckmäßig. Die Trennung von Zink geschah, nachdem der Niederschlag in Säure gelöst war, durch Natronlauge, Ammoniak oder Flußsäure[1])."

Frisch hergestellte Präparate von Ionium enthalten anfangs UX, dessen β-Strahlung mit einer Halbwertszeit von 22 Tagen vergeht, während die α-Strahlung des Ioniums bleibt.

Die Trennung des Ioniums vom Radium geschieht dadurch, daß man die schwefelsaure Lösung beider mit Bariumchlorid fällt. Mit dem $BaSO_4$ fällt $RaSO_4$ nieder, während das Ionium im Filtrate bleibt. Verschließt man das Filtrat hermetisch, so kann man neugebildetes Radium immer dadurch nachweisen, daß man es von Zeit zu Zeit auskocht, wobei mit den entweichenden Gasen Radiumemanation fortgeht.

In seinen chemischen Reaktionen gleicht Ionium dem Thorium, mit dem es ja isotop ist. Mit der Tatsache, daß Ionium stets mit Thorium aus dessen Lösungen gefällt wird, hat man eine sichere und bequeme Methode, es aus Mischungen herauszuholen.

Ionium sendet α-Strahlen mit einer Reichweite von 3,11 cm in Luft aus (früher waren 3,05 und 2,8 cm angegeben). Auch γ-Strahlung ist nachgewiesen[2]).

Um die Bildung von Ionium aus UX nachzuweisen, hat Soddy seinerzeit UX-Präparate, die aus 50 kg Uranylnitrat gewonnen waren, untersucht. Wäre die Bildung von Ionium mit meßbarer Geschwindigkeit vor sich gegangen, so hätte die α-Strahlung zunehmen müssen. Es war aber ein Anstieg der α-Strahlung nicht festzustellen. Soddy schloß auf Grund seiner Versuche, daß die untere Grenze der Halbwertszeit $5 \cdot 10^4$, die obere 10^6 Jahre sein müsse.

Neuerdings konnte er dann in Gemeinschaft mit Frl. Hitchins[3]) auch den direkten experimentellen Nachweis erbringen, daß sich Radium aus Uran bildet. In einer Uranlösung, die vor sechs Jahren von Ionium und Radium befreit war, fanden sie, daß sich Radium nachgebildet hatte. Aus der Geschwindigkeit der Nachbildung berechneten sie die Halbwertszeit des Ioniums zu ca. 70 000 Jahren.

Praktisch verwenden kann man das Ionium als Radiokollektor[4]) und als Bronson-Widerstand.

---

[1]) Ebenda S. 18—19. S. Abscheid. von Act. u. Ionium aus dem Olaryerz, Chem. News **111**, 59—60; Centralh. **1915**, II, 95; Chem. Repert. d. Chem.-Ztg. **1915**, 409.
[2]) Chem. News **107**, 103 (1913).
[3]) Phil. Mag. **30**, 209 (1915).
[4]) Bergwitz, Phys. Zeitschr **12**, 83. (1911).

Radium Ra, Atomgewicht (exp. best.) = **225,97**; abger. **226**.
Vaterelement: Ionium.
$\lambda = 1{,}26 \cdot 10^{-11}$ sek^{-1}.
Mittlere Lebensdauer: 2500 Jahre.
Halbwertszeit: Berechnet 1733 Jahre (Rutherford - Geiger, Proc. Royal Soc. 81, 162 [1908]) (nach Boltwood 2000 Jahre).
Strahlung: α - Strahlung, $R_{15} = 3{,}13$ cm, daneben weiche β-Strahlung.
Chemisch nächstverwandtes Element: Ba.
Zerfallsprodukt: Radiumemanation.

Vorkommen. In winzigen Mengen findet sich Radium in allen gewöhnlichen Gesteinen und Mineralien. Bei Eruptivgesteinen schwankt der Radiumgehalt zwischen $0{,}3 \cdot 10^{-12}$ g und $4{,}78 \cdot 10^{-12}$ g, bei Sedimentgesteinen zwischen $0{,}12 \cdot 10^{-12}$ g und $2{,}92 \cdot 10^{-12}$ g metallisches Radium pro 1 g Gestein. Dabei sind im allgemeinen die gleichen Gesteine im verwitterten Zustand erheblicher radioaktiv als im unverwitterten Zustand. Im Meerwasser findet sich ein nicht unerheblicher Radiumgehalt. Nimmt man an, daß die Masse der Ozeane $1{,}452 \cdot 10^{18}$ Tonnen beträgt, so sind darin rund 20 000 Tonnen Radium (auf Metall ber.) enthalten, doch kann es daraus nicht nutzbringend gewonnen werden. Auch in manchen anderen Gewässern, besonders in Quellwässern, findet man Radium als Salz gelöst. Die meisten Quellen verdanken freilich ihre Aktivität gelöster Radiumemanation.

In erheblich größerer Konzentration kommt Radium in Uranmineralien vor, von denen die wichtigsten in der untenstehenden Tabelle aufgeführt sind. Die schon immer gemachte Annahme, daß Radium (über mehrere Zwischenphasen) ein Zerfallsprodukt des Elementes Uran ist, wurde neuerdings experimentell bestätigt. Vor sechs Jahren war ein Uranpräparat in Soddys Laboratorium von Ionium und Radium befreit worden. F. Soddy und A. Hitchins stellten nun mit Sicherheit fest[1]), daß sich inzwischen Radium in dieser Lösung nachgebildet hatte. Da Radium ein Zerfallsprodukt des Elementes Uran ist, so müßte es sich in Mineralien in einem konstanten Verhältnis zum Uran befinden, falls das Mineral so alt ist, daß Gleichgewicht in der Zerfallsreihe eintreten konnte. Man hat dies Verhältnis bei den wichtigsten Uranmineralien bestimmt, und es ist, neben anderen Daten, in der letzten Reihe der folgenden Tabelle aufgeführt.

---

[1]) Phil. Mag. (6) **30**, 209 (1915).

Tabelle 6.

Mineral	Herkunft	Ra in %	Ur in %	Ra/Ur
Chalcolith	Sachsen	$0{,}714 \cdot 10^{-5}$	39,29	$1{,}82 \cdot 10^{-7}$
,,	Deutschland	0,905 ,,	28,80	3,14 ,,
,,	Portugal 1.	1,30 ,,	39,03	3,33 ,,
,,	,, 2.	1,21 ,,	36,20	3,33 ,,
,,	,, 3.	0,024 ,,	0,724	3,35 ,,
,,	Cornouailles	1,70 ,,	48,66	3,49 ,,
Carnotit	Colorado	0,375 ,,	16,00	2,34 ,,
Gummit (lösl. Teil)	Deutschland	0,31 ,,	12,20	2,54 ,,
,, (roh. Min.)	,,	0,58 ,,	17,37	3,34 ,,
Autunit	Autun	1,20 ,,	46,92	2,56 ,,
,,	Tonkin	1,22 ,,	47,10	2,59 ,,
Pechblende	St. Joachimsthal	1,48 . ,,	46,11	3,21 ,,
,,	Norwegen	0,17 ,,	4,67	3,64 ,,
,,	,,	2,05 ,,	58,90	3,48 ,,
,,	Cornouailles	1,07 ,,	28,70	3,74 ,,
Samarskit	Indien	0,295 ,,	8,80	3,35 ,,
Broeggerit	Norwegen	2,10 ,,	63,89	3,29 ,,
Cleveit	,,	1,81 ,,	54,90	3,32 ,,
Uranothorit	,,	0,16 ,,	4,83	3,31 ,,
Fergusonit	,,	0,223 ,,	6,30	3,55 ,,
Thorianit	Ceylon	0,66 ,,	18,60	3,55 ,,

Im Mittel beträgt das Gleichgewichtsverhältnis:
$$\frac{\text{Radiummenge}}{\text{Uranmenge}} = 3{,}2 \cdot 10^{-7},$$
d. h. 320 mg Radium (Element) sind in einer Mineralmenge, die 1000 kg Uran (Element) enthält, vorhanden.

Darstellung von Radiumsalzen aus Mineralien. Für die Verarbeitung von Mineralien auf Radiumsalze ist es wichtig, zu wissen, daß es in seinen analytischen Reaktionen dem Barium gleicht und daß seine Salze im allgemeinen schwerer löslich sind als Bariumsalze.

Von Mineralien kommen für die Herstellung des Radiums in Betracht vor allem Pechblende, Carnotit, dann radiumhaltiger Pyromorphit, Autunit u. a.

Meist wird bei der Verarbeitung so verfahren, daß man evtl. nach entsprechender Vorbehandlung die Mineralbestandteile an Schwefelsäure bindet, wodurch Radium mit Ba, Ca, Pb, SiO_2 u. a. niedergeschlagen wird. Die Sulfate usw. werden, nach vorhergehender Reinigung, in Carbonate verwandelt (neuerdings auch zu Sulfiden reduziert) und letztere, nachdem sie fast nur noch Barium und Radium enthalten, in Chloride oder Bromide übergeführt. Letztere kann man durch systematische fraktionierte Krystallisation trennen. Selbstverständlich müssen sehr große Mengen von Uranmineralien in Fabriken in Angriff genommen und verarbeitet werden. Bei Pechblende, die außerordentlich viele Beimengungen enthält, ist die Verarbeitung sehr kompliziert. Da sie die wichtigste für die Herstellung von Radiumsalzen ist, sei sie hier in der Übersicht beschrieben. Ausführlicher wird sie im technologischen Teil behandelt.

Verarbeitung von Joachimsthaler Pechblende auf Radiumsalze. Vorbereitung des Minerals und Erzeugung des Pechblenderückstandes. Entweder wird das zerkleinerte Mineral zuerst mit Soda geröstet, das Röstprodukt erst mit warmem Wasser (zur Entfernung überschüssiger Soda) und dann mit verdünnter Schwefelsäure ausgelaugt. Hierbei geht das Uran in Lösung, Radium, Calcium, Blei usw. bleiben im „Rückstand". Man kann nach anderen Angaben das Mineral auch gleich mit Natriumsulfat schmelzen und dann mit Wasser und verdünnter Schwefelsäure auslaugen. Oder man behandelt neuerdings das gepulverte Uranerz gleich mit Schwefelsäure, der etwas Salpetersäure zugesetzt ist, und laugt das Uransulfat aus. In allen Fällen bleibt ein radiumhaltiger „Rückstand", der außer den Sulfaten des Radiums, Calciums, Bleis u. a. noch Kieselsäure sowie geringe Mengen von As, Sb, Cu, Bi, Co, Ni, Mn, Zn, Fe, Al, seltene Erden, Tl, Vd, Nb, Ta u. a. enthält. Dieser Rückstand bildet das Ausgangsmaterial für die Radiumgewinnung. Aus 10 000 kg Pechblende erhält man so etwa 3000 kg Rückstände, die rund $1\frac{1}{2}$ mal so aktiv sind als das Ausgangsmaterial.

Verarbeitung der Rückstände nach Debierne. Eine erste Konzentration der Rückstände erreicht man dadurch, daß man ihn mit konzentrierter Natronlauge auskocht. Kieselsäure, ein Teil der Schwefelsäure, Blei, Aluminium, Calcium werden dadurch in Lösung gebracht. Man filtriert, wäscht den Rückstand gut mit Wasser und behandelt ihn dann mit gewöhnlicher Salzsäure. Nun geht der größte Teil in Lösung, und die letztere enthält das meiste Polonium und Actinium, deren Abscheidung später besprochen wird. Im Rückstand aber bleibt die Hauptmenge des Radiums als Sulfat. Er wird erst mit Wasser gewaschen und dann mit konzentrierter Sodalösung gekocht, wobei die Sulfate bis auf ganz geringe Mengen in Carbonate verwandelt werden. Nach dem Filtrieren wäscht man sehr gründlich mit Wasser und löst das Zurückgebliebene in reiner (besonders SO_4-freier) Salzsäure. In der so entstandenen Lösung von Ra, Ba, Pb, Fe, Ca u. a. findet sich noch Polonium und Actinium. Um sie größtenteils zu entfernen, fällt man die Lösung wieder mit Schwefelsäure. Das so entstandene „Rohsulfat" enthält außer Sulfaten von Pb, Ra, Ba, Ca noch Fe und immer noch Polonium und Actinium, die man daraus gewinnen kann (s. später). Aus 10 000 g Pechblende erhielt man 30—60 kg Rohsulfat, das nun schon etwa 10 mal aktiver ist als das Ausgangsmaterial.

Durch Kochen mit Soda erzeugte man nun aus dem Rohsulfat wieder Carbonat, wusch dieses sehr gründlich aus, löste es in reiner Salzsäure und reinigte diese Lösung in folgender Weise. Zunächst wurden poloniumhaltige Sulfide mit Schwefelwasserstoff ausgefällt, die man abfiltrierte. Das Filtrat wurde vom Schwefelwasserstoff befreit, mit Chlor oxydiert und mit reinem Ammoniak gefällt. Es schieden sich Oxyde des Eisens und der Erden aus, die wegen ihres Actiniumgehaltes sehr stark aktiv sind. Aus dem Filtrate fällte man die Erdalkalien samt dem Radium mit Soda aus. Die so erhaltenen Carbonate wurden wieder in Chloride übergeführt und diese mehrmals mit konzentrierter Salzsäure zur Staubtrockne eingedampft. Nun nimmt man mit konzentrierter reiner Salzsäure auf, die nur Calciumchlorid löst, das Radium-Bariumchlorid aber ungelöst läßt. Durch diese Behandlung schwinden die 30—60 kg Rohsulfat auf ca. 24 kg „Rohchlorid" zusammen, die ca. 20 mal aktiver sind als Pechblende. Aus diesem Rohchlorid wird nun durch fraktionierte Krystallisation reines Radiumchlorid gewonnen.

Nach Soddy kann man einfacher die Sulfate in einem Strom von Leuchtgas, Wassergas oder einer sonstigen Reduktionsatmosphäre zu Sulfiden reduzieren und diese dann in Salzsäure lösen, um sie der fraktionierten Krystallisation zu unterwerfen.

Die fraktionierte Krystallisation des Radium-Bariumchlorids beruht darauf, daß Radiumchlorid erheblich schwerer löslich ist als Bariumchlorid. Sie wird zweckmäßig folgendermaßen ausgeführt: Man hält sich dazu eine Reihe von leeren Krystallisationsschalen bereit, die wir mit I, II, III, IV, V usw. bezeichnen und in horizontaler Reihe anordnen wollen. Dann löst man das Rohchlorid in siedendem Wasser auf, filtriert in Schale I und engt evtl. ein, bis eine Krystallisation beginnt. Ist diese nach dem Erkalten beendet, so gießt man die Mutterlauge von den Krystallen in I in die Schale II, dampft sie hier wieder bis zur Krystallisation ein und läßt erkalten. Nun wird die Mutterlauge der Krystallisation in II in die Schale III gegossen und wie vorher angegeben behandelt. Fährt man so fort, so befindet sich die letzte, gleichsam erschöpfte Mutterlauge in der Schale mit der höchsten Nummer. Die vorhergehenden Schalen enthalten Krystalle, von denen die in I befindlichen die schwerstlöslichen (zugleich aktivsten), die sukzessive höher numerierten, sukzessive leichter löslich und weniger aktiv sind. Man beginnt nun eine neue, analoge Serie von Krystallisationen, indem man die Krystalle in I mit reinem heißen Wasser zu einer gesättigten Lösung bringt und auskrystallisieren läßt. Es scheiden sich Krystalle, die wir mit I_1 bezeichnen wollen, von einer Mutterlauge, die nun auf die Krystalle in Schale II der vorhergehenden Serie gegossen und nach Lösung zur Krystallisation gebracht wird. Die Mutterlauge der jetzt neu entstehenden Krystalle (II_1) wird zur Auflösung und Krystallisation der Krystalle in Schale III benutzt und so fortgefahren, bis die Aktivität der entstehenden Krystalle und Laugen so gering ist, daß man sie eliminieren kann. Es liegt dann eine zweite Serie von Krystallisationen vor: I_1, II_1, III_1, IV_1, V_1 usw. Wieder beginnt man nun I_1 aus reinem Wasser umzukrystallisieren, wodurch Krystalle I_2 und eine Mutterlauge entsteht, die nun in angegebener Weise immer wieder zur Krystallisation von II_1, III_1 usw. dient. Die neue Serie von Krystallisationen heiße I_2, II_2, III_2, IV_2 usw., und in analoger Weise fortfahrend, kommen wir zu fraktionierten Krystallisationen, deren Zusammenhang aus folgendem Schema ersichtlich ist:

$$\begin{array}{ccccc}
I & \to II & \to III & \to IV & \to V \to \\
\downarrow & \downarrow & \downarrow & \downarrow & \downarrow \\
I_1 & \to II_1 & \to III_1 & \to IV_1 & \to V_1 \to \\
\downarrow & \downarrow & \downarrow & \downarrow & \downarrow \\
I_2 & \to II_2 & \to III_2 & \to IV_2 & \to V_2 \\
\downarrow & \downarrow & \downarrow & \downarrow & \downarrow \\
I_3 & \to II_3 & \to III_3 & \to IV_3 & \to V_3 \\
\downarrow & \downarrow & \downarrow & \downarrow & \downarrow \\
\leftarrow I_4 & \to II_4 & \to III_4 & \to IV_4 & \to V_4 \\
& \downarrow & \downarrow & \downarrow & \downarrow \\
& \leftarrow II_5 & \to III_5 & \to IV_5 & \to V_5 \\
& & \downarrow & \downarrow & \downarrow \\
& & \leftarrow III_6 & \to IV_6 & \to V_6
\end{array}$$

Man läßt natürlich die Anzahl der Portionen nicht ins Ungemessene steigen, sondern beschränkt sie nach ihrer Aktivität. Ist z. B. die Aktivität einer Mutterlauge gering geworden (durch Eindampfen zur Trockne und Messung im Elektroskop rasch zu konstatieren), so scheidet man sie aus; die horizontal nach rechts gerichteten Pfeile am Ende der Reihen mögen das andeuten. Ebenso lohnt es sich nicht mehr, die Krystallisationen auf der rechten Seite der Reihen weiterzuführen, wenn die Abscheidungen sehr schwach aktiv werden. Man entfernt dann die letzten Portionen in der Reihe und ersetzt sie zu oberst durch vorher angesammeltes aktives Chlorid, wodurch dann wieder radiumreicheres Chlorid ausfällt. Nach einer passenden Anzahl von Fraktionierungen wird die am schwersten lösliche, radiumreichste Fraktion ausgeschieden, das sollen die horizontal nach links gerichteten Pfeile bei I_4 und II_5 andeuten. Diese Produkte werden dann evtl. wie unten mitgeteilt weiterbehandelt.

Wenn man diesen Mechanismus der Krystallisation einhält, bleibt die Anzahl der Fraktionen und die Aktivität einer jeden ziemlich konstant, wobei eine jede etwa fünfmal so aktiv ist als die folgende. Man entfernt am Ende der einen Reihe ein beinahe inaktives Produkt und hat am Beginn der neuen Reihe ein an Radium angereichertes Chlorid. Natürlich vermindert sich die Gesamtmenge der Substanz fortschreitend, und die Fraktionen werden desto kleiner, je aktiver sie werden. Um nun nicht mit zu kleinen Flüssigkeitsmengen bei den weiteren Krystallisationen arbeiten zu müssen, verwendet man von einem bestimmten Punkte an statt reinem Wasser salzsäurehaltiges. Darin sind die Chloride schwerer löslich und zeigen größere Unterschiede in ihrer Löslichkeit. Dadurch kann man sich immer passend große Volumina schaffen und bei Verwendung von ziemlich starker Salzsäure die Trennung durch Krystallisation rascher beenden.

Nach F. Giesel[1]) kann man die Zahl der Fraktionierungen noch dadurch beschränken, daß man statt der Chloride die Bromide herstellt. Barium- und Radiumbromid zeigen nämlich viel größere Löslichkeitsunterschiede als ihre Chloride.

Müssen mehrere Kilo Barium-Radiumchlorid verarbeitet werden, so läßt man die ersten Krystallisationen in der Fabrik vornehmen, wobei es genügt, schwefelsäurefreies, salzarmes Regen- oder Flußwasser zu verwenden. Rund 90% Bariumchlorid werden bei der ersten Krystallisation, die man in gußeisernen Kesseln vornehmen läßt, bereits entfernt.

Handelt es sich darum, völlig reine Radiumpräparate herzustellen, so arbeitet man zweckmäßig nach den Vorschriften, die O. Hönigschmid[2]) dafür gegeben hat. Dieser Forscher kontrollierte den Fortgang der Reinigung von Radiumchlorid und Radiumbromid durch jeweilige Bestimmung des Atomgewichts. Alle Krystallisationen wurden in durchsichtigen Quarzschalen ausgeführt, so daß Lösungen der Radiumsalze nur während der Analysen, niemals aber in der Wärme mit Glas in Berührung kamen. Erhitzen und Abdampfen erfolgten in elektrisch geheiztem, mit destilliertem Wasser gespeisten Wasserbad, um beim etwaigen Springen der Quarzschalen eine größere Verunreinigung der Radiumpräparate zu verhüten. Selbstverständlich müssen bei allen Opera-

---
[1]) Ann. d. Phys. **69**, 91—94 (1899).
[2]) Wiener Monatshefte **33**, 258 ff. (1912), **34**, 283 ff. (1913).

tionen die üblichen Maßregeln gegen Verunreinigungen in erhöhtem Maße getroffen werden und peinlichste Sauberkeit bei allen Verrichtungen herrschen. Das gewöhnliche destillierte Wasser wurde zunächst unter Zusatz von alkalischem Permanganat, dann ein zweites Mal mit einigen Tropfen konzentrierter Schwefelsäure aus passenden Jenakolben zweimal destilliert, wobei alle Stopfen vermieden wurden. Die Jenakolben müssen vorher ausgedämpft sein. Die Salzsäure, die zur Herstellung des Chlorids diente, wurde aus reinster konzentrierter Handelssäure dadurch hergestellt, daß man diese mit dem gleichen Volum Wasser und ein paar Körnchen Permanganat längere Zeit erhitzte, um etwa vorhandenes Brom zu entfernen. Dann wurde ohne Stopfen mit einem Quarzkühler, der in den verengten Hals eines Destillationskolbens eingesetzt war, destilliert. Vorlauf und Nachlauf wurden eliminiert und nur die Mittelfraktion in einem Quarzkolben gesammelt. Die so erhaltene etwa 23 proz. Salzsäure diente zur Reindarstellung des Radiumchlorids.

Ein aus einer Fabrik erhaltenes hochprozentiges Radium-Bariumchlorid enthielt geringe Mengen Eisen, von denen es durch einmaliges Umkrystallisieren befreit wurde. Diesen Prozeß führte Hönigschmid so aus, daß er das Salz in möglichst wenig Wasser löste, 5 ccm obiger 23 proz. reiner Salzsäure zufügte und diese Lösung auf dem Wasserbade bis zur beginnenden Krystallisation eindampfte. Beim nachfolgenden Abkühlen schieden sich etwa zwei Drittel der Gesamtmenge des Salzes ab, während ungefähr ein Drittel in der Mutterlauge blieb.

Präparate von 60 proz. Radium-Bariumchlorid unterwarf Hönigschmid nach Entfernung des Eisengehaltes nochmals der fraktionierten Krystallisation, wobei nach fünfmaliger Ausscheidung von Krystallen ein Präparat vom Atomgewicht 217,52 (ber. 226) erhalten wurde. Nach erneuter viermaliger Krystallisation aus Salzsäure mit relativ großen Flüssigkeitsmengen, wobei die Hälfte des Salzes in den Mutterlaugen blieb, stieg das Atomgewicht auf 224,96. Zwei neue Krystallisationen aus Salzsäure erhöhten es auf 225,51, weitere sechs auf 225,79, und nach noch weiteren elf Umlösungen blieb es endlich konstant auf 225,97. Man sieht daraus, daß die Reinigung desto langsamer vor sich geht, je hochprozentiger das Radiumpräparat wird. Schon Frau Curie hatte gefunden, daß bei einem gewissen Reinheitsgrade des Radiumchlorids die Reinigung durch Umkrystallisieren aus Salzsäure ihre Grenze erreicht hat. Sie hatte dann durch fraktionierte Fällung mit Alkohol noch eine weitere Reinigung bewirken können. Auch diese Methode prüfte Hönigschmid bei seinen reinsten Radiumchloridpräparaten. Er löste sie in möglichst wenig Wasser, dampfte die Lösung so weit ein, daß sie noch gerade heiß gesättigt war, und fügte dann unter stetem Umrühren so lange frisch destillierten Äthylalkohol zu, als noch eine Fällung erfolgte. Durch siebenmalige Wiederholung der Fällung blieb etwa ein Viertel der Ausgangsmenge in der Mutterlauge, der Rückstand hatte kein höheres Atomgewicht erhalten (225,96). Will man älteres Radiumchlorid noch weiter reinigen, so kann man noch sein Zersetzungsprodukt RaD durch Fällung mit Schwefelwasserstoff abscheiden. Etwa 0,5 g Chlorid werden dann in etwa 100 ccm Wasser in einem Erlenmeyer gelöst, mit Salzsäure angesäuert, dann mit Kohlensäure die Luft aus dem Kolben verdrängt und die Flüssigkeit mit Schwefelwasserstoff gesättigt. Es scheidet sich eine minimale Menge eines schwärzlichen Niederschlags ab. Nun verdrängt man den Schwefelwasserstoff durch Kohlensäure und filtriert den Niederschlag ab. Beim Eindampfen der Lösung entsteht bald eine Trübung und dann Abscheidung einer Spur eines schweren weißen Niederschlags von Radiumsulfat, das durch Oxydation des Schwefelwasserstoffs entstanden sein muß. Nachdem es abfiltriert ist, dampft man zur Krystallisation ein.

Aus 10 000 kg Uranpecherz erhält man so etwa 1 g reines Radiumchlorid.

Von Emanation und Wasser befreit man Radiumchlorid durch Schmelzen im Salzsäurestrom, was ohne Veränderung bei ca. 900 geschehen kann, dabei wird es aber so fest an die Wand des Pt-Schiffchens angeschmolzen, daß man es mechanisch nicht ablösen kann.

Handelt es sich um die Herstellung von reinem Radiumbromid, so kann man entweder von vornherein Radium-Bariumbromid herstellen oder Radiumchlorid öfters mit Bromwasserstoffsäure eindampfen, die aus reinstem Brom und Wasserstoff katalytisch bereitet wurde. Auch Radiumnitrat geht durch drei- bis viermaliges Eindampfen mit destillierter reiner Bromwasserstoffsäure in Bromid über. Das Umkrystallisieren geschieht ähnlich wie beim Chlorid[1]: „Das Salz wurde in Quarzschalen in der gerade nötigen Menge Wasser auf dem elektrischen Wasserbade gelöst, die Lösung mit ca. 3 ccm der konzentrierten Bromwasserstoffsäure versetzt und unter einem Schutztrichter so weit eingedampft, bis in der Wärme die ersten Krystalle anzuschießen begannen. Darauf wurde abkühlen gelassen und die Mutterlauge entweder durch Dekantation oder mittels einer Quarzpipette entfernt. Die Krystalle wurden

---

[1] Hönigschmid, Wiener Monatshefte **34**, 290 (1913).

mit reiner Bromwasserstoffsäure nachgewaschen und waren damit zu neuer Krystallisation vorbereitet." Um das Radiumbromid völlig vom Wasser zu befreien und zu sehr genauen Analysen vorzubereiten, wurde es im Luftstrom getrocknet, die Luft durch Stickstoff, dieser durch reinstes, synthetisch hergestelltes Bromwasserstoffgas verdrängt und dann rasch geschmolzen. Dann mäßigt man die Temperatur auf Rotglut, verdrängt den Bromwasserstoff durch Stickstoff und läßt darin erkalten. So hält das geschmolzene Bromid keinen Bromwasserstoff zurück. Um es zu entwässern, ist es übrigens gar nicht nötig, das Bromid zu schmelzen. Auch reinstes Bromid gab bei der Atomgewichtsbestimmung einen Wert von 225,97 im Mittel.

Nach Hönigschmid ist, im Gegensatz zu anderen Angaben, das Radiumbromid kaum weniger beständig als Radiumchlorid[1]).

Hat man Radium aus Mutterlaugen von der Krystallisation oder von Fällungen herauszuholen, so kann man es mit reinster Schwefelsäure niederschlagen und das gesammelte und gewaschene Sulfat durch Erhitzen in einem mit Tetrachlorkohlenstoffdampf beladenen Salzsäurestrom wieder in Chlorid verwandeln[2]). Man füllt dann das noch feuchte Salz in ein großes Quarzschiffchen, trocknet zunächst bei ca. 300° in einem Luftstrom im Quarzrohr und erhitzt dann in einem Strome von Tetrachlorkohlenstoffdampf und Salzsäure auf hohe Rotglut. Die Umwandlung in Chlorid erfolgt so vollkommen glatt und ohne jeglichen Verlust.

Befindet sich von Fällungen gereinigter Radiumsalze mit Silbernitrat Radium als Nitrat mit überschüssigem Silbersalpeter in Lösung, so schlägt man zunächst das überschüssige Silber durch möglichst wenig Salzsäure nieder, läßt nach dem Zusammenballen noch etwa 14 Stunden stehen und filtriert dann ab. Das Filtrat wird dann in einer durchsichtigen großen Quarzschale auf elektrisch geheiztem Wasserbade eingedampft. Den Rückstand löst man in wenig Wasser, fügt 5 ccm destillierte reine Salzsäure zu und dampft wieder zur Trockne. Dabei blieben dünne, seidenglänzende Nadeln, die im Aussehen vom Chlorid verschieden sind und die sich beim Stehen an der Luft in wenigen Stunden gelb färben. Es liegt hier offenbar das schon von Frau Curie angenommene Nitrosylchlorid des Radiums vor. Nach zwei- bis dreimaligem erneuten Abdampfen mit Salzsäure verschwand dies Salz völlig, während Radiumchlorid entstanden war. Nach viermaligem Eindampfen mit Salzsäure ist sicher alle Salpetersäure verdrängt[3]).

---
[1]) Wiener Monatshefte ebenda S. 283.
[2]) Ebenda S. 292.
[3]) Wiener Monatshefte **33**, 274 (1912).

Radiumchlorid und Radiumbromid krystallisieren im monoklinen System mit 2 Mol. Wasser, das bei 100° entweicht, und sind isomorph[1]). In bezug auf seine Leitfähigkeit ist Radiumbromid in $\frac{1}{20}$ n- und $\frac{1}{12000}$ n-Lösung seinen chemischen Verwandten völlig analog[2]).

In wässeriger Lösung von Radiumsalzen entwickelt sich ein Gemisch von Wasserstoff und Sauerstoff. 1 g Radium vermag täglich 13 ccm davon zu liefern. Nach Debierne[3]) entsteht Knallgas, doch kann nach M. Kernbaum[4]) bei gewissen Versuchsbedingungen durch Bildung von Wasserstoffsuperoxyd auch überschüssiger Wasserstoff bei der Einwirkung von Radiumemanation auf Wasser entstehen:

$$2 H_2O = H_2O_2 + H_2.$$

Veränderung von Radiumpräparaten mit der Zeit. Unter dem Einfluß der eigenen Strahlen erleiden Radiumpräparate Veränderungen, von denen hier einige mitgeteilt seien. Die Radiumkommission der Wiener Akademie der Wissenschaften lieh seinerzeit 0,5 g reines $RaBr_2 \cdot 2 H_2O$ zu wissenschaftlichen Untersuchungen an W. Ramsay. Als ein Abgesandter der Akademie das Präparat in London überreichte, zeigte es sich, daß das, was in Wien 0,5 g gewogen hatte, in London nur noch 0,388 g schwer war, obwohl nichts weggekommen sein konnte. Die Lösung dieses Rätsels ergab sich aus der Beobachtung, daß das Präparat sich nun nicht mehr völlig in Wasser löste und beim Übergießen mit Bromwasserstoffsäure aufbrauste. Das wasserhaltige Salz hatte sein Wasser abgespalten und auch Brom verloren, für das Kohlensäure in das Molekül eingetreten war. Eine Bestimmung ergab, daß den 0,388 g des veränderten Salzes 0,4971 g $RaBr_2 \cdot 2 H_2O$ entsprachen[5]).

Über eine andere Veränderung von 60 proz. Radiumbromid, das längere Zeit ausgeliehen war, berichtet O. Hönigschmid[6]). Bei der Rückgabe war das Salz in kompakte schwere Stücke zusammengebacken, die schwärzlichbraun gefärbt erschienen. Beim Übergießen mit Wasser wurde das Präparat zunächst vollkommen weiß, löste sich aber diesmal rückstandlos auf. Durch zwei- bis dreimaliges Abdampfen mit Salzsäure wurde es in Chlorid verwandelt.

Ein anderes hochprozentiges Radiumpräparat war als wasserfreies Chlorid zwei Jahre lang in einem Quarzröhrchen mit ein-

---
[1]) Rinne, Jahrbuch der Radioakt. und Elektronik **3**, 239 (1906).
[2]) F. Kohlrausch und F. Henning, Ann. d. Phys. **20**, 96 (1906).
[3]) Compt. rend. **148**, 703 (1909).
[4]) Compt. rend. **148**, 705 (1909).
[5]) Wiener Monatshefte **29**, 1013 (1908).
[6]) Monatshefte **33**, 264 (1912).

geriebenem Stöpsel aufbewahrt worden[1]). Im Laufe dieser Zeit hatte dies Röhrchen eine merkwürdige Veränderung erlitten. Es wies zahllose feine Sprünge auf, die nach allen Richtungen verliefen, und war an der Innenseite dadurch vollkommen rauh geworden, daß der Quarz in dünnen Schuppen abzublättern begann und Risse oder Sprünge zeigte (Abbildungen s. Monatshefte 33, 609 [1912]). Quarz ist darum zur Aufbewahrung starker Radiumpräparate ungeeignet. Am besten ist bis jetzt noch Glas mit einem evtl. eingeschmolzenen Platinfaden. Es zeigt wenigstens keine Risse. Als ein aufbewahrtes Präparat in einem Platinschiffchen im trockenen Salzsäurestrom geschmolzen wurde, entwickelte sich Chlor, und gleichzeitig kondensierte sich Wasser in überraschend reichlicher Menge an den kälteren Teilen des Apparats. Das Präparat mußte nach diesem Verhalten im Laufe der Zeit eine erhebliche Veränderung erlitten haben, denn frisches getrocknetes Radiumchlorid kann im Salzsäurestrom geschmolzen werden, ohne daß sich auch nur Spuren von Chlor entwickeln. Man kann die Erscheinungen nur erklären, wenn man eine Umwandlung unter Aufnahme von Sauerstoff annimmt. Dabei kann dies Element unter Bildung eines Hypochlorits oder Chlorats aufgenommen werden. Außerdem kann die Oxydation auch bis zu chlorfreien oder wenigstens chlorärmeren Produkten führen.

Unter 200° C verliert krystallisiertes Radiumchlorid so gut wie alles Wasser[2]). Bei Gelbglut schmilzt es glatt und unzersetzt und erstarrt beim Abkühlen wie die Chloride der übrigen Erdmetalle zu einer glasartigen Masse, die ein intensives blauviolettes Licht ausstrahlt und auch im Tageslicht blauviolett erscheint. In der Dunkelkammer erhellt das vom geschmolzenen Chlorid ausgesandte Licht den Raum so weit, daß man alle Objekte daselbst unterscheiden und die Uhr noch in einer Entfernung von 20 cm ablesen kann. Mit Wasser übergossen leuchtet es weiter, solange noch eine Spur ungelöster Substanz vorhanden ist. Jedenfalls leuchtet das geschmolzene Salz viel stärker als die bloß bei 200° getrockneten Krystalle. Präparate von extrem verschiedenem Radiumgehalte sind dabei dem Lichteffekte nach nicht voneinander zu unterscheiden[3]).

Radiumsalze, die bis 200° getrocknet wurden, ändern ihre ursprüngliche Farbe beim Aufbewahren nur wenig und erscheinen selbst nach jahrelanger Aufbewahrung nur schwach gelblich oder schwach grau gefärbt. Trocknet man sie aber bei Rotglut, so färben sie sich schon nach 24—48 Stunden schwarz.

---

[1]) Monatshefte **33**, 260f. (1912).
[2]) Monatshefte **34**, 289 (1913).
[3]) Monatshefte **33**, 262 (1912).

Verarbeitung von Kalk-Uranglimmer (Autunit). Eine Methode, die erst in kleinerem Maßstabe ausgeführt wurde, ist von F. Glaser[1]) angegeben und beruht auf der Zersetzbarkeit des Uranglimmers mit Sodalösung. Erhitzt man Autunit damit, so wird das Uran gelöst, während Radium und Verunreinigungen, wie Eisen usw., zurückbleiben. Den Rückstand kann man dann mit Salzsäure in Lösung bringen und wie angegeben reinigen und fraktionieren.

Beim Arbeiten im großen extrahiert man das gepulverte Rohgestein mit Salzsäure, wobei Uran, Kupfer und Radium neben Eisen, Calcium usw. in Lösung gehen. Man versetzt nun mit Kalk bis zur schwach alkalischen Reaktion, wodurch sich Uran, Kupfer und Radium mit Eisen u. a. gemengt ausscheiden. Der Niederschlag, welcher in der Regel weniger als 10% des ursprünglichen Rohgesteins beträgt, kann nach bereits bekannten Verfahren weiterverarbeitet werden[1]).

Allgemeine Eigenschaften. Radium steht im periodischen System in der vertikalen Reihe (Gruppe II), die die Erdalkalien enthält, denen es in seinen Eigenschaften am nächsten kommt[2]). Andererseits steht es in derjenigen horizontalen Reihe (Periode), in der auch die Radioelemente Th und U ihren Platz haben. In seinen analytischen Reaktionen und sonstigem Verhalten steht es dem Barium am nächsten und unterscheidet sich so von ihm, wie man es nach seiner Stelle in der Spannungsreihe[3])

... Ca (Li), Sr, Ba, Ra, Na, K, Rb, Cs

erwarten kann. Vor allem sind seine Salze schwerer löslich als die des Bariums. Aus diesem Grunde ist schwefelsaures Radium das am schwersten lösliche Sulfat, das wir kennen. Auch Chlorid und Bromid des Radiums sind schwerer löslich in Wasser, Salzsäure resp. Bromwasserstoffsäure als die entsprechenden Bariumverbindungen, und darauf beruht die Möglichkeit der Trennung des Radiums vom Barium[4]). Die Nitrate beider Elemente scheinen dagegen ziemlich gleich löslich zu sein, da sie sich durch Krystallisation nicht trennen lassen. Äußerlich sehen Sulfat, Carbonat, Nitrat und die frisch dargestellten Halogenide aus wie die entsprechenden Bariumverbindungen und enthalten im letzten Falle auch gleichviel Wasser. $BaBr_2 \cdot 2 H_2O$ und $RaBr_2 \cdot 2 H_2O$ krystal-

---

[1]) F. Glaser, Chem.-Ztg. **1912**, 1166 (Nr. 121).
[2]) Seine Zweiwertigkeit wurde auch durch Diffusionsversuche von v. Hevesy (Phys. Zeitschr. **14**, 49, 1202 [1913]), sowie von H. Freundlich durch Elektroendosmose erwiesen (Phys. Zeitschr. **14**, 1052 [1913]).
[3]) De Forcrand, Compt. rend. **152**, 66 (1911).
[4]) S. unten.

lisieren im monoklinen System und sind isomorph. Doch leuchten diese Radiumsalze im Dunkeln und verfärben resp. zersetzen sich unter dem Einfluß der eigenen Strahlen mehr oder weniger, je nach ihrer Reinheit und Vorbehandlung. Krystalle von einigermaßen radiumhaltigem Barium schlagen sich farblos nieder, nehmen aber nach einiger Zeit eine gelbe bis orange oder rosa Färbung an, die beim Auflösen wieder verschwindet. Da reine Radiumsalzkrystalle sich nicht so schnell färben, scheint die raschere Färbung an die Anwesenheit beider Elemente gebunden zu sein. Bei einer bestimmten Konzentration des Radiums ist ein Maximum der Färbung vorhanden. An dieser Erscheinung kann man den Fortschritt der Reinigung des Radiums durch fraktionierte Krystallisation verfolgen. Solange sich die aktivste Portion noch rasch färbt, enthält sie noch merkliche Mengen Barium[1]).

Auch in bezug auf die elektrolytische Leitfähigkeit[2]) schließt sich Radiumbromid, soweit es untersucht ist (in $\frac{1}{12000}$ n- bis $\frac{1}{20}$ n-Lösung), wie gesagt, seinen chemischen Verwandten völlig an. Ferner ist Radiumchlorid paramagnetisch. Seine Magnetisierungszahl beträgt $+1,05 \cdot 10^{-6}$ [3]). Das spezifische Gewicht von $RaBr_2$ beträgt 5,78[4]).

Gleichsam als höheres Homologes des Bariums erscheint Radium auch in bezug auf sein Spektrum, das dem der Erdalkalien entspricht und sich aus starken Linien und verwaschenen Banden zusammensetzt. Radiumsalze färben die Bunsenflamme wundervoll karminrot[5]) und zeigen ein Flammenspektrum[6]), das neben anderen zwei schöne rote Banden (6700—6530 $\mu\mu$ und 6330—6130), eine besonders helle Linie im Blaugrün (4826) und zwei schwache Linien im Violett (4682 und 3814) enthält. Ein Funkenspektrum hat Demarçay[7]) zuerst aufgenommen. Später hat dies und das verwandte Bogenspektrum eine eingehende Untersuchung durch Runge und Precht[8]), Exner und Haschek[9]) sowie Haschek und Hönigschmid[10]) erfahren.

Die stärksten Linien von den Wellenlängen 3814 und 4682 $\mu\mu$ ließen sich sogar bei einem Präparat erkennen, das nur 0,001%

---

[1]) Frau Curie, Diss. S. 31.
[2]) S. F. Kohlrausch und F. Henning, Ann. d. Phys. [4] **20**, 96 (1906).
[3]) Frau Curie, Diss. S. 27.
[4]) Ramsay und Whytlaw-Gray.
[5]) Giesel, Ber. d. Deutsch. Chem. Gesellsch. **35**, 3608 (1902) und Frau Curie, Diss.
[6]) Runge und Precht, Ann. d. Phys. [4] **10**, 655 (1903).
[7]) Compt. rend. **127**, 1218 (1898), **129**, 716 (1899), **131**, 258 (1900).
[8]) Ann. d. Phys. **12**, 407, **14**, 418; Phys. Zeitschr. 4, 285 (1903).
[9]) Wiener Akad. Ber. **120**, 967 (1911).
[10]) Wiener Monatshefte **34**, 351 (1913).

Tabelle 7. Bogenspektrum des Radiums.

Wellenlänge	Intensität	Wellenlänge	Intensität	Wellenlänge	Intensität
2709,04	2	4682,41	100	5400,46	2
2813,85	2	4699,47	5	5407,03	2
3649,75	3	4702,13	1	5502,22	1
3814,61	50	4740,40	1	5553,9	1
3907,53	1	4826,10	50	5556,10	3
3916,7	1	4856,32	5	5616,90	1
4010,50	2	4903,46	3	5661,06	5
4054,2	1	4971,98	2	5813,96	3
4265,27	1	4982,20	2	5957,9	1
4305,25	3	5041,74	2	6167,30	1
4340,81	20	5081,26	2	6200,55	5
4366,50	1	5097,76	3	6337,17	1
4426,45	1	5206,17	1	6446,47	5
4436,50	5	5206,47	1	6487,60	3
4444,70	1	5264,5	1	6641,38	1
4533,35	10	5283,49	1	6642,73	1
4641,48	5	5320,50	1		

Tabelle 8. Funkenspektrum des Radiums.

Wellenlänge	Intensität
2709,05	3
2813,85	3
3649,72	3
3814,61	50
4340,83	5
4536,50	1
4533,35	3
4682,41	50
4699,5	1
4826,10	10

Radium enthielt. Runge und Precht haben das Funkenspektrum des Radiums auch im magnetischen Feld untersucht. Sie stellten dabei drei Linienpaare fest, die den von Runge und Paschen für die alkalischen Erden beobachteten Linienpaaren völlig entsprechen.

Wie die rote Strontiumflamme, so überdeckt auch die rote Flamme des Radiums leicht die grüne Bariumflamme: Färbt man eine Bunsenflamme mit Bariumchlorid grün und bringt gleichzeitig eine Spur Radiumbromid hinein, so wird das Bariumspektrum besonders im Rot völlig übertönt. (Nach Soddy liefert das Intensitätsverhältnis der beiden benachbarten violetten Linien, der des Radiums und der stärksten Bariumlinie 4554, eine gute Probe auf die Vollständigkeit der Trennung der Elemente. Bei 0,6% Bariumgehalt war die Intensität der beiden Linien ähnlich, bei den reinsten Radiumfraktionen von Frau Curie war die Bariumlinie gerade noch sichtbar.)

Wärmeentwicklung von Radiumpräparaten. Radiumpräparate entwickeln infolge ihrer Zersetzung fortwährend Wärme und haben darum eine höhere Temperatur als ihre Umgebung. Nach Messungen, die St. Meyer und V. F. Heß nach der Kompensationsmethode ausführten[1]), war die Wärmeentwicklung mit einer Versuchsanordnung, bei der alle α- und β-Strahlen sowie 18% der γ-Strahlung absorbiert worden waren, pro 1 g Radium (Element) in einer Stunde 132,3 Cal. Dieser Wärmeeffekt setzte sich zusammen:

a) aus der totalen Energie der α-Strahlen,
b) aus der totalen Energie der β-Strahlen,
c) aus 18% der Energie der γ-Strahlen,

die vom Ra-Präparat selbst, dem Glas und den anderen Materialien, in das es eingeschlossen war, absorbiert wurden. Die übrigen γ-Strahlen entweichen ungenutzt für die Wärmeentwicklung. Würden auch sie in Wärme umgewandelt, so wäre die Wärmeentwicklung bei Absorption aller Strahlen 138 Cal pro Stunde. — V. F. Heß[2]) untersuchte dann die Wärmeentwicklung von Radium, das von seinen Zerfallsprodukten abgetrennt wurde. Nachdem die Emanation ausgetrieben war, wurde der Wärmeanstieg verfolgt und gefunden, daß 1 g Radium (Element) 25,2 Cal pro Stunde entwickelt. Die Emanation samt RaA, RaB und RaC entwickelt also bei der entsprechenden Versuchsanordnung 107,1 Cal pro Stunde. Dabei ist die Wärmeentwicklung von RaB keine merkliche.

Strahlung und Lebensdauer des Radiums. Reines, von allen Zerfallsprodukten befreites Radium sendet homogene α-Strahlen und weiche β-Strahlen aus. Diese β-Strahlenaktivität ist — nach der elektrischen Methode gemessen — geringer als 20% seiner Aktivität im Gleichgewicht mit seinen Produkten. Von seinen Zerfallsprodukten befreites Radium sendet $3,4 \cdot 10^{10}$ α-Teilchen pro Sekunde aus. Diese haben eine Reichweite von **3,13 cm**[3]) (bis vor kurzem nahm man 3,3 cm an). Im Gleichgewicht mit seinen Zerfallsprodukten gibt aber ein Radiumpräparat viermal mehr α-Teilchen pro Sekunde ab.

---

[1]) Wiener Monatshefte **1912**, 262, 583.
[2]) Wiener Akad. Ber. **120**, 967.
[3]) Geiger, l. c. 1914, S. 101.

Die β-Strahlen des Radiums selbst bestehen nach einer Untersuchung von v. Baeyer, O. Hahn und Lise Meitner[1]) aus zwei homogenen Strahlengruppen, die mit Geschwindigkeiten von 0,52 und 0,65 Lichtgeschwindigkeit ausgestoßen werden. Sie ist nur wenig durchdringend, und es ist nicht ausgeschlossen, daß sie von einem beigemengten, bis jetzt nicht isolierten Radioelement herrührt, doch hat sich das bisher noch nicht erweisen lassen.

Wenn pro Sekunde $3,4 \cdot 10^{10}$ Atome Radium zerfallen, so brechen pro Jahr und Gramm 10^{18} Atome auf, eine Menge, die im Vergleich mit der pro Gramm vorhandenen Atomzahl, nämlich $3 \cdot 10^{21}$, noch immer klein ist. Die Lebensdauer des Radiums ist also eine große, es ist ein sehr stabiles Radioelement. Direkte Messungen seines Zerfalls lassen sich deshalb nicht ausführen, aber zuverlässige neue Berechnungen[2]) gaben einen Wert von 1760 Jahren, nachdem man früher 2000 Jahre annahm.

Atomgewicht. Bestimmungen des Atomgewichts des Radiums sind bei der Wichtigkeit dieses Wertes wiederholt, besonders von Frau Curie, ausgeführt worden, und zwar unter Zugrundelegung der Atomgewichte des Silbers = 107,93, des Chlors = 35,45 und der Zweiwertigkeit des Elementes, zuletzt[3]) mit einer Menge von rund 0,4 g. Es ergab sich dabei ein Mittelwert von 226,45. Neuerdings hat nun O. Hönigschmid[4]) mit den erheblich größeren Radiummengen der Wiener Akademie der Wissenschaften und unter Benutzung der modernsten Mittel der Atomgewichtsbestimmung einen etwas niedrigeren Wert festgestellt. Er arbeitete mit geschmolzenem Radiumchlorid und Radiumbromid und bestimmte in 17 Analysen das Verhältnis von

Radiumchlorid zu Silberchlorid,
Radiumchlorid zu Silber,
Radiumbromid zu Silberbromid,
Radiumbromid zu Silber,

indem er als Atomgewichte für Silber, Chlor und Brom die Zahlen 107,88, 35,457, 79,916 zugrunde legte. Es ergab sich so als mittleres Atomgewicht für Radium die Zahl

$$225,96 \pm 0,012.$$

---

[1]) Phys. Zeitschr. **10**, 741 (1909).
[2]) Geiger, l. c. S. 102.
[3]) Compt. rend. **145**, 422 (1907); Le Radium **4**, 349 (1907); ferner T. E. Thorpe, Zeitschr. f. anorg. Chemie **58**, 443 (1908); R. Whytlaw-Gray und W. Ramsay, Zeitschr. f. physikal. Chemie **80**, 257 (1912).
[4]) Monatshefte f. Chemie **33**, 253 (1912), **34**, 283 (1913).

Bei dieser Zahl ist noch keine Korrektur angebracht für eine durch die Wärmeentwicklung des Radiums bedingte Temperaturerhöhung. Berücksichtigt man diese Korrektur, so erhöht sich das Atomgewicht um eine Einheit in der zweiten Dezimale zu

225,97.

Dieser Wert dürfte allen früheren überlegen und zur Zeit der genaueste für das Atomgewicht des Radiums sein.

Durch eine besondere spektroskopische Untersuchung haben E. Haschek und O. Hönigschmid[1]) noch festgestellt, daß das Radiumbromid, das zu den Atomgewichtsbestimmungen diente, nicht mehr als 0,002% Barium enthalten haben kann.

Metallisches Radium. Von vornherein war es von grundlegender Wichtigkeit zu erfahren, ob sich Radium als Element aus seinen Verbindungen abscheiden läßt. Versuche, die man zu diesem Zwecke anstellte, ergaben ein positives Resultat. W. Marckwald[2]) schüttelte Natriumamalgam in einer Radium-Bariumchlorid-Lösung und fand, daß das entstehende Amalgam verhältnismäßig erheblich reicher an Radium als an Barium war. Besonders gründlich hat Coehn[3]) diese Anreicherung von Radium vom elektrochemischen Standpunkt studiert. Er elektrolysierte Barium-Radiumbromid-Lösungen mit besonders präparierten Quecksilberelektroden. Schon durch Elektrolyse mit sehr geringer Strommenge bildet sich Barium-Radium-Amalgam, und das Verhältnis von Ra zu Ba war darin um ein Vielfaches größer als in der wässerigen Lösung, von der er ausgegangen war.

Aber die Reindarstellung und Charakterisierung des metallischen Radiums gelangt erst Frau Curie und A. Debierne[4]). Nach dem Vorgange von Guntz bei der Herstellung von metallischem Barium durch Elektrolyse einer Bariumchloridlösung mit einer Quecksilberkathode und folgendem Abdestillieren des Quecksilbers unterwarfen sie eine Lösung von 0,106 g reinem Radiumchlorid der Elektrolyse an einer Kathode von 10 g reinstem Quecksilber. Das Radium ging ohne Schwierigkeit in das Quecksilber und bildete im Gegensatz zum analogen Versuch mit Barium ein flüssiges Amalgam. Dies Amalgam wurde nach sorgfältigem Trocknen in ein Eisenschälchen gebracht. Letzteres kam in ein Glasrohr, das evakuiert und darauf mit besonders gereinigtem Wasserstoff gefüllt wurde. Als man nun durch Erhitzen das Quecksilber ab-

---

[1]) Monatshefte **34**, 351 (1913).
[2]) Ber. d. Deutsch. Chem. Gesellsch. **37**, 88 (1904).
[3]) Ber. **37**, 811 (1904); s. a. E. Wedekind, Chem.-Ztg. **28**, 269 (1904).
[4]) Compt. rend. **151**, 523 (1910) und Chem.-Ztg. **34**, 969 (1910).

zudestillieren suchte, begann zuerst auch das Radiummetall sich zu verflüchtigen. Erst als der Druck des Wasserstoffs höher gehalten wurde als der des Quecksilberdampfs, wodurch ein Sieden des Amalgams nicht mehr stattfinden konnte, ließ sich die Trennung von Quecksilber und Radium befriedigend bewerkstelligen. Der größte Teil des Quecksilbers ging bei 270° fort, dann mußte die Temperatur allmählich erhöht werden. Bei 400° wurde das Amalgam fest, schmolz aber beim weiteren Erhitzen wieder unter Abgabe von Quecksilber. Bei 700° ging kein Quecksilber mehr über, dagegen begann das Radiummetall sich zu verflüchtigen. Nun wurde das Erhitzen unterbrochen. Im Schälchen befand sich ein weißglänzendes Metall vom Schmelzpunkt 700°, das sich nur schwer vom Eisen ablösen ließ. Durch Sublimation im Vakuum vermittels eines gekühlten Metallschirmes kann es noch gereinigt werden. Es ist viel flüchtiger als Barium. An der Luft wurde metallisches Radium sofort schwarz, vermutlich unter Bildung einer Stickstoffverbindung. Das metallische Radium zersetzt Wasser energisch, wobei es sich auflöst. Eine Prüfung seiner radioaktiven Eigenschaften bestätigte die gestellten Erwartungen.

Mit der Darstellung des metallischen Radiums ist seine Natur als Element sichergestellt.

Auf einem anderen Wege suchte E. Ebler[1]) metallisches Radium zu gewinnen. Curtius und Rissom hatten 1898 gefunden, daß die Azide von Barium, Strontium und Calcium sich in der Hitze zersetzen. In Analogie dazu stellte Ebler durch Auflösen von Barium-Radiumcarbonat in Stickstoffwasserstoffsäure Barium-Radiumazid dar und zersetzte es durch Erhitzen auf 180—250°, wobei es zerfiel und analog dem Ba nach der Gleichung

$$Ra(N_3)_2 = Ra + 3 N_2$$

metallisches Radium mit Barium gemischt gab. Er erhielt ein etwa 9 proz. metallisches Radium-Barium in Form eines Metallspiegels. H. Herschfinkel[2]), der diese Versuche mit höherprozentigen Präparaten wiederholte, erhielt so nur sehr unreine Präparate.

Radiumemanation, Niton, Exradio (Atomgew. ber. u. gef. = 221,97).
Vaterelement: Radium.
$\lambda = 2,085 \cdot 10^{-6}$ sek^{-1}.
Halbwertszeit: 3,85 Tage.
Strahlung: α-Strahlung; R = 3,94 cm (0° 760 mm) 4,16 cm (15°C).
Anfangsgeschwindigkeit der α-Strahlen $v_0 = 1,62 \cdot 10^9$ cm/sec.

---
[1]) Ber. d. Deutsch. Chem. Gesellsch. **43**, 2613 (1910).
[2]) Le Radium **8**, 299 (1911).

Chemisches Verhalten: Inertes Gas der Edelgasgruppe.
Zerfallsprodukt: RaA.

Schon früh hatte man erkannt, daß Körper, die in nähere Berührung mit einem Radiumpräparat kommen, ebenfalls radioaktiv werden. Ja, wenn die Körper in einem abgeschlossenen Raume auch ziemlich entfernt und so aufgestellt waren, daß direkte Strahlung des Radiumpräparats keinen Einfluß haben konnte, zeigten sie bald jene Aktivität, die man „induzierte" nannte. Es übertrug sich die Aktivität also gleichsam um die Ecke. Nachdem Rutherford erkannt hatte, daß die analogen Erscheinungen beim Thorium durch ein Gas verursacht werden, das fortwährend von Thorium und seinen Verbindungen ausgeht, fand Dorn[1]), daß auch Radium und seine Salze ein Gas abgeben. Dies Gas ist die Radiumemanation. Mit dieser Annahme stehen die Eigenschaften in bestem Einklang. Radiumemanation vermag rasch durch poröse Substanzen zu diffundieren, läßt sich kondensieren und dadurch von anderen Gasen trennen. Sie folgt genau den Gasgesetzen und zeigt ein charakteristisches Spektrum. Von den noch bekannten Emanationen des Thoriums und Actiniums ist sie die relativ beständigste und zerfällt mit einer Periode von 3,85 Tagen.

Die Gasdichte der Radiumemanation wurde einesteils durch Wägung, anderenteils nach der Bunsenschen Diffusionsmethode festgestellt und danach übereinstimmend das obige Atomgewicht gefunden.

Darstellung von Radiumemanation. Obwohl Radiumsalze stets Emanation entwickeln, geben sie sie erst beim Glühen nahezu völlig ab. Zum Aufsammeln verwendet man darum am besten die wässerige Lösung des Salzes, die man verschlossen stehen läßt. Es entwickelt sich dann so lange Emanation, bis nach rund vier Wochen ein Gleichgewicht eingetreten ist. Nebenbei bildet sich durch die Einwirkung des Radiumsalzes auf das Wasser noch Wasserstoff und Sauerstoff. Man kann nun die Gase von der wässerigen Lösung durch Auskochen trennen, aus dem Gemisch Knallgas durch Durchschlagenlassen von Funken entfernen und hat dann im Rückstand meist noch H, He und die Emanation. Man bringt sie in eine durch flüssige Luft gekühlte evakuierte Röhre, wobei nur die Emanation kondensiert wird. H und He kann man mit der Quecksilberluftpumpe abpumpen. Wenn viel Emanation vorhanden ist, hat diese genügend Dampfdruck, um auch zum Teil entfernt zu werden. Hat man Fettdichtungen bei diesen Operationen benutzt, so kann bei Gegenwart von Sauerstoff durch die Radiumemanation aus

---

[1]) Abhandl. d. Naturforsch. Gesellsch. Halle a. d. S. 1900.

Fett spurenweise Kohlensäure gebildet werden. Man muß dann noch längere Zeit über geglühtem Kalk oder Baryt stehen lassen.

Sehr zweckmäßig zur Reindarstellung von Radiumemanation ist eine Apparatur, die Rutherford beschrieben hat und die in Abb. 55 dargestellt ist[1]).

In einem passenden Gefäße läßt man über wäßriger Radium lösung sich Gas ansammeln, das man mit dem noch im Wasser gelösten Gas durch Auskochen abtrennt und durch elektrische Funken vom meisten Wasserstoff und Sauerstoff befreit. Nun führt man es durch das U-Rohr im Quecksilberzylinder (s. Abb. 55) zunächst in das Gefäß C und von da nach dem Umstellen des Hahnes H in D. In diesem Gefäße sind die Wände mit Kaliumhydroxyd überzogen, wodurch nach genügend langem Stehen Kohlensäure und Wasserdampf entfernt werden. Nun preßt man das vorgereinigte Gas in das U-Rohr T, das mit flüssiger Luft gekühlt ist. Die Emanation kondensiert sich und die nicht kondensierbaren Gase werden bei geöffnetem Hahn B durch eine Luftpumpe abgepumpt. Nun schließt man

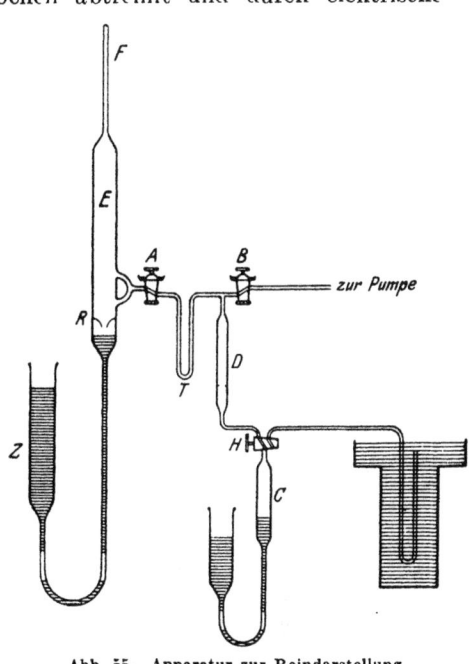

Abb. 55. Apparatur zur Reindarstellung von Radiumemanation.

B, verdampft die Emanation durch Abnehmen der flüssigen Luft, kondensiert wieder, pumpt von neuem ab und wiederholt den Prozeß noch mehrmals. Zuletzt schließt man B, öffnet A und bringt nun durch Senken von Z die Emanation in das Vakuum von E und F. Durch Schließen von A und Heben von Z kann man die Emanation in das Röhrchen F befördern, das man dann abschmilzt. Bei dieser Methode geht stets etwas Emanation verloren, da sie auch in kondensiertem Zustande, wie mitgeteilt, merklichen Dampfdruck besitzt und darum zum Teil abgepumpt wird.

---

[1]) Eine andere Apparatur, s. St. Meyer-Schweidler, „Radioaktivität", S. 323.

Merkwürdige Beobachtungen machte man, als man das **Volum der Emanation** bestimmen wollte. Als Ramsay und Soddy[1]) Radiumemanation in konzentriertem Zustand dargestellt und 0,124 cmm davon aufgefangen hatten, beobachteten sie, wie sich dies Volum kontrahierte, um nach zwölf Tagen nur noch den hundertsten Teil des anfänglichen Wertes einzunehmen. Auch Rutherford[2]) beobachtete eine stetige Veränderung des Volums von Radiumemanation in den ersten Stunden nach ihrem Einfüllen in ein Capillarrohr. Manchmal fand dabei Volumverminderung, manchmal Volumvermehrung statt. Darum mißt man das Volum erst, wenn diese Veränderungen (meist Kontraktionen) aufgehört haben.

Gray und Ramsay bestimmten mit besonders empfindlicher Wage das Gewicht eines bekannten Volums Ra-Emanation und fanden unter der Annahme, daß ein einatomiges Gas vorliegt, im Mittel aus fünf Bestimmungen ein Atomgewicht von 223. Ra-Emanation ist danach das schwerste Gas.

Von Wichtigkeit war es, das Volum der Emanationsmenge festzustellen, die sich mit 1 g Ra (Element) im Gleichgewicht befindet (1 Curie Emanation). Die genausten Messungen[3]) ergaben hier 0,8, 0,66, 0,6 und 0,58 cmm, während Rutherford 0,6 cmm berechnete[4]).

Durch Abkühlung wird Radiumemanation kondensiert. Die kritische Temperatur wurde zu 104,5° C gefunden. Konzentrierte Emanation beginnt bereits unter Atmosphärendruck bei $-65°$ C sich zu kondensieren[5]). In flüssiger Luft findet diese Kondensation sehr leicht statt, was für die Trennung von anderen Gasen wichtig ist. Bei den tiefsten Temperaturen ($-180°$ C) hat übrigens die Radiumemanation einen meßbaren Dampfdruck[6]), so daß man sie abpumpen oder durch einen Luftstrom wegführen kann. Nach Rutherford sind folgendes die Dampfdrucke der Emanation bei verschiedenen Temperaturen:

Dampfdruck	Temperatur
76 cm Hg	$-65°$ C
25 ,, ,,	$-78°$ C
5 ,, ,,	$-101°$ C
0,9 ,, ,,	$-127°$ C

[1]) Proc. Royal Soc. **37**, 346 (1904).
[2]) Phil. Mag. **16**, 300 (1908).
[3]) Debierne, Compt. rend. **148**, 1264 (1909) sowie Gray und Ramsay, Zeitschr. f. physikal. Chemie **70**, 116 (1910).
[4]) Phil. Mag. **12**, 348 (1906).
[5]) Phil. Mag. **17**, 723 (1909).
[6]) Phil. Mag. **21**, 722 (1911).

Bei der Kondensation der Radiumemanation geht sie erst in eine farblose Flüssigkeit, dann in eine farblose undurchsichtige Masse über, die beide im Dunkeln stark leuchten. Ein solches Präparat sendet in hellem Glanze wie eine winzige Glühlampe Licht von stahlblauer Farbe aus, die bei tieferer Temperatur in ein leuchtendes Orangerot übergeht. Füllt man Radiumemanation in eine Geißlersche Röhre, so zeigt diese bei der Entladung ein charakteristisches, vom Ra völlig verschiedenes Spektrum[1]), das sehr linienreich ist und markante Gruppen starker Linien im Grünen und im Violetten zeigt. Nach den Wellenlängen registriert findet man die Linien in folgender Tabelle:

Tabelle 9.

Wellenlänge	Intensität	Wellenlänge	Intensität	Wellenlänge	Intensität
5715,0	1	4578,7	7	3982,0	12
5582,2	8	4549,9	1	3971,9	9
5392,4	0	4509,0	9	3957,5	7
5084,5	4	4504,0	2	3952,7	3
4979,0	4	4460,0	10	3933,3	3
4965,6	0	4440,6	2	3927,7	1
4949,4	00	4435,7	8	3905,7	2
4914,6	00	4384,0	3	3867,6	4
4889,5	0	4372,1	4	3818,0	2
4827,8	1	4350,3	15	3811,2	0
4817,2	4	4308,3	10	3753,6	10
4796,7	1	4225,8	2	3748,6	1
4767,9	3	4203,7	10	3739,9	7
4721,5	5	4188,2	5	3690,4	2
4701,7	2	4166,6	20	3679,2	1
4681,1	10	4114,9	7	3664,6	10
4671,8	1	4088,4	2	3650,0	0
4659,3	1	4055,7	1	3626,6	2
4644,7	10	4051,1	2	3615,4	1
4625,9	8	4045,4	4	3612,2	6
4609,9	7	4040,2	1		
4604,7	4	4018,0	10		

Ein Gitterspektrum, das Royds[1]) photographisch aufnahm, zeigt noch weitere Linien im Violetten. Ein bestimmter Beweis für die Anwesenheit von Emanation im Sternenspektrum wurde bisher nicht erhalten.

---

[1]) S. Watson, Proc. Royal Soc. A **83**, 50 (1909) und bes. Rutherford Royds, Phil. Mag. **16**, 313 (1908), sowie Royds Gitterspektrum, Phil. Mag. **17**, 202, 656 (1909).

Nach kurzem Aufbewahren im Geißlerschen Rohr zeigt sich bei der Entladung bereits das Heliumspektrum, das bald stärker wird und vorherrscht.

Wie andere Gase wird Radiumemanation von gekühlter Kohle stark absorbiert[1]). Schon bei gewöhnlicher Temperatur findet beträchtliche Aufnahme statt, die bei Erniedrigung der Temperatur noch erheblich zunimmt. Während 1 g Cocosnußkohle bei 10° 0,03 cmm absorbiert, verschluckt sie bei — 40° das doppelte Volum. Man kann auf diese Weise Emanation bei gewöhnlicher Temperatur absorbieren und sie nachher durch starkes Erhitzen der Kohle wieder daraus entfernen. Auch beim Stehen solcher Kohle an der Luft geht die Emanation bald zum größten Teil wieder fort.

Eine beträchtliche Löslichkeit besitzt Radiumemanation auch Flüssigkeiten gegenüber, von denen sie in der Wärme weniger als in der Kälte aufgenommen wird. In heißem Wasser ist Radiumemanation praktisch unlöslich. Bei der Absorption gilt das Henry-Daltonsche Gesetz[2]).

Auf der Löslichkeit von Emanationen, besonders der des Radiums in Wasser, beruht die Radioaktivität der Brunnen und Quellen. Die Größe der Löslichkeit von Radiumemanation in Wasser bei verschiedenen Temperaturen ist aus folgender Tabelle ersichtlich:

Tabelle 10.

Temperatur	Absorptions-koeffizient a	Temperatur	Absorptions-koeffizient a
0° C	0,507	20,3° C	0,250
4,3° C	0,424	26,8° C	0,206
5,7° C	0,398	31,6° C	0,193
10,0° C	0,340	34,8° C	0,176
14,0° C	0,303	39,1° C	0,160
17,6° C	0,280		

Von Salzwasser wird Radiumemanation weniger gelöst als von gewöhnlichem Wasser. Für Salzwasser beträgt der Absorptionskoeffizient bei 14° 0,255 (für reines 0,303).

In organischen Flüssigkeiten ist Radiumemanation beträchtlich löslich[3]). Alkohol nimmt 24mal, Amylalkohol 31mal, Toluol 45mal mehr auf als Wasser.

---

[1]) Rutherford, Nature **74**, 634 (1906); Boyle, Phil. Mag. **17**, 374 (1909); Satterly, Phil. Mag. **20**, 778 (1910).
[2]) v. Traubenburg, Phys. Zeitschr. **5**, 130 (1904), und Boyle, Phil. Mag. **22**, 840 (1911).
[3]) Boyle, Phil. Mag. **22**, 840 (1911), und Eva Ramstedt, Le Radium **8**, 253 (1911); G. Hofbauer, Wiener Akad.-Ber., Abt. IIa **123** 2001 (1914).

Tabelle 11.

Flüssigkeiten	a		
	+18° C	0° C	−18° C
Glycerin	0,21	—	—
Wasser	0,285	0,52	—
Anilin	3,80	4,45	—
Absoluter Alkohol	6,17	8,28	11,4
Azeton	6,30	7,99	10,8
Äthylazetat	7,35	9,41	13,6
Paraffinöl	9,2	12,6	—
Benzin	12,82	—	—
Xylol	12,75	—	—
Toluol	13,24	18,4	27,0
Chloroform	15,08	20,5	28,5
Äther	15,08	20,9	29,1
Hexan	16,56	23,4	35,2
Schwefelkohlenstoff	23,14	33,4	50,3

In Blut löst sich Ra-Emanation leichter als in Wasser. Der Absorptionskoeffizient für Blut ist 0,42 unter der Voraussetzung, daß alle Emanation durch Schütteln aus dem Blut entfernt werden kann, nach Ramsauer und Holthusen 0,31 bei Körpertemperatur von 37°.

Auch feste Körper, wie Kautschuk, Celluloid, Paraffin, Wachs, Ton sowie Pt und Pd, können Emanation in erheblichem Maße aufnehmen.

Im chemischen Verhalten ist Radiumemanation völlig indifferent. Es ist noch nicht gelungen, sie mit einem anderen Element zu einer chemischen Verbindung zu vereinigen. Sie gleicht darin den Edelgasen He, Ne, A, Kr, X, und man hat sie deshalb in die gleiche Gruppe des periodischen Systems eingereiht wie diese, als letztes Glied der Gruppe 0. Für diese Zugehörigkeit spricht auch das Spektrum, das dem des Xenons ähnlich ist.

Der aktive Niederschlag der Radiumemanation.

Im Jahre 1899 hatten das Ehepaar Curie[1]) beim Radium und Rutherford beim Thorium beobachtet, daß inaktive Körper aller Art, die sich in der Nähe eines dieser Elemente befinden, selbst radioaktiv werden. In geschlossenen Räumen erhielten auch entfernte Körper und die Innenwände radioaktive Eigenschaften. Diese den Körpern mitgeteilte Aktivität nannten die Curies „indu-

---
[1]) Compt. rend. **129**, 714 (1899).

zierte" Aktivität. Sie verschwindet allmählich wieder, wenn man die Körper der Wirkung des Radiumsalzes entzieht und haftet nur an der Oberfläche der Körper, denn man kann sie mechanisch davon abreiben, durch Erhitzen oder auch chemisch davon entfernen. War ein Körper nicht mehr als einen Tag lang der Wirkung eines Radiumsalzes ausgesetzt, so sendet er α-, β- und γ-Strahlen aus, verliert aber diese Eigenschaft im Laufe kurzer Zeit fast ganz wieder. Hatte man den Körper aber einige Tage oder länger in der Nähe des Radiumpräparats gelassen, so verliert er zwar den größten Teil der Aktivität, aber ein Rest bleibt nachweisbar. Diese Restaktivität, die α-Strahlung zeigt, vermehrt sich aber im Laufe einiger Jahre allmählich wieder.

Als Rutherford die Bedingungen untersuchte, unter denen ein Körper induzierte Aktivität annimmt, fand er, daß das nur dann der Fall ist, wenn Emanationen vorhanden sind und bald (1905) konnte er das Rätselhafte der obigen Erscheinung durch seine Atomzerfallshypothese in sehr einfacher Weise wie folgt erklären[1]: Zerfallende Atome des Radiums verwandeln sich in Radiumemanation, die sich als Gas gleichmäßig im Raume verbreitet und dabei mit einer Halbwertszeit von 3,85 Tagen zerfällt. Dabei entsteht aus dem radioaktiven Gase ein fester radioaktiver Körper, das RaA, mit dem sich allmählich benachbarte Gegenstände oder im geschlossenen Raum alles, einschließlich der Innenwände, in ganz dünner Schicht überzieht. Aber dies RaA zerfällt sofort mit so großer Geschwindigkeit unter Abgabe eines α-Strahls weiter in RaB, daß nach einer halben Stunde nichts mehr davon vorhanden ist. Auch RaB ist bereits nach 27 Minuten zur Hälfte zerfallen und hat RaC gebildet, das ebenfalls eine nur kurze Lebensdauer (19,5 Min.) besitzt und dann gleichzeitig zwei neue Radioelemente RaC" und RaC' bildet, so daß eine Verzweigung der Zerfallsreihe eintritt. Aus RaC' bildet sich fast momentan RaD und damit ein Element, das wieder wesentlich länger beständig ist. Erst in 16,5 Jahren zerfällt es zur Hälfte und hat dann RaE gebildet, das mit einer Halbwertszeit von 5 Tagen in RaF, das Polonium, zerfällt, welch letzteres in RaG, Radiumblei, übergeht.

Was man also induzierte Aktivität nannte, ist im Sinne der Atomzerfallshypothese nichts anderes als ein Gemisch der Radioelemente von RaA bis RaG, die sich an Wänden und Oberflächen von Körpern niedergeschlagen haben, die mit Radiumemanation in Berührung kamen. Da es sich also um keine neu erworbene Eigenschaft des Körpers, der lediglich als Unterlage dient, handelt,

---

[1]) Phil. Transact. A **204**, 169 (1905).

sondern um Niederschläge neuer Körper, so spricht man in der modernen Radioaktivitätslehre nicht mehr von induzierter Aktivität, sondern vom „aktiven Niederschlag". Der aktive Radiumniederschlag bildet sich nur in sehr geringer Menge (etwa ein Hundertmillionstel der Radiummenge, aus der er entsteht). Aus folgendem Verhalten dürfte aber seine materielle Natur hervorgehen. Seine Bestandteile lassen sich bei bestimmter Temperatur verdampfen und in chemische Verbindungen überführen. Sie zeigen außerdem ein durchaus bestimmtes chemisches Verhalten. Der aktive Niederschlag läßt sich auch durch Lösungsmittel von der Unterlage abtrennen. Dabei hängt es vom Material der Unterlage ab, ob diese Ablösung leicht oder schwer, vollkommen oder unvollkommen stattfindet. Von Glas gehen RaA und RaB nur zur Hälfte ab, weil die andere Hälfte vermutlich durch Rückstoß in das Glas gleichsam hineingehämmert wird. Von Au und Pt lassen sich 60—70% RaB + RaC wieder ablösen.

Der aktive Niederschlag bildet sich an negativ geladenen Körpern besser als an nicht geladenen. Das kommt daher, daß RaA unmittelbar nach seiner Bildung positiv geladen ist.

Den aktiven Radiumniederschlag scheidet man nach dem oben Ausgeführten zweckmäßig in

1. den aktiven Radiumniederschlag von kurzer Lebensdauer:

$$RaA + RaB + RaC + RaC'' + RaC',$$

2. den aktiven Radiumniederschlag von langer Lebensdauer:

$$RaD + RaE + RaF + RaG.$$

Ersterer wird gewonnen durch kurze, letzterer durch längere Exposition eines negativ geladenen Drahtes in Radiumemanation.

Radium A (Atomgew. ber. = 217,97).

Vaterelement: Ra-Emanation.
$\lambda = 3{,}85 \cdot 10^{-3}$.
Halbwertszeit: 3,05 Minuten.
Strahlung: α-Strahlung; R = 4,75. Anfangsgeschwindigkeit der α-Strahlen $v_0 = 1{,}69 \cdot 10^9$ cm/sec.
Chemisches Verhalten: Ähnlich Tellur, isotop mit Polonium.
Zerfallsprodukt: RaB.

Radium A kann wegen seiner Kurzlebigkeit nur unvollkommen isoliert werden. Soddy[1]) gibt folgende Vorschrift:

---
[1]) Chemie d. Radioelemente 1, S. 110.

Wird ein negativ elektrisch geladener Draht nur ein paar Sekunden lang in einen Raum mit verhältnismäßig viel Radiumemanation gebracht und dann herausgenommen, so sendet der Draht α-Strahlen aus, die fast ganz vom RaA herrühren. Einige Minuten nach der Herausnahme des Drahtes sinkt die Aktivität bereits auf einen sehr kleinen Wert herab.

Dann gelingt die Darstellung von RaA nach der sog. Rückstoßmethode[1]). Man kondensiert auf dem Boden eines zylindrischen Gefäßes Radiumemanation und bringt ihr gegenüber eine Metallplatte an. Bald zeigt die Platte an ihrer unteren Seite eine etwa fünfzigmal stärkere Aktivität als an ihrer oberen.

In seinem chemischen Verhalten ist RaA isotop mit Polonium[2]) und ähnlich dem Tellur.

Radium B (Atomgew. ber. = 213,97).

Vaterelement: RaA.
$\lambda = 4,31 \cdot 10^{-4}$.
Halbwertszeit: 26,8 Minuten.
Strahlung: $\begin{cases} \beta\text{-Strahlung } 91 \text{ cm}^{-1} \text{ Al} \\ \gamma\text{-Strahlung } 230 \text{ cm}^{-1} \text{ Al} \end{cases}$ Wurde früher für strahlenlos angesehen.
Chemisches Verhalten: Wie Blei, mit dem es isotop ist.
Zerfallsprodukt: RaC.

Radium B. Läßt man einen negativ elektrisch geladenen Draht längere Zeit in Radiumemanation und nimmt ihn dann heraus, so ist RaA bald bis zum Gleichgewichtszustand zerfallen und nimmt dann an Menge nicht mehr zu. Wohl aber vermehren sich RaB und RaC noch einige Stunden lang und befinden sich auf dem Draht. Man kann beide nun nach mehreren Methoden trennen[3]).

1. Durch partielles Verflüchtigen beim Erhitzen. RaB verflüchtigt sich schon bei 600—800°, RaC erst bei 1100°, während RaA 900° zur Verflüchtigung braucht. (Ein Draht, der auf 800 bis 900° erhitzt und geladen der Emanation ausgesetzt wird, wird nicht aktiv, auch wenn man ihn noch so lange in der Emanation läßt.)[4]) Zuerst glaubte man, daß RaB bei gewöhnlicher Temperatur flüchtig wäre, doch zeigte es sich, daß das nur so lange der Fall ist, als RaA sich noch vorfindet. Ist das verschwunden, so ist

---

[1]) Russ und Makower, Nature **79**, 340 (1909).
[2]) Fleck, Journ. Chem. Soc. **103**, 1052.
[3]) v. Lerch, Trennungen des RaB vom RaC. Sitzungsberichte d. Wiener Akad. **115**, 197 (1906).
[4]) Makower, Le Radium **6**, 50 (1909).

auch die Flüchtigkeit des RaB bei Zimmertemperatur nicht mehr vorhanden. Die Flüchtigkeit ist nur eine scheinbare und dadurch bedingt, daß RaB von RaA durch Rückstoß abgeschleudert wurde.

2. Man löst die Aktivität durch Kochen mit Salzsäure von der Metalloberfläche ab, läßt die saure Flüssigkeit mindestens dreiviertel Stunden stehen, wodurch sie praktisch frei von RaA wird, und schüttelt sie mit Tierkohle. Diese hält das RaC zurück. Nun filtriert man möglichst rasch und versetzt das Filtrat sogleich mit Bariumsalz und Schwefelsäure. Das Bariumsulfat reißt das RaB mit nieder[1]).

3. Fügt man zu der bei 2 erhaltenen salzsauren Lösung Kupfervitriol, fällt dann eine Minute später mit Kalilauge und filtriert, so findet sich das RaB der Hauptmenge nach im Filtrat.

4. Löst man den aktiven Niederschlag in Säure, fügt Bleinitrat hinzu, fällt in der Wärme mit Schwefelsäure, so findet sich das RaC im Filtrat.

5. Taucht man in eine saure Lösung von RaB und RaC blanke Platinelektroden einer Batterie, so scheidet sich an der Kathode RaC aus, während RaB in Lösung bleibt.

6. Taucht man in eine saure Lösung von RaB und RaC Metalle wie Cu oder Ni, so schlägt sich nur RaC darauf nieder, nicht aber RaB. Nach L. Meitner[2]) arbeitet man am besten in konzentrierter kochender Lösung und kann so RaC fast quantitativ niederschlagen.

7. Finden sich RaB und RaC in neutralen oder schwach sauren wässerigen Lösungen, so ist RaC als Isotopes des Wismuts kolloid als basisches Salz vorhanden und kann durch bloßes Filtrieren von RaB getrennt werden[3]).

8. Durch Rückstoßstrahlung. Man erzeugt auf einer positiv geladenen Metallplatte einen aktiven Niederschlag und stellt ihn unmittelbar nach dem Herausnehmen einer negativ geladenen Platte gegenüber. Nach wenigen Sekunden enthält diese beträchtliche Mengen von RaB. Der gleiche Effekt wird erreicht, wenn man im hohen Vakuum eine Metallplatte einer mit aktivem Niederschlag beladenen gegenüberstellt.

Die Analyse der β-Strahlen des RaB ergab 16 verschiedene β-Strahlengruppen.

Zuerst glaubte man, RaB wäre bei gewöhnlicher Temperatur flüchtig, doch zeigte es sich, daß das nur so lange der Fall ist, als sich RaA vorfindet, das RaB unter Rückstoßstrahlung abschleudert.

---

[1]) O. Hahn und L. Meitner, Phys. Zeitschr. **10**, 697 (1909).
[2]) S. a. v. Lerch, Ann. d. Phys. **20**, 345 (1906); Phys. Zeitschr. **12**, 1094 (1911).
[3]) Godlewski, Wiener Akad.-Anz., 14. Okt. 1915.

Ist dies verschwunden, so ist von einer Verflüchtigung vorhandenen RaB nichts mehr zu bemerken. In Wirklichkeit ist RaB bei ca. 600° flüchtig, wenn keine Sauerstoffatmosphäre vorhanden ist. In Gegenwart von Sauerstoff verdampft es erst über 700° (RaC erst oberhalb 1200°). In Wasserstoffatmosphäre dagegen verflüchtigen sich RaA, RaB und RaC schon unterhalb 650°. Die Flüchtigkeit hängt also von den chemischen Verhältnissen bei der Verflüchtigung ab.

RaB folgt in seinen Reaktionen dem Blei, mit dem es isotop ist; elektrochemisch ist es unedler als RaC.

Radium C. RaC (nach Fajans RaC_1) = 213,97.

Vaterelement: RaB.
$\lambda = 5{,}93 \cdot 10^{-4}$.
Halbwertszeit: 19,5 Minuten[1]).
Strahlung: Komplizierte α-, β- und γ-Strahlung. Reichweite der α-Strahlen 6,94 cm[2]). Die β- und γ-Strahlen besitzen hohes Durchdringungsvermögen.
Chemisches Verhalten: Wie Wismut, mit dem es isotop ist.
RaC ist elektrochemisch edler als RaB und läßt sich durch Ni oder durch Elektrolyse mit geringer Stromdichte an einer blanken Pt-Kathode vom RaB trennen.
Zerfallsprodukte: RaC' und RaC''.

Anfangs nahm man an, daß das Umwandlungsprodukt von RaB ein einfaches Radioelement, RaC, wäre, das eine Halbwertszeit von 19,5 Minuten besitze und bei seinem Zerfall α-, β- und γ-Strahlen aussende. Schon die komplizierte Strahlung aber erregte Bedenken und ließ es dann als wahrscheinlich erscheinen, daß das RaC eine komplexe Substanz ist, von der eine Komponente α-, die andere β- und γ-Strahlen aussendet. Um dies zu untersuchen, stellten O. Hahn und Lise Meitner[3]) größere Mengen von RaC dar. Sie bereiteten sich eine Lösung des aktiven Niederschlags und tauchten eine Nickelplatte hinein, auf der sich dann RaC abschied, das α-, β- und γ-Strahlen aussendet. Diese Platte wurde nun einem negativ geladenen Körper gegenübergestellt, um durch Rückstoßstrahlung ein neues Radioelement zu isolieren. In der Tat schied sich auf der negativ geladenen Platte ein Produkt von kurzer Lebensdauer (Halbwertszeit 2—2,5 Minuten) und geringer Strahlung im Vergleich zum Ausgangsmaterial ab. K. Fajans[4]),

---

[1]) v. Lerch, Ann. d. Phys. **20**, 345 (1906).
[2]) Siehe Taylor, Phil. Mag. **26**, 402 (1914).
[3]) Phys. Zeitschr. **10**, 697 (1909).
[4]) Phys. Zeitschr. **12**, 369, 378 (1911), **13**, 699 (1912).

der, mit größeren Mengen arbeitend, diese Erscheinung eingehender untersuchte, fand, daß die durch Rückstoßstrahlung erhaltene Substanz (erst RaC_2, jetzt RaC'' genannt) β-strahlend ist, keine α-Strahlen aussendet und mit einer Halbwertszeit von 1,38 Minuten zerfällt. Da die β-Strahlen die gleichen Absorptionsverhältnisse zeigten wie die des Ausgangsmaterials, so war es geglückt, die β-Strahlen von den α-Strahlen des RaC abzutrennen. RaC mußte also aus zwei Radioelementen bestehen, und das neue β-strahlende nannte man erst RaC_2, jetzt RaC'', das Vaterelement RaC (oder auch RaC_1). War nun einerseits die so gewonnene Menge RaC_2 (RaC'') sehr gering, so erhielt Fajans andererseits von derselben Platte durch Rückstoßstrahlung eine Menge von RaD, die sich der zu erwartenden (Gleichgewichts-)Menge näherte. Diese relativ große Menge von RaD konnte sich nicht aus dem in winziger Menge nachgewiesenen RaC_2 gebildet haben. Nimmt man aber an, daß RaD kein Zersetzungsprodukt von RaC_2 ist, sondern aus RaC durch Rückstoßstrahlung über ein Zwischenprodukt von sehr kurzer Lebensdauer RaC' gebildet wird, daß also bei RaC folgende Verzweigung des Zerfalls eintritt:

$$RaC \begin{array}{c} \nearrow RaC'' \ (RaC_2) \\ \searrow RaC' \xrightarrow{\alpha} RaD \rightarrow \end{array}$$

so ist alles harmonisch erklärt.

Wie RaC'' (nach Fajans auch als RaC_2 bezeichnet) weiter zerfällt, ist noch nicht bekannt, seine Halbwertszeit beträgt 1,4 Minuten.

Mit dem RaD beginnen die Elemente des **aktiven Radiumniederschlags von langer Lebensdauer**.

Radium D. RaD = 208,97 (ber.) (früher Radioblei genannt, nicht zu verwechseln mit dem jetzt auch als Radiumblei bezeichneten RaG.)
Vaterelement: RaC'.
$\lambda = 1{,}37 \cdot 10^{-9}$.
Halbwertszeit: Rund 16 Jahre[1]).
Strahlung: Galt anfangs für strahlenlos, doch ließen sich weiche β-Strahlen und auch γ-Strahlen nachweisen[2]).
Chemisches Verhalten: Wie Blei, mit dem es isotop ist.
Zerfallsprodukt: RaE.

---

[1]) Meyer-Schweidler, Die Radioaktivität, S. 354.
[2]) O. v. Baeyer, O. Hahn und L. Meitner, Phys. Zeitschr. **12**, 378 (1911); L. Meitner, Phys. Zeitschr. **16**, 272 (1915).

Im Jahre 1899 veröffentlichten Elster und Geitel Untersuchungen über aktives Blei[1]). Ein Jahr darauf fanden K. A. Hofmann und Strauss[2]), daß bei der Verarbeitung von Uranmineralien ein radioaktiver Bestandteil beim Blei bleibt, den sie Radioblei nannten und den sie vergeblich davon zu trennen suchten. Es hat sich aber auch später als völlig unmöglich erwiesen, beide Elemente voneinander zu trennen, obwohl F. Paneth und G. v. Hevesy[3]) das mit den verschiedensten chemischen und physikalischen Methoden versucht haben. In reiner Form, völlig frei von Blei, kann man RaD leicht aus Ra-Emanation herstellen. Man braucht sie nur ca. 2 Monate in einem Gefäß stehen zu lassen, dann sind die Wände des Gefäßes mit aktivem Niederschlag von langer Lebensdauer bedeckt, der vorzugsweise RaD enthält. Als Ramsay und Cameron größere Mengen von Emanation in einer Capillare hatten zerfallen lassen, zeigte sich an den Wänden ein schwarzer Niederschlag, den sie dem RaD zuschrieben. Da mit 1 g Radium 8 mg RaD im Gleichgewicht sich befinden, so mußte es möglich sein, es in wägbarer Menge daraus abzuscheiden. Das ist G. v. Hevesy und F. Paneth im Wiener Institut für Radiumforschung tatsächlich gelungen[3]). Sie führten die Emanation von 1 g Ra (Element), also 1 Curie-Emanation, in ein Quarzgefäß über, schmolzen es zu und ließen einige Wochen stehen. Dann wurde das Gefäß wieder geöffnet und mit besonders gereinigter Salpetersäure ausgewaschen, die RaD, ähnlich wie Pb, leicht auflöst. Bei der Elektrolyse dieser Lösung schied sich, analog wie das bei Blei der Fall ist, das RaD je nach den Versuchsbedingungen als Metall oder aber als Superoxyd in sichtbarem Beschlage ab.

Mit dem so erhaltenen RaD-Superoxyd entschieden sie die Frage, ob RaD und Pb wirklich chemisch als ein Stoff anzusehen sind oder ob ihre Untrennbarkeit nur auf dem Mangel einer passenden Methode zurückzuführen war. Zwei Elemente sind chemisch identisch, wenn sie sich elektrochemisch vertreten können. Hevesy und Paneth prüften, ob die Zersetzungsspannung eines Elementes sich beim Zusatz isotoper Elemente verschiebt. Sie maßen die Zersetzungsspannung einer Kette $RaDO_2 \mid RaD(NO_3)_2$ und $PbO_2 \cdot RaD(NO_3)_2$, gaben dann Bleiionen zu beiden Lösungen und maßen die Zerstreuungsspannung von neuem. Es zeigte sich, daß die erste Kette die gleiche elektromotorische Wirksamkeit

---

[1]) Wiedemanns Ann. **69**, 83 (1899).
[2]) Ber. **33**, 3126 (1906), **34**, 8, 907, 3033, 3970 (1901); — und Wölfl **36**, 1040 (1903); Ann. d. Phys. **15**, 615 (1904); s. a. St. Meyer und Schweidler, Wiener Akad.-Ber. **114**, 389, 1195 (1905).
[3]) Wiener Akad.-Ber. **123**, 1909 (1914); Ber. **47**, 2784 (1914).

hatte wie die zweite. Ein Zusatz von Bleiionen veränderte den Potentialsprung beider in der gleichen Weise.

Außer in Uranmineralien, die (mit Ausnahme von Autunit) stets Blei enthalten, findet sich RaD auch im käuflichen Blei. Darum ist dies Metall auch radioaktiver als die meisten anderen Metalle. Doch lassen sich beide naturgemäß nicht voneinander trennen.

Aus allen festen Radiumpräparaten läßt sich RaD dadurch gewinnen, daß man ihre Auflösung mit Schwefelsäure fällt. Dabei fällt das RaD mit Ra, Pol und RaE nieder. Man bringt den Niederschlag wieder in saure Lösung, setzt etwas Blei zu und fällt, um vom Ra zu trennen, mit H_2S oder einem anderen Bleifällungsmittel. Überhaupt kann man RaD-haltige Präparate immer durch Zusatz von etwas Blei oder Wismut zu einer RaD-haltigen Flüssigkeit und darauf folgende Fällung mit Schwefelwasserstoff erhalten.

Von Polonium kann man RaD durch Elektrolyse trennen, nicht aber das isotope RaG[1]).

Das Spektrum des RaD dürfte in der Hauptsache mit dem des Bleis identisch sein. Zwei unbekannte Linien, die Demarçay entdeckt zu haben glaubte, kommen dem Mo und Vd zu.

Radium E. RaE = 209,97.

Vaterelement: RaD.

$\lambda = 1{,}66 \cdot 10^{-6}$.

Halbwertszeit: 4,85 Tage (rund 5 Tage).

Strahlung: β-Strahlung ($\mu = 43$ cm^{-1} Al); sehr schwache γ-Strahlung.

Chemisches Verhalten: Wie Wismut, mit dem es isotop ist.

Es ist elektrochemisch edler wie RaD.

Zerfallsprodukt: RaF (Polonium).

RaD geht unter Aussendung sehr weicher β-Strahlen mit einer Halbwertszeit von rund 16 Jahren in RaE über.

Verfolgt man die β-Aktivität des langlebigen aktiven Radiumniederschlags, so zeigt diese durch mehrere Wochen hindurch ein ständiges Anwachsen, das durch die Bildung von RaE bedingt wird. Nach zwei Monaten ist der Maximalwert erreicht, und nun bleibt die Aktivität praktisch konstant. RaE ist identisch mit dem β-strahlenden Bestandteil von K. A. Hofmanns Radioblei.

Nach früheren Untersuchungen von Meyer und Schweidler[2]) sollte es komplex sein und aus RaE_1 und RaE_2 bestehen. 1910

---

[1]) Wiener Akad.-Ber. **121**, 2193 (1912).
[2]) Wiener Akad.-Ber. **114**, 1195 (1905); Jahrb. d. Radioakt. u. Elektronik **3**, 381 (1906).

zeigte aber Antonoff, daß aus reinem RaD das RaE als einheitlicher Körper entsteht, der mit einer Halbwertszeit von 5 Tagen zerfällt, ein Wert, der von L. Meitner bestätigt und neuerdings von R. Thaller[1]) zu 4,85 Tagen festgesetzt wurde.

Aus dem Blei, das aus Pechblende abgeschieden wurde, kann man RaE nach einer sehr einfachen Methode, die L. Meitner angab, gewinnen. Das in Bleichlorid verwandelte Produkt, das RaD, RaE und RaF enthält, wird in Wasser gelöst und in die kochende Lösung ein Nickelblech[2]) eingehängt. Das RaE schlägt sich in reinem Zustand darauf nieder. Hat man eine Lösung, die viel Bleichlorid enthält, so läßt man sie zuerst krystallisieren, ein Teil des Bleichlorids scheidet sich dann fast RaE-frei aus.

In gealterten Radiumlösungen findet sich RaE neben RaD und RaF. RaD kann man durch eine Fällung von $RaSO_4$, bei der es mitgerissen wird, entfernen. RaE und RaF bleiben in Lösung.

Hat man durch Einhängen eines negativ geladenen Platinblechs in Radiumemanation einen aktiven Niederschlag von RaD, RaE, RaF erhalten, so kann man durch nicht zu langes Glühen RaD und RaF verflüchtigen, während RaE wesentlich schwerer flüchtig ist (über $1000°$)[3]).

Unterwirft man eine Bleilösung, die RaE und RaF enthält, der Elektrolyse, so wird bei ca. 4 Mikroampère pro 1 cm zuerst Polonium an der Kathode abgeschieden. Bei wachsender Stromdichte, bei ca. 10 Mikroampère pro 1 cm, fallen Polonium + RaE aus, während bei noch größerer Stromdichte auch die anderen Produkte abgeschieden werden.

Radium F. Polonium (Radiotellur); RaF = 209,97.

Vaterelement: RaE.

$\lambda = 5{,}88 \cdot 10^{-8}$.

Halbwertszeit: $136{,}5 \pm 0{,}3$ Tage[4]).

Strahlung: α-Strahlung. Reichweite 3,77 cm ($15°$). Anfangsgeschwindigkeit der α-Strahlen $v_0 = 1{,}57 \cdot 10^9$ cm/sec.

Chemisches Verhalten: Ist dem Te am nächsten, als dessen höheres Homologes es angesehen werden kann. Ist von Te trennbar (also nicht isotop damit). Gehört in Gruppe VI des periodischen Systems.

Zerfallsprodukt: RaG (Radiumblei).

---

[1]) Wiener Akad.-Ber. **121**, 1611 (1912).
[2]) Auch Pd, Ir und Ag scheiden RaE aus Pb-Lösungen aus; s. Stefan Meyer-Schweidler, Jahrb. d. Radioakt. **3**, 381 (1906).
[3]) Rutherford, Phil. Mag. **10**, 538 (1905).
[4]) v. Schweidler, Verhandl. d. Deutsch. Phys. Gesellsch. **14**, 539 (1912).

Das erste radioaktive Element, das das Ehepaar Curie[1]) bei der Zerlegung der Pechblende gewann, blieb beim Wismut und wurde zu Ehren von Frau Curies Vaterland Polonium genannt. Später schied W. Marckwald[2]) aus Pechblenderückständen einen radioaktiven Körper aus, der in seinen chemischen Eigenschaften dem Tellur am nächsten stand und den er darum Radiotellur nannte. Bald zeigte es sich, daß Radiotellur (wenn es frei von RaE ist) und Polonium völlig gleiche Reichweite ihrer α-Strahlen und auch sonst völlige Identität zeigen.

Man hat Polonium aus radioaktiven Mineralien, aus alten Radioblei- und Radiumsalzen und aus Radiumemanation in einer Weise hergestellt, die jetzt nur noch historischen Wert hat, die aber sehr instruktiv ist.

Im ersten Falle ging man bei der Darstellung des Poloniums vom Schwefelwasserstoffniederschlag saurer Lösungen von Uranmineralien aus. Dabei hat man beobachtet, daß die mit Schwefelwasserstoff zuerst ausfallenden Sulfide aktiver waren als die später ausfallenden. Die Rohsulfide wusch man noch mit Schwefelkalium, um evtl. beigemengte Arsen- und Antimonsulfide herauszunehmen. Die so gereinigten Sulfide löste man in verdünnter Salpetersäure. Eventuell Unlösliches kochte man mehrmals mit Salpetersäure aus, dampfte die Lösungen auf ein kleines Volum und fällte mit Ammoniak. In der Lösung bleibt das meiste Kupfer. Den Niederschlag hat man nun entweder in Salpetersäure gelöst und die eingekochte Lösung fraktioniert mit Wasser gefällt, oder man hat ihn auf Wismutoxychlorid hin verarbeitet. Im ersten Fall waren die zuerst ausfallenden Fraktionen aktiver als die späteren, und man konnte bei systematischer Gestaltung dieser Fällungen eine starke Anreicherung des radioaktiven Produktes ausführen. Ungleich aktivere Produkte erhielt man aber, als man den Schwefelwasserstoffniederschlag auf Wismutoxychlorid hin verarbeitete. Tauchte man dann in die salzsaure Lösung des Wismutoxychlorids Stäbchen aus Wismut oder Antimon, so schlug sich die Radioaktivität zusammen mit einem schwarzen Anflug darauf nieder, der hauptsächlich aus Tellur bestand. Verwandelte man diesen Niederschlag wieder in das Chlorid und versetzte die nicht zu saure Lösung mit salzsaurer Hydrazin- oder Zinnchlorürlösung, so fiel das Tellur fast inaktiv

---

[1]) Compt. rend. **127**, 175 (1898).
[2]) Ber. d. Deutsch. Chem. Gesellsch. **35**, 2285, 4239 (1902), **36**, 2662 (1903), **38**, 591 (1905); ferner Phys. Zeitschr. **4**, 51 (1902); Jahrb. d. Radioakt. **2**, 133 (1905). S. a. F. Giesel, Phys. Zeitschr. **1**, 16 (1899); Ber. **33**, 1667 (1900). S. ferner F. Giesel, „Einiges über Poloniumgewinnung". Ber. **41**, 1059 (1908).

nieder und konnte durch öfteres Fraktionieren fast inaktiv gewonnen werden. Aus der resp. den Lösungen konnte man noch mit schwefliger Säure Selen, Tellur und Polonium niederschlagen. Löste man wieder in Salpetersäure und fällte mit Ammoniak, so entstand ein Niederschlag, den man in Salzsäure löste, um dann Polonium in hochkonzentriertem Zustand auf Metallen (Cu, Sn, Sb, Pt, Pb, As u. a.) oder durch Elektrolyse niederzuschlagen.

Statt mit H_2S zu fällen, haben M. Curie und A. Debierne[1]) die salzsaure Lösung mit einem Eisenblech behandelt, wodurch Cu, Bi, Pb, As, Sb u. a. ausfielen, diese wurden in Salzsäure gelöst und dann wieder auf einem Cu-Blech niedergeschlagen. Hiervon wieder mit Salzsäure abgelöst, wurden sie dann mit Zinnchlorür usw. wie oben angegeben behandelt.

Aus Radioblei, in dem Polonium sich zusammen mit RaD und RaE befindet, kann man es von diesen elektrochemisch recht zweckmäßig trennen[2]). Man geht dann am besten von einer Radiobleiazetatlösung aus und elektrolysiert bei einer Stromdichte von $4 \cdot 10^{-6}$ Amp. pro Quadratzentimeter, wobei nur Po ausgeschieden wird (bei höherer Stromdichte fallen auch RaE und Pb aus; s. später). Ein Verfahren, das sich bewährt hat, beschreiben neuerdings F. Paneth und G. v. Hevesy[3]). Hat man sehr viel Bleisalz, so kann man das meiste durch Umkrystallisieren entfernen[4]). Der größte Teil des Bleis fällt dabei inaktiv aus. Nach dem Zentrifugieren der Krystallmasse verdünnt man die Mutterlauge etwas, um weiteres Auskrystallisieren zu verhindern, und elektrolysiert dann mit schwachem Strom unter Anwendung von Platinelektroden und gutem Umrühren. Sollte eine Ausscheidung von RaE stören, so darf man ein Kathodenpotential $E_{Hg} = -0{,}08\ V$ (dem in einer neutralen, fast gesättigten Lösung von Bleinitrat ein Strom von ca. 0,16 Milliampere pro Quadratzentimeter entspricht) nicht unterschreiten. und falls die Lösung frei von Bi sein sollte, so empfiehlt es sich, einige Milligramm eines Wismutsalzes zuzusetzen, um eine evtl. Abscheidung von RaE zurückzudrängen. Stört aber die Anwesenheit von RaE beim abgeschiedenen Polonium nicht, so kann man bis zum Kathodenpotential des Pb, das unter diesen Verhältnissen ungefähr $E_{Hg} = -0{,}5\ V$ beträgt, hinabgehen. Diesem

---

[1]) Compt. rend. **150**, 386 (1910); Le Radium **7**, 38 (1910).
[2]) Stefan Meyer und Schweidler, Wiener Akad.-Ber. **115**, 697 (1906).
[3]) Wiener Monatshefte **34**, 1605 (1913).
[4]) Man kann es auch durch Dialyse durch einen Pergamentschlauch wegbringen, wenn nicht zuviel freie Salpetersäure in der Lösung sich befindet, da Polonium in solcher Lösung ebenfalls diffundiert. Paneth, Wiener Akad.-Ber. **121**, 2193; s. a. **122**, 1079 (1913); Paneth u. Hevesy **122**, 1049 (1913); s. v. Hevesy, Phys. Zeitschr. **14**, 1202 (1913).

Kathodenpotential entspricht eine Stromdichte von ca. 0,4 Milliampère pro Quadratzentimeter. Die Ausbeute beträgt etwa 80%[1]). St. Meyer und Schweidler fanden l. c. folgende Bedingungen: Elektrolysiert man eine Lösung von Bleiacetat, die Radioblei und dessen Produkte enthält, mittels eines Stromes von 4 Mikroampère auf jedes Quadratzentimeter der Kathodenoberfläche, so wird RaF allein ausgefällt. Bei 10 Mikroampère auf jeden Quadratzentimeter werden sowohl RaF als auch RaE niedergeschlagen, und bei 100 Mikroampère werden auch RaD und Blei abgeschieden.

Statt die Lösung der Elektrolyse zu unterwerfen, genügt es auch, ein Kupferblech in die an Polonium angereicherte Radiobleilösung zu hängen und kräftig zu rühren. Nach 24 Stunden hat sich auf der Kupferelektrode in einer Ausbeute von etwa 80% das Polonium niedergeschlagen.

Da sich unter den Bedingungen, bei denen Blei nur anodisch als Superoxyd abgeschieden wird, die Hauptmenge des Poloniums noch an der Kathode abscheidet, so kann man, wenn bei der Abscheidung von RaE nicht stört, auch folgendermaßen verfahren: Man setzt der Radiobleilösung gerade so viel konzentrierte Salpetersäure zu, daß sich auch bei starkem Strom (bis etwa 0,1 Amp.) Blei nicht mehr kathodisch als Metall abscheiden kann. Da eine Platinkathode ihren Glanz schon bei der Abscheidung sehr geringer Bleimengen verliert, so kann man den Punkt, bei dem genug Salpetersäure zugesetzt ist, leicht erkennen.

Polonium läßt sich von den Elektroden durch Kochen mit Säuren nur unvollkommen (zu ca. 90%) wegbringen, weil es vermutlich eine Po-Pt-Legierung bildet. (Von Gold löst es sich dagegen bis zu 0,7% ab.) Doch fanden Paneth und v. Hevesy[2]), daß man es leicht und so gut wie quantitativ durch Destillation bei 1000° entfernen kann, wobei nur etwa $1^0/_{00}$ zurückbleibt. Als die beiden Forscher eine Poloniumelektrode in einem Quarzrohr unter Anwendung eines schwachen Kohlensäure- oder Wasserstoffstromes auf 700—900° erhitzten, fanden sie aber, daß das Polonium sich nicht etwa vollständig an den auf Zimmertemperatur gehaltenen Partien des Rohres niederschlägt, sondern sich noch etwa 2 m weit in dem zur Gasableitung dienenden engen Schlauch fortbewegte, was wohl auf der Bildung flüchtiger Poloniumverbindungen beruht (z. B. PoH_2)[3]). Legt man aber ein Palladium- oder Platinblech in den kalten Teil des Destillationsrohres, so fangen diese so gut wie alles Polonium wieder auf. Man hat diese Beob-

---
[1]) v. Hevesy und Paneth, Wiener Akad.-Ber. **123**, 1619 (1914).
[2]) Wiener Akad.-Ber. Abt. IIa **122**, 1051 (1913).
[3]) Siehe Lawson, Wiener Akad.-Ber. **124**, 509 (1915).

achtung dazu benutzt, um Polonium durch mehrmalige Destillation zu reinigen, wobei nur sehr geringe Verluste stattfanden. Die Wirkung des Palladiums resp. Platins ist dabei eine spezifische, wohl weil beide leicht Legierungen mit Po bilden. Gold, Kupfer oder Nickel absorbierten Polonium lange nicht so energisch.

Aus alten Radiumsalzen kann man außer der Meyer-Schweidlerschen elektrolytischen Methode in sehr einfacher Weise Polonium isolieren. Entweder leitet man in die Lösung eines alten Radiumsalzes Schwefelwasserstoff ein und filtriert. Auf dem Filter bleibt ein unsichtbarer Niederschlag von Polonium. Oder man taucht in die Lösung eines alten Radiumsalzes ein Platin- oder Wismutblech. Auf ihm schlägt sich Polonium nieder.

Gewinnung aus Radiumemanation. Man schließt Radiumemanation in ein Glasgefäß ein und überläßt sie mehrere Monate lang sich selbst. Dann entfernt man die überschüssige Emanation, löst den an der Glaswand hängenden aktiven Niederschlag in Schwefelsäure und taucht eine Wismutscheibe ein. Das Polonium schlägt sich auf ihr nieder.

In seinen chemischen Eigenschaften steht Polonium dem Wismut und mehr noch dem Tellur nahe, von dem es sich aber auch durch Hydrazin abtrennen läßt. Es hat infolgedessen im periodischen System seinen Platz in der Gruppe VIb. Es gehört zu den Elementen, die aus ihren Verbindungen leicht durch Hydrolyse, chemische Reduktionsmittel oder durch Elektrolyse abgeschieden werden. Im Analysengang scheidet es sich, wie bereits mitgeteilt, mit dem Wismut ab, von dem es sich aber durch Reduktion mit Zinnchlorür u. a. trennen läßt. In seinem Spektrum scheint es einige neue Linien zu enthalten, nämlich 4642,0 (schwach), 4170,5 (sehr stark), 3913,6 (schwach) und 3652,1 (sehr schwach). Wie schon erwähnt, bildet es mit Wasserstoff eine Verbindung PdH_2 [1]) und mit Pd und Pt eine Art von Legierungen. Pd okkludiert auch das Isotope des Poloniums, das RaA samt Folgeprodukten[2]).

Die Salze des Poloniums werden ähnlich den Wismut- und Te-Salzen durch Wasser leicht gespalten und in basische Salze verwandelt. Bei der Dialyse neutraler oder schwach saurer Poloniumlösungen diffundiert deshalb Po nicht durch tierische Membran, und man kann es so, wie oben mitgeteilt, anreichern[3]).

Polonium emittiert α-Strahlen von relativ geringer Reichweite = 3,77 cm (15° C). Seine homogene α-Strahlung, die frei von β- und γ-Strahlung ist, gestattet, die Natur dieser Strahlung

---

[1]) Lawson, l. c.
[2]) Ebenda.
[3]) Paneth, Wiener Akad.-Ber. **121**, 2193 (1912).

gut bei ihm zu untersuchen. Man schlägt es zu diesem Zweck am besten in dünner Schicht auf Metallen (Cu oder Bi) nieder. Wie schon mitgeteilt, ist es erst bei etwa 1000° flüchtig. In saurer Lösung hat Polonium die Diffusionskonstante eines zweiwertigen Elementes, nicht aber in alkalischer Lösung, was mit seiner Hydrolyse und Übergang in den kolloidalen Zustand zusammenhängt[1]).

Mit einer Periode von 136 Tagen zersetzt sich Polonium und geht unter Aussendung von α-Strahlen in **RadiumG** über, **das strahlenlose Endprodukt der Ra-Reihe**. RaG muß sich deshalb in Uranmineralien vorfinden. Einen Anhaltspunkt über seine Natur gibt uns zunächst das zu erwartende Atomgewicht.

Vom Uran bis zum RaG werden 8 α-Teilchen abgespalten, und darum muß dem RaG ein Atomgewicht von 205,97, also rund 206, zukommen. Dies Atomgewicht steht dem des Bleis (207,2) am nächsten, unterscheidet sich aber doch um mehr als eine Einheit von ihm. Nach den Verschiebungssätzen von Soddy und Fajans (s. S. 149 ff.) mußte das Endprodukt der Uranzerfallsreihe ebenfalls in die Gruppe des periodischen Systems gehören, die Blei enthielt. Es war daher nicht ausgeschlossen, daß das Blei aus Uranmineralien ein niedrigeres Atomgewicht besitzt als das gewöhnliche Blei. Auf Veranlassung von K. Fajans bestimmte deshalb M. E. Lembert[2]) im Laboratorium von Th. W. Richards das Atomgewicht einer Reihe von Bleiproben aus radioaktiven Mineralien, die sehr sorgfältig gereinigt worden waren. Es ergaben sich in der Tat niedrigere Werte als für gewöhnliches Blei, dessen Atomgewicht Lembert bei dieser Gelegenheit nochmals studierte und zu 207,15 fand. Blei aus Pechblende und aus Carnotit ergaben 206,6, Blei aus thorfreiem Uranitit 206,4. Mit den feinsten Mitteln moderner Experimentierkunst hat dann O. Hönigschmid[3]) im Wiener Institut für Radiumforschung das Atomgewicht an besonderem Material noch einmal bestimmt. Er fand zunächst bei Blei aus Joachimsthaler Pechblende Werte von 206,7 und 206,4. Da Joachimsthaler Pechblende aber in Gesellschaft mit Bleierzen vorkommt, so untersuchte er das Blei aus einer krystallisierten Pechblende, die in Morogoro (Ostafrika) vorkommt. Hierbei erhielt er ein Atomgewicht von 206,05, während sich für Uranblei ein Atomgewicht von 206 berechnet. Das Blei aus der krystallisierten Pech-

---

[1]) v. Hevesy, Phys. Zeitschr. **14**, 49, 1202 (1913); F. Paneth, Kolloid-Zeitschr. **13**, 297 (1913).
[2]) Zeitschr. f. anorg. Chemie **88**, 429 (1914).
[3]) Zeitschr. f. Elektrochemie **20**, 319 (1914); Wiener Akad.-Ber. **123**, 2407 (1914).

blende dürfte also fast[1]) reines „Uranblei", also RaG, darstellen. Auch ein Blei aus Bröggerit ergab einen Wert von 206,06, und so ist es in mehrfacher Weise bestätigt, daß Blei aus Uranmineralien ein niedrigeres Atomgewicht besitzt als Plumbum commune.

Um zu sehen, ob Uranblei sich im Spektrum vom gewöhnlichen Blei unterscheidet, wurde das Spektrum beider eingehend studiert und als vollkommen identisch befunden[2]). Die theoretische Bedeutung dieser Tatsache wurde früher besprochen.

Erwähnt sei noch, daß R. Whytlaw Gray[3]) auf mikrochemischem Wege Blei als Zerfallsprodukt der Ra-Emanation nachwies, doch ist dieser Befund nicht eindeutig, weil das RaD als Isotopes ebenfalls die Reaktionen des Bleis gibt.

---

[1]) Denn es müßte noch Ac-Blei enthalten.
[2]) S. l. c.
[3]) Nature **91**, 659 (1913).

Die Actinium-Zerfallsreihe.

Protactinium Prt-Ac.

Vaterelement: Vermutlich UY.
Halbwertszeit: Mindestens 1200 Jahre, höchstens 180 000 Jahre.
Strahlung: α-Strahlung.
Reichweite der α-Strahlen: 3,31 cm (0°, 760 mm).
Chemisches Verhalten: Folgt im wesentlichen den Reaktionen des Tantals und ist isotop mit Brevium.
Zerfallsprodukt: Actinium.

Das Protactinium wurde zu Anfang 1918 von O. Hahn und Lise Meitner beschrieben[1]). Nach Versuchen von A. Fleck einerseits und O. Hahn und Lise Meitner andererseits ist das Actinium aller Wahrscheinlichkeit nach ein dreiwertiges Element. Als Muttersubstanz konnte dann nur ein α-strahlendes fünfwertiges oder ein β-strahlendes zweiwertiges Element in Frage kommen. Letztere Annahme konnte trotz mehrfacher Versuche nicht bestätigt werden. O. Hahn und Lise Meitner, die stets an der Fünfwertigkeit der Muttersubstanz des Actiniums festgehalten hatten, ließen sich bei der Suche nach ihr von der Annahme leiten, daß sie ein langlebiges Isotop des UX_2 ist und im wesentlichen den Reaktionen des Tantals folgt. In der Tat gelang es, eine actiniumbildende Substanz aufzufinden, als man den in konzentrierter Salpetersäure unlöslichen Rückstand der Pechblende als Ausgangsmaterial wählte, der praktisch die Gesamtmenge der tantalähnlichen Substanzen dieses Minerals neben Spuren von Ra, Io, Radioblei und Kieselsäure enthielt. Dieser Rückstand wurde mit einigen Milligramm Tantalsäure versetzt, mit Flußsäure behandelt, die Flußsäurelösung von ungelösten Teilen abfiltriert, eingedampft und mit Schwefelsäure abgeraucht. Der Rückstand wurde mit konzentrierter Salpetersäure ausgekocht und enthielt dann nur noch die tantalhaltigen Substanzen. Zuerst zeigte dieser Rückstand eine α-Strahlung geringer Reichweite, dann aber eine mit wachsender Zeit zunehmende durchdringendere α-Strahlung, die daher rührte, daß sich wirklich Actinium und seine Folgeprodukte, besonders die überaus charak-

---

[1]) Chem. Zeitschr. **1918**, 188, Nr. 46. Physik. Zeitschr. **19**, 208 ff. (1918).

teristische Emanation, nachbildeten. F. Giesel hat nach dem oben beschriebenen Prozeß 1 kg Pechblenderückstände verarbeitet und Hahn und Meitner gewannen aus dem Verarbeitungsprodukt schließlich 73 mg eines rein weißen Pulvers. Dies enthielt neben geringen Mengen der Muttersubstanz des Actiniums — die den Namen Protactinium erhielt — der Hauptmenge nach wohl nur noch Erdsäuren. Mit diesem Präparat wurde die Reichweite der ausgesendeten α-Strahlen zu 3,31 cm (0°, 760 mm) bestimmt und aus der Beziehung zwischen Lebensdauer und Reichweite gefolgert, daß die Halbwertszeit des Protactiniums zwischen dem Minimum von 1200 Jahren und dem Maximum von 180 000 Jahren liegen müsse. Frisch dargestellt gab das Präparat keine Emanation ab, einige Tage nach der Herstellung war sie aber gerade nachweisbar und hat sich im Verlaufe von 4 Monaten so vermehrt, daß die Aktivität auf das 500 fache des anfangs gemessenen Wertes gestiegen ist. Der Anstieg der Aktivität erfolgt geradlinig und wird jahrzehntelang in der gleichen Weise vor sich gehen, um dann wie beim Radium praktisch konstant zu bleiben. Die Untersuchung des aktiven Niederschlags ergab die für Actinium zu erwartenden Resultate.

Aus den Grenzwerten für die Lebensdauer des Protactiniums und der Anzahl Uranatome, die sich in die Ac-Reihe umwandeln, hat man berechnet, daß in 50 kg Uran mindestens 1 mg und höchstens 150 mg Protactinium enthalten sein werden. Man wird also wägbare Mengen von Protactinium herstellen können, mit denen dann genauere Festlegung der Eigenschaften, vor allem Spektrum und Atomgewicht möglich sein wird. Wenn der Wert des letzteren bekannt ist, vermag man auch die Stelle der Uran-Radium-Reihe anzugeben, von der die Ac-Reihe abzweigen muß und erhält an Stelle der bisher geschätzten Werte der Atomgewichte in der Ac-Reihe experimentell begründete.

Actinium Ac (Atomgewicht noch unbestimmt, vermutlich 226 oder 230).

Vaterelement: Protactinium.
Halbwertszeit: 25—30 Jahre (Physik. Zeitschr. 1918, 209).
Strahlung: Nicht mit Sicherheit nachgewiesen. (Die Strahlung der Actiniumpräparate rührt von seinen Zerfallsprodukten her.)
Chemisches Verhalten: Ähnlich dem La und Sa. In seinem basischen Charakter steht es nach Auer von Welsbach zwischen La und Ca. Es ist dreiwertig nach Diffusionsversuchen von v. Hevesy (Phys. Zeitschr. 14, 1202 [1913]) und isotop mit MesoTh$_2$.
Zerfallsprodukt: Radioactinium.

Auf Veranlassung von Herrn und Frau Curie untersuchte
A. Debierne[1]) eine schwach aktive Fraktion von der Pechblendeverarbeitung, die besonders aus Fe, Al, Zn, Mg, Ti, seltenen Erden u. a. bestand. Als er diese Elemente trennte, blieb die Aktivität bei den Niederschlägen, die durch die Fällungsmittel des Titans erzeugt wurden, und ließ sich durch verschiedene Methoden anreichern. Debierne nahm an, daß hier ein neues Radioelement vorliegt und gab ihm den Namen Actinium. Einige Jahre später untersuchte F. Giesel[2]) eine hochaktive Fraktion seltener Erden aus Pechblende. Er fand, daß die Aktivität einem Elemente zukommt, das in seinen Reaktionen dem Lanthan am nächsten steht und daß dies Element fortwährend eine kurzlebige, äußerst aktive Emanation abgibt. Darum nannte Giesel die aktive Substanz Emanium. Als dann die Präparate Debiernes und Giesels in Paris verglichen wurden, zeigte es sich, daß sie identisch waren. Seitdem ist der Name Emanium aus der Literatur verschwunden.

Actinium findet sich immer in Uranmineralien, nicht aber in reinen Thoriummineralien. Nach B. B. Boltwood ist das Verhältnis von Uran zu Actinium in Uranmineralien konstant. Das ist einer der Hauptgründe dafür, daß die Actiniumreihe als Zweig der Uranradiumreihe angesehen wird. Vermutlich zweigt sie beim UY zu 7—8 % ab, mit Sicherheit ist das aber keineswegs festgestellt.

Mehrmals wurden Rückstände von der Verarbeitung von Pechblende in größerem Maßstab auf Actinium verarbeitet.

Debierne[3]) verfuhr dabei so, daß er die Lösung der Rückstände mit Schwefelsäure versetzte, die abgeschiedenen Sulfate in die Chloride überführte und deren oxydierte Lösung mit Ammoniak fällte. Die so erhaltenen Hydroxyde wurden mit verdünnter Flußsäure behandelt, wobei ein Teil in Lösung ging. Die meiste Aktivität blieb bei den unlöslichen Fluoriden, die Actinium besonders mit Thorium, Cer, Didym und Lanthan vermischt enthielten. Um die seltenen Erden von anderen Verunreinigungen abzutrennen, führte man die Fluoride in die Sulfate, diese in die Chloride über und versetzte deren Lösung mit Oxalsäure. Die ausfallenden, Actinium enthaltenden Oxalate wurden nach dem Trocknen verglüht und dann in Salpetersäure aufgelöst. Die so gewonnenen Nitrate wurden mit Magnesiumnitrat oder Mangannitrat zusammengebracht, wodurch Doppelsalze entstehen, die man der fraktionierten Krystallisation unterwarf[4]).

---

[1]) Compt. rend. **129**, 593 (1899), **130**, 906 (1900); Chem. News **80**, 209 (1899).
[2]) Ber. d. Deutsch. Chem. Gesellsch. **35**, 3608 (1902), **36**, 342 (1903), **37**, 1696, 3963 (1904), **38**, 775 (1905).
[3]) Compt. rend. **129**, 593 (1899), **130**, 906 (1900), **139**, 14, 588 (1904).
[4]) Siehe Demarçay, Compt. rend. **130**, 1019 (1910).

Das Actinium sammelt sich dabei mit Neodym, Samarium in den Mutterlaugen an.

F. Giesel[1]) trennte die die seltenen Erden enthaltende Ammoniakfällung nach den Methoden mit Kaliumsulfat und Oxalsäure und reicherte die Aktivität bei den Cererden an. Er fand, daß hier das Actinium am hartnäckigsten am Lanthan haftet, doch gelang es ihm, vermittels Fraktionierung mit Magnesiumnitrat einen Teil des Lanthans von Actinium zu scheiden. Zur Anreicherung besonders aus Radiummutterlaugen leistete ihm folgende Eigenschaft des Actiniums gute Dienste[2]): Fällt man aus einer sauren, etwas Barium enthaltenden Lösung des Actiniums Bariumsulfat aus, so wird das Actinium mitgerissen. Schon durch eine einzige solche Operation kann man ein außerordentlich stark actiniumhaltiges Präparat herstellen.

Eine Actiniumgewinnung in ganz großem Maßstab hat C. Auer von Welsbach[3]) durchgeführt, indem er die aus der Verarbeitung von 10 t Pechblende erhaltenen sog. „Hydrate"[4]) als Ausgangsmaterial verwendete. Sie waren dadurch erhalten worden, daß man die salzsauren Auszüge der Uranpecherzrückstände mit Ammoniak fällte, wodurch eine braune, ziemlich konsistente Masse mit ca. 78% Wassergehalt entstand. Diese Masse besaß ein Gewicht von 1800 kg und zeigte nur geringe Aktivität. Zunächst wurden die Hydrate in Salzsäure gelöst und das sich Abscheidende eliminiert. Die salzsaure Lösung aber fällte man fraktioniert mit Ammoniak, wobei eine Reihe von mehr oder weniger radioaktiven Fraktionen erhalten wurden, die man einzeln wieder besonderer Behandlung unterzog. Das geschah meist so, daß die frischen Ammoniakfällungen mit überschüssiger Oxalsäure behandelt wurden, wodurch aktive Oxalate entstanden, die man nach dem Trocknen verglühte und in Oxyde verwandelte. Diese Oxyde wurden zur Reinigung in Salpetersäure gelöst, die Lösung, nachdem sie reduziert war, mit Schwefelwasserstoff von Schwermetallen befreit und dann von neuem einer fraktionierten Fällung mit Ammoniak unterworfen. Dabei leistete ein Verfahren gute Dienste, das Auer von Welsbach ausgearbeitet hat und das er das Hydratverfahren[5]) nannte. Die evtl. mit Schwefelwasserstoff gereinigten, salpetersauren Lösungen der Ammoniakfällungen in Säuren wurden unter lebhaftem Umrühren mit stark verdünntem Ammoniak

---

[1]) Ber. **35**, 3611 (1902), **36**, 344 (1903), **37**, 1698, 3963 (1904).
[2]) Ber. **38**, 776 (1905).
[3]) Zeitschr. f. anorg. Chemie **69**, 353 (1911).
[4]) Sitzungsberichte d. Wiener Akad. **117**, Abt. II a (1908).
[5]) Zeitschr. f. anorg. Chemie **69**, 365 (1911).

(1:20) versetzt. Wenn nun die so entstandene Mischung aufgekocht wird, wirken die gebildeten Hydrate auf die noch in Lösung befindlichen Nitrate ein, und es fallen dann deren basische und überbasische Salze nacheinander aus. Zuerst schlägt sich so Eisen nieder, dann Thorium, dann Uran u. a., worauf erst die Elemente der Yttergruppe, dann die stärker basischen der Cergruppe folgen, von denen das am stärksten basische Lanthan zuletzt niederfällt, weil es am schwierigsten überbasische Salze bildet. Calcium und verwandte Elemente bleiben in Lösung.

So gelang es, die Aktivität in einzelnen Fraktionen anzureichern. Ionium konnte man durch Ausfällen mit Natriumthiosulfat bei Gegenwart von Thorium abtrennen, wobei Actinium in Lösung bleibt.

Dabei fand Auer von Welsbach, daß die Actiniumfällungen durch Ammoniak bei Gegenwart von Ammoniumsalzen unvollkommen sind. Bei Gegenwart von Mangan fiel Actinium dagegen aus basischer Lösung nahezu vollständig aus als Ac- (La-) Manganit. Auch ein Silicofluorid $Ac(La)(SiF_6)_3$ stellte er dar und erhielt Präparate, die nach ihrer α-Strahlung im Gleichgewicht mit ihren Zerfallsprodukten etwa 10^5 mal so aktiv waren als Uran.

Bei seinen Untersuchungen über das Ionium machte B. Keetman[1]) in Marckwalds Laboratorium die Beobachtung, daß beim Umkrystallisieren der Oxalate der Cererden aus Salpetersäure oder Salzsäure das Actinium in die am leichtesten löslichen Fraktionen geht und so von den Cererden und zum Teil auch vom Lanthan abgetrennt werden kann. Keetman sättigte 3 l heiße Salzsäure mit Edelerdenoxalaten, wobei er 400—500 g benötigte. Nach dem Erkalten schied sich der größte Teil (der das Ionium enthielt) wieder aus und wurde abgesaugt. Die Mutterlauge davon, mit Rohoxalat wiederholt von neuem so lange gesättigt, bis sie nichts mehr davon aufnahm, enthielt nun fast alles Actinium.

Zur weiteren Reinigung des Actiniums von seinen Zerfallsprodukten, besonders Radioactinium und AcX, verfuhren O. Hahn und M. Rothenbach[2]) folgendermaßen. Sie setzten etwas Zirkon- und reinstes Thorammonnitrat zu und fällten mit Natriumthiosulfat das Radioactinium aus, während Ac in Lösung blieb. Aus ihr fällten sie dann das Ac mit Ammoniak aus, wobei es zweckmäßig war, etwas Bariumnitrat zuzugeben, um leicht adsorbierendes AcX zurückzuhalten. Die Fällung wurde in verdünnter Salzsäure gelöst, mit Bariumchlorid und Natriumacetat versetzt und dann mit Kaliumbichromat das Barium samt noch vorhandenem AcX aus-

---
[1]) Diss. Berlin 1909.
[2]) Phys. Zeitschr. 14, 410 (1913).

gefällt. Aus dem Filtrat fällt dann Ammoniak das Ac aus, das nach evtl. nochmaligem Lösen und Wiederausfällen rein ist. Diese Prozesse müssen rasch aufeinanderfolgen, um zu verhindern, daß Radioactinium in erheblichem Maße nachgebildet wird. So frisch gereinigtes Ac zeigt eine sehr geringe α-Strahlung von der Reichweite 3,56 cm, die ihm aber vermutlich nicht eigen ist, sondern von Zerfallsprodukten herrührt. Auch β-Strahlung ist beim Ac nicht unzweideutig nachgewiesen. Praktisch ist reines Ac nichtstrahlend. Allmählich gewinnt es durch die Entstehung seiner Zerfallsprodukte Strahlung und erreicht nach etwa 3 Monaten einen Gleichgewichtszustand.

Bei Rotglut ist Ac nicht flüchtig[1]). Ein Spektrum konnte bisher noch nicht beobachtet werden, müßte aber existieren.

Radioactinium RdAc.

Vaterelement: Ac.
Halbwertszeit: 19,5 Tage resp. 18,88 Tage (Mc. Coy und Leman, Phys. Rev. 4, 409 [1914]).
Strahlung: α- und β-Strahlung sowie schwache γ-Strahlung.
Chemisches Verhalten: Wie Thorium, zu dessen Plejade es gehört. Gruppe IV des periodischen Systems.
Zerfallsprodukt: AcX.

Radioactinium ist das erste Zerfallsprodukt des Actiniums und wurde 1906 von O. Hahn[2]) entdeckt. Auch Giesel[3]) und M. Levin[4]) haben es bei ihren Arbeiten erhalten. Aus Lösungen von Actinium kann man es immer angereichert ausscheiden, wenn man in ihnen einen sehr feinen Niederschlag erzeugt. Entweder durch Schwefel bei Zusatz von Natriumthiosulfat (s. unten) oder durch Schütteln mit Tierkohle. Hierbei fällt noch etwas AcX mit nieder. Reiner wird es folgendermaßen gewonnen[5]): Setzt man zu einer Lösung eines mehrere Monate alten Actiniumpräparates nur so viel Ammoniak, daß eine geringe Fällung entsteht, so enthält diese Radioactinium angereichert. Wiederholt man diesen Prozeß in der Mutterlauge, so werden noch weitere radioactiniumhaltige Produkte erhalten. AcX bleibt so in Lösung. Die Fällungen müssen, vordem sie filtriert werden, ca. 2 Stunden stehen. Um Radio-

---

[1]) Strömholm und The Svedberg, Zeitschr. f. anorg. Chemie **61**, 338, **63**, 197 (1909).
[2]) Ber. d. Deutsch. Chem. Gesellsch. **39**, 1605 (1906); Phys. Zeitschr. **7**, 855 (1906); Phil. Mag. **12**, 244, **13**, 165 (1907).
[3]) Ber. **40**, 3011 (1907).
[4]) Phil. Mag. **12**, 177 (1906).
[5]) Phys. Zeitschr. **14**, 410 (1913).

actinium von Ac und AcX völlig zu befreien, fügt man zu einer ganz schwach salzsauren Lösung erst etwas Zirkonsalz und dann Natriumthiosulfat. Der ausfallende, schwefelhaltige Niederschlag enthält das Radioactinium. Um ihn von etwas mitgerissenem Ac zu befreien, muß er von neuem gelöst und die Fällung wiederholt werden.

Man kann auch zur Reindarstellung des Radioactiniums eine ganz geringe Menge Th-Salz zur Lösung fügen und dies mit Wasserstoffsuperoxyd bei 60° wieder fällen[1]).

Das Radioactinium sendet α- und β-Strahlen aus und besitzt auch eine schwache γ-Strahlung. Das weist auf komplexe Natur oder einen dualen Zerfall hin. 1912 glaubten A. S. Russell und J. Chadwick Radioactinium in zwei Teile zerlegt zu haben[2]), die sie $RdAc_1$ und RdA_2 nannten. O. Hahn und L. Meitner[3]) zeigten aber, daß beim Material dieser Forscher vermutlich eine Verunreinigung mit ThB vorlag. Daß aber beim Radioactinium keine einfachen Verhältnisse vorliegen, zeigt eine Diskrepanz zwischen der gewöhnlich angenommenen Lebensdauer und der Reichweite 4,6 cm der α-Strahlen im Sinne der Geiger-Nutallschen Beziehung. In der Tat gelang es St. Meyer, v. F. Heß und F. Paneth[4]), beim Radioactinium zweierlei Reichweiten festzustellen, nämlich 4,61 cm (15°) und 4,2 cm (15°), von denen die zweite mit der Geiger-Nutallschen Beziehung übereinstimmt. Doch steht eine Auswirkung dieses Befundes auf das Zerfallsschema noch aus.

Actinium X AcX.

Vaterelement: Radioactinium.
Halbwertszeit: 11,8 Tage (Wiener Akad.-Ber. 116, 319 [1907]) resp. 11,4 Tage (Phys. Zeitschr. 10, 81 [1909]).
Strahlung: α-Strahlung; R = 4,26 cm (15°) (früher 4,4 cm).
Anfangsgeschwindigkeit der α-Strahlen $v_0 = 1,63 \cdot 10^9$ cm/sec.
Chemisches Verhalten: Wie Radium und ThX, zu deren Plejade es gehört. Krystallisiert mit Bariumnitrat in isomorpher Mischung aus. Ist bei Rotglut nicht flüchtig.
Zerfallsprodukt: Ac-Emanation.

Die Darstellung des AcX geschieht am besten aus einem Ra-freien Ac-Präparat, das mehrere Monate verschlossen stand und mit seinen Zerfallsprodukten im Gleichgewicht ist. Man fällt seine

---

[1]) H. N. Mc Coy und Leman, Phys. Zeitschr. **14**, 1280 (1913).
[2]) Nature **90**, 463 (1912).
[3]) Phys. Zeitschr. **14**, 752 (1913).
[4]) Wiener Akad.-Ber. **123**, 1459 (1914).

Lösung mit Ammoniak, wodurch Radioactinium gefällt wird, und filtriert die nach zweistündigem Stehen auf dem Wasserbad ab. Das Filtrat säuert man an und fällt es zur völligen Entfernung des Radioactiniums nach Zusatz von Eisensalz noch einmal. Das Filtrat von dieser Fällung säuert man an, gibt etwas Bariumsalz zu und fällt dann Bariumsulfat aus. Dies reißt das AcX mit[1]. Man kann auch das Filtrat eindampfen und in einer Platinschale glühen, wobei AcX, das bei Rotglut nicht flüchtig ist, zurückbleibt.

Mc Coy und Leman trennen Radioactinium statt mit Eisen und Ammoniak mit Th und Wasserstoffsuperoxyd ab und wiederholen die Fällung mehrmals. Im Filtrat findet sich dann AcX mit etwas ThX[2].

Unterwirft man eine ammoniakalische Actiniumlösung der Elektrolyse, so daß Wasser noch nicht zersetzt wird, so scheidet sich AcX neben überschüssigem AcA und AcB an der Kathode ab.

Sehr rein gewinnt man AcX, wenn man eine mit Radioactinium beladene Platte einer negativ geladenen anderen Platte gegenüberstellt. Durch Rückstoß gelangt dann AcX auf die geladene Platte[3]. Als Muttersubstanz der Ac-Emanation zeichnet sich AcX durch starke Fähigkeit, Emanation abzugeben, aus und wurde darum auch als „Emanationskörper" bezeichnet[4]. Aus dem Emanationsvermögen seiner Lösung kann man auf die in ihr vorhandene Menge AcX schließen.

Actiniumemanation Ac-Em.

Vaterelement: AcX.
Halbwertszeit: 3,9 Sekunden.
Strahlung: α-Strahlung; $R = 5{,}57$ cm (neuste Best.)[5], früher 5,7 cm. Anfangsgeschwindigkeit der α-Strahlen bei $R = 5{,}57$ $v_0 = 1{,}78 \cdot 10^9$ cm/sec.
Chemisches Verhalten: Inertes Gas wie die Edelgase und andere Emanationen, zerfällt aber viel rascher als diese.
Zerfallsprodukt: AcA.

Actiniumemanation wurde 1902 von F. Giesel entdeckt und als Gas erkannt. Man kann sie mit einem Ac-Präparat leicht dadurch nachweisen, daß man es im Dunkeln nahe über einen Leuchtschirm bringt. Beim Anblasen sieht man am Leuchten des Schirms,

---

[1] Hahn und Rothenbach, Phys. Zeitschr. **14**, 409 (1913).
[2] Ebenda **14**, 1280 (1913).
[3] Wiener Akad.-Ber. **116**, 319 (1907), Phys. Zeitschr. **10**, 81 (1909).
[4] Giesel, l. c.
[5] Wiener Akad.-Ber. **123**, 1459 (1914).

wie sich die abgetrennte Emanation als schweres Gas fortbewegt. Wegen ihrer geringen Lebensdauer ist Ac-Emanation rein nicht zu isolieren. Sie wird von Ac-Präparaten stark entwickelt. Dabei ist die Fähigkeit, Emanation abzugeben, von der Natur der Salze abhängig. Meist kommen Ac-La-Oxyde, Hydroxyde, Oxalate, Nitrate sowie auch Manganite, Silicofluoride, Sulfate u. a. in Betracht[1]). Ferner ist die Temperatur von Einfluß. Die Emanationsabgabe nimmt mit der Erwärmung erheblich zu. Rutherford und Soddy fanden[2]), daß im Intervall von $-80°$ bis $+800°$ eine Steigerung auf ca. das 40fache stattfand.

Actiniumemanation kondensiert sich bei einer Temperatur von $-100°$. Ihren Siedepunkt schätzte E. Goldstein zu $-65°$[3]). Der Verteilungskoeffizient von Actiniumemanation zwischen Wasser und Luft beträgt nach v. Hevesy $= 2$[4]).

Der Diffusionskoeffizient D der Ac-Emanation in Luft ist bei $18° < 0,98\,\text{cm}^2\,\text{sec.}^{-1}$. Aus Diffusions- und Effusionsmessungen ergab sich ein Atomgewicht von 222 (vielleicht auch 218)[5]).

Actiniumemanation wandelt sich sehr rasch in den sog. aktiven Niederschlag des Actiniums (früher induzierte Ac-Aktivität genannt) um. Dieser aktive Niederschlag besteht aus den nacheinander entstehenden Produkten AcA, AcB, AcC (AcC' oder AcC$_2$) und AcD. Die Umwandlung der Ac-Emanation ist mit Emission von α-Strahlen verbunden, wodurch der aktive Niederschlag bei seiner Entstehung positive Ladung besitzt. Darum ist er in diesem Zustande leicht auf negativ geladenen Elektroden zu sammeln.

Actinium A AcA.

Vaterelement: Ac-Emanation.
Halbwertszeit: 0,002 Sekunden.
Strahlung: α-Strahlung; R $= 6,27\,\text{cm}$ ($15°$) (neuste Best.)[6]), früher 6,5 cm ($15°$).
Chemisches Verhalten: Analog RaA und ThA, also isotop mit Polonium.
Zerfallsprodukt: AcB.

Beim Studium der Umwandlung der Ac-Emanation fand Bronson, daß jedes Atom der Ac-Emanation anscheinend zwei α-Strahlen

---

[1]) Vgl. Meyer-Schweidler, Die Radioaktivität, S. 385.
[2]) Phil. Mag. **4**, 370 (1902).
[3]) Jahrb. d. Radioakt. **10**, 221 (1913).
[4]) Phys. Zeitschr. **12**, 1214 (1911).
[5]) Le Radium **4**, 213 (1907); **6**, 67 (1909); Phil. Mag. **17**, 412 (1909), **24**, 637 (1912), **27**, 720 (1914).
[6]) St. Meyer, Heß und Paneth, Wiener Akad.-Ber. **116**, 319 (1907).

aussendet. Geiger und Marsden[1]) gelang es durch Beobachtung der Szintillationen, das wirklich sicherzustellen und nachzuweisen, daß zwei α-Teilchen sich stets in einem Zeitintervall von weniger als $1/10$ Sekunde aufeinanderfolgen. Sie treten im Gegensatz zu anderen α-Strahlern stets paarweise auf. Die beiden Forscher erklärten diese Erscheinung so, daß Ac-Emanation zunächst in ein sehr kurzlebiges Umwandlungsprodukt, das ebenfalls α-strahlend ist, eben AcA, zerfällt.

L. Meitner[2]) fand, daß sich AcA + AcB + AcC mit überwiegender Menge AcA auf der Kathode abscheidet, wenn man eine saure Lösung des aktiven Ac-Niederschlags mit Silberelektroden der Elektrolyse unterwirft.

Wegen seiner außerordentlichen Kurzlebigkeit war die Abtrennung des AcC von AcA schwer. H. G. J. Moseley und K. Fajans[3]) gelang es, mittels einer rotierenden, negativ geladenen Scheibe, die durch die Emanation ging, diesen Stoff derart aus der Emanation herauszuholen, daß man Beobachtungen mit ihm anstellen konnte.

Actinium B AcB (vor 1911 AcA genannt).

Vaterelement: AcA.
Halbwertszeit: 36 Minuten im Mittel (früher gefundene Werte von 40 und 41 Minuten sind zu hoch).
Strahlung: Weiche β- und geringfügige γ-Strahlung.
Chemisches Verhalten: Wie Blei, mit dem es isotop ist.
Zerfallsprodukt: AcC.

Dies Radioelement wurde bald nach der Entdeckung der Ac-Emanation von A. Debierne[4]) aufgefunden und galt anfangs für strahlenlos. Später wurde entdeckt, daß es eine sehr schwache β-Strahlung aussendet, die einen Absorptionskoeffizient in Aluminium von 10^3 cm^{-1} hat. Auch eine ganz geringe γ-Strahlung wurde von E. Rutherford und H. Richardson festgestellt. St. Meyer und Schweidler fanden[5]), daß es bei 400° zu verdampfen anfängt. Nach Schrader kann es von Platin zwischen 600 und 900° im Vakuum verflüchtigt werden. Sind aber Halogenwasserstoffsäuren anwesend, so verdampft es schon bei niedrigerer

---

[1]) Phys. Zeitschr. **11**, 7 (1910).
[2]) Phys. Zeitschr. **12**, 1094 (1911).
[3]) Phil. Mag. **22**, 629 (1911).
[4]) S. l. c.
[5]) Wiener Akad.-Ber. **114**, 1147 (1905).

Temperatur, was von der Bildung chemischer Verbindungen herkommen dürfte[1]).

Taucht man in eine kochende, schwach salzsaure Lösung des aktiven Ac-Niederschlags ein Nickelblech 1—2 Minuten lang, so wird AcB rein darauf abgeschieden[2]).

Actinium C AcC (vor 1911 AcB, von Fajans auch AcC_1 genannt).

Vaterelement: AcB.

Halbwertszeit: 2,15 Minuten[3]).

Strahlung: α-Strahlung. Reichweite 5,15 cm (15°), früher 5,4 cm (15°). Zum ersten Wert gehört eine Anfangsgeschwindigkeit der α-Strahlen von $v_0 = 1,74 \cdot 10^9$ cm/sec.

Chemisches Verhalten: Wie Wismut, mit dem es isotop ist.

Zerfallsprodukt: AcD + AcC'(AcC'').

AcC wurde von Rutherford und Brooks 1904 als neues Element aufgestellt. Man kann es aus einer sauren Lösung des aktiven Ac-Niederschlags durch Elektrolyse zwischen Platinelektroden an der Kathode abscheiden. Auch aus AcX-Lösung kann man es durch Elektrolyse gewinnen.

AcC ist schwerer flüchtig als AcB und kann von diesem befreit werden, wenn man das Gemisch beider auf Rotglut erhitzt.

Marsden und Perkins[4]) wiesen aus dem Studium des unregelmäßigen Zerfalls von AcC nach, daß es in zwei Radioelemente zerfällt, daß bei ihm also eine Verzweigung der Ac-Zerfallsreihe stattfinde[5]). Rund 99,8% der AcC-Atome zerfallen unter α-Strahlung in AcD, jetzt AcC'' genannt, 0,2% unter Aussendung von β-Strahlen in AcC' oder, wie es auch noch geschrieben wird, AcC_2[6]).

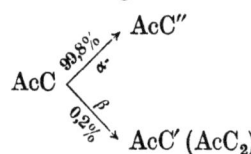

AcC' ist naturgemäß nur sehr unvollkommen bekannt. Man hat seine Halbwertszeit zu $7 \cdot 10^{-3}$ Sekunden berechnet, da es unter Aussendung von α-Strahlen von ca. 6,4 cm Reichweite (15°) zerfällt. Es müßte isotop mit Polonium (als auch den C- und A-Produkten) sein.

---
[1]) Phil. Mag. **24**, 125 (1912).
[2]) L. Meitner, Phys. Zeitschr. **12**, 1094 (1911).
[3]) St. Meyer-Schweidler, Wiener Akad.-Ber. **114**, 1147 (1905).
[4]) Phil. Mag. **27**, 690 (1914).
[5]) Vgl. Meyer-Schweidler, Die Radioaktivität, S. 389.

Actinium C″ AcC″ (bis vor kurzem AcD und vor 1911 AcC genannt).

Vaterelement: AcC.
Halbwertszeit: 4,71 Minuten, früher 5,1 Minuten.
Strahlung: β- und γ-Strahlung.
Chemisches Verhalten: Isotop mit ThD und RaC′ (Gruppe des Thalliums).
Zerfallsprodukt: Unbekannt.

AcC″ (bisher AcD genannt) wurde aus einer sauren Lösung des aktiven Ac-Niederschlags durch Schütteln mit Tierkohle oder Pt-Schwamm gewonnen[1]). Reiner gewann es O. Hahn[2]) nach der Rückstoßmethode. Als er einer mit aktivem Ac-Niederschlag beladenen Metallplatte eine negativ geladene Metallplatte gegenüberstellte, erhielt er in 10 Minuten 20% von dem ursprünglich auf der aktivierten Platte vorhanden gewesenen AcC″. Es verdampft bei tieferer Temperatur als AcC.

Das Zerfallsprodukt des AcC″ (das AcD) ist nicht faßbar und infolgedessen unbekannt. Nach dem zur Zeit gültigen Zerfallsschema müßte es der Bleiplejade angehören und im Blei der Uranmineralien enthalten sein. O. Hönigschmid und St. Horovitz fanden nun bei dem Blei der reinsten (krystallisierten) Pechblende aus Morogoro in Ostafrika ein Atomgewicht von 206,05. Macht man die zur Zeit übliche Annahme, daß 8% des betreffenden Atoms der Uranreihe in der Richtung der Ac-Reihe, 92% in der Richtung der Ra-Reihe zerfallen, so ergibt sich für das Atomgewicht des Endprodukts beider Reihen die Zahl 206, wenn man für das Atomgewicht des AcE wie für die des RaG die Zahl 206 annimmt, denn $\frac{92 \cdot 206 + 8 \cdot 206}{100} = 206$. Eine andere Annahme wäre aber die, daß AcD viel kurzlebiger ist als RaG und erst ein weiteres Zerfallsprodukt das eigentliche Endprodukt der Ac-Reihe ist, das dann zur Bi-Plejade gehören müßte[3]).

Die Ac-Zerfallsreihe sieht danach in der Übersicht folgendermaßen aus:

$$\text{Prt-Ac} \xrightarrow{\alpha} \text{Ac} \rightarrow \text{RdAc} \xrightarrow{\alpha,\beta,\gamma} \text{AcX} \xrightarrow{\alpha} \text{AcEm} \xrightarrow{\alpha} \text{AcA} \xrightarrow{\alpha} \text{AcB}$$

$$\xrightarrow{\beta,\gamma} \text{AcC} \begin{cases} \xrightarrow{\alpha} \text{AcC″} \rightarrow \text{AcD (inaktives Endprodukt)} \\ \text{AcC′ (AcC}_2\text{)}. \end{cases}$$

---

[1]) O. Hahn und L. Meitner, Phys. Zeitschr. **9**, 649 (1908).
[2]) Jahrb. d. Radioakt. **7**, 296 (1910).
[3]) Siehe St. Seyer-Schweidler, Die Radioaktivität **1916**, S. 389.

Die Thorium-Zerfallsreihe.

Nachdem man die radioaktiven Eigenschaften des Urans entdeckt hatte, untersuchte man auch die anderen Elemente auf ihre Fähigkeit hin, Strahlen auszusenden. Am 1. April 1898 veröffentlichten C. G. Schmidt[1]) aus dem Physikalischen Institut der Universität Erlangen und am 12. April des gleichen Jahres Frau Curie[2]) aus Paris Abhandlungen, in denen sie zeigten daß auch vom Thorium Strahlen ausgehen, die ähnliche Eigenschaften haben wie die Uranstrahlen. Das weitere Studium hat gezeigt, daß Thoriumverbindungen, wie Uran und seine Derivate, α-, β- und γ-Strahlen aussenden, aber in einem anderen Mischungsverhältnis. Durch die experimentellen Arbeiten besonders von Rutherford, O. Hahn u. a. hat es sich ergeben, daß diese Strahlen nicht vom Thorium allein, sondern von einer Reihe von Radioelementen herrühren, die aus dem Thorium durch allmähliche Selbstzersetzung entstehen. Es gelang, diese Elemente in eine Zerfallsreihe einzuordnen, die viele Analogien mit der Radium- und Actiniumreihe zeigt und zur Zeit folgendes Aussehen hat:

$$\text{Th} \to \text{MsTh}_1 \to \text{MsTh}_2 \to \text{RdTh} \to \text{ThX} \to \text{ThEm} \to \text{ThA} \to \text{ThB}$$
$$\to \text{ThC} \begin{smallmatrix} \nearrow \text{ThC}'' \to \\ \searrow \text{ThC}' \to \text{ThD}. \end{smallmatrix} |$$

Thorium kommt in einer Reihe von Mineralien teils als ThO_2, teils in Form von Salzen (Silicaten, Phosphaten, Niobaten u. a.) vor. Meist ist es vergesellschaftet mit Uran, doch gibt es auch uranfreie Thoriummineralien. Die neueren Untersuchungen haben gezeigt, daß die meisten Mineralien, die seltene Erden enthalten, auch größere oder geringere Mengen Thorium in sich schließen. In uranhaltigen Thoriummineralien ist das Verhältnis von Uran zu Thorium kein konstantes. Die wichtigsten Thoriummineralien sind die folgenden:

Thorit und Orangit bestehen aus $ThSiO_4$ und dessen Umwandlungsprodukten mit Wasser. Thorit ist schwarz und enthält ungefähr 45—50% ThO_2. Orangit ist orange, gelb bis braun und

---
[1]) Ann. d. Phys. **65**, 141 (1898).
[2]) Compt. rend. **126**, 1101 (1898).

kann bis 70% ThO_2 enthalten. Meist enthalten sie auch Uran, doch sind auch Vorkommen bekannt geworden, die nur 0,46% UO_3 besitzen[1]). Das Mineral läßt sich durch Salzsäure aufschließen.

Thorianit, ein neuerlich in Ceylon aufgefundenes seltenes Thoriummineral, besteht im wesentlichen aus einer isomorphen Mischung von ThO_2 und UO_2 mit ca. 70—80% ThO_2 (9—10% Uran). Es bildet kleine schwarze kubische Krystalle und enthält noch Pb, SiO_2, CaO, seltene Erden und Helium.

Wesentlich geringere Mengen Th enthalten die den Thorianiten verwandten Uraninite (Uranpecherze). Auch Bröggerit und Cleveit enthalten Th. Während diese Mineralien von untergeordneter Bedeutung für die Thoriumerzeugung sind, wird heutzutage fast alles Th für Glühstrümpfe usw. aus dem Monazit gewonnen. Monazit ist auf der Oberfläche der Erde überaus verbreitet. Er findet sich als akzessorischer Bestandteil in Graniten, Dioriten und Gneisen und angereichert besonders in deren natürlichem Zerfallsprodukt, dem Monazitsand, der in Brasilien (Bahia, Minas Geraes), in den Vereinigten Staaten (Nord- und Südkarolina), in geringerer Menge auch in Australien, im Ural, in Norwegen u. a. O. vorkommt, gemischt mit Quarz, Rutil, Zirkon u. a. Monazit bildet gelbe bis rötlichbraune monokline Krystalle, die besonders aus einem Orthophosphat der Ceriterden von der Formel $R^{III}PO_4$ bestehen, wobei R = Ce, Nd, Pr, La, Sa ist. Der ThO_2-Gehalt schwankt bei den verschiedenen Monaziten zwischen 1—18%. Monazitsand enthält 1—2,5% ThO_2. Die heutige Gasglühlichtindustrie gewinnt ihren Gesamtbedarf an ThO_2 aus dem Monazitsande, der infolgedessen ein bedeutsames Produkt des Welthandels ist. Hierfür in Betracht kommen nur die nordamerikanischen, die grobkörnig sind, und die brasilianischen, die feineres Korn besitzen. Vor der Verarbeitung wird Monazitsand erst einem Konzentrationsprozesse unterworfen, wobei ihm durch mechanische oder magnetische Aufbereitung die meisten Beimengungen entzogen werden, so daß er 65—75% Monazit enthält.

Thorium. Th = 232,12[2]).

Halbwertszeit: $1,28 \cdot 10^{10}$ Jahre[3]), andere Werte $1,78 \cdot 10^{10}$ Jahre[4]); $1,86 \cdot 10^{10}$ Jahre[5]).

---

[1]) W. R. Dunstan, Nature **69**, 510 (1904), und F. Soddy, Journ. Chem. Soc. **105**, 1404 (1914).
[2]) Hönigschmid, Wiener Akad.-Ber. Abt. IIa 149 (1916).
[3]) St. Meyer-Schweidler, Die Radioaktivität, S. 397.
[4]) Mc Coy, Phys. Rev. **1**, 403 (1913).
[5]) Ashman, Sill. Journ. **27**, 65 (1909).

Strahlung: α-Strahlung (weich), Reichweite 2,72 cm. (Die starke Strahlung der Th-Präparate rührt von seinen Zerfallsprodukten her, speziell die starke γ-Strahlung besonders von $MsTh_2$ und ThD.)
Chemisches Verhalten: Vierwertiges Element vom zweithöchsten Atomgewicht. Letztes Glied der Gruppe IV des periodischen Systems. Thiosulfat und Acetat unterliegen leicht hydrolytischer Spaltung. Carbonat, Oxalat und Sulfit bilden leicht komplexe Verbindungen. (S. später bei „Chemisches Verhalten".)
Zerfallsprodukt: $MsTh_1$.

Thorium wurde von Berzelius[1]) im Jahre 1828 in dem damals neu entdeckten Mineral Thorit der Insel Löv-ön bei Norwegen aufgefunden. Den Namen erhielt das Element nach dem Gotte Thor. Durch Elektrolyse des $ThCl_4$ und auch durch Umsetzung dieses Chlorids mit metallischem Natrium gewann man später das Element in Krystallnadeln von dunkelgrauer Farbe, die freilich noch oxydhaltig waren. Das Metall ist duktil und läßt sich zu Stiften und Bändern zusammenpressen. Erhitzt, entzündet es sich unterhalb Rotglut und verbrennt mit blendendem Licht zu ThO_2. Das spezifische Gewicht des freien Elementes ist = 11,0, der Schmelzpunkt liegt bei ca. 1700°. Das Spektrum ist sehr linienreich.

Aus Mineralien kann man Thoriumsalze leicht gewinnen, wenn sie reich an Th, arm an dreiwertigen seltenen Erden, wie Ce, Nd, Pr, La, Sa, sind, sowie aus Thorit, Orangit und Thorianit. Man raucht dann das fein gepulverte Mineral mit Schwefelsäure ab[2]) und trägt die Masse in 6—7 Teile Eiswasser ein. Dadurch wird das leicht lösliche wasserfreie Thoriumsulfat $(Th(SO_4)_2)$ ausgezogen. Die kalte Lösung wird sofort filtriert und dann mit überschüssiger Oxalsäure versetzt, wodurch Thorium und beigemengte seltene Erden ausfallen. Sie werden abgesaugt, gewaschen und geglüht und nun von neuem mit Schwefelsäure abgeraucht. Man behandelt wieder mit Eiswasser und erwärmt nun diese Lösung schwach, wodurch das Oktohydrat (oberhalb 47° auch das Tetrahydrat) ausfallen, da sie im Gegensatz zum wasserfreien Thoriumsulfat schwer löslich sind. Man filtriert sie, raucht sie mit konzentrierter Schwefelsäure ab und wiederholt diesen Reinigungsprozeß so lange, bis das Produkt beim Glühen rein weiß ist. — Eine Vereinfachung des Verfahrens besteht nach O. N. Witt darin, daß man die Krystalli-

---

[1]) Poggendorfs Ann. **16**, 385.
[2]) Jedoch nicht ganz, damit kein unlösliches basisches Sulfat gebildet wird.

sationen des Sulfats mit Ammoniak kocht und sie so in Hydroxyd verwandelt. Dies wird mit Salzsäure zu einer konzentrierten Lösung gebracht und bei 0° mit Schwefelsäure versetzt. Bei 6° beginnt dann aus der klaren Lösung das Sulfat auszukrystallisieren. Die Temperatur darf dabei nicht über 20° steigen.

Komplizierter ist die Darstellung von Thoriumverbindungen aus Monazitsand, die für die technische Gewinnung (Glühstrumpfindustrie) der Thorerde die wichtigste ist. Man geht dabei von einem Sande aus, der durch ein Konzentrationsverfahren (s. o.) bereits angereichert ist und 4—5% ThO_2 enthält. Er wird in gußeisernen Schalen mit überschüssiger Schwefelsäure erhitzt, wobei gut durchgerührt werden muß, da sich bald Sulfate abscheiden. Man gibt dann kaltes Wasser zu, rührt durch und läßt absitzen. Die Lösung muß jetzt so stark sauer sein, daß die Phosphate und Sulfate der seltenen Erden in Lösung bleiben. Der abzutrennende Rückstand besteht dann aus den mit Schwefelsäure nicht aufschließbaren Bestandteilen des Sandes: Quarz, Magneteisenstein, Titaneisen, Zirkon u. a. Die Lösung wird nun unter gewissen Vorsichtsmaßregeln mit Alkalien (im fabrikatorischen Betrieb benutzt man Magnesia) partiell neutralisiert. Dabei fallen zuerst die Phosphate des Thoriums und der seltenen Erden aus, weil sie in Säuren schwerer löslich sind als die anderen Bestandteile. In den Fabriken gelingt es, den Säuregrad, die Konzentration und Temperatur der Lösung so abzustimmen, daß das Thorium in der ersten Fraktion fast quantitativ ausgefällt oder wenigstens sehr stark angereichert wird. Um die so erhaltenen Phosphate von der Phosphorsäure zu befreien und zugleich andere Erden zu entfernen, werden die ersten Fällungen in Salzsäure gelöst und die stark saure Lösung mit Oxalsäure versetzt, wobei sich die Oxalate des Thoriums und einiger seltenen Erden ausscheiden, während Erdoxalate u. a. in Lösung bleiben. Man saugt ab, wäscht gut und extrahiert den Niederschlag mit überschüssiger warmer Sodalösung. Dabei gehen Thorium und geringe Mengen von Yttererden in Lösung, während der größte Teil der Cererden als Doppelcarbonate zurückbleibt. Aus der Sodalösung kann man das Thorium entweder durch Zusatz von Säure als Oxalat oder mit Alkali als Hydroxyd abscheiden. Um das so erhaltene Produkt noch von geringen Mengen seltener Erden, Phosphorsäure, Alkali u. a. zu befreien, raucht man es mit Schwefelsäure ab, nimmt das wasserfreie Sulfat mit Eiswasser wieder auf, scheidet durch gelindes Erwärmen das Oktohydrat wieder ab und reinigt es durch öftere Wiederholung dieses Prozesses (s. o.) Nach mehrfachem Auskrystallisieren des Oktohydrats ist das Thorium von den letzten Verunreinigungen befreit. Statt des Sulfats kann man auch das schwer lösliche basische Acetat zur Reinigung verwenden.

Überaus schwer ist es, das Thorium frei von seinen Zerfallsprodukten zu erhalten. „Man muß es hierzu zuerst z. B. durch $RaSO_4$-Fällung vom Mesothor befreien, dann stirbt das beim Th verbliebene Radiothor allmählich ab. Da aber langsam Mesothor nachgebildet wird, so muß sukzessive immer wieder durch mehrere Jahre hindurch fortgesetzt das MesoTh neuerlich abgeschieden werden. Nach etwa $6^{1}/_{2}$ Jahren wäre dann das vorhandene Radiothor auf 1%, nach 20 Jahren auf $1^0/_{00}$ abgesunken." (Siehe St. Meyer-Schweidler, „Die Radioaktivität", S. 397.)

Die wichtigsten Thoriumsalze sind die folgenden:

1. Thoriumsulfat $Th(SO_4)_2$. In wasserfreiem Zustand ist es in eiskaltem Wasser so löslich, daß man bis zu 25 proz. Lösungen erhalten kann. Diese Lösungen scheiden indessen allmählich schwerer lösliche wasserhaltige Salze ab, wobei die Temperatur ausschlaggebend für den Wassergehalt ist. Unterhalb 47° ist besonders das Oktohydrat, oberhalb besonders das Tetrahydrat beständig. Doch gibt es auch noch andere Hydrate des Thoriumsulfats. Dabei sind die mit 9,4 und 2 Mol. Wasser stabil (besonders das mit 9 H_2O), die mit 8 und 6 Mol. labil.

2. Thoriumnitrat $Th(NO_3)_4$. Es krystallisiert mit 12 H_2O aus, wenn man Thoriumhydroxyd mit Salpetersäure eindampft, und bildet dann große, sehr hygroskopische Tafeln. Das im Handel befindliche Nitrat entspricht etwa der Formel $Th(NO_3)_4 \cdot 4\ H_2O$ und hat etwa 48—49% ThO_2. Auch in Alkohol ist Thoriumnitrat leicht löslich.

3. Thoriumphosphat bildet sich als flockiger, schleimiger Niederschlag von wechselnder Zusammensetzung, wenn man eine Thoriumlösung mit Alkaliphosphat oder freier Phosphorsäure versetzt. Er ist in Alkalicarbonaten und Säuren löslich. Beim Verdünnen oder Abstumpfen der Säure fällt das Phosphat wieder aus.

4. Thoriumcarbonat. Alkalicarbonate fällen Thoriumsalze aus ihren Lösungen als basische Carbonate von wechselnder Zusammensetzung aus. Im Überschuß des Alkalicarbonats (besonders von Ammoniumcarbonat) lösen sich diese Carbonate auf, indem Salze komplexerer Thoriumcarbonatosäuren, wie $Na_6[Th(CO_3)_5]$ u. a., entstehen. Aus diesen Lösungen fällt Thoriumhydroxyd durch Alkalihydroxyd in der Wärme wieder aus. Mit Ammoniak dagegen entsteht keine Fällung. Zwar trübt sich die Lösung beim Erwärmen, sie wird aber beim Erkalten wieder klar. Auf der Löslichkeit der Alkali- und Ammoniumdoppelcarbonate des Thoriums beruht eine wichtige Trennung dieses Elementes von den Cer-Erden.

5. **Thoriumoxalat**, $Th(C_2O_4)_2$, entsteht meist mit 6 Mol. Krystallwasser, wenn man eine Thoriumlösung mit Oxalsäure oder Oxalat versetzt. Das Salz ist in Wasser und Mineralsäuren so gut wie unlöslich, wird aber von überschüssigem Oxalat zu komplexen Salzen mit Ionen der Typen $[Th(C_2O_4)_2]''''$, $[Th(C_2O_4)_3]''$, $[Th(C_2O_4)_5]''$ u. a. gelöst.

Interessant wegen seiner Flüchtigkeit im Vakuum ist das **Thoriumacetonylacetonat** $Th(C_5H_7O_2)_4$, das entsteht, wenn man zu einer Lösung von 20 g Th-Nitrat in 100 ccm Wasser eine Lösung von 20 g frisch destilliertem Acetylaceton in möglichst wenig wässerigem Ammoniak setzt. Durch Zusatz von mehr Ammoniak fällt dann das Salz aus und kann durch Umkrystallisieren aus Alkohol rein gewonnen werden. Thoriumacetonylacetonat ist auch in Chloroform löslich und kann im Vakuum destilliert werden. Diese Eigenschaften sind zur Reindarstellung des Thoriums benutzt worden.

Chemische Eigenschaften. Das Thorium ist ein vierwertiges Element, das aus seinen Salzlösungen durch **Alkalien**, **Ammoniak** und **Schwefelammonium** als ThO_4H_4 gefällt wird. Dies ist in Alkalien unlöslich, in Säuren aber löslich. **Alkalicarbonate** fällen erst weißes basisches Carbonat, das im Überschuß löslich ist (Unterschied von den Cer-Erden). Durch Ätzalkalien wird ThO_4H_4 aus diesen Lösungen in der Wärme wieder ausgefällt, nicht aber durch Ammoniak. (Auch die unlöslichen Phosphate und Oxalate des Thoriums lösen sich in Carbonatlösung auf.) Oxalsäure fällt aus Thoriumlösungen, auch wenn sie sauer sind, alles Thorium als weißes krystallinisches Oxalat, das in Säuren und auch in überschüssiger Oxalsäure so gut wie unlöslich ist. Fällt man mit Ammoniumoxalat, so fällt zuerst auch Th-Oxalat nieder, es löst sich aber in überschüssiger Ammoniumoxalatlösung wieder auf. Wie gegen Carbonate und Oxalate, zeigt Th auch gegen Alkalisulfit Neigung zur Komplexbildung, denn es löst sich in Alkalisulfit auf. Diese Lösung scheidet beim Kochen auf Zusatz von Säuren das Oxalat quantitativ wieder ab (Unterschied von Zr). Auch **Kaliumsulfat** fällt Thorium aus seinen Salzlösungen in der Kälte als $K_2Th(SO_4)_3 \cdot 2H_2O$, in der Wärme als $K_8Th(SO_4)_6 \cdot 2H_2O$ aus. Auch Natriumthiosulfat fällt Thorium aus neutralen oder schwach sauren Lösungen in der Siedhitze als basisches Thiosulfat mit Schwefel gemengt aus.

Mikrochemisch kann man Thorium dadurch nachweisen, daß man zu seiner Lösung in überschüssigem Ammoniumcarbonat ein lösliches Thallosalz gibt. Es fällt dann das komplexe Salz $Tl_6Th(CO_3)_5$ aus, das ein charakteristisches Aussehen hat.

In Gemischen mit seltenen Erden läßt sich das Thorium in mehrfacher Weise erkennen:

1. Mit Wasserstoffsuperoxyd. Versetzt man eine neutrale oder ganz schwach salzsaure Lösung mit einigen Kubikzentimetern 10 proz. Wasserstoffsuperoxyds und erwärmt auf etwa 60°, so scheidet sich ein durchsichtiger gelatinöser Niederschlag von Thoriumhydroperoxydat $ThO_3H_3 \cdot O_2H \cdot XH_2O$ ab. (Die Cer-Erden fallen hierbei mit aus.)

Zur Trennung von den dreiwertigen seltenen Erden eignen sich die Fällungen des Thoriums mit Jodsäure (Kaliumjodat und Salpetersäure) und mit Kaliumazid.

2. Gibt man zu einer stark (salpeter-)sauren Thoriumlösung reichlich eine Lösung von Kaliumjodat in Salpetersäure, so fällt Thoriumjodat nieder. Die Jodate der dreiwertigen Erden sind in Salpetersäure löslich und fallen nicht aus. Zirkonjodat ist in Oxalsäure löslich. Einen Überschuß von Jodsäure muß man anwenden, weil dadurch die Löslichkeit des Thoriumjodats herabgedrückt wird.

3. Versetzt man eine neutrale oder schwach saure Lösung von Thoriumsalz mit Kaliumazid (KN_3) und kocht, so fällt alles Thorium als basisches Azid aus, während die III-Erden unter den gleichen Umständen nicht gefällt werden.

4. Für den empfindlichsten Nachweis des Thoriums gilt seine Fällung mit einer konzentrierten Lösung von Natriumsubphosphat ($NaHPO_3$) in stark salzsaurer Lösung in der Hitze. Es fällt dabei Thoriumsubphosphat ($ThP_2O_6 \cdot 11 H_2O$) nieder, während die dreiwertigen Erden in Lösung bleiben, wenn die Lösung stark sauer ist. Ist Titansäure vorhanden, so hindert ein Zusatz von Wasserstoffsuperoxyd auch die Fällung des Titans, da Pertitansäure durch Subphosphat nicht gefällt wird.

Quantitative Bestimmung des Thoriums.

Die früher übliche primäre quantitative Abscheidung des Thoriums mit Ammoniumoxalat oder -carbonat hat sich nicht bewährt. Dagegen werden zwei Arten der Fällung zweckmäßig angewendet, die mit Natriumthiosulfat und mit Wasserstoffsuperoxyd.

1. Wenn man zu einer neutralen oder schwach salzsauren Lösung eines Thoriumsalzes überschüssiges Natriumthiosulfat in der Hitze gibt, so wird basisches Thoriumsulfat quantitativ mit Schwefel zusammen ausgefällt. Am besten bereitet man sich eine Lösung des Thoriums in Salzsäure, verdampft den Überschuß so weit als möglich, verdünnt und versetzt tropfenweise mit Ammoniak, bis ein entstehender Niederschlag nur noch schwer ver-

schwindet. Nun erhitzt man zum Sieden und setzt einen Überschuß von Thiosulfat zu. Man kocht noch einige Zeit, bis der Niederschlag sich gut abgesetzt hat, und filtriert. (War Cerium beigemengt, so muß die Fällung wiederholt werden, doch genügt dann doppelte Fällung.) Nun wird der Niederschlag mit Salzsäure ausgekocht, vom Schwefel und Filterresten abfiltriert und das Thorium, nachdem seine Lösung mit Ammoniak fast neutralisiert war, mit Oxalsäure gefällt. Wie Thorium werden auch Zirkon und Scandium durch Thiosulfat gefällt, doch ist Zirkonoxalat in überschüssiger Oxalsäure löslich.

2. **Wasserstoffsuperoxyd** fällt Thorium aus neutraler und schwach salpetersaurer Lösung bei 60° quantitativ als Peroxydhydrat. Man verwendet zweckmäßig eine Lösung, die auf 100 ccm höchstens 1 ccm HNO_3 (1:10) enthalten soll, gibt Ammoniumnitrat und 10 ccm reines 10proz. Wasserstoffsuperoxyd zu. Nun erwärmt man auf 60°, wobei sich das Peroxydhydrat flockig abscheidet und nach dem Abfiltrieren gut ausgewaschen wird. Bei der Veraschung muß man den Niederschlag gut in das Filter einwickeln und vorsichtig erhitzen, weil das Peroxydhydrat bei der Überführung in ThO_2 spratzt. Ist Ce zugegen, so muß die Fällung wiederholt werden.

Mesothorium 1. $MsTh_1 = 228{,}12$.

Vaterelement: Thorium.
Halbwertszeit: 5,5 Jahre[1]).
Strahlung: Keine resp. sehr schwache β-Strahlung.
Chemisches Verhalten: Wie Radium, mit dem es isotop ist.
Zerfallsprodukt: MsTh 2.

Boltwood[2]) und Dadourian[3]) haben 1906 unabhängig voneinander darauf hingewiesen, daß in Thoriummineralien die Aktivität proportional dem Thoriumgehalt ist, nicht aber in den käuflichen Thoriumsalzen. Bei letzteren war die Aktivität nur halb so groß, als man nach ihrem Thoriumgehalt hätte erwarten müssen. Boltwood erklärte diese Erscheinung durch die Annahme, daß bei der technischen Herstellung von Thoriumnitrat in irgendeiner Weise die Hälfte des Radiothors vom Thorium abgetrennt würde. Hahn kam aber bei seinen Untersuchungen über den Zerfall des Thoriums auf die Vermutung, daß der damals angenommene

---

[1]) O. Hahn, Phys. Zeitschr. **8**, 277 (1907), **9**, 392 (1908); McCoy, Journ. Amer. Chem. Soc. **29**, 1709 (1907).
[2]) Phys. Zeitschr. **7**, 482 (1906), **8**, 556 (1907).
[3]) Phys. Zeitschr. **7**, 453 (1906).

Zerfall von Thorium in Radiothorium nicht direkt stattfindet, sondern daß ein Zwischenprodukt existieren müsse, das erst das Radiothorium erzeugt und das bei der technischen Herstellung von Thornitrat abgetrennt wird. Es gelang ihm in der Tat, ein solches Zwischenprodukt in den Rückständen bei der technischen Herstellung des Thoriumnitrats aufzufinden. Er nannte es Mesothorium. Dies Mesothorium erwies sich seinerseits wieder als komplex und besteht aus dem langlebigen und fast strahlenlosen Mesothorium 1 (Halbwertszeit 5,5 Jahre) und dem kurzlebigen, starke β-, γ-Strahlung besitzenden Mesothorium 2 (Halbwertszeit 6,2 Stunden), die chemisch durchaus verschieden voneinander sind, ersteres ähnelt im chemischen Verhalten einem Erdalkali, letzteres einer Erde.

Zur Herstellung des Mesothoriums dienen mehrere Reaktionen, die zunächst kurz mitgeteilt seien. 1. Fällt man eine Thoriumlösung, die Mesothorium enthält, mit Ammoniak, so bleibt MsTh 1 bis zu 90% in Lösung und geht in das Filtrat über. 2. Gibt man zu einer mesothoriumhaltigen Lösung etwas Barium und fällt mit Schwefelsäure $BaSO_4$ aus (oder mit Na_2CO_3 $BaCO_3$), so enthält dies das MsTh 1. 3. Fällt man aus einer mesothoriumhaltigen Thoriumlösung mit Soda (unter Zusatz von Eisenchlorid) bei 70—80° basisches Carbonat aus, so scheidet sich das MsTh 1 mit dem Niederschlag ab. — Mesothorium ist isotop mit Radium, und darum enthalten alle Mesothoriumpräparate, die aus uranhaltigen Thoriummineralien gewonnen wurden, auch Radium. Mesothorium kann man nach denselben Methoden, nach denen man Radium anreichert, gewinnen.

Wegen seiner Anwendung in der Radiumtherapie wird Mesothorium fabrikatorisch in großem Maßstab dargestellt[1]), und eine Reihe von Patenten schützen Einzelheiten der Verfahren (s. später im technologischen Teil).

Das so dargestellte MsTh enthält noch sein Isotopes ThX (und wenn das Ausgangsmaterial uranhaltig war, auch Ra und AcX). ThX und AcX sterben in einigen Wochen ab. Allmählich bildet sich aus Mesothor das Radiothor, das eine Halbwertszeit von 2 Jahren hat. Die Aktivität von frisch dargestellten Mesothoriumpräparaten nimmt darum zuerst zu, erreicht nach ca. 3,2 Jahren ein Maximum, das etwa das $1^1/_2$fache der Anfangsaktivität beträgt, und nimmt dann allmählich wieder ab, um nach etwa 10 Jahren

---

[1]) Boltwood, Sill. Journ. **28**, 93 (1907); W. Marckwald, Ber. **43**, 3420 (1910); Soddy, Transact. Chem. Soc. London **99**, 72 (1911); McCoy, C. H. Viol, Phil. Mag. **25**, 333 (1913); O. Hahn, Ber. **40**, 1462 (1907); Phys. Zeitschr. **8**, 277 (1907), **9**, 392 (1908); Chem. Zeitschr. **1911**, 845.

wieder auf den Anfangswert zu kommen. Nach 20 Jahren sind nur noch 50% der Aktivität vorhanden[1]).

Radiumfreies Mesothorium könnte nach Stefan Meyer und Schweidler („Radioaktivität", S. 399) so erhalten werden, daß man aus einer Thoriumlösung (etwa aus alten Glühstrümpfen) mit Barium und Schwefelsäure MsTh 1 und das vorhandene Ra abscheidet. Nach einigen Jahren hat sich in der Thoriumlösung nur MsTh nachgebildet, wenn die Th-Lösung kein Ionium enthält. Dies MsTh kann man nun wieder mit Bariumsalz und Schwefelsäure aus der Thoriumlösung abscheiden.

Um MsTh 1 und MsTh 2 voneinander zu trennen, gibt man zur Lösung des Gemisches etwas Zirkon- oder Aluminium- oder Eisensalz und fällt mit Ammoniak. Das MsTh 2 fällt mit dem Niederschlag aus (der evtl. auch RdTh und ThX enthält), das MsTh 1 bleibt in der Lösung. Nach 2—3 Tagen ist das MsTh 2 bereits wieder verschwunden.

Mesothorium 2. MsTh 2 = 228,12.

Vaterelement: Mesothorium 1.
Halbwertszeit: 6,2 Stunden[2]) (6,14 Stunden)[3]).
Strahlung: β- und γ-Strahlung. Die β-Strahlung ist komplex. Ihre Absorptionskoeffizienten betragen 20—38 cm^{-1} Al. Für die γ-Strahlung sind von Rutherford und Richardson neuerdings für Al zwei Werte angegeben. $\mu = 26$ und $0,116$. Das Verhältnis des Absorptionskoeffizienten zur Dichte beträgt für Blei 5,44, für Kupfer, Zinn, Eisen, Zink, Aluminium 4,2. Die γ-Strahlen sind weniger durchdringungskräftig als die des Radiums, besonders für Blei.
Chemisches Verhalten: Gehört zur Gruppe III des periodischen Systems und ist isotop mit Ac. Wird mit Aluminium, Eisen und Zirkon gefällt. Sein nächster chem. Verwandter ist das La.
Zerfallsprodukt: Radiothorium.

Aus einer Lösung von Mesothorium fällt Ammoniak besonders in Gegenwart geringer Mengen Zirkon, Aluminium, Eisen mit diesen das Mesothorium 2 (zusammen mit Radiothorium und ThX). Um die Mengen der letzteren zu reduzieren, fällt man nach ein oder zwei Tagen die Mesothoriumlösung von neuem und findet die neue Fällung dann erheblich reiner an Mesothorium 2. Auch empfiehlt sich zur Reinigung des MsTh 2, erst etwas Schwermetallsalz von Bi, Pb, Hg zuzusetzen und mit Schwefelwasserstoff ThB und ThC zu entfernen.

---

[1]) O. Hahn, Phys. Zeitschr. 12, 148 (1911).
[2]) O. Hahn, Phys. Zeitschr. 9, 246, 392 (1908).
[3]) Mc Coy und Viol, Phil. Mag. 25, 350 (1913).

L. Meitner fand, daß man MsTh 2 auch gewinnen kann, wenn man aus seiner Lösung erst Eisen und ThB elektrolytisch entfernt. Aus der neutralisierten Lösung scheidet sich dann MsTh 2 auf einer Silberkathode beim Kochen rein ab.

Radiothorium. RdTh = 228,12.

Vaterelement: MsTh 2.
Halbwertszeit: 2 Jahre (2,02 Jahre).
Strahlung: α-Strahlung. Reichweite = 3,87 cm. Anfangsgeschwindigkeit der α-Strahlen $v_0 = 1{,}58 \cdot 10^9$ cm/sec. Auch β- und geringfügige γ-Strahlung.
Chemisches Verhalten: Vierwertiges Element identisch (isotop) mit Thorium (Io, UX_1, RdAc). Wird aus seinen Lösungen besonders bei Gegenwart von Al- oder Fe-Salz durch Ammoniak oder Soda gefällt. In saurer Lösung reißt $BaSO_4$ etwa 50% RdTh mit.
Zerfallsprodukt: ThX.

Radiothorium wurde 1904 von Otto Hahn[1]) im Thorianit von Ceylon aufgefunden und als selbständiges Radioelement erkannt. G. L. Blanc[2]) wies es dann in den Quellensedimenten von Echaillons und Salin-Moutiers, Elster und Geitel[3]) in denen von Baden-Baden nach, während H. Mache seine Anwesenheit im Reißacherit von Gastein dartat. In diesen Materialien wird es besonders in dem Niederschlag gefunden, der durch Zusatz von Schwefelsäure zu ihrer Lösung entsteht, denn die so entstehenden Sulfate reißen etwa 50% des Radiothoriums mit. Bringt man diesen Niederschlag über das Carbonat wieder in Lösung, so kann man aus dieser das Radiothor in der Fällung abscheiden, die durch Ammoniak entsteht. Mit Eisen, Aluminium, Thorium kann es in gleicher Weise aus seinen Lösungen abgeschieden werden.

Am reinsten kann man Radiothorium aus thoriumfreiem Mesothorium darstellen[4]). Es bildet sich daraus und reichert sich mit seinen Zerfallsprodukten an. Man gibt nun zur Lösung ein Aluminiumsalz und fällt mit Ammoniak. Dann bleibt ThX in Lösung und kann durch Filtration abgetrennt werden. Gibt man nun zur angesäuerten Lösung ein Quecksilber- oder Blei- oder Wismutsalz

---

[1]) Jahrb. d. Radioakt. **2**, 233 (1905).
[2]) Accad. dei Linc. **15**, I, 497, II, 90 (1906) und Phys. Zeitschr. **6**, 703 (1905), **7**, 620 (1906), **8**, 321 (1907).
[3]) Phys. Zeitschr. **7**, 445 (1906).
[4]) Soddy, Chemie d. Radioelemente, S. 139; St. Meyer-Schweidler, Die Radioaktivität, S. 403.

zu und fällt mit Schwefelwasserstoff, so werden ThB und ThC mit den ausfallenden Sulfiden mitgerissen, freilich gehen so auch etwa 5% RdTh in die Fällung über. Aus der so gereinigten Lösung fällt man das radioaktiv reine Radiothorium nach Zusatz von Aluminium- oder Eisensalz mit Ammoniak oder Natriumcarbonat. Geht man von uranhaltigen Ausgangsmaterialien aus, so sind Ionium, UX_1 und RdAc beigemengt, von denen RdTh nicht zu trennen ist, weil es zur gleichen Plejade gehört wie diese. Doch sind von diesen UX_1 und RdAc nach wenigen Monaten so weit zerfallen, daß sie nicht mehr in Betracht kommen.

Frisch hergestelltes Radiothorium enthält meist noch MsTh 2, das im Laufe von 2—3 Tagen vollkommen abklingt. Dagegen wird allmählich ThX erzeugt, das durch 3—4 Wochen hindurch ein Anwachsen der Aktivität bis zu einem Maximum und eine Zunahme des Emanationsvermögens verursacht.

Thorium X. ThX = 224,12.

Vaterelement: RdTh.
Halbwertszeit: 3,64 Tage[1]).
Strahlung: α-Strahlung. Reichweite = 4,08 cm.
Chemisches Verhalten: Zweiwertiges Element, isotop mit Ra, MsTh 1, AcX. Bleibt im Filtrat, wenn man Th-Lösungen mit NH_3 fällt. Ist isomorph mit Barium und krystallisiert mit Bariumsalzen aus Lösungen aus. Es wird auch mit diesem durch Schwefelsäure gefällt.
Zerfallsprodukt: Th-Emanation.

Nachdem Crookes gezeigt hatte, daß sich aus Uran das UX abspalten läßt und vieles auf eine Analogie im Zerfall von U und Th hinwies, versuchten es E. Rutherford und F. Soddy[2]), auch vom Thorium einen analogen aktiven Bestandteil abzutrennen. Das gelang ihnen im Jahre 1902, und sie nannten das abgetrennte Radioelement ThX in Analogie zum UX.

Rein gewinnt man es aus Radiothorium, das schon einige Zeit dem Selbstzerfall unterlag. Man fällt dessen Lösung, der man etwas Al-Salz zugab, mit Ammoniak und filtriert. Da sich im Filtrat neben ThX noch RdTh befindet, so setzt man eine Spur von reinem Th-Salz zu, mit dem dann die letzten Reste RdTh gefällt werden. Nun wird angesäuert, etwas Hg-, Pb- oder Bi-Salz zu-

---

[1]) Phil. Mag. **25**, 350 (1913).
[2]) Phil. Mag. **4**, 370, 569 (1902); über andere Darstellungsmethoden s. Schlundt und Moore, Journ. Phys. Chim. **9**, 682 (1905), und Chem. News **93**, 7, 27, 38 (1906).

gesetzt und mit Schwefelwasserstoff gefällt, wobei ThB, ThC, ThD mitgerissen werden. Aus dem Filtrat fällt man dann ThX durch Zugabe von Ba-Salz mit Schwefelsäure. Soll dabei das ThX für Injektionen verwendet werden, so darf das giftige Barium natürlich nur in so geringer Menge vorhanden sein, daß es nichts schadet.

Aus Thoriumsalzen (Th-Nitrat) kann man es so gewinnen, daß man zu ihrer Lösung gerade so viel Ammoniak setzt, als nötig ist, um alles Th auszufällen. Man filtriert nun, dampft das ThX-haltige Filtrat ab, raucht im Rückstand die Ammoniumsalze durch schwaches Glühen ab. Der geringe Th-haltige Rückstand enthält das ThX. Indem man die Fällung wieder löst und in gleicher Weise das Thorium von neuem ausfällt, kann man noch mehr ThX gewinnen. Von den Beimengungen befreit man ThX wie oben angegeben.

Statt das ThX-haltige ammoniakalische Filtrat abzurauchen, kann man es auch mit $BaCl_2$- oder $Ba(NO_3)_2$-Lösung versetzen und einengen, bis das Bariumsalz wieder auskrystallisiert. Die Krystalle enthalten dann ThX in isomorpher Mischung. — Statt das Bariumsalz wieder auszukrystallisieren, kann man es auch mit Schwefelsäure fällen, wobei ThX mit $BaSO_4$ niedergerissen wird.

Versetzt man eine ThX-haltige Lösung mit Pyridin oder Fumarsäure oder m-Nitrobenzoesäure oder anderen organischen Verbindungen sowie H_2O_2, so fällt Thorium aus, während ThX in Lösung bleibt, das freilich ThB enthält und evtl. davon getrennt werden muß.

Was das elektrochemische Verhalten des ThX anbetrifft, so kann man es aus saurer Lösung weder durch Metalle noch elektrolytisch ausfällen. Aus alkalischer Lösung scheidet es sich aber leicht sowohl mit Metallen als auch durch Elektrolyse ab. Dabei ist die Oberflächenbeschaffenheit insofern von Einfluß, als nichtamalgamiertes Zink sich mit ThX beschlägt, amalgamiertes dagegen den aktiven Niederschlag aufnimmt. Bei der Elektrolyse scheidet sich ThX an der Kathode ab.

Thoriumemanation. ThEm = 220,12 ber. (gef. 201—220).
Vaterelement: ThX.
Halbwertszeit: 54,53 ± 0,041 Minuten[1]).
Strahlung: α-Strahlung. Reichweite 5 cm (15°).
Chemisches Verhalten: Inert, wie Edelgase.
Zerfallsprodukt: ThA.

---
[1]) P. B. Perkins, Phil. Mag. **27**, 720 (1914).

Es war eine der wichtigsten Erkenntnisse auf dem Gebiete der Radioaktivität, die R. B. Owens[1]) und R. Rutherford in den Jahren 1899/1900 vermittelten[2]), daß nämlich vom Thorium fortwährend eine gasförmige Substanz entwickelt werde, die sich im Raume über dem Thorium verbreitet. Rutherford nannte sie Emanation. In der Folgezeit hat sich diese Erkenntnis bald zu allgemeiner Annahme durchgerungen, die Entdeckung der Radium- und Actiniumemanation zur Folge gehabt und an Stelle der Ansicht von der induzierten Aktivität die viel plausibelere des aktiven Niederschlags gesetzt. Bald konnte gezeigt werden, daß die Emanationen alle Eigenschaften von Gasen haben, daß sie dem Boyleschen Gesetze folgen, sich bei niederer Temperatur kondensieren lassen usw. Speziell die Thoriumemanation beginnt bei $-120°$ kondensiert zu werden, hat aber bei dieser Temperatur noch einen erheblichen Gasdruck. Bei $-150°$ ist etwa noch die Hälfte gasförmig, und auch bei $-164°$ kann man noch Spuren von Gas über dem Kondensat nachweisen. Holzkohle absorbiert Thoriumemanation schon bei gewöhnlicher Temperatur. Der Verteilungskoeffizient zwischen Kohle und Gas beträgt bei Zimmertemperatur mehr als 50. Die langsame Diffusion der Thoriumemanation läßt auf ein hohes Molekulargewicht schließen und spricht also nicht gegen die theoretische Annahme.

Merkwürdig ist, daß die Th-Emanation aus den verschiedenen Thoriumverbindungen verschieden leicht entweicht. Im allgemeinen kann man sagen, daß trockene Verbindungen schwerer emanieren als feuchte. Wasserfreies Thoriumoxyd gibt nicht so leicht Emanation ab als Thoriumoxydhydrat. Nitrat und Sulfat sollen schwerer emanieren als das Carbonat. Entfernt man die Emanation durch einen Luftstrom aus Th- oder ThX-Präparaten, so wird sie zum Unterschied von Radiumemanation rasch nachgebildet. Der Absorptionskoeffizient α der Th-Emanation beträgt für Wasser 1,05, für Petroleum 5,01[3]).

Aktiver Thoriumniederschlag (induzierte Thoriumaktivität).

Wenn Gegenstände aller Art mit Thoriumemanation in Berührung sind, so werden sie ebenfalls radioaktiv. Früher nannte man diese Aktivität mitgeteilte oder induzierte Aktivität. Später erkannte man, daß sie durch eine dünne Schicht von festen Umwandlungsprodukten bedingt wird, die sich durch sukzessiven

---

[1]) Phil. Mag. **48**, 360 (1899).
[2]) Phil. Mag. **49**, 1 (1900).
[3]) Phys. Zeitschr. **6**, 820 (1905).

Zerfall aus Thoriumemanation bilden. Seitdem spricht man sachgemäßer von einem „aktiven Thoriumniederschlag". Um ihn zu erzeugen, muß man die Emanation längere Zeit auf die zu aktivierenden Gegenstände einwirken lassen, ehe er sich genügend bemerkbar macht. Dann kann man ihn aber zwei Tage und mehr nachweisen. Am besten hängt man einen isolierten, negativ elektrisch geladenen Draht (von einer 110- oder 220-Volt-Leitung) in Th-Emanation oder in ein Gefäß, in dem sich ein Th-Präparat befindet: Nach drei Tagen befinden sich die Zerfallsprodukte im Gleichgewicht.

Der aktive Thoriumniederschlag besteht aus den sukzessiven Zerfallsprodukten: $ThA + ThB + ThC + ThD$. Von diesen Radioelementen ist ThA äußerst kurzlebig. Seine Halbwertszeit beträgt nur Bruchteile einer Sekunde. ThB vermag erheblich länger zu existieren. Seine Halbwertszeit beträgt mehr als 10 Stunden. ThC zerfällt in rund 60 Minuten zur Hälfte, und zwar dual einerseits in ThC' (zu 65%) und andererseits in ThD (zu 35%), das eine Halbwertszeit von 3,1 Minuten besitzt.

Der aktive Niederschlag läßt sich durch Kochen mit Säure von der Unterlage ablösen; die so erhaltene „Induktionslösung" kann zu vielen Zwecken dienen.

Thorium A. $ThA = 216{,}12$.

Vaterelement: Th-Emanation.
Halbwertszeit: 0,145 Sekunden[1]).
Strahlung: α-Strahlung. Reichweite $= 5{,}7$ cm (5,4 cm).
Chemisches Verhalten: Ähnlich dem Te. Gehört in die Plejade des Poloniums. Ist elektrochemisch unedler als sein Folgeprodukt ThB.
Zerfallsprodukt: ThB.

Als Geiger und Marsden[2]) den Zerfall der Thoriumemanation nach der Szintillationsmethode untersuchten, fanden sie, daß dabei zwei Szintillationen auftreten, die äußerst rasch aufeinander folgen. Sie folgerten daraus, daß das erste Zerfallsprodukt der Th-Emanation ein sehr kurzlebiges Radioelement ist, das sie ThA nannten. Die Atome dieses Elementes besitzen positive Ladungen und haben nach Moseley und Fajans eine Halbwertszeit von 0,145 Sekunden.

---

[1]) Moseley und Fajans, Phil. Mag. **22**, 629 (1911).
[2]) Phys. Zeitschr. **11**, 7 (1910); s. a. T. Baratt, Proc. Royal Soc. **24**, 112 (1912).

Fällt man die wässerige Lösung von Thoriumnitrat mit Ammoniak, so fällt ThA mit Th nieder. Behandelt man nun den Niederschlag mit Fumarsäure, so wird ThA aufgelöst.

Taucht man in eine salzsaure Induktionslösung einen Nickeldraht ein, so scheidet sich ein aktiver Niederschlag ab, der aber ThA nicht enthält. Aus der Lösung kann man ThA (freilich nicht quantitativ) gewinnen. Wird aber der Nickeldraht mit platiniertem Platin verbunden, so schlägt sich ThA an letzterem nieder.

Bei allen normalen Versuchen sind die Wirkungen des ThA von denen der Emanation nicht zu unterscheiden.

Thorium B. ThB = 212,12.

Vaterelement: ThA.
Halbwertszeit: 10,4 Stunden[1]).
Strahlung: Weiche β-, auch schwache γ-Strahlung nachgewiesen. (Praktisch strahlenlos.)
Chemisches Verhalten: Wie Pb (gehört zur Bleiplejade). Bildet bei der Elektrolyse ein Superoxyd, das sich wie PbO_2 an der Anode abscheidet, kann aber auch an der Kathode abgeschieden werden.
Zerfallsprodukt: ThC.

Das ThB (bis 1911 ThA genannt) wurde von Rutherford[2]) entdeckt. Es besitzt eine schwache β-Strahlung mit einem Absorptionskoeffizient von 153 cm^{-1} Al. Rutherford und Richardson fanden auch drei Typen von weichen γ-Strahlen.

Exponiert man einen negativ geladenen Draht kurze Zeit hindurch in Thoriumemanation, so zeigt er, da er fast nur ThB enthält, eine Sekunde lang, nachdem man ihn daraus entfernt hat, praktisch keine Aktivität. Im Verlaufe weniger Stunden entwickelt sich aber eine kräftige Aktivität, die vom ThC-Produkte herrührt. Nach 220 Minuten hat diese Aktivität ihr Maximum erreicht und fällt nun zuerst langsam, dann rascher mit einer Halbwertszeit von 10,6 Stunden ab. Nach 2—3 Tagen ist eine Aktivität nicht mehr nachzuweisen.

Unterwirft man eine Lösung des aktiven Niederschlags der Elektrolyse[3]), so scheiden sich vorzugsweise ThC und ThD an den

---

[1]) v. Lerch, Wiener Akad.-Ber. **114**, 553 (1905), **116**, 1443 (1907); Mc Coy und Viol, Phil. Mag. **25**, 351 (1913); J. E. Schrader, Phys. Rev. **6**, 292 (1915).
[2]) Phil. Transact. **204**, 169 (1904).
[3]) v. Lerch, Ann. d. Phys. **12**, 745 (1903); Wiener Akad.-Ber. **114**, 553 (1905).

Elektroden ab, ThB wird in der Lösung angereichert, da es elektrochemisch unedler ist als ThC und ThD. Nach C. F. Hogley[1]) soll ThB in anorganischen Lösungsmitteln im allgemeinen löslicher sein als ThC, in organischen aber umgekehrt.

In metallischem Zustand verdampft es bei ca. 700° und verflüchtigt sich von einem mit aktivem Niederschlag beladenen Platindraht, wenn man diesen kurze Zeit auf Rotglut erhitzt. Die auf dem Platindraht zurückbleibende Aktivität klingt nunmehr viel rascher ab als vorher. So kann man ThB vom aktiven Niederschlag gleichsam wegsublimieren und von ThC trennen (auch von ThD, das schon unterhalb 700° sich verflüchtigt).

Thorium C. ThC (nach Fajans auch ThC_1 genannt) = 212,12 (vor 1911 ThB genannt).

Vaterelement: ThB.

Halbwertszeit: 60,48 $\pm$ 0,035 Minuten[2]).

Strahlung: α- und β-Strahlung. Die α-Strahlung des ThC ist komplex. Es sind Reichweiten (15°) von 8,6 cm, 5 cm und ganz neuerdings[3]) solche von 10,2 und 11,3 cm beobachtet worden.

Chemisches Verhalten: Wie Bi, mit dem es isotop ist.

Zerfallsprodukte: Bis zu 65% ThC' (früher ThC_2 genannt) unter β-Strahlung und zu 35% unter α-Strahlung ThC'' (bisher ThD genannt).

ThC wurde von Rutherford[4]) aus dem Studium des Zerfalls des aktiven Niederschlags erschlossen. Man kann es aus einer Lösung des aktiven Niederschlags durch Tierkohle ausscheiden, indem man diese nicht zu lange damit schüttelt[5]). Es wird von der Tierkohle adsorbiert, während ThB ganz oder größtenteils in Lösung bleibt.

Taucht man ein Nickelblech[6]) in eine heiße, salzsaure Induktionslösung, oder unterwirft man sie der Elektrolyse, so scheidet sich ThC am leichtesten auf dem Metall resp. der Kathode ab. Läßt man diese Prozesse nicht sehr lange vor sich gehen, so erhält man das ThC rein oder gegen ThB angereichert (ThX fällt, wenn es vorhanden ist, so nicht aus)[7]).

---

[1]) Phil. Mag. **25**, 330 (1913).
[2]) Wiener Akad.-Ber. **123**, 699 (1914).
[3]) Phil. Mag. **31**, 379 (1916).
[4]) Phil. Transact. (A) **204**, 169 (1904).
[5]) Levin, Phys. Zeitschr. **8**, 129 (1907).
[6]) Ber. **46**, 982 (1913). Zn fällt auch leicht ThC aus.
[7]) v. Lerch, Ann. d. Phys. **12**, 757 (1903), und Wiener Akad.-Ber. Abt. II a **114** u. ff.

Gibt man zu einer eisenhaltigen Lösung von ThC Fumarsäure, so wird nach Mc Coy und Viol[1]) ThC völlig frei von ThB mit dem Eisen niedergeschlagen.

Da ThC wie Bi in Lösung seiner Salze leicht hydrolytisch gespalten wird, ThB, das isotop mit dem Pb ist, aber nicht, so zeigen Oxyde des Cu, Ti, Ta eine größere Neigung, ThC zu adsorbieren als ThB[2]).

ThC verdampft erst oberhalb ca. 1000°, also schwerer als ThB, und ist dadurch leicht von diesem und dem schon unter 700° flüchtigen ThD zu trennen. Dabei hat man beobachtet, daß elektrolytisch niedergeschlagenes ThB und ThC sich vollkommener trennen lassen als die als aktiver Niederschlag gewonnene Mischung[3]). ThC-Chlorid ist erheblich flüchtiger und beginnt schon etwas über 100° zu verdampfen[4]).

Aus Diffusionsversuchen ward die Dreiwertigkeit des ThC bestätigt[5]).

Bei Untersuchungen über das Ionisierungsbereich der α-Strahlen fand O. Hahn, daß vom ThC zwei Gruppen von α-Strahlen ausgehen, die Reichweiten von 8,6 und 5 cm (15°) hatten[6]). Darum hielt man das ThC zuerst für ein Gemisch von zwei aufeinander folgenden Radioelementen. Doch fanden Marsden und Barratt[7]), als sie nach der Szintillationsmethode die α-Teilchen zählten, die in verschiedenen Abständen von einer durch einen Th-Niederschlag aktivierten Platte ausgesendet werden, daß 65% der Teilchen eine Reichweite von 8,6 cm und 35% eine solche von 5 cm besitzen. Wäre ThC ein Gemisch von zwei aufeinander folgenden Radioelementen, so müßte die Zahl der von jedem emittierten α-Teilchen gleich sein. Da zudem die Strahlung des ThC ein Drittel der α-Strahlung des Komplexes ThEm + ThA + ThC ausmacht und nicht ein Viertel, so nimmt man an, daß ThC dual zerfällt, nämlich zu 65% unter β-Strahlung in ThC' (früher ThC$_2$) und zu 35% unter α-Strahlung in ThC' im Sinne des Schemas:

$$\rightarrow \mathrm{ThC} \begin{matrix} \nearrow \mathrm{ThC''} \rightarrow \mathrm{ThD} \\ \searrow \mathrm{ThC'} \rightarrow \end{matrix}$$

---

[1]) Phil. Mag. **25**, 351 (1913).
[2]) Wiener Akad.-Ber. **123**, 1819 (1914); Zeitschr. f. physikal. Chemie **89**, 513 (1915).
[3]) Phil. Mag. **8**, 373 (1904); Phys. Rev. **16**, 300 (1903); Phys. Zeitschr. **3**, 130 (1902); Phil. Mag. **9**, 628 (1905); Wiener Akad.-Ber. **118**, 1583 (1909); Phys. Zeitschr. **17**, 6 (1916).
[4]) Ber. **46**. 982 (1913). Zn fällt auch leicht ThC aus.
[5]) Phys. Zeitschr. **14**, 1202 (1913).
[6]) Phil. Mag. **11**, 793 (1906).
[7]) Proc. Phys. Soc. London **24**, 50 (1911).

ThC' müßte eine Lebensdauer von der Größenordnung 10^{-12} Sekunden[1]) besitzen. Praktisch wirken ThC und ThC' wie eine Substanz[2]).

Thorium C'' (bisher ThD genannt). ThC'' = 208,12.

Vaterelement: ThC.
Halbwertszeit: 3,1 Minuten[3]).
Strahlung: β-Strahlung mit einem Absorptionskoeffizient für Al von 17 cm^{-1}. Auch γ-Strahlung ist beobachtet.
Chemisches Verhalten: Wie Tl[4]), ist isotop mit RaC'' und AcD. Ist elektropositiver als ThC. Löst sich in Säuren und ist flüchtiger als ThC und ThB.
Zerfallsprodukt: ThD.

O. Hahn und L. Meitner[5]) erhielten ThC'' (ThD) aus ThC durch Rückstoßstrahlung. Aus ThC-Chlorid entsteht durch Rückstoßstrahlung ThC'' (ThD) und nicht ThC''-Chlorid. Von praktischer Bedeutung ist folgende Darstellungsmethode, die v. Lerch[6]) angab: Über ein Radiothorpräparat wurde eine Glasschale gestülpt und mit einer negativen Elektrode verbunden. Die Innenseite der Glasschale bedeckt sich dann mit einem aktiven Beschlag, der sich leicht mit Säuren ablösen läßt. Gibt man diese Lösung in ein Elektrolysiergefäß und läßt zwischen blanken Platinelektroden (5 · 21 qmm), die ca. 1 cm voneinander entfernt sind, etwa 4 Minuten einen Strom von 0,6 Milliampere durchgehen, so scheidet sich an der Kathode ThC'' (ThD) ab. Man taucht sie rasch hintereinander in destilliertes Wasser, Alkohol und Äther und kann dann Messungen damit machen.

ThC'' (ThD) löst sich schwerer in starken Säuren als ThA + ThB.

ThC'' (ThD) verdampft beim Erhitzen noch unterhalb Rotglut. Nach A. B. Wood verflüchtigt es sich bereits bei 520° und ist bei 700° völlig verschwunden[7]).

Das Zerfallsprodukt der Th-Reihe[8]), das jetzt als ThD (von Fajans ThD$_2$) bezeichnet wird, besitzt keine nachweisbare Strahlung und ist infolgedessen nicht direkt nachzuweisen. Es müßte

---
[1]) Meyer-Schweidler, Radioaktivität, S. 415.
[2]) Soddy, Chemie d. Radioelemente, S. 154.
[3]) Verhandl. d. Phys. Gesellsch. **11**, 55 (1909).
[4]) Ber. d. Deutsch. Chem. Gesellsch. **46**, 979 (1913).
[5]) O. Hahn und L. Meitner, Phys. Zeitschr. **9**, 321 (1908); Verhandl. d. Phys. Gesellsch. **11**, 55 (1909).
[6]) Wiener Akad.-Ber. **118**, 1575 (1909).
[7]) Phil. Mag. **28**, 808 (1904).
[8]) Vgl. darüber K. Fajans, Sitzungsberichte d. Heidelberger Akad. d. Wissensch. **1914** A, 11, **1918** Abh. 3 und Phys. Zeitschr. **16**, 474 (1915).

aber in alten Thoriummineralien vorhanden sein. Da Thorium vom Atomgewicht 232,12 bis zum Ende seines Zerfalls 6 α-Teilchen verliert, so wäre ein Element vom Atomgewicht 208,12 als Endprodukt der Zerfallsreihe zu erwarten. Dieser Wert liegt dem Atomgewicht des Wismuts (208) am nächsten, aber die Wismutmenge in Th-Mineralien ist so gering, daß dies Element als Endprodukt nicht gut in Betracht kommen kann. Nach den Verschiebungssätzen von Soddy und Fajans muß das Endprodukt aber in die Bleiplejade gehören. Wenn das richtig wäre, müßte sich in Thoriummineralien Blei von höherem Atomgewicht vorfinden, als das des gewöhnlichen Bleis (207,2) ist. Ein geeignetes Untersuchungsmaterial bot sich im Thorit von Ceylon. Soddy hatte aus einer größeren Menge desselben 12 g Blei dargestellt, das O. Hönigschmid[1]) reinigte, um dann sein Atomgewicht zu bestimmen. Nun enthält der Thorit aus Ceylon 1,03% U neben 57% Th. Ersteres verwandelt sich in „Uranblei" vom Atomgewicht 206, letzteres in „Thoriumblei" vom Atomgewicht 208,12. Es war deshalb in Thorit Blei vom Atomgewicht 208 zu erwarten. Hönigschmid fand im Mittel aus acht Bestimmungen den Wert 207,77 ± 0,14[2]), der tatsächlich höher ist als das Atomgewicht des gewöhnlichen Bleis. Die Differenz von 0,23 gegen das zu erwartende Atomgewicht erklärt sich entweder so, daß man annimmt, daß im Blei des Thorits neben dem Blei radioaktiven Ursprungs noch 25% gewöhnlichen Bleis (207,2) vorhanden waren, oder durch die Annahme, daß Thorit kein primäres Mineral, sondern ein sekundäres Umwandlungsprodukt des auf gleicher Lagerstätte vorkommenden Thorianits, der mehr U enthält als Thorit, ist. Dann müßte bei der Entstehung des Thorits das schon im primären Thorianit vorhandene Isotopengemenge von Uranblei und Thoriumblei von ihm aufgenommen worden sein[3]).

Die Radioaktivität von Kalium und Rubidium.

Außer den besprochenen Elementen vermögen noch Kalium und Rubidium Strahlen (und zwar β-Strahlen) auszusenden, was man sowohl auf photographischem Wege als auch durch das Elektrometer nachweisen kann. Anfangs glaubte man diese Elektronenemission der Einwirkung des Tageslichtes zuschreiben zu müssen,

---

[1]) Zeitschr. f. Elektrochemie **23**, 161 (1917); s. a. Soddy und Hyman, Journ. chem. Soc. **105**, 1402 (1914); Nature **94**, 615 (1915).

[2]) Ganz neuerdings 207,9, s. Sitzungsberichte der Heidelberger Akademie **1918**, 3. Abh.

[3]) S. a. Holmes und Lawson, Wiener Akad.-Ber. Abt. IIa **123**, 1373 (1914).

denn Alkalimetalle besitzen photoelektrische Empfindlichkeit, d. h. sie senden bei Belichtung Kathodenstrahlen aus. Aber schon 1905 zeigte J. J. Thomson[1]), daß Kalium und Rubidium auch im Dunkeln ständig β-Strahlen abgeben. N. R. Campbell und A. Wood[2]) haben dann 1906 den sicheren Nachweis gebracht, daß die Elektronenemission bei Kalium und Rubidium auch nicht von einer Beimengung herrühren kann, daß ihre Aktivität in den Verbindungen stets der Elementmenge proportional ist und daß nur Kalium und Rubidium, nicht aber die anderen Alkalimetalle, diese Eigenschaft nachweisbar zeigen. Umwandlungsprodukte hat man freilich bisher nicht feststellen können.

Sowohl Kalium wie Rubidium senden weiche β-Strahlen aus, und von diesen sind die des Rubidiums wieder erheblich weicher als die des Kaliums. Jedes der beiden Elemente hat somit eine genau umschriebene, für es charakteristische Strahlung, die sich durch elektrische und magnetische Felder analysieren läßt. Die Kaliumstrahlung ist noch am ähnlichsten der des UX_2, und die Geschwindigkeit ihrer β-Strahlen setzen St. Meyer und F. Schweidler zu ca. $2 \cdot 10^{10}$ [3]). Nach Henriot[4]) ist der Sättigungsstrom, der durch die Ionisation von Salzen beider Elemente unterhalten wird, für

Rb_2SO_4 ca. $12 \cdot 10^{-7}$ ESE resp. ca. $4 \cdot 10^{-16}$ Amp.

und für K_2SO_4 ca. $9 \cdot 10^{-7}$ ESE resp. ca. $3 \cdot 10^{-16}$ Amp.

Kalium und Rubidium lassen sich in das System der anderen Radioelemente nicht harmonisch einreihen. Beide entziehen sich den dort aufgestellten Gesetzmäßigkeiten und müssen zunächst isoliert dastehen. Von allen Elementen haben nun K, Rb (und Cs) die größten Atomvolumina. Wenn die Stabilität des Atombaus auch vom Atomvolumen abhängt (von dem Atomgewicht dürfte sie ja abhängen, weil U und Th die höchsten Atomgewichte haben), so wäre eine Möglichkeit für das Verständnis der Radioaktivität von K und Rb angedeutet[5]). Dabei müßte freilich auch dem Cäsium eine β-Strahlung zukommen, die gesetzmäßig noch weicher als die des Rubidiums sein könnte.

---

[1]) Phil. Mag. **10**, 584 (1905).
[2]) Proc. Cambr. Soc. **14**, 15 (1906).
[3]) Radioaktivität, S. 428.
[4]) Compt. rend. **150**, 1750 (1910), **152**, 851, 1384 (1911).
[5]) St. Meyer-Schweidler, l. c. 428 u. 433.

Die chemische Technologie der Radioelemente.

Einleitung. Obwohl die meisten Radioelemente erst seit kurzer Zeit bekannt sind, haben einige von ihnen bereits eine vielseitige technische Verwendung gefunden. Das sind außer Thorium und Uran, die nicht in den Kreis unserer Betrachtungen fallen, besonders Radium, Radiumemanation, Actinium, Mesothorium (MsTh1 + MsTh2 usw.), Radiothorium resp. sein Zerfallsprodukt ThX. Diese Elemente werden fabrikatorisch gewonnen und haben eine überaus gewinnbringende Industrie ins Leben gerufen. Es ist das Charakteristische dieser Industrie, daß sie aus Riesenquantitäten Ausgangsmaterial Mengen von radioaktiven Salzen erzeugt, die nach Milligrammen und Grammen bemessen sind und abnorm hoch bezahlt werden. Die Höhe dieser Preise wird keineswegs durch die Höhe der Herstellungskosten bedingt, obwohl manche Ausgangsmaterialien zum Teil monopolisiert und darum sehr teuer sind. Die Preise sind vielmehr die Folgen einer überaus günstigen Konjunktur, die man treffend mit „Radiumfieber" bezeichnet hat. 1902 wurde 1 mg Radiumelement mit rund 10 M. im Handel bezahlt[1]) und meist nur für wissenschaftliche Untersuchungen verwendet. Als man aber erkannte, daß seine Strahlen und die des Mesothoriums die Krebszellen ungleich heftiger angreifen und zerstören als die gesunden und die Aussicht sich ergab, mit diesen Körpern die Krebskrankheit möglicherweise heilen zu können, da stieg das Bedürfnis nach Radium und Mesothorium außerordentlich, zumal die Erfahrung gezeigt hatte, daß erst die Strahlungen größerer Radium- und Mesothoriummengen zur Zerstörung der Krebszellen hinreichen. Öffentliche und private Kliniken wetteiferten darin, genügende Mengen von den kostbaren Elementen zu erhalten, und Staat, Kommunen, ja öffentliche Festveranstaltungen brachten bald große Geldsummen auf. Die Bestellungen gingen so zahlreich an die Fabriken, daß sie dem Bedarfe

---

[1]) Wobei freilich die Chininfabrik von Buchler & Comp. in Braunschweig bestrebt war, Radiumbromid so billig als möglich für wissenschaftliche Zwecke zur Verfügung zu stellen, doch dürften die Fabrikationskosten damit gedeckt gewesen sein.

bei weitem nicht genügen konnten, weil die Spärlichkeit der Ausgangsmaterialien, die lange Fabrikationsdauer u. a. eine rasche Beschaffung erschwerten. Die Konsumenten überboten sich in Prämien für raschere Lieferungen, und so erreichten die Preise eine außerordentliche Höhe. 1 mg Radium als Element in seinen Salzen kostet noch heute 500—600 M., ja mehr, und die Menge Mesothorium, die eine dieser Radiummenge äquivalente Strahlung aussendet, wird mit 200—300 M. bewertet. Um den Ansprüchen der medizinischen Institute zu genügen, soll eine Quantität von 60 g Radium resp. die äquivalente Mesothoriummenge nötig sein, die heute noch nicht aufgebracht sein dürfte.

Aber auch zu vielen anderen medizinischen Zwecken (Heilung von Gicht, Tumoren usw.) konnten radioaktive Körper und ihre Zerfallsprodukte verwendet werden, und der Markt wurde mit Radiopräparaten überflutet, die sich bis auf das Gebiet der Kosmetik erstreckten und natürlich zum Teil von sehr zweifelhaftem Werte waren. Dann wurden radioaktive Substanzen mit Vorteil zu Düngezwecken, ständigen Leuchtfarben verwendet, zu Blitzableitern vorgeschlagen, und der Kreis der Anwendungen scheint sich noch immer zu erweitern, so daß der Bedarf stetig steigt und dauernde Produktion verspricht. So war schon vor dem Weltkriege eine bedeutende Industrie entstanden, die sich aus einer Unzahl von Einzelunternehmungen zusammensetzt. Sie finden sich in Deutschland, Österreich-Ungarn, Frankreich, Portugal, England, den Vereinigten Staaten von Amerika (besonders Colorado), Australien und haben meist sogar für ihre letzten Abfälle Abnehmer. Während Österreich-Ungarn ständig größere Radiummengen produzieren kann[1]), mußte Deutschland wegen Mangel an Ausgangsmaterial bald zurückbleiben. Der größte Radiumproduzent ist zur Zeit Nordamerika, das jetzt etwa 6 g pro Jahr liefern soll[2]). Deutschland als größter Thoriumproduzent marschiert aber in der Mesothoriumdarstellung in erster Reihe.

Die theoretische Wirtschaftslehre bezeichnet bekanntlich eine Fabrikation dann als vollkommen, wenn bei ihr keine unverwertbaren Abfälle entstehen. Das Ausgangsmaterial soll so restlos aufgearbeitet werden, daß alle Bestandteile in verkäufliche Ware

---

[1]) Nach gütiger Mitteilung von Herrn Prof. Dr. Stefan Meyer in Wien kann man in Österreich für die nächsten Jahre mit einer ziemlich gleichmäßigen Produktion von rund 2 g Ra pro Jahr rechnen. Bei verstärktem Betrieb kann sie vielleicht auf das Doppelte gesteigert werden.
[2]) Chem.-Ztg. 1918, 134. S. dort auch ein Verzeichnis der neueren amerikanischen Radiumfabriken u. a.

umgewandelt werden. Wir haben eine Reihe von Fabrikationen, die diesem Ideal nahekommen, aber sie spielten in der Praxis keineswegs die Rolle, die man nach der Theorie erwarten sollte. Das kam daher, daß die Mengen der verschiedenen, bei einer Fabrikation entstehenden Produkte nicht gleichen Schritt hielten mit ihrem Bedarf, und ganz ähnlich ging es auch mit den Radioelementen. Die Fabrikation von Radium und Mesothorium war zuerst eine Vervollkommnung der Verarbeitung von Uran- und Thoriumerzen, denn sie benutzte Abfälle dieser Verarbeitungen, die vorher wertlos waren. Es kam wohl auch eine Zeit, wo diese Abfälle genügten, um den Bedarf an Radium und Mesothorium zu decken, aber sehr bald wurde das harmonische Verhältnis dieses idealen Zustandes gestört. Durch die ausgedehnte medizinische Verwendung stieg die Nachfrage und damit der Preis der Radioelemente so bedeutend, daß man erheblich größere Mengen Erze verarbeiten mußte, als zur Produktion des Uran- und Thoriumbedarfs notwendig waren. Aus den früheren Nebenprodukten wurden Hauptprodukte, und es vermehrten sich die schon bei der Glühstrumpffabrikation reichlich abgefallenen seltenen Erden weit über den Bedarf. Indem man nach Verwendungsmöglichkeiten für sie suchte, blühte die Industrie der seltenen Erden mächtig auf, deren Produkte weite Gebiete der Beleuchtung (Effektkohlenlicht), Keramik, der Mineral- und Beizenfarben, der Photographie, Katalyse, Feuerwerkerei usw. befruchteten und die zum Teil auch tief in das Privatleben hineinspielen, wie die Pyrophorindustrie mit dem Cereisenfeuerzeug u. a. Auch auf diesem Gebiet hat die Zusammenarbeit von Wissenschaft und Industrie in gegenseitiger Stützung und Ergänzung die großen Fortschritte der Neuzeit bedingt.

Praktische Verwendungen radioaktiver Körper. Sie sind, wie schon erwähnt, sehr ausgebreitet und keineswegs auf die Medizin beschränkt. Der leidenden Menschheit freilich kommen die Riesenenergien radioaktiver Körper in erster Linie zugute. In der Medizin werden sowohl höchstradioaktive als auch dosiert radioaktive Körper verwendet[1]). Erstere dienen vor allem zu Bestrahlungszwecken, und hier kommen hauptsächlich reine resp. hochprozentige Radium- und Mesothoriumpräparate in Betracht. Hauptsächlich werden ihre Strahlen gegen Krebs angewendet, da sie die Krebszellen erheblich stärker angreifen als gesunde Zellen. Gewisse Hautcarcinome können durch Radium- und Mesothoriumstrahlen bei richtiger Dosierung sicher geheilt werden, wobei Entstellungen be-

---

[1]) Populäre Darstellungen S. V. Czerny, R. Fleischers deutsche Revue **1914**, S. 72 ff.; E. Kuznitzky, Die Naturwissenschaften **1914**, S. 14 ff.; sowie R. Böhm, Die Verwendung der seltenen Erden. Leipzig 1913. S. 83 ff.

sonders des Gesichtes, wie sie bei chirurgischen Eingriffen entstehen, vermieden werden und die Narben sich fast völlig oder sehr weitgehend ausheilen. Aber auch akute chronische Gelenkerkrankungen sollen mit Erfolg behandelt worden sein. Gewisse Herzerkrankungen, vor allem aber die Affektionen des Blutes und der blutbildenden Organe, werden unter dem Einfluß der Strahlentherapie sehr gebessert. Auch nervöse Beschwerden der peripheren Nerven, wie Neuralgien, Ischias, die heftigen Schmerzen bei Tabes können durch Bestrahlung gelindert oder beseitigt werden. Auch in der Ohrenheilkunde sollen durch Bestrahlung Erfolge erzielt worden sein bei gewissen Fällen, die bisher jeder Behandlung trotzten. Ganz erfolglos waren dagegen bisher die Bestrahlungen bei der Lungentuberkulose, während tuberkulöse Gelenke, Knochenerkrankungen und Fisteln häufig mit Erfolg behandelt wurden. Kurz, die Anwendungen der Radium- und Mesothoriumbestrahlung in der Medizin sind sehr mannigfaltig[1]) und umfassen immer weitere Gebiete. Neuerdings ist ihnen in den Fortschritten der Röntgenbestrahlungen ein starker Konkurrent erwachsen, doch ist damit ihr Konsum nicht gefährdet, da sie leicht in das Innere des Organismus eingeführt werden können an Stellen, die die Röntgenbestrahlung nicht erreicht. Häufig verwendet man jetzt auch die kombinierte Bestrahlung. Im Inneren eines Organs läßt man Radium- resp. Mesothoriumstrahlen wirken und gleichzeitig von außen Röntgenstrahlen.

Sehr verbreitet war und ist die Behandlung des Organismus mit Emanationen, besonders Radiumemanation, die durch Trink-, Badekuren oder durch Aufenthalt in Räumen, deren Luft große Mengen von Radiumemanation enthält (sog. Emanatorien), bewirkt wird. Auch führt man radioaktive Substanzen, wie ThX, durch Injektionen in Körperorgane ein, da dies Radioelement sich sehr leicht in Wasser, physiologischer Kochsalzlösung u. a. löst und dadurch, daß es allmählich in Thoriumemanation zerfällt, äußerst intensiv wirken kann (Näheres darüber siehe später bei ThX). Außer zu Bestrahlungs-, Bade-, Trink- und Injektionszwecken dienen radioaktive Substanzen auch zu Kompressen, Einreibungen, Zubereitungen mit radioaktiver Kohle, innerlich anzuwendenden Mitteln, und eine Zusammenstellung, die G. Mossler 1912 in der Zeitschrift des Allgemeinen österreichischen Apotheker-Vereins machte, umfaßte damals schon eine stattliche Anzahl. Manche davon dürften inzwischen wieder verschwunden sein, aber so lange neue Erfolge auftauchen, erscheinen auch immer neue Anwendungsformen radioaktiver Körper in der Medizin.

Radioaktive Düngemittel. Schon vor einer Reihe von Jahren hat man beobachtet, daß radiumhaltige Substanzen, wenn sie in nicht zu großen Mengen angewendet werden, das Wachstum der Pflanzen überaus günstig beeinflussen können. Darum hat man radioaktive Düngemittel in den Handel gebracht, die teils nach empirischen, teils nach wissenschaftlichen Prinzipien zusammengesetzt sind. Eine Reihe von Forschern, besonders J. Stoklasa[1]), haben systematische Versuche teils mit Radiumemanation in Luft und wässriger Lösung (sog. künstliche Radioaktivität), teils mit festen Materialien, wie natürlich vorkommenden Mineralien (sog. natürliche Radioaktivität), angestellt und so günstige Wirkungen auf das Wachstum der niederen[2]) und höheren Pflanzen festgestellt, daß die Düngung mit radioaktiven Materialien von erheblicher praktischer Bedeutung zu werden verspricht. Beim Begießen von Samen verschiedener Pflanzen mit radioaktivem Wasser wurde ein äußerst günstiger Effekt konstatiert. Durch den Einfluß radioaktiven Wassers von 60 ME wurde der Ertrag eines Feldes auf 106,8%, durch solches von nur 30 ME um 43,2% gesteigert. Wasser mit 300—600 ME, an jedem vierten Tag erneuert, übte dagegen bereits nach 19 Vegetationstagen einen deutlich schädigenden Einfluß aus. Hier also wie auch bei den festen Düngern ist eine Dosierung der radioaktiven Düngung von großer Wichtigkeit. Dabei werden die verschiedenen Samen verschieden beeinflußt, so daß für jede Art eine individuelle Dosierung nötig ist. Das Optimum der Dosierung für die einzelnen Kulturpflanzen ist noch nicht mit genügender Sicherheit festgestellt.

Bei Versuchen mit Uranylnitrat fand Stoklasa, daß sich die Produktion der Pflanzenmasse schon durch ganz geringe Uranmengen vermehren läßt. Aber erst in einer Verdünnung von 0,00076 g Uran resp. 0,0016 g Uranylnitrat kommt die Wirkung des Urans zur vollen Geltung. Der größte Ertrag ließ sich erzielen, als man 2,5 kg Uran resp. 5,27 kg Uranylnitrat auf 1 ha Boden verwandte. Aber es brauchen durchaus keine reinen Uran- oder Radiumsalze verwendet werden. Es genügen dazu die Abfälle der Radium- und Uranfabrikation, die etwa 2 mg pro Tonne enthalten und die man früher wegwarf. So haben auch die letzten Rückstände dieser Fabrikationen einen bedeutenden Wert erhalten (etwa 700 M. pro Tonne)! Aber auch noch radiumärmere und erheblich billigere Rückstände, die etwa 100 M. pro Tonne kosten, können verwendet werden. Damit soll man etwa 40 t Boden für Intensivkultur vorbereiten können.

---

[1]) J. Stoklasa, Chem.-Ztg. **1914**, 841f., s. dort auch die Literatur.
[2]) Gibt man zu Hefe bei ihrer Züchtung geeignete Dosen Radioaktivität, so soll die alkoholische Gärung schneller und mit besserer Ausbeute verlaufen. Bull. de l'Assoc. des Chim. de Sucre et Dist. **32**, 55 (1914).

Schon 1910 brachte die Banque du Radium in Paris unter dem Namen „Engrais Radioactifs B. D. R." ein radioaktives Düngemittel in den Handel, das außer 0,03% U_3O_8 aus einem Gemisch von Silicaten, Phosphaten, Carbonaten u. a. besteht und 6% Phosphorsäure in Form von Tricalciumphosphat enthält[1]). Auch mit anderen Düngern, wie „Radioaktin", „Nasturan", hat man günstige Erfahrungen gemacht und festgestellt, daß Gemüse, Obst, Getreide, Wein, Zuckerrüben nicht nur größere Erträge geben, widerstandsfähiger gegen Witterungseinflüsse u. a. werden, sondern auch rascher wachsen und früher erntefähig sind. Dabei soll eine Düngung meist für mehrere Jahre genügen. Wie dem auch sein mag, jedenfalls ist ein günstiger Einfluß radioaktiver Düngung auf das Wachstum der Pflanzen sichergestellt und dem Gebiete eine bedeutende Zukunft sicher.

Radiumleuchtmassen. Schon lange und besonders seit Ausbruch des Weltkrieges sind sog. Leuchtuhren und Leuchtkompasse usw. im Handel, bei denen Zeiger und Ziffern mit selbstleuchtender Masse bestrichen sind, so daß man sie im Dunkeln ablesen kann. Diese Leuchtmassen sind den Leuchtfarben verwandt, unterscheiden sich aber von ihnen dadurch, daß sie immerfort Licht aussenden, während die Leuchtfarben vorheriger Belichtung bedürfen. Die Leuchtmasse der Leuchtuhren usw. besteht meist aus einem Gemisch von krystallisiertem Schwefelzink (Sidot-Blende) und radioaktiven Substanzen, besonders Radium- und Mesothoriumsalzen. Auf das Zinksulfid hatte F. Giesel 1902 zuerst hingewiesen[2]), und seit 1906 brachte er durch die Chininfabrik von Buchler & Comp. in Braunschweig zuerst Leuchtmassen besonders für die Uhrenfabrik Junghaus als „Leuchtfarbe" in den Handel. „Diese Mischungen können bei relativ hohem Radiumgehalt mit blendend hohem Lichte hergestellt werden, allein die Wirkung nimmt recht bald (schon nach Stunden) erheblich und dauernd ab bis zum gänzlichen Verschwinden, weil das Zinksulfid durch die intensive Strahlung proportional der Radiummenge zerstört wird. Man darf daher, um die Leuchtkraft jahrelang zu erhalten, nur mäßige Radiummengen anwenden und sich mit geringen Leuchtwirkungen begnügen, die aber für viele der bekannten Zwecke noch ausreichen." Giesel[3]) hat auch bereits 1905 stark phosphoreszierende Mischungen von Radium mit Edelerden beschrieben[4]), die heute noch mit fast gleicher genügender Stärke leuchten.

---

[1]) Genaue Analyse s. Stoklasa, l. c. S. 843.
[2]) Ber. **35**, 3610 (1902).
[3]) Gütige Privatmitteilung.
[4]) Ber. **38**, 775 (1905).

Nach neueren Zeitungsnachrichten soll dies Radiumlicht nun auch im nächtlichen Kriege an der Front ausgedehnte Verwendung finden. Eine große englische Firma hat dafür nach einer englischen Zeitschrift das englische Festlandheer mit Radiumlicht versorgt. Für nächtliche Unternehmungen erhalten die Soldaten einen „Radiumkragen". Das ist ein kleines rechteckiges, mit Leuchtfarben versehenes Stück Stoff, das in der Nackengegend angehängt wird. Dadurch sind vorrückende Mannschaften nicht nur ihren Hintermännern, sondern auch der Grabenbesatzung eine Strecke weit sichtbar. Auch „Leuchtpfähle", kleine Stäbchen, die an einem Ende eine kleine mit Leuchtmasse bestrichene Platte tragen, sollen zu Orientierungszwecken in Gebrauch sein. Sie werden, um nachts einen Weg zu bezeichnen, von Patrouillen, Krankenträgern usw. mitgenommen und in die Erde gesteckt. In größerem Maßstab soll dies Verfahren auch bei festen Lagern für dauernden Gebrauch angewandt werden. Ganze Wege werden mit „Leuchtband" auf dem Boden gekennzeichnet und Hindernisse damit hervorgehoben. Auch die Quartiere der Kommandanten, Ärzte usw. sollen mit Leuchtfarbe sichtbar gemacht sein, damit man sie auch während der Nacht leicht auffinden kann.

Von den Verwendungsmöglichkeiten der Radiumpräparate sei noch auf den Radiumblitzableiter aufmerksam gemacht, den besonders Szilard beschrieb (Abbildung in „Die Naturwissenschaften" 1914, S. 973).

In der Atmosphäre finden sich immer schwache elektrische Raumladungen, die in steter Wandlung begriffen sind und die sich langsam auch für längere Zeit anhäufen. Diese elektrischen Ladungen können nicht ohne weiteres abfließen, weil die Luft ein Isolator der Elektrizität ist. Bei starken Anhäufungen von Elektrizität, z. B. auf einer Wolke, können nun so hohe Spannungen entstehen, daß eine Abführung der Elektrizität von der Wolke über irgend einen Leiter, der über die Erde hinausragt, zur Erde möglich ist. Dann findet eine sog. disruptive Entladung (Blitz) statt. Um nun zu verhindern, daß eine zündende Entladung zwischen z. B. einem Haus und der Wolke stattfindet, bringt man auf dem Hause einen Spitzenblitzableiter an, der mit der Erde leitend verbunden ist und durch den die Entladung dann naturgemäß viel leichter stattfindet als durch ein Haus usw. Ein Nachteil dieser sonst guten Blitzableiter ist das nervenerregende Geräusch des einschlagenden Blitzes, denn die Entladung kann nur stattfinden, wenn eine gewisse hohe Spannung zwischen Wolke und Blitzableiter herrscht.

Zu einer solch hohen Spannung käme es nicht, wenn die Luft

ein Leiter der Elektrizität wäre. Dann würde eben die Elektrizität zur Erde abfließen. Nun gibt es aber ein Mittel, die Luft für Elektrizität leitend zu machen, wenn man sie nämlich ionisiert. Schon unsere Vorfahren benutzten dies Mittel, wenn auch nur als empirische Erfahrung. Sie ließen nach Aragos Angabe bei Blitz und Donner große Feuer offen brennen; die Flamme ionisierte die Luft, und die Elektrizität konnte leichter abfließen. Da radioaktive Substanzen das gleiche bewirken, suchte B. Szilard in Paris sie zur Verbesserung der Blitzableiter zu verwenden. Das Ende seines Blitzableiters versah er mit einer stumpfen Kegelfläche, auf der in einem kleinen konzentrischen Ringsegment (von 2,5 cm Durchmesser) radioaktive Substanz, die dem Wirkungswert von 2 mg Radiumbromid entsprach, angebracht war. Von der Spitze des Kegels ragten mehrere Spitzen strahlenförmig in die Luft. Die radioaktive Substanz kann entweder elektrolytisch auf dem konzentrischen Ring niedergeschlagen sein, was sich bewährte und wobei α-, β- und γ-Strahlen wirken können, oder — was Szilard noch vorzog — sie wurde mittels eines Emails befestigt, wobei nur β- und γ-Strahlen sich betätigen können.

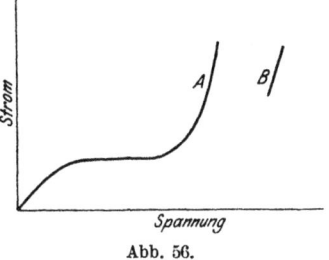

Abb. 56.

Durch die radioaktive Substanz unter den Spitzen des Blitzableiters wird die Leitfähigkeit der umgebenden Luft für Elektrizität mehrere millionenmal erhöht. Sie ist wegen der γ-Strahlen selbst in beträchtlicher Entfernung von der Spitze noch bedeutend. Dadurch erniedrigt sich das Entladungspotential, und es kommt ein Elektrizitätsausgleich zwischen Wolke und Erde zustande, der nun für gewöhnlich nicht disruptiv durch die Spitze, sondern geräuschlos als gleichmäßiger Strom über eine Zone von 10—20 m und mehr erfolgt. Diese Strömung vollzieht sich nach den Regeln, die man für den Durchgang der Elektrizität durch ionisierte Gase aufgestellt hat, und kann in drei Phasen erfolgen. In der ersten Phase wächst der Strom mit zunehmender Spannung rasch an, in der zweiten Phase findet schwaches Leuchten statt. In der dritten Phase springen Funken über, die Entladung ist disruptiv, sie erfolgt aber bei viel niedrigerer Spannung als bei nichtionisierten Gasen. Die Versuchsergebnisse werden sehr anschaulich durch folgende Kurve wiedergegeben (s. Abb. 56). Kurve A verbildlicht die Wirksamkeit des Radiumblitzableiters, B die des gewöhnlichen Blitzableiters. Beim ersteren beginnt die Wirksamkeit bereits mit der Anfangsspannung, beim letzteren erst bei sehr hohem Potential, das beim Radiumblitzableiter unter gleichen Verhältnissen nie erreicht wird. So heftige explosionsartige Wirkungen wie beim gewöhnlichen Blitzableiter treten also beim Radiumblitzableiter ceteris paribus nicht ein. Die Luft um den Radiumblitzableiter stellt nach Art der Verzweigungen der Erdleitung einen innigen Kontakt zwischen der Spitze des Blitzableiters und der Atmosphäre her. Ob dies schöne Prinzip sich in der Praxis bewährt hat, läßt sich zur Zeit noch nicht sagen.

Analytische Prüfung und Kontrolle radioaktiver Körper. Bei der Gehaltsbestimmung radioaktiver Zwischenprodukte oder fertiger Präparate versagen der meist winzigen Mengen wegen die üblichen Methoden der Gewichts-, Maß- und Gasanalyse. An Stelle der Gewichte werden hier Intensitäten von Strahlungen gemessen, an Stelle der Wage treten die Elektrometer, die ungleich kleinere Mengen ansagen können. Die Gehaltsbestimmungen radioaktiver Körper sind im Kapitel Meßmethoden genau beschrieben und mit Beispielen belegt, auf die stets verwiesen wird, wo sie im technischen Teil in Frage kommen. Es sei nochmals darauf aufmerksam gemacht, daß verschiedene Methoden angewendet werden für starke und schwache Radiumpräparate (γ-Strahlen und Emanationsmethode) und daß deren Ausführung zwar nicht schwer ist, aber Übung erfordert. Die Physikalisch-technische Reichsanstalt führt Eichungen und Messungen radioaktiver Präparate gegen Gebühren aus[1]), und in wichtigen Fällen, wo die Verhältnisse nicht ganz einfach liegen (so z. B. beim Mesothorium), dürften solche autoritative Messungen das Empfehlenswerteste sein, da oft hohe Geldwerte auf dem Spiele stehen, wie wir sogleich sehen werden.

Zur Preisbemessung radioaktiver Präparate. Beim Handel mit radioaktiven Präparaten sind einige Punkte zu beachten. Radium kommt nicht als Element selbst und nicht immer in Form reiner Salze in den Handel. Früher bemaß man den Preis pro Milligramm reinsten Radiumsalzes. Seit einigen Jahren ist es allgemein üblich geworden, den Preis nach der Menge des **Elementes** Radium zu bemessen, die sich in dem betreffenden Handelsprodukt befindet. Das geht so weit, daß sich sogar der Preis der Pechblende jetzt nach der Menge Radium und nicht nach der Menge Uran richtet, die sie enthält. Zur Preisberechnung ist es daher von Wichtigkeit, den Gehalt reiner Radiumsalze an metallischem Radium zu kennen. Er ist bei den gebräuchlichsten Radiumsalzen der folgende:

---

[1]) Zeitschrift für Instrumentenkunde **33**, 259 (1913); **34**, 83 (1914).

Radiumchlorid $RaCl_2$ 76,1%
Radiumbromid $RaBr_2 \cdot 2 H_2O$ 53,6%
Radiumbromid $RaBr_2$ (wasserfrei) 58,6%
Radiumcarbonat $RaCO_3$ 79,0%
Radiumsulfat $RaSO_4$ 70,2%

Die meisten hochprozentigen Radiumsalze des Handels enthalten 50—60% Radiumelement. Der Preis für 1 mg Radiumelement schwankt seit 1912 etwa zwischen 500, 600 M. und mehr, war aber früher erheblich niedriger. Herr Professor Dr. Giesel in Braunschweig war so liebenswürdig, mir folgende Mitteilungen zu machen Die Preise von 1 mg reinem $RaBr_2 \cdot 2 H_2O$ waren:

1902 (15. September) . . . . 5 M.
dann . . . . 8 „
1903. . . . . 12 „
1904. . . . . 20—50 „
1905. . . . . 50—100 „
1906. . . . . 120 „
1909/10 . . . . .150—250—275 „
1911/12 . . . . 300—325 „
1912/14 . . . . 350—375 „

Zur Zeit beträgt der Preis für 1 g Ra-Element in Österreich 600 000 Kronen.

Besonders liegen die Verhältnisse beim Mesothorium. Es wird ebenfalls nach Milligramm verkauft und mit einem Preis von 200—300 M. pro Milligramm bezahlt. Damit ist aber keineswegs die Gewichtsmenge von 1 mg käuflichem Mesothorium gemeint, sondern diejenige Menge, die eine γ-Strahlung besitzt, die äquivalent der von 1 mg Radiumelement (nicht aber Radiumsalz) ist. Dies „γ-Äquivalent" ist abhängig vom Alter des Mesothoriumpräparats, und darauf wie auf die Versuchsanordnung bei der Bestimmung des γ-Äquivalents ist genau zu achten. Wir werden auf diese Verhältnisse beim Mesothorium noch näher zu sprechen kommen.

Radiumemanation wird in Lösungen nach Volumeinheiten (sog. Mache-Einheiten) verkauft.

Polonium kommt zu Ionisierungszwecken fast nur auf Kupferblech niedergeschlagen zum Preise von 10—50 M. pro 1 qcm in den Handel.

Actinium wurde mitunter als schwaches Präparat in Form von Ceroxyden für medizinische Zwecke zum Preise von 60 M. von Buchler & Comp. verkauft. In reiner Form — nur mit Lanthan vermischt — wurde es für wissenschaftliche Zwecke zuweilen abgegeben.

Ionium wird selten (für Ionisierungszwecke) verlangt und kostet 10—100 M. pro Milligramm.

Statistisches. Nach W. Petraschek[1]) hat die Jahresproduktion an Radiumelement betragen:

1909	...	0,948 g
1910	...	1,299 g
1911	...	2,074 g
1912	...	1,698 g
1913	...	2,126 g

(Die Preisbewegung s. Kapitel vorher.)

Seitdem ist die Produktion, besonders in Amerika (Colorado), erheblich gestiegen. Noch Anfang 1915 sollen nur etwa 12 g im Verkehr gewesen sein, während etwa 60 g benötigt wurden, um den gesamten medizinischen Bedarf zu decken. Nach einer Schätzung von Prof. Dr. Stefan Meyer in Wien sind bisher etwa 40 g Radium dargestellt worden, gewiß noch nicht 50 g (gütige Privatmitteilung). 1915 sollen in den Vereinigten Staaten allein 6 g Radiumelement gewonnen worden sein, wobei 37 600 Doll. für 1 g gezahlt wurden[2]). Nach Schätzungen von Petraschek sollen 425 g abbauwürdiges Radium auf der Erde sein, 180 g davon in Joachimsthal. Jetzt dürfte etwa die Hälfte der Jahresproduktion an Radium in Amerika hergestellt werden. Anders ist es mit dem Mesothorium. Da Deutschland der größte Thoriumproduzent ist, so wird das meiste Mesothorium hier dargestellt, und zwar aus Monazitsand. Aus 1 t Monazitsand können durchschnittlich 2,5 mg technisches hochradioaktives Mesothorium gewonnen werden. Der jährliche Weltkonsum an Monazitsand wurde 1913 auf 3300 t geschätzt. Daraus könnten nach O. Hahn[3]) bei vollständiger Ausnutzung der Abfälle sogar 10 g Mesothorium hergestellt werden, die einen Wert von mindestens $1^1/_2$ Millionen Mark darstellen. Doch ist die Mesothoriummenge, die überhaupt auf der Erde zur Verwendung kommen kann, beschränkt[4]), denn wenn jährlich Mesothorium auch immer neu erzeugt wird, so zerfällt es auch ziemlich merklich (s. S. 261). In der Glühlampentechnik schätzt man den Verbrauch auf jährlich 100 000 kg Thorium. Würde aus dieser Menge alles Mesothorium gewonnen werden (was aber

---

[1]) Zeitschr. f. Berg- u. Hüttenwesen 1915.
[2]) Chem.-Ztg. **1918**, 134.
[3]) R. Böhm, Die Verwendung der seltenen Erden. Leipzig 1913. S. 13.
[4]) Siehe Meyer - Schweidler, Radioaktivität, S. 401.

keineswegs der Fall ist), so ergäbe sich eine Jahresproduktion von 30 mg Mesothor (Gewichtsmaß). Die zur Zeit t vorhandene Mesothormenge ist dann gegeben durch die Gleichung:

$$\text{MsTh}(t) = \frac{q}{\lambda}(1 - e^{-\lambda t}),$$

und der Endwert nach sehr langer Zeit gibt für $q = 30$ mg und $\frac{1}{\lambda} = 7{,}9$ Jahre 237 mg Mesothor (Gewichtsmaß), die ca. 70 mg Radium äquivalent sind.

Weitere statistische Einzelheiten sind bei den Ausgangsmaterialien und den Radioelementen später angegeben.

Ausgangsmaterialien[1]).

Von Uranerzen, die für die Radiumdarstellung im großen geeignet sind, kommen nur sehr wenige in Betracht. Es sind in erster Linie Uranpecherz (Pechblende), Carnotit, Uranglimmer (besonders Autunit). Von Thoriumerzen wird zur Zeit nur der Monazit verarbeitet.

Von diesen Erzen sind die am wertvollsten, welche kein Thorium enthalten, weil dadurch das erheblich vergänglichere Mesothorium, das mit Radium isotop und darum nicht von ihm zu trennen ist, nicht entsteht.

Uranpecherz (auch Pechblende, Uraninit, Nasturan genannt) ist das wichtigste Ausgangsmaterial für die Radiumdarstellung, weil es ohne viel Beimengungen reich an Uran gewonnen werden kann. Es besteht hauptsächlich aus U_3O_8, kann aber noch viele, ja sehr viele Beimengungen enthalten. Uranpecherz ist in der Natur ziemlich verbreitet, doch kommen größere Mengen nur an wenigen Orten vor. In erster Linie sind hier die dem österreichischen Staate gehörigen Uranpecherzgruben zu Joachimsthal[2]) in Böhmen zu nennen. Hier werden jährlich etwa 10—20 t des Erzes gefördert, was einem theoretischen Gehalte von 1,7—3,5 g Radium (Element) entspricht, die aber nicht völlig herausgeholt werden können. Die größten Mengen Radium von Joachimsthal entstammen den Rückständen von der früheren Verarbeitung des Uranpecherzes. Im Sächsischen Erzgebirge wird besonders bei Schneeberg und Johanngeorgenstadt Uranerz gewonnen[3]), doch

---

[1]) Eine Zusammenstellung sämtlicher Uranvorkommen s. Szilard, Le Radium **6**, 233 (1909).
[2]) S. Näheres H. W. Schmidt, Phys. Zeitschr. **8**, 1ff. (1907).
[3]) C. Schiffner, Uranmineralien in Sachsen. Freiberg 1911.

betrug die Förderung in den Jahren 1870—1907 ca. 120 t, also etwa 3 t im Jahre, an anderen Orten des Sächsischen Erzgebirges kann noch erheblich weniger Uranerz (Bruchteile von Tonnen) gewonnen werden. Die Joachimsthaler Pechblende enthält nur sehr wenig Th.

In Deutsch-Ostafrika (am Westabhange des Lukwengule im Uruguru-Gebirge [Bezirk Morogoro] in Glimmerbrüchen) hat man dann eine Pechblende gefunden[1]), die sehr rein und krystallisiert ist und einen hohen Gehalt an Uran (rund 88% U_3O_8) besitzt. Außer viel Blei (bis 7,5% PbO) hat sie 0,3—0,4% Th. Auch ihr Vorkommen ist bisher so spärlich, daß sie für eine andauernde Verarbeitung im großen nicht in Betracht kommen kann. Ihre Radioaktivität übersteigt die von Joachimsthal um 20%.

In England werden Pechblenden aus Cornwall[2]) (Trenwithgruben) und Süddevon von der „British Radium Corporation Ltd., London" verarbeitet.

Auch in den Vereinigten Staaten von Amerika kommt Uranpecherz vor[3]), doch hat es im Gegensatz zu dem später zu besprechenden Carnotit noch keine weitgehende Verwendung gefunden. Im Jahre 1859 wurden in Gilpin-County, Colo., gold- und silberhaltige Erze erschürft und sofort ausgebeutet. Der Abbau gewann in kurzer Zeit eine große Bedeutung und behielt sie mehrere Dezennien hindurch, dann wurde er weniger rentabel und flaute allmählich ab. Man mag schon mit einer Aufgabe dieser Minen gerechnet haben, da gewannen die Radioelemente eine hohe wirtschaftliche Bedeutung. Schon in den siebziger oder achtziger Jahren des vorigen Jahrhunderts hatte man in der Nähe von Central City des genannten Distrikts Pechblende gefunden. Da man keine Verwendung für dies Mineral hatte, wurde es auf die Abfallhalde geworfen. Als nun die Radioelemente eine so hohe wirtschaftliche Bedeutung gewannen, erinnerte man sich dieser Vorkommen und suchte nach weiteren. In bis jetzt 5 Gruben, 2 Meilen von Central City, nahe dem Quartz Hill, 3000 m über dem Meeresspiegel, fand man Pechblende. Es sind das die Kirk-, Wood-, German-, Belcher- und Calhoungruben, von denen zur Zeit nur 2, die Belcher- und die Germangrube, in Betrieb sind. Vom Herbst 1911 bis zum Januar 1913 wurden hier 240 Pfund Erz von mehr als

---

[1]) Zentralbl. f. Min., Geol., Pal. **1906**, 761.
[2]) Donald A. MacAlister, Geological Aspect of the lodes of Cornwall Econ. geol. Vol. III, ferner „Der Erzbergbau" Jahrg. 5, Heft 5, 1 III 1909. S. a. The Mining Journal **1913**, 1118 über unreelle Unternehmungen.
[3]) Vgl. K. L. Henning, Die Naturwissenschaften 1914, S. 343 u. bes. 490.

70% U_3O_8; 20 Pfund von 20% des gleichen Oxyds und weiter 5 t Erz von rund 2,6% und 1 t Erz von 2% U_3O_8 gefördert. Die Grube sind im Besitz des Millionärs Alfred J. Dupont in Wilmington, Del. Sie führen den Namen The German and Belcher Mines Comp. Außer Pechblende enthält das Erz Eisen und Kupferkies sowie gold- und silberhaltige Blei- und Zinksulfide. Das Nebengestein dieser Gruben ist Gneis und Glimmerschiefer. Andere wenig erforschte Vorkommen von Pechblende sind in folgenden Orten festgestellt: Midletown, Conn.; Glastonburg, Branchville, Conn.; Marietta, S. C.; im Baringer-Hill-Distrikt; Llano County, Tex.; in den Black Hills, S. Dak.; sowie in Mitchell County, N. C. Auch hier tritt wie in St. Joachimsthal das Uranpecherz gangartig in Gneis, Glimmerschiefer, Granit usw. auf. Die Radiumproduktion aus diesen Uranpecherzvorkommen hatte bis 1915 die Gesamtmenge von 70 mg Ra-Element noch nicht überschritten.

Unter dem Namen „mexikanische Pechblende" kamen 1913 mehrere hundert Tonnen eines stark kieselsäurehaltigen Materials auf den europäischen, besonders den französischen Markt. Ebler und Bender fanden, daß es in der Hauptsache ein Gemenge von Quarz, Pyrit und Ton mit etwas Eisenoxyd ist, Kieselsäure (56,4%), Eisen (17,7%) und Schwefel (18,8%) und nur 0,7% Uran sowie $2,84 \cdot 10^{-7}$% Radium (die Gleichgewichtsmenge) enthält. Bei einer mechanischen Trennung blieb das Uran beim Pyrit, und es ergab sich, daß es sich bei diesem Vorkommen um eine quarzreiche pegmatitische Ausscheidung mit viel Pyrit und etwas Pechblende handelte. Ähnliches fand G. Weißenberger bei einem Pyrit enthaltenden Quarzit des Villnöstales in Tirol. Um Ra zu erhalten, das als Sulfat vorhanden sein dürfte, müßte man eine Kombination eines Silicataufschließverfahrens mit einem Sulfataufschließverfahren anwenden (s. später).

Auch aus Indien eingeführte Pechblende erwies sich nach Untersuchungen von Ebler und Bender (l. c.) als vorzugsweise aus Silicatgestein bestehend mit 3,5 und 0,5% Uran resp. $8,2 \cdot 10^{-7}$% und $2,0 \cdot 10^{-7}$% Radium. Bisher fand man in Indien im Bezirk von Gaya Pechblende und beabsichtigt weiter danach zu schürfen.

Neben der Pechblende ist **Carnotit**[1]) das wichtigste Ausgangsmaterial für die Radiumgewinnung. Obwohl er nie so viel Uran resp. Radium enthält wie die Pechblende, stehen — absolut genom-

---

[1]) Carnotit wurde 1899 von E. Cumenge und C. Friedel auf Jurasandstein in Montrose County, Colo. entdeckt und zu Ehren Adolf Carnots benannt. Compt. rend. **128**, 532. Genauer untersucht wurde es ein Jahr später von Hillebrand und Ransome, Sill. Amer. Journ. Science [4] **10**, 120 (1900).

men — erheblich größere Mengen davon — besonders in Amerika — zur Verfügung und sind leichter bergmännisch zu gewinnen als Pechblende. Carnotit wird aufgefaßt als ein wasserhaltiges Kaliumuranylvanadat, dem ungefähr die Formel $K_2O \cdot 2(UO_3) \cdot V_2O_5 \cdot 3\,H_2O$ entspricht. In dieser Formel kann das Kalium durch Calcium oder Barium ersetzt sein. Unabhängig vom Urangehalt ist der Vanadingehalt größeren Schwankungen unterworfen, so daß im Sinne obiger Formel meist mehr V als U vorhanden ist. Wahrscheinlich rührt das von einem verkittenden glimmerartigen Silicat (dem sog. Roscoelith), in dem ein Teil des Aluminuims durch V^{III} ersetzt ist.

Carnotit bildet ein gelbes Krystallpulver, das indessen in größeren Mengen selten rein vorkommt, sondern sich meist auf Sand-, stein als kanariengelber, ockeriger Anflug findet, so aber leicht gefördert werden kann. Im Gegensatz zur Pechblende stellt Carnotit eine sekundär entstandene Infiltration in Sandstein vor und findet sich in ungeheuren Mengen in den Vereinigten Staaten, in Colorado und Utah und auch in Pennsylvanien[1]).

Der Urangehalt des reinen Carnotits ist 52—57% U, doch sind, wie gesagt, die Förderungsprodukte so stark mit Gestein vermischt, daß solche mit einem Urangehalt von 6—7% bereits technisch als sehr hochwertig gelten. Ja, es werden Carnotite mit nur 0,5% U mit reicheren zu einem Handelsprodukt vermischt, das 2% U_3O_8 und 4% V_2O_5 enthält. Was den Radiumgehalt des Carnotits anbetrifft, so weicht er — trotz seiner sekundären Bildung — nicht wesentlich von dem Gleichgewichtswerte $3{,}33 \cdot 10^{-7}\%$ ab.

Genaue statistische Angaben über die geförderten Carnotitmengen lassen sich zur Zeit nicht machen, doch seien folgende Einzelheiten angeführt[2]). Von den wichtigsten Fundstellen im Distrikt des Paradoxtales (Colorado und Utah) wurden 1912 ca. 1200 deutsche Tonnen Erze, die 26 t Uran enthielten, die rund 8—9 g Ra (Element) lieferten und zum größten Teil nach Frankreich gingen, gefördert. Seitdem hat sich der Abbau von Uranerzen in Amerika außerordentlich vermehrt. 1913 betrug die Ausbeute an Uranoxyd 41 t, aus denen 10,5 g Radium gewonnen werden konnten. 1914 erreichte die Verarbeitung im Lande 4300 t Erze, die 87 t Uranoxyd und 22,4 g Radium lieferten. Der Wert

---

[1]) Rich. B. Moore und Karl L. Kithil, Bureau of Mines Bulletin **70**, 101 (1913). Dies Bulletin des Bureau of Mines konnte gegen Einsendung von 30 Pf. Portokosten bezogen werden vom Direktor, Bureau of Mines, Washington D. C., U. S. A.

[2]) Desgl. Karl L. Henning, Die Naturwissenschaften **1914**, 343 u. 490, sowie E. Ebler und Bender, l. c.; Die Chemische Industrie 1913—1918.

der Erze wurde zu 1,78 Millionen Mark angegeben. 1914 stiegen die Preise für Radiumpräparate außerordentlich, und zugleich gelang es, Radium aus Carnotiterz zu viel billigerem Preise herzustellen als bisher. Während die Gesamtherstellungskosten von 1 g Ra-Metall als Bromid früher 120000—160000 Doll. betrugen, gingen sie damals auf 36 050 Doll. herab. Trotzdem fand ein Preissturz nicht statt. Zu Anfang des Krieges versuchten es die amerikanischen Fabriken, ihren Absatz in Europa stark auszudehnen, und von Erzen sollten 12 000 t entsprechend 28,1 t Uranoxyd und 7,2 g Radium nach Europa gehen, doch wurde ein Teil davon nach Kriegsausbruch zurückgehalten. Nachdem dann die europäischen Märkte für die amerikanischen Radiumerze geschlossen waren, fehlte es an Abnehmern, und darum suchte die amerikanische Regierung die Erzvorräte im Interesse einer amerikanischen Radiumindustrie nutzbar zu machen. — Der Preis der Erze richtet sich übrigens nur nach dem Radiumgehalt, eine Bewertung des Urangehaltes erfolgt im allgemeinen nicht.

Wie bei der Pechblende, ist auch beim Carnotit infolge des Radiumfiebers der Preis unmäßig in die Höhe geschnellt. Nach dem Bureau of Mines betrugen 1913 die Preise für 1 ,,pound" U_3O_8 in Form von 2% U_3O_8 enthaltenden Carnotiterzes 2,75 Doll. zusätzlich 13 Cents für 1 pound V_2O_5. Es berechnet sich danach der Preis von 1 mg Ra-Element in Form eines Erzes, das 5,6 mg Ra-Element pro Tonne enthält, zu 90 M.

Da der Bergbau in Amerika nur in geringem Grade der staatlichen Oberaufsicht unterliegt, so wanderten große Mengen von hochprozentigem Erz resp. Uranoxyde nach Europa, wurden dort zu Radiumsalz verarbeitet und gingen dann nach Amerika zurück, wo sie zu enorm hohem Preis wieder verkauft wurden. 1913 wurden 28,8 t Uranoxyde entsprechend 7,5 g wasserfreiem Radiumbromid ins Ausland verschifft. 1914 wurden 12 000 t Erz, die 28,1 t Uranoxyde enthielten, ausgeführt. Um diesen Verhältnissen zu steuern, hat die Regierung der Vereinigten Staaten schützend und regelnd eingegriffen. Die vor dem 15. Januar 1914 entdeckten radiumhaltigen Erzlagerstätten bleiben danach in privatem Besitz. Die nach diesem Termin aufgefundenen werden als Regierungseigentum (public domain) erklärt. Die Prospektoren oder die, die sog. Claims zu erwerben beabsichtigen, haben das Recht der Ausbeutung, müssen aber das gewonnene Erz an die offizielle Stelle, das Bureau of Mines, abliefern, und zwar zu einem Preise, der von Zeit zu Zeit vom Sekretary of the Interior festgesetzt wird. Er war mit 2,5 Doll. pro Pfund U_3O_8 vorgeschlagen, und zwar ab Denver. Wenn nun der betreffende Prospektor oder Claimbesitzer nicht ununterbrochen acht Monate im Jahr an der Ausbeutung arbeitet — assessment work verrichtet, wie der technische Ausdruck lautet — so kann der Claim an andere vergeben werden.

Soweit nicht private Claims in Frage kommen, liegt die wissenschaftliche Erforschung der Radiumerzlagerstätten ausschließlich in den Händen der U. S. Geological Survey resp. des unter dem Department of the Interior stehenden Bureau of Mines (Direktor Joseph A. Holmes). In Denver, Colo, unterhält das Bureau of Mines eine Zweigstelle, deren Leiter der bekannte Chemiker Richard B. Moore und der Bergingenieur Karl L. Kithil sind.

Von seiten des Bureau of Mines wurde der Regierung vorgeschlagen, vom Kongreß 150 000 Doll. zur Errichtung von Bauten und zur Etablierung einer nach dem neusten Standpunkt der Wissenschaft ausgerüsteten Aufbereitungsanstalt zu bewilligen, und zwar nicht nur zum Zwecke fachmännischer Untersuchung radioaktiver Mineralien, sondern zur Prüfung aller in den Weststaaten vorkommenden Erze. Ferner wurden vom Kongreß die Mittel verlangt für Bau und völlige Installierung einer chemischen Radiumanstalt zur Gewinnung des Radiums. Sonst stellen noch besonders folgende Fabriken Radium technisch dar: die Standard Chemical Company in Pittsburg, Pa., die zum Teil nach Denver verlegt ist und bis jetzt rund 9 g Radiumelement (davon 1915 4—5 g), die American Radium Company in Sillersville, Pa.[1]), und die Schlesinger Radium Company in Denver, die 1915 ca. 0,6—0,7 g Radiumelement produzierte.

Wirtschaftlich nicht ohne Bedeutung ist es, daß aus Carnotit außer Radium und Uran auch Vanadiumverbindungen gewonnen werden.

Man hat auch in Südaustralien in der Nähe von Olary (400 km nordöstlich von Adelaide) carnotitähnliche Inkrustationen, die 1,9% Uran (Element) enthalten, gefunden. Doch scheinen sie mit den amerikanischen Carnotitvorkommen wenig Ähnlichkeit zu besitzen und eher autunitartige Uranverbindungen zu sein. Diese Olary-Erze werden von der Radium-Hill-Company in Sidney verarbeitet, doch ist die australische Produktion gegenüber der österreichischen und amerikanischen untergeordnet. Vor dem Kriege betrug sie jährlich ca. 250 mg Radiumelement in Form von Rohsulfaten. Auch die Radium Extraction Company of South Australia Ltd. in Adelaide verarbeitet radiumhaltige Erze, aber auch ihre Produktion ist eine noch relativ geringe.

Nach mechanischer Konzentration wird Carnotit mit Säure, meist Salpetersäure, in Lösung gebracht, aus der Lösung Radium

---

[1]) Vgl. Chem.-Ztg. **1914**, 1072.

als Radium-Bariumsulfat ausgefällt, dies zu Sulfid reduziert und daraus durch Lösen in Salzsäure und fraktionierte Krystallisation das Radium isoliert (die Einzelheiten dieser Prozesse s. später). Die Besonderheiten der Fabrikation werden noch geheimgehalten.

Uranglimmer.

In der Natur finden sich Uranyldoppelphosphate der Formeln $Ca(UO_2)_2(PO_4)_2 \cdot 12\,H_2O$ und $Cu(UO_2)_2(PO_4)_2 \cdot 12\,H_2O$[1]), die als Kalkuranglimmer, auch Kalkuranit, Autunit genannt, und Kupferuranglimmer, auch Kupferuranit, Châlkolith, Tobernit genannt, bekannt sind. Sie finden sich meist da, wo Pechblende gefunden wurde, also in Böhmen an der böhmisch-sächsischen Grenze, in Cornwall, Frankreich, Tonkin und in größeren Mengen besonders in Portugal und in Turkestan. Besonders der schwefelgelbe Kalkuranit findet sich in so bedeutenden Mengen in der Natur, daß er zur Radiumgewinnung dienen kann; der blaugrüne Kupferuranglimmer ist seltener. Wie Carnotit kommt Kalkuranglimmer nur selten in größeren Mengen rein vor, sondern meist als Überzug oder Inkrustation mit pegmatitischen oder pneumatolytisch veränderten Graniten. Während das reine Mineral über 50% Uran enthält[2]), gelten Gesteine mit 6—7% Uran technisch bereits als sehr hochprozentig. Aber auch ärmere Erze mit etwa 2—3% Uran werden mitverarbeitet. Uranglimmer hat den Vorzug, daß er ohne Schwierigkeit gefördert werden kann, sich leichter von der Gesteinsunterlage abtrennt wie Carnotit und daher mechanisch leichter angereichert werden kann. Auch ist seine Verarbeitung einfacher[3]), doch fällt dafür das wertvolle Vanadium nicht ab. Mesothorium wird bei der Uranglimmerverarbeitung nicht oder nur in sehr geringer Menge entstehen, auch sind die entstehenden Rohsulfate äußerst arm an Blei.

Eine Reihe von Forschern haben gefunden, daß in den Uranglimmern das von der Zerfallstheorie geforderte Gleichgewicht zwischen Uran und Radium nicht vorhanden ist[4]), daß sie nur 21—70% der Radiummenge enthalten, die ihrem Urangehalte entspricht. Der Rest ist vermutlich durch einen Auslaugungsprozeß entfernt worden, da Marckwald und Russel[5]) fanden, daß der relative Ioniumgehalt der normale ist. Darum ist es bei

---

[1]) Zentralbl. f. Min., Geol., Pal. **1903**, 362.
[2]) F. Glaser, Chem.-Ztg. **36**, 1166 (1912).
[3]) F. Glaser, Über die Bewertung und technische Verarbeitung von Uranglimmer. Chem.-Ztg. **1912**, 121.
[4]) Siehe Ebler, Handwörterb. d. Naturwissensch. **1**, 984.
[5]) Jahrb. d. Radioakt. **8**, 457 (1912).

den Autuniten nötig, die Radiummenge direkt zu bestimmen und nicht nach dem Urangehalt zu beurteilen. Ebler und Bender[1]) fanden nun, daß die Autunit- und Chalkolithausscheidungen, mit ihrer granitischen Grundlage zusammen als petrographische Einheit betrachtet, meist das von der Zerfallstheorie geforderte Verhältnis von U : Ra zeigten, ja zuweilen noch mehr Ra führten, als dem vorhandenen U entsprach.

Viel besprochen und abgehandelt wurden die portugiesischen Uranglimmer, die sich vorzugsweise als Autunite in der Nähe von Vizeu, Covilha, Guarda Colmeal de Belmonte (Provinz Beira Baixa) finden. Da hier die Solidität der Geschäftsführung nicht immer auf der Höhe zu stehen scheint[2]), ist bei Abschlüssen darauf Rücksicht zu nehmen. Gutachtliche Analysen, die hohen Urangehalt angeben, können sich auf ausgesuchte Erzproben beziehen und stellen darum keinen Mittelwert des Urangehalts der Erze vor. Angaben, daß die Urangehalte der Gänge in größerer Tiefe zunehmen, sind häufig nur Vermutungen und müssen auf ihre Begründung erst untersucht werden. Bei der Verarbeitung der portugiesischen Autunite darf man im allgemeinen mit keinem höheren Urangehalt als 3% rechnen dürfen, was bestenfalls 10 mg Radium pro Tonne entspricht.

Merkwürdig zusammengesetzt sind vanadinsäure- und phosphorsäurehaltige Uranerze im Süden der Provinz Ferghana in Russisch-Turkestan. Sie können als Gemische von Autunit und Chalkolith aufgefaßt werden, wobei die Phosphorsäure ganz oder zum Teil durch Vanadinsäure ersetzt ist. Eine mittlere Erzprobe hat nach Antipof folgende Zusammensetzung:

$$
\begin{aligned}
CaO &= 38{,}42\% \\
MgO &= 0{,}24\% \\
CO_2 &= 30{,}02\% \\
SiO_2 &= 0{,}63\% \\
Fe_2O_3 &= 1{,}52\% \\
Al_2O_3 &= 0{,}71\% \\
BaO &= 1{,}40\% \\
SO_3 &= 2{,}67\% \\
CuO &= 10{,}88\% \\
UO_3 &= 4{,}61\% \\
V_2O_5 &= 6{,}37\% \\
H_2O &= 1{,}41\% \\
\hline
&\,98{,}88\%
\end{aligned}
$$

---

[1]) Zeitschr. f. angew. Chemie **1915**, 45.
[2]) Ebler-Bender, l. c. 46; F. Glaser, Chem.-Ztg. **1912**, 121.

Man sieht aus der Analyse, daß die Uranerze hier mit sehr viel Calcit- und auch mit Ba-haltigem Material vorkommen. Das muß natürlich die bei der chemischen Verarbeitung entstehenden Rückstände und Rohsulfate in ihrer Zusammensetzung beeinflussen.

Die Erze aus den Tuya-Muyun-Minen wurden von der „Ferghana-Edelmetallgesellschaft in St. Petersburg" bisher auf Vanadin verarbeitet. Dabei fielen Rückstände ab, die mehrere Gramm Radium enthalten, aber noch nicht darauf verarbeitet wurden und die von der Gesellschaft aufbewahrt werden. Seit einiger Zeit ist der Betrieb der Minen und der Fabrik eingestellt.

Erwähnt seien noch Angaben über Autunitfunde in Südaustralien in der Nähe des Mount Painter. Zur Ausbeutung derselben hat sich in Adelaide „The Radium Extraction Company of South-Australia" gebildet.

Die technische Verarbeitung der Uranglimmer geschieht so[1]), daß das Rohmaterial zunächst mit Salzsäure extrahiert wird, wobei U, Cu, Ca, Fe, Ra usw. in Lösung gehen. Zur Lösung kommt dann Kalk bis zur schwach alkalischen Reaktion, wobei sich U, Cu, Fe, Ra usw. ausscheiden und einen Niederschlag bilden, der weniger als 10% des ursprünglichen Rohgesteins beträgt. Aus diesem wird Ra als Sulfat herausgeholt und dann in später zu beschreibender Weise gereinigt (s. S. 302f. u. 322ff.). Über eine andere Methode s. Glaser, l. c.

Kaum von Bedeutung ist noch

Kolm.

Es gibt eine bituminöse Kohle, die der Bogheadkohle nicht unähnlich ist und deren Asche Uran enthält. Sie kommt unter dem Namen Kolm in den Handel und wird in größerer Menge bei Närke und Wäster-Götland in Schweden abgebaut. Bei einem Gehalt von rund 60% Kohlenstoff und 4,6% Wasserstoff hinterläßt Kolm nach der Verbrennung etwa 22,3% Asche, die in der Hauptsache Kieselsäure (ca. 50%), Al_2O_3 (21%), Fe_2O_3 (20%), Alkalien (4%) und U_3O_8 im Mittel 1,82% (1—3%) u. a. enthält. Nimmt man an, daß im Uranrückstand das Gleichgewichtsverhältnis von U:Ra vorhanden wäre, so könnte man $5^{1}/_{2}$ mg Radium aus der Tonne Kolmasche erhalten. Da Kolm aber ein sekundäres Produkt ist, so braucht er die Gleichgewichtsmenge Radium gar nicht zu enthalten.

Für den Fall, daß Kolm in großen Mengen verheizt würde, könnte man an eine Radiumgewinnung aus der Asche im großen denken. Aber er kommt nur in wenige Zentimeter dicken Linsen

---

[1]) F. Glaser, Chem.-Ztg. **1912**, 121.

in cambrischem Alaunschiefer vor, die unregelmäßig verteilt sind und keine zusammenhängenden Flöze bilden. Die Aschenmenge ist daher beschränkt, und von Erfolgen auf dem Gebiet der Radiumindustrie hat man noch nichts Sicheres gehört.

Auch ein uranhaltiges Mineral „Ampangabeit" aus Madagaskar wurde in den letzten Jahren in Mengen bis zu 20 t angeboten, dessen Zusammensetzung die folgende ist: Nb_2O_5 $(Ta_2O_5) = 50,6\%$; $TiO_2 = 2,1\%$; $U_3O_8 = 12,5\%$; $ThO_2 = 1,3\%$; $(YE)_2O_3 = 1,35\%$; $CaO = 5,75\%$; $(LaDi)_2O_3 = 2,1\%$; $Fe_2O_3 = 7,2\%$; $MnO_2 = 1,53\%$; $Al_2O_3 = 1,2\%$; $CuO = 1,83\%$; $SiO_2 = 1,75\%$; SnO_2, $WO_3 = 0,3\%$; Glühverlust $= 11,55\%$. Es ist bei dieser Analyse aber nicht gesagt, ob sie mit Durchschnittsmaterial oder mit ausgesuchten Stücken ausgeführt wurde. Mit dem Radium daraus wäre natürlich auch Mesothorium vergesellschaftet.

Endlich sind noch gewisse Quellwässer und besonders Quellensedimente als Material für die Radiumdarstellung in Vorschlag gebracht worden. Man hat in Orten wie Kreuznach, Dürkheim u. a. Radium aus Quellensedimenten hergestellt, doch war das vorhandene Material bald verbraucht, und der jährliche Absatz ist viel zu gering, um eine rentable Radiummenge zu liefern. In Kreuznach, wo die Dornenasche aus den Salinen $1,9 \cdot 10^{-7}\%$ Ra-Element, also 1,9 mg pro Tonne, beträgt, hat man bisher nicht mehr als einige Milligramm Radium gewinnen können, und in Dürkheim haben Berechnungen von Ebler und Fellner gezeigt, daß eine Radiumfabrikation wenig ertragsfähig sein kann.

Monazit.

Als sich seit dem Jahre 1895 die Gasglühlichtindustrie zu entwickeln begann, da wurden für die Herstellung der Gasglühkörper, die aus 99% Thoriumoxyd und 1% Ceriumoxyd bestehen, in steigendem Maße Ausgangsmaterialien nötig, die Thorium und Cerium lieferten. Sie schienen in den Mineralien Thorit und Cerit reichlich auf der Skandinavischen Halbinsel vorhanden zu sein. Bald aber zeigte es sich, daß die schwedischen und norwegischen Vorkommen nicht annähernd in dem Maße vorhanden waren, wie man sie benötigte, und auf der Suche nach neuen Quellen für die seltenen Erden kam man bald auf den Monazit. Während aber Thorit etwa 55% Thorerde enthält, finden sich im Monazit nur rund 1—8% davon, neben 60—70% Ceriterden und ca. 25% Phosphorsäure. In der Hauptsache ist Monazit somit ein Cererdenphosphat mit Cer als Haupt-, Lanthan, Neodym, Praseodym u. a. als Nebenbestandteilen: $PO_4(Ce, La, Di\ldots)$. Thorerde gilt nicht als integrierender Bestandteil des Monazits, sondern als Beimengung. Die in der Hauptmenge abfallenden Cererden werden außer zu Glühstrümpfen, Effektbogenlicht, Blitzpulver zu Cereisen, Oxydationsmitteln usw. verwendet. Während Monazit früher eines der seltensten Mineralien war (den griechischen Namen kann man mit „einsam vorkommend" übersetzen), fand man ihn bald häufiger als akzessorischen Bestandteil eruptiver Granite, Diorite und in Gneisen an den verschiedensten Orten der Welt. In Brasilien hatte man zu Ende des vorigen Jahrhunderts in Schutt von Gneis- und Granitgesteinen, die weite Strecken der brasilianischen Küste bedeckten, Monazit in großer Menge aufgefunden, und bald darauf entdeckte man ihn auch in den Sanden der Flüsse von Nord- und Südcarolina sowie in Canada. Er kommt besonders in Gesellschaft mit Edelmetallen als ein Sand vor, der ihn in Form von braunen oder gelbbraunen Krystallen enthält. Neben Monazit enthält der Sand noch als Hauptbestandteile Quarz, Albit, Magnetit, Granat, Samarskit, Zirkon u. a. und viele Nebenbestandteile. Der Rohsand wird nun zunächst einer mechanischen Trennung unterzogen, bei der Schlämmen und magnetische Aussonderung eine wesentliche Rolle spielen und die in den Einzelheiten geheimgehalten wird. Monazitsand kommt so schon ziemlich hochprozentig, meist in Säcken zu 50 kg, in den Handel und wird nur nach seinem Thoriumgehalt bezahlt. Man unterscheidet dabei besonders drei Varietäten:

1. Brasilmonazit, der feine bernsteingelbe Körner bildet;
2. Carolinamonazite des Cleveland County, die aus scharfkantigen wohlausgebildeten gelben Krystallen, gemengt mit Chromeisenstein Titanit, Granat und Zirkon u. a., bestehen;
3. Monazit der nordöstlichen Ausläufer der Blauen Berge, der in hanf- bis erbsenkorngroßen ausgebildeten Krystallen vorkommt.

Neuerdings hat man auch in Indien, Ceylon und an anderen Orten Monazit in größerer Menge aufgefunden.

Von diesen und anderen Sorten lassen sich einige, besonders der brasilianische, erheblich leichter verarbeiten als die anderen.

Der Weltkonsum des Monazitsandes soll 1913 rund 3300 t betragen haben, woraus sich bei vollkommener Ausnutzung der Abfälle 10 g technisches Mesothorium gewinnen läßt. Der Gehalt des Monazitsandes an Uran soll durchschnittlich 0,1% betragen.

Die Verarbeitung des Monazitsandes[1]) geschieht meist dadurch, daß man ihn mit der doppelten Menge heißer konzentrierter Schwefelsäure behandelt. Entweder so, daß man ihn feingepulvert unter häufigem Umrühren in die auf ca. 250° erhitzte Säure einträgt

---

[1]) Vgl. C. Böhm, Die Darstellung der seltenen Erden, Leipzig 1905, und F. Glaser, Chem.-Ztg. **1913**, 477 u. 1103.

oder so, daß man den trockenen Sand in die heiße konzentrierte Schwefelsäure eingibt, wodurch der Aufschluß wesentlich schneller beendigt sein soll. Öfteres Umrühren ist notwendig, weil sich sonst am Boden eine harte Masse festsetzt, die später nur schwer in Lösung geht. Man läßt erkalten und gießt die breiige Masse in die etwa 20 fache Menge Wasser ein, läßt einen Tag lang stehen und filtriert nun ab. Der Rückstand enthält außer unaufgeschlossenem Monazit Silicate, Kieselsäure, Titanmagneteisen, Mesothorium u. a. In der Lösung befinden sich außer Phosphorsäure Titansäure, Ferro- und Ferrisulfat, die Sulfate der Ceriterden, Thorerde und die im Monazit enthaltenen geringen Mengen Yttererden. Wenn man nun in dieser sauren Lösung die Säure mehr und mehr abstumpft, so scheidet sich, da Phosphorsäure vorhanden ist, das Thorium vor den übrigen Erden als Phosphat ab. Da durch Zugabe von Ätznatron oder Soda auch schwer lösliche Cernatriumdoppelsulfate u. a. niederfallen würden, so stumpft man die Säure durch allmähliche Zugabe von Ammoniak oder Magnesia ab, wodurch ein voluminöser Niederschlag, der vorzugsweise aus Thoriumphosphat besteht, sich abscheidet. Dieser Niederschlag enthält auch radioaktive Körper. Aus ihm wird die Phosphorsäure beseitigt und das Thorium in Form von mehr oder weniger reinen Salzen gewonnen[1]). Aus den Abfällen der Thoriumindustrie kann man nun Radiothorium und besonders Mesothorium gewinnen. Zuerst brachten die Thoriumfabrik von Dr. O. Knöfler & Co. in Plötzensee bei Berlin und die beiden Thoriumfabriken der Deutschen Gasglühlicht- (Auer-) Aktiengesellschaft Mesothorium und ThX in den Handel, ihnen folgten andere Werke.

Eine Methode, um Thorium im Monazitsande rasch quantitativ zu bestimmen, haben R. J. Meyer und M. Speter angegeben[2]). Sie benutzten Jodsäure zur Abscheidung. Ihre Vorschrift ist die folgende:

„Methode der quantitativen Bestimmung. Im folgenden wird die definitiv angewandte Arbeitsweise genau beschrieben: 100 ccm der Aufschlußlösung (s. oben), entsprechend 5 g Monazitsand, werden mit 50 ccm konzentrierter Salpetersäure (spez. Gew. 1,4) versetzt; das Gemisch wird durch Einstellen in kaltes Wasser gekühlt. Dazu gibt man eine Lösung von 15 g Kaliumjodat in 50 ccm konzentrierter Salpetersäure und 30 ccm Wasser, die vorher ebenfalls gekühlt wird. Es entsteht ein weißer, flockiger Niederschlag von Thoriumjodat, der sich schnell absetzt. Man läßt ihn unter wiederholtem Durchrühren etwa eine halbe Stunde stehen und filtriert.

---

[1]) Andere Verfahren s. Böhm, l. c.
[2]) Chem.-Ztg. **1910**, 306.

Am besten eignen sich für diesen Zweck die Filter von Schleicher & Schüll Nr. 589 von 15 cm Durchmesser. Dasselbe Filter wird für alle nun folgenden Operationen immer wieder benutzt. Das Ausspritzen des Becherglases geschieht mit einer Waschflüssigkeit, die 2 g KJO_3 in 50 ccm verdünnter Salpetersäure und 200 ccm Wasser enthält[1]). Beim Filtrieren ist darauf zu achten, daß kleine Klumpen im Glase mit einem breitgedrückten Glasstabe zerdrückt werden. Man läßt nun das Filter vollständig abtropfen und spritzt dann seinen Inhalt in das erstbenutzte Becherglas mit Hilfe der Waschflüssigkeit zurück, was gut zu bewerkstelligen ist, da der Niederschlag sich sehr leicht vom Filter ablöst. Man rührt ihn nun mit etwa 100 ccm der Waschflüssigkeit gut durch und filtriert in der gleichen Weise wie vorher. Nach dem Abtropfen wird der Niederschlag mit heißem Wasser von dem Filter in das Becherglas gespritzt. Man erhitzt die Flüssigkeit, ohne sie weiter zu verdünnen, bis nahe zum Sieden und tropft unter Umrühren 30 ccm konzentrierte Salpetersäure zu, wobei das Jodat in Lösung geht. Die Wiederausfällung des Jodats wird nun durch Zusatz einer Lösung von 4 g KJO_3 in wenig heißem Wasser und etwas verdünnter Salpetersäure bewirkt. Nach völligem Erkalten wird der Niederschlag durch das bisher benutzte Filter filtriert, dann in der oben beschriebenen Weise noch einmal mit der Waschflüssigkeit im Becherglase abdekantiert und schließlich auf dem Filter noch einmal ausgewaschen. Das Thoriumjodat ist nunmehr völlig frei von Cer. Es wird mit Wasser vom Filter heruntergespritzt und durch Salzsäure in der Hitze unter Zusatz von etwas schwefliger Säure reduziert und in Lösung gebracht. Die Lösung wird nun in der Siedehitze mit Ammoniak gefällt, worauf man das Hydroxyd mit siedendem Wasser jodfrei wäscht, es in verdünnter Salzsäure löst, filtriert und mit einem Überschusse von Oxalsäure fällt. Nach völlig klarem Absetzen wird schließlich das Oxalat filtriert, mit schwach salzsaurem Wasser gewaschen und mit dem Filter zusammen verglüht, worauf man das Thoriumoxyd wägt. Die Resultate der so ausgeführten Analysen waren folgende.

100 ccm der Aufschlußlösung ergaben:

I. 0,2764 g ThO_2 = 5,54% ThO_2,
II. 0,2785 g ThO_2 = 5,57% ThO_2,
III. 0,2793 g ThO_2 = 5,58% ThO_2,
IV. 0,2785 g ThO_2 = 5,57% ThO_2.

---

[1]) Auf eine quantitative Säuberung des Becherglases ist hierbei kein Wert zu legen, da der Niederschlag wieder in dasselbe Glas zurückgelangt.

Wie ersichtlich, ist die Übereinstimmung der Resultate eine sehr gute; das Ergebnis steht auch hinreichend im Einklang mit dem von Dr. Gilbert gefundenen Werte von 5,53%. — Das gewogene Oxyd ist meist, doch nicht immer, absolut weiß; manchmal zeigt es einen schwach lachsfarbenen Ton, ohne daß dadurch das zahlenmäßige Resultat beeinflußt wird."

Technische Darstellung von Radium.

Die Darstellung des Radiums aus Pechblende ist bereits S. 204 ff. kurz beschrieben. Man kann bei der Radiumfabrikation im großen ganz allgemein vier Phasen unterscheiden: 1. Erstaufarbeitung der Erze oder Gesteinsmassen (mechanische Konzentration der Uranerze durch Entfernung von taubem Gestein usw.); 2. Herstellung von in Wasser unlöslichen schwefelsauren Salzen, deren Reinigung und Anreicherung an Radium; 3. Aufschluß der gereinigten Rohsulfate zu säurelöslichen Verbindungen und Darstellung von rohem Radiumhalogenid (meist Chlorid); 4. Fraktionierung dieses Produkts zu reinem Radiumchlorid.

Da auch in den reinsten Uranerzen nicht mehr als rund 3,4 Teile Ra auf 10 000 000 Teile Uran vorhanden sein können, so ist eine mechanische Anreicherung so weit als möglich nötig. Dann muß das Radium in sein schwer lösliches Sulfat übergeführt werden, durch das es sich von den meisten Beimengungen trennen läßt. Dies Sulfat, das anfangs mit vielen Verunreinigungen vermischt ist, wird gereinigt, dann in lösliche Form übergeführt und endlich aus einem restierenden Gemisch von Radium und Barium das Radium als Chlorid oder Bromid herauskrystallisiert.

Zunächst sei die technische Verarbeitung der Pechblende und der sog. Rückstände beschrieben.

Nachdem die Pecherze mit oder ohne Soda geröstet, mit Schwefelsäure behandelt und ausgelaugt wurden (s. S. 204), ist es die wichtigste Aufgabe, die so erhaltenen Rückstände zu konzentrieren. Für die ersten technischen Verarbeitungen lagen sie in den sog. Uranpecherzrückständen der Uranfabrikation in Joachimsthal bereits in großen Mengen vor. An Frau Curies Vorversuche anknüpfend, hat Debierne sie zuerst in größerem Maßstabe verarbeitet[1]). Diese Uranpecherzrückstände enthielten hauptsächlich Blei- und Calciumsulfat sowie Kieselsäure, Tonerde und Eisen-

---

[1]) S. Chem. News 88, 136, sowie die mit Illustrationen der Fabrikationsstadien versehenen Aufsätze in Le Radium 1, Heft 2, S. 3; Heft 3, S. 5; Heft 4, S. 7, aus denen freilich hervorgeht, daß die französischen fabrikatorischen Anlagen keineswegs auf der Höhe der Zeit standen. S. a. P. Curie, Die Radioaktivität 1, 150ff. (1911).

oxyd, ferner waren fast alle Metalle (Cu, Bi, Zn, Co, Ni, Mn, Vd, Sb, Tl, seltene Erden, Nb, Ta, As, Ba u. a. in größerer oder kleinerer Menge vorhanden und natürlich das Radium als schwerst lösliches Sulfat. Um es aufzuschließen, kochte er die Rückstände zuerst mit konzentrierter Natronlauge, später mit konzentrierter Sodalösung. Dadurch wird die mit Blei, Calcium, Aluminium u. a. verbundene Schwefelsäure an Natrium gekettet, Blei, Kieselsäure und Tonerde werden aber gelöst. Zurück bleiben Hydroxyde, Carbonate und Sulfate, die das Radium enthalten und nun mit Salzsäure zersetzt werden. Radium findet sich dann im Ungelösten, während aus der salzsauren Mutterlauge erst Polonium mit Schwefelwasserstoff und dann Actinium durch Ammoniak samt anderen Hydroxyden abgeschieden werden können.

Der das Radium enthaltende, in Salzsäure unlösliche Rückstand wird nun mehrmals von neuem mit konzentrierter Sodalösung gekocht, bis die vorher unverändert gebliebenen Sulfate aufgeschlossen sind. Sie werden so in Carbonate übergeführt, die nach dem Auswaschen wieder in verdünnter, völlig schwefelsäurefreier Salzsäure gelöst werden. Da diese Lösung noch nicht frei ist von Polonium und Actinium, muß sie nochmals mit Schwefelsäure gefällt werden, wodurch nun rohes Radium-Bariumsulfat entsteht, das außerdem noch Ca, Pb, Fe und immer noch etwas Ac enthält. Aus 1 t Rückstände erhielt Debierne so 10—20 kg roher Sulfate, die 30—60 mal stärker aktiv waren als Uranmetall. Mit ihrer Verarbeitung beginnt die dritte Phase, die wieder mit einer Behandlung der schon gereinigten Sulfate mit Sodalösung einsetzt. Nach dem Auswaschen werden die Carbonate in reiner Salzsäure gelöst und in die Lösung Schwefelwasserstoff eingeleitet. Von einem geringen poloniumhaltigen Niederschlag wird abfiltriert, der Schwefelwasserstoff durch Chlor zersetzt und dann zur Lösung reines Ammoniak gegeben. Wieder scheiden sich stark aktive actiniumhaltige Hydroxyde aus, deren Filtrat von neuem durch Sodalösung gefällt wird. Die entstandenen Carbonate enthalten nun nur noch Radium und die Erdmetalle. Sie werden in reiner Salzsäure gelöst, die Lösung zur Trockne verdampft und der Rückstand mit konzentrierter Salzsäure behandelt, wobei das Calciumchlorid fast völlig in Lösung geht und Radium-Bariumchlorid zurückbleibt. Die 10—20 kg Rohsulfat aus 1 t Ausgangsmaterial sind durch diese Behandlung auf etwa 8 kg zurückgegangen, die nun etwa 60 mal aktiver sind als Uranmetall. Nunmehr wurde die vierte Phase der Fraktionierung des Radium-Bariumchlorids durchgeführt, die S. 205 ausführlich beschrieben ist und auf die wir weiter unten zurückkommen.

Eine vorbildliche Verarbeitung von 10 000 kg Uranpecherzrückständen aus 30 000 kg Uranpecherz aus Joachimsthal (das durchschnittlich 53,4% U_3O_3 enthielt) haben dann L. Haitinger und K. Ulrich in der Chemischen Fabrik der Österreichischen Gasglühlicht- und Elektrizitätsgesellschaft ausgeführt[1]). Die Rückstände, Sulfate mit freier Schwefelsäure, waren in drei Sendungen an die Fabrik gelangt, und jede zeigte dabei einen anderen Feuchtigkeitsgehalt. Beim Erhitzen von Durchschnittsproben auf 105° ergab es sich, daß der Wassergehalt der drei Sendungen 10,3%, 14,6% und 18,4% betrug. Danach enthielten die 10 000 kg Rückstände 1340 kg Wasser. Bei der chemischen Verarbeitung dieses Materials folgten Haitinger und Ulrich zwar im allgemeinen dem Wege, den Debierne eingeschlagen hatte, aber sie vervollkommneten die Fabrikation durch wichtige Änderungen und Ermittlungen, die die Konzentrationen der Zersetzungsflüssigkeiten, die Reaktionszeiten, die Dauer des Auswaschens usw. betrafen. Die Radiumdarstellung ist danach eine sehr langwierige, und besonders das notwendige, gründliche Auswaschen der Niederschläge nimmt viel Zeit in Anspruch (jedesmal 4—6 Wochen).

Der erste Aufschluß der Rückstände geschah dadurch, daß je 100 kg einen Arbeitstag lang mit einer verdünnteren Natronlauge gekocht wurden, als Debierne sie angewendet hatte, nämlich mit 50 kg Ätznatron in 200 l Wasser (konzentriertere bot dagegen keine Vorteile). Nach dem Kochen setzten sich die Rückstände gut ab, so daß die Lauge bequem abgezogen werden konnte. Nun wurde noch zweimal mit Wasser dekantiert und die Lauge samt den Waschwässern verschüttet, da sie nur äußerst wenig Radium enthielt[2]) und darum entbehrt werden konnte. Der Rückstand wurde jetzt zum weiteren Waschen in Tonschalen übergeführt, die zwei Partien von je 100 kg faßten. Sie waren 3 m hoch aufgestellt, mit einem Filtereinsatz und noch einem Tubulus an der tiefsten Stelle versehen, in den ein entsprechend langes enges Bleirohr eingesetzt war, so daß die Wassersäule im Bleirohr saugend wirken konnte. Das Waschen wurde hier nun so lange fortgesetzt, bis die Hauptmenge der Schwefelsäure entfernt war, völlig brauchte sie diesmal noch nicht zu verschwinden.

---

[1]) Bericht über die Verarbeitung von Uranpecherzrückständen. 1. Mitt. d. Radium-Kommission d. Kaiserl. Akad. d. Wissensch. in Wien. Sitzungsberichte d. math.-naturwissensch. Klasse d. h. Akad. d. Wissensch. in Wien **117**, Abt. II a, S. 619 (1908).
[2]) Durchschnittlich 40% des Alkalis waren in der Lauge an Schwefelsäure gebunden, zum Teil auch in Silicat verwandelt. Die Radiummenge der Gesamtlaugen von 10 000 kg betrug nicht mehr als der Radiumgehalt von 10 kg Rückständen.

Nun wurde das Unlösliche auf einem Wasserbad mit dem eineinhalbfachen Gewicht roher Salzsäure 1:1 digeriert, die saure Lösung abgezogen und der Rückstand noch einmal mit Wasser in der Wärme ausgezogen. Diese zweite, weniger saure Lauge diente dann jedesmal zum Anrühren der Extraktionssäure für die nächste Arbeitspartie, so daß die Rückstände in diesem Stadium zweimal ausgezogen und die Flüssigkeit zweimal verwendet wurde. Durch diese Salzsäureextraktion ging wieder ein Teil des Rückstands in Lösung, und ehe wir seine Weiterverarbeitung besprechen, wollen wir die salzsaure Lösung betrachten.

Sie schied beim längeren Stehen einen weißen inaktiven Körper (F, s. S. 305) ab, der aus Gips und Chlorblei bestand und dessen Menge ca. 130 kg betrug. Radium war in der Lösung nur in ganz geringen Spuren vorhanden, dagegen die Hauptmenge des Wismut-Poloniums und Actiniums. Um sie abzuscheiden, wurde mit Ammoniak gefällt, wodurch sie als Gemisch mit seltenen Erden niederfielen, dessen Menge feucht 2400 kg wog. Dies Gemisch wurde als „Hydrat" (E) bezeichnet. Die Mutterlauge davon konnte weggegossen werden.

Die mit Salzsäure extrahierten Rückstände wurden nun mit Wasser so lange gewaschen, bis keine Spur von Schwefelsäure mehr nachweisbar war, und dann je 100 kg davon mit einer Sodalösung gekocht, die 50 kg schwefelsäurefreie Ammoniaksoda in 200 l Wasser gelöst enthielt. Hierdurch wurde bereits ein großer Teil des Radiumsulfats in Carbonat übergeführt, während die Sodalösung praktisch radiumfrei war. Der Rückstand wurde nun wieder sehr ausgiebig (4—6 Wochen lang) mit Wasser gewaschen und dann mit chemisch reiner Salzsäure behandelt, wodurch der größte Teil des Radiums in Lösung geht. Der Rückstand wird zu seiner völligen Aufschließung noch zweimal mit Sodalösung gekocht, gut ausgewaschen und wieder mit reiner Salzsäure behandelt. Dann ist er so an Radium erschöpft, daß er nur noch 2% vom ursprünglichen Radiumgehalt besitzt. Er ward mit C bezeichnet, die Sodakochlaugen mit D. Letztere waren, wie gesagt, praktisch radiumfrei. Bei gleichzeitiger Verarbeitung von 2600 kg Rückständen gebrauchten bis zu diesem Stadium je 200 kg Rückstände ca. 6 Monate, wobei das Waschen nach dem Kochen mit Soda die zeitraubendste Operation war, da sie jedesmal 4—6 Wochen in Anspruch nahm.

Während das Radium bisher stets im Rückstand konzentriert wurde, befindet es sich nun in rein salzsaurer Lösung. Zunächst wird es daraus mit Schwefelsäure gefällt, wobei noch die alkalischen Erden (besonders Ca) und Blei sowie kleine Mengen seltener Erden, die auch Actinium enthalten, letztere als Natriumsulfatdoppelsalze, abgeschieden werden. Diese ganze Fällung wurde „Rohsulfat" genannt und betrug für 100 kg Rückstände beim ersten Auszug 1—2, beim zweiten und dritten $1/2$—1% vom Gewicht der Rückstände. Um das Radium weiter zu konzentrieren, muß das Rohsulfat jedesmal wieder mit neuen Mengen konzentrierter Sodalösung gekocht werden, wodurch freilich eine vollkommene Umwandlung in Carbonat nie erreicht werden konnte. Jedesmal blieb beim Lösen und Waschen nach dem Kochen mit Soda ein Rückstand als „nicht umgesetzt" zurück, der nun der nächsten Partie Rohsulfat zugesetzt wurde. Bei dieser Operation wurden 60 kg Bleichlorid erhalten, die sich durch Umkrystallisieren ziemlich vom leichtlöslichen Radiumchlorid trennen ließen. Dies Bleichlorid (mit I bezeichnet) enthielt das radioaktive Blei.

Die Laugen hiervon enthielten neben dem gesamten Radium noch geringe Mengen von Blei (L) und wurden durch Schwefelwasserstoff davon befreit. Als nun zur Trockne verdampft wurde, konnte die Hauptmenge des Chlorcalciums durch konzentrierte Salzsäure, die es löste, vom Radiumchlorid getrennt werden, das noch unlöslicher darin ist als Bariumchlorid. Der Rückstand, „Rohchlorid" genannt, enthielt außer den Hauptmengen von Barium- und Radiumchlorid geringe Mengen von Calcium- und Strontiumchlorid sowie etwas eines Körpergemisches, das mit K bezeichnet wurde, das aber beim systematischen Umkrystallisieren stets in den letzten Mutterlaugen blieb. Aus dem gesamten Material waren 20 kg feuchtes „Rohchlorid" erhalten worden, die nun der systematischen fraktionierten Krystallisation unterworfen wurden. Da von allen Chloriden im Rohchlorid das Radiumchlorid das schwerstlösliche ist, so ist die erste Fraktion stets die reichste an Radium.

Bei der fraktionierten Krystallisation erwies es sich nun als zweckmäßig: 1. Fraktionen aus der Krystallisationsreihe auszuscheiden, die möglichst viel Bariumchlorid und möglichst wenig Radiumchlorid enthalten; 2. die erste Fraktion immer möglichst groß zu halten. Man kann das dadurch erreichen, daß man die erste Fraktion, „wenn ihre Menge nur noch 1—2% vom Gesamtgewicht aller Fraktionen ausmacht, so lange abstellt, bis die zweite Fraktion annähernd gleichwertig geworden ist und mit der ersten vereinigt werden kann, was nach ungefähr 4—5 Reihen der Fall ist". Bei der fraktionierten Krystallisation scheiden sich die starken Fraktionen am einen, die schwächsten am unteren Ende der Reihe ab, während die anfangs größten Mittelfraktionen mehr und mehr kleiner werden. Aus den obigen 20 kg Radium-Bariumchlorid entstanden so einerseits ca. 2 kg Radium-Bariumchlorid, die fast alles Radium enthalten, und andererseits sehr schwach aktive von 1 kg.

Die 2-kg-Portion wurde nun auf reines Radiumchlorid verarbeitet. Erhitzen mit Gas mußte völlig vermieden werden, da die in der Gasflamme entstehenden Säuren des Schwefels störend wirken können. Darum wurden die Krystallisationen in einem Dampfbad ausgeführt und die Präparate in einem Trockenschrank getrocknet, der mit einer Berzeliusschen Spirituslampe auf 120° geheizt war. Dabei wurden zuweilen Fraktionen erhalten, deren Lösungen mit Schwefelwasserstoff Niederschläge gaben. Diese rührten vermutlich von Blei aus den benutzten Gläsern her. Sie wurden daraufhin in Quarzschalen mit Wasser gelöst oder soweit diese nicht zur Verfügung standen, eben mit Schwefelwasserstoff gereinigt.

Bei der endgültigen Fraktionierung wurden zunächst 30 Reihen von Krystallisationen hergestellt (s. Schema S. 206) und die Glieder von 2—10 in drei Gruppen (6, 7, 8) vereinigt und nur die erste Fraktion von ca. 9 g weiterkrystallisiert, nachdem sie mit Schwefelwasserstoff gereinigt war. Sie kam jetzt in eine Quarzschale, wurde in Wasser gelöst, angesäuert und bis zur Krystallisation eingedampft. Dann wurde die Lauge abgegossen und abgestellt, die Krystalle aber noch dreimal in gleicher Weise behandelt und das zuletzt Ausgeschiedene als Kopffraktion oder „Kopf" bezeichnet. Die vier Mutterlaugen von der Herstellung der Kopffraktion, als M III, M II, M I und A. G.[1]) bezeichnet, wurden bis zur Krystallisation eingeengt. Sie schieden dabei Krystalle ab, und um nun einen Begriff von der Reinheit dieser Krystallisationen zu erhalten, wurden Atomgewichtsbestimmungen vom „Kopf" und den Krystallen aus M III und A. G. ausgeführt.

Das geschah nach der Methode, die Th. W. Richards für die Atomgewichtsbestimmung des Bariums angewendet hatte. Das wasserfreie Chlorid wurde bis zur Gewichtskonstanz getrocknet, dann in Wasser gelöst und mit der wahrscheinlichen Menge genau abgewogenen reinen Silbers, das in Salpetersäure gelöst wurde, versetzt. Nach längerem Schütteln setzt sich der Niederschlag gut ab, und nun wurden Proben der überstehenden Flüssigkeit einerseits mit Salzsäure, andererseits mit einer äquivalenten Menge ganz verdünnter Silberlösung versetzt. Aus der relativen Stärke der Opalescenz läßt sich dann erkennen, ob Chlorid oder Silber im Überschuß vorhanden ist. Durch sukzessives Zufügen des Fehlenden läßt sich dann der Endpunkt erreichen.

Es ergab sich für „Kopf" ein Atomgewicht von 225, für M III ein solches von 185,2, für A. G. 143,2. Durch Bestimmung der

---
[1]) A. G. wurde mit kleinen Resten der oberen Fraktionen vereinigt und war tatsächlich etwas radiumreicher als M I.

304   Die chemische Technologie der Radioelemente.

Stärke der Aktivität fand man für M III den Wert des Atomgewichts zu 184,69, von A. G. zu 144,67, also gute Übereinstimmung.

Während der weitaus größte Teil des Radium-Bariumchlorids auf Chlorid verarbeitet wurde, verwandelte man einen kleinen auch in das Bromid, von dem dann 0,5 g erhalten wurden. Nach einjähriger Aufbewahrung hatte sich sein Gewicht aber auf 0,389 g vermindert, was daher rührte, daß es einen erheblichen Teil seines Broms durch Selbstzersetzung verloren hatte. Bei späteren Verarbeitungen empfiehlt H. Paweck, bei fortgeschrittener Krystallisation die Chloride in die Bromide zu verwandeln und diese weiter fraktioniert zu krystallisieren, da sie sich in diesem Stadium leichter trennen. Gegen Schluß verwandelt man zweckmäßig wieder in die Chloride, die sich dann wieder besser scheiden lassen (Zeitschr. f. Elektrochemie 1908, S. 619), weil das Bromid sehr leicht löslich ist.

Als alle bei dieser Verarbeitung erhaltenen Produkte auf die Stärke ihrer Radioaktivität von St. Meyer und v. Schweidler gemessen wurden, ergaben sich folgende Resultate:

	Gewicht	Relative Aktivität	Gewicht × Aktivität
1. Kopf	1,05	27 200 000	28 560 000
2. M III	0,4	17 000 000	6 800 000
3. M II	1,06	6 100 000	6 466 000
4. M I	1,3	2 500 000	3 250 000
5. A. G.	5,47	3 100 000	16 957 000
6. E = (II, III).	243	60 400	14 677 200
7. D = (IV, V) .	556	3 040	1 690 240
8. C = (VI, VII)	1 252	223	279 196
9. BaCl$_2$	10 918	182	1 987 046
			80 666 682

Wenn man die Summe der Zahlen der letzten Kolumne durch die Aktivitätszahl der Kopffraktion dividiert, so erhält man die Zahl 3, d. h. in den Fraktionen 1—8 zusammengenommen ist etwa so viel Radium als in 3 g eines Radiumchlorids vom Reinheitsgrad der Kopffraktion. Hierzu kommt noch die Bromidfraktion, die 0,236 g wasserfreiem Radiumchlorid entspricht. Es sind danach nur 20,7% des im Erz enthaltenen Radiums in Form reinen Radiumsalzes erhalten worden, weitere 56,4% finden sich als Radium-Bariumpräparate. Von den fehlenden 22,9% kommen 9% auf radiumarme und darum vernachlässigte Rückstände. 13,9% gingen im Laufe der Arbeit verloren.

Außer den schon mitgeteilten radiumreichen Fraktionen entstanden bei der Gesamtverarbeitung noch folgende radiumarme Nebenprodukte:
- A. 200 kg unverarbeitete Rückstände.
- B. 60 kg Rückstände, teilweise verarbeitet.
- C. 4500 kg Rückstände der Verarbeitung mit Ätznatron, Salzsäure und Soda.
- D. Ca. 250 kg Rückstand vom Eindampfen der Sodakochlauge.
- E. Ca. 2400 kg Hydrate (sehr feucht). Sie wurden später von C. Auer von Welsbach besonders auf Polonium (RaF), Ionium und Actinium verarbeitet.
- F. Ca. 130 kg Gips + Chlorblei.
- G. Ca. 30 kg Sulfide, aus „Hydrat" durch Schwefelwasserstoff gewonnen.
- H. Ca. 1000 l konzentriertes Filtrat aus der Rohsulfatfällung.
- I. Ca. 58 kg Bleichlorid, davon 10 kg in Acetat umgewandelt.
- K. Ca. 60 l letzte Rohchloridlaugen, hauptsächlich Chlorcalcium, teils mit, teils ohne seltene Erden.
- L. Ca. 600 g Sulfide, durch Schwefelwasserstoff aus Rohchloridlösung gefällt.
- M. Ca. 30 g aus Rohchloriden abgeschiedene Trübung, aus Schwefel, Kieselsäure und Sulfaten bestehend.
- N. Ca. 3 kg Magnesiumdoppelnitrate von seltenen Erden.
- O. Ca. 585 g Oxyde der seltenen Erden, actiniumhaltig.
- P. Mehrere kleine Fraktionen actiniumreicher seltener Erden.
- Q. Ca. 2 kg Urannitrat, aus den Rückständen noch gewonnen.

Anschließend an diese Verarbeitung der Uranpecherzrückstände sei dann noch eine Gesamtverarbeitung von Pechblende auf Farben und auf Extrahierung des Radiums aus den zugehörigen Rückständen mitgeteilt, die H. Paweck[1]) gegeben hat (s. S. 306 ff.).

Das Curie - Debiernesche Verfahren ist auch in der Vervollkommnung, die es durch Haitinger und Ulrich erhielt, nicht mit hohen Ausbeuten verknüpft (21% des im Erze enthaltenen Radiums in Form reiner Radiumsalze) und ist äußerst zeitraubend. Man hat darum andere Verfahren zur Erzeugung und Aufschließung der Rohsulfate ausgearbeitet.

Was die Herstellung von an Radium angereicherten Rohsulfaten anbetrifft, so hat Sidney Radcliff 1911 ein Patent angemeldet[2]), nach dem aus komplexen Radiumerzen rasch dadurch Rohsulfate gewonnen werden sollen, daß man sie unter Zusatz von Chlornatrium

Fortsetzung Seite 313.

---
[1]) Zeitschr. f. Elektrochemie 14, 619ff. (1908).
[2]) D. R. P.-Anmeld. R 32 950 Kl. 12 m vom 11. IV. 1911.

Zugutebringung der Uranerze.

Cu, Bi, Zn, Co, Mn, Ni, Va, Sb, Tl, Nb, Ta, As, Ba, Sr, Ca, Fe, Pb, Al, Mg, Si, Ag, Mo, seltene Erden, radioaktive Substanzen (Radium, Actinium, Polonium).

Uran - Roherz. Ur_3O_8 16 bis 65%. Aus der Grube, zur Handscheidung.

(Mit Kobalt-, Nickel-, Wismut- und Silbererzen, Bleiglanz, Eisen- und Arsenkies, Vanadium- und Molybdänverbindungen und seltenen Erden.)

Scheiderz → Uranerzschlich
  spez. Gew. 8—9,7 Pechblende
              9,6—9,8 Wismutblende
              7,4—7,6 Bleiglanz
              4,9—5,2 Cu-halt. Eisenkies.
→ Einlösungsprodukt in der Uranfarbenfabrik.

Pochgang
Zur Aufbereitung: Fein zerteiltes oder eingesprengtes Vorkommen auf Streusandgröße zerkleinert; maschinelle Trennung der Bestandteile mit Hilfe des Wassers und der Unterschiede im spezifischen Gewicht.

→ Taube Berge

→ Abfall tauber Begleitgesteine
  Dolomit
  Calcit
  Schiefer } unter 3,1 spez. Gew.
  Wacke

→ Mahlgut. Zerkleinert und zu Staub zermahlen.

Röstung: Zur Verhüttung gelangt ein Produkt mit einem Gehalt von 45—55% durch Vermischung verschiedener Schliche und Scheiderz. — Todröstung bei etwa 800°, zuerst 10 Std. vorgeröstet und 5 Std. mit Zusatz von 15% Soda und 2% Natronsalpeter unter Steigerung der Temperatur fertig geröstet, Oxydation und Schwefelvertreibung. — Bildung der Natronsalze des Ur, As, Sb, Wo, Mo, Va. — Im Flammenofen, Chargen zu 200 kg.

→ Röstgut 60 kg.

Zugutebringung der Uranerze.

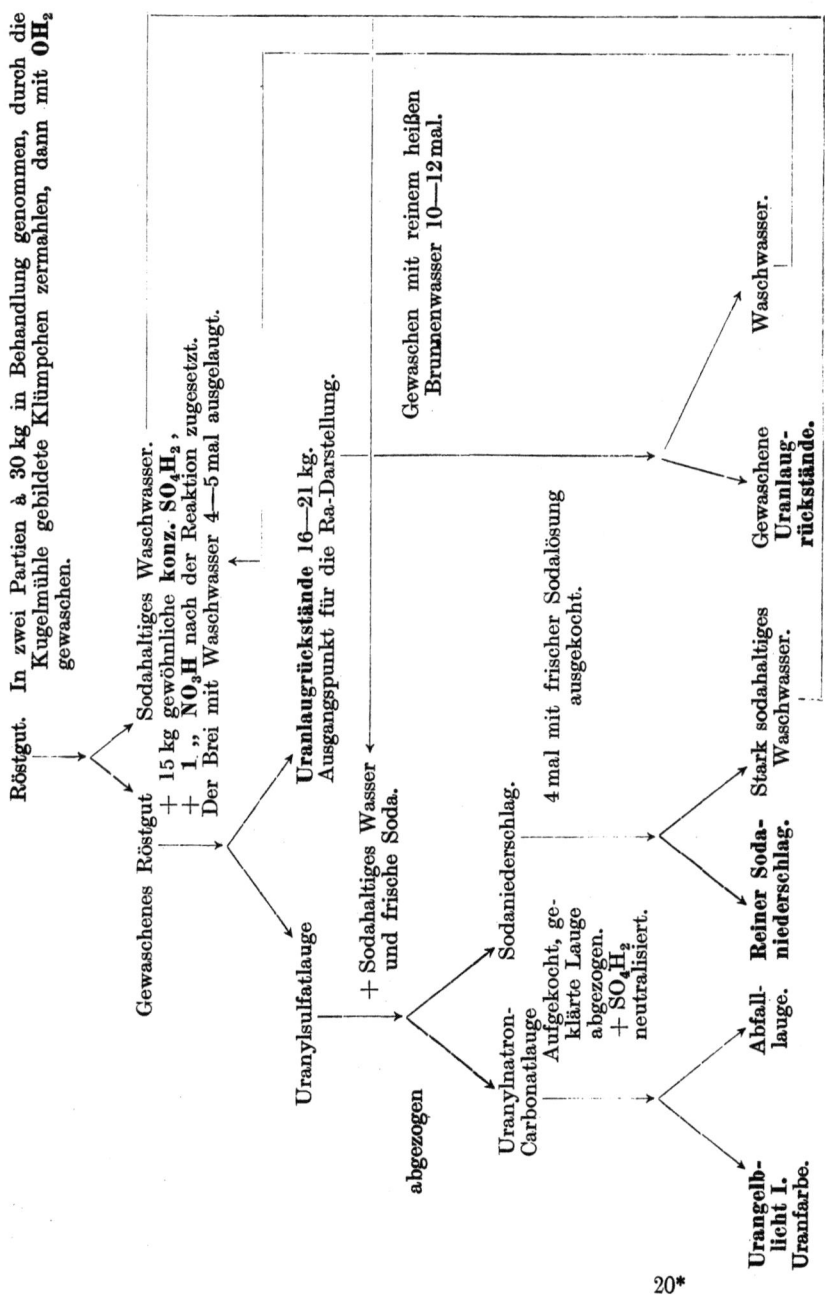

Uranlaugrückstände. Verarbeitung auf Ra.

Je 100 kg, lufttrocken (12—15% OH_2).

In eisernem Kessel mit OH_2 angerührt, + 53 kg reinem NaOH. Einen Tag lang kochen, beständig umrühren.

Durch die Behandlung mit NaOH und ClH und das lange Waschen werden die Verunreinigungen zum größten Teil weggeschafft (Fe, Al, Ca, Si, Pb usw.).
Ra und Ba bleiben als Sulfate ungelöst.

→ Abfallauge (ohne merkliche Spuren von Ra) nach Mache.

Rückstand.

10—12 Tage mit Brunnenwasser in erhöht aufgestellten Lochschalen (aus Ton mit Siebbodeneinsatz) gewaschen (Saugwirkung des durch ein aus dem Boden der Schale herabreichendes, langes Bleirohr abfließenden Waschwassers).

Gewaschener Rückstand.

In Wasserbadtonschalen mit roher, verdünnter ClH (1:1) behandelt, gelatinöser Brei, mehrere Tage digerieren; Wasser aufgegossen und Lauge abgezogen (die Lauge enthält den größten Teil des Poloniums und Actiniums).

Durch das Kochen mit Soda werden die unlöslichen Sulfate in lösliche Carbonate umgewandelt. Das dabei gebildete Na_2SO_4 muß gründlich gewaschen werden.

Mit ClH behandelter Rückstand.

Eingetragen in zwei Saugnutschfilter; mit Brunnen-OH_2 behandelt und abgenutscht, 2—3 Tage.

Gewaschener, abgenutschter Rückstand.

Im eisernen Kessel mit Na_2CO_3-Lösung behandelt, 10 Std. gekocht.

Mit Na_2CO_3 behandelter, gallertartiger Rückstand.

In den Lochschalen zuerst mit Brunnenwasser eine Woche lang, dann mit Kondenswasser, zum Schluß mit destilliertem OH_2 gewaschen; im ganzen jede Partie 4—6 Wochen, bis im Waschwasser kein Na_2SO_4 mehr nachweisbar ist.

Dazwischen des öfteren der Rückstand auf dem Wasserbade zur Staubtrockne gebracht (2—2½ Tage).

Zugutebringung der Uranerze.

Gewaschener, mit Na_2CO_3 behandelter Rückstand.

In Tonschalen mit verdünnter, chemisch reiner ClH (1:1) bis deutlich saurer Reaktion unter ständigem Umrühren 1 Tag behandelt, dann mit ClH-haltigem OH_2 verdünnt, abgenutscht, 2 Tage, dann mit angesäuertem, zuletzt mit destilliertem OH_2 gewaschen. Dieses letzterhaltene Waschwasser

→ Waschwasser

→ **I. Gute Lauge.** Einen Teil des Ra enthaltend. Dann noch Fe, Al, Ca, Sr, Ba, Pb.

Rückstand nach I. guter Lauge.
10 Std. mit Na_2CO_3 gekocht, dekantiert.

Rückstand.
Mit OH_2 auf den Lochschalen gewaschen, bis Na_2SO_4 weg.

Rückstand.
Mit ClH digeriert und abgenutscht.

II. Gute Lauge. Mehr Ra enthaltend.

Rückstand nach II. guter Lauge.
Derselbe Gang der Operationen wiederholt.

III. Gute Lauge. Ebenfalls noch ziemliche Mengen Ra enthaltend.

Rückstand mit 2% d. ursprüngl. Radioaktivität (nach Mache).

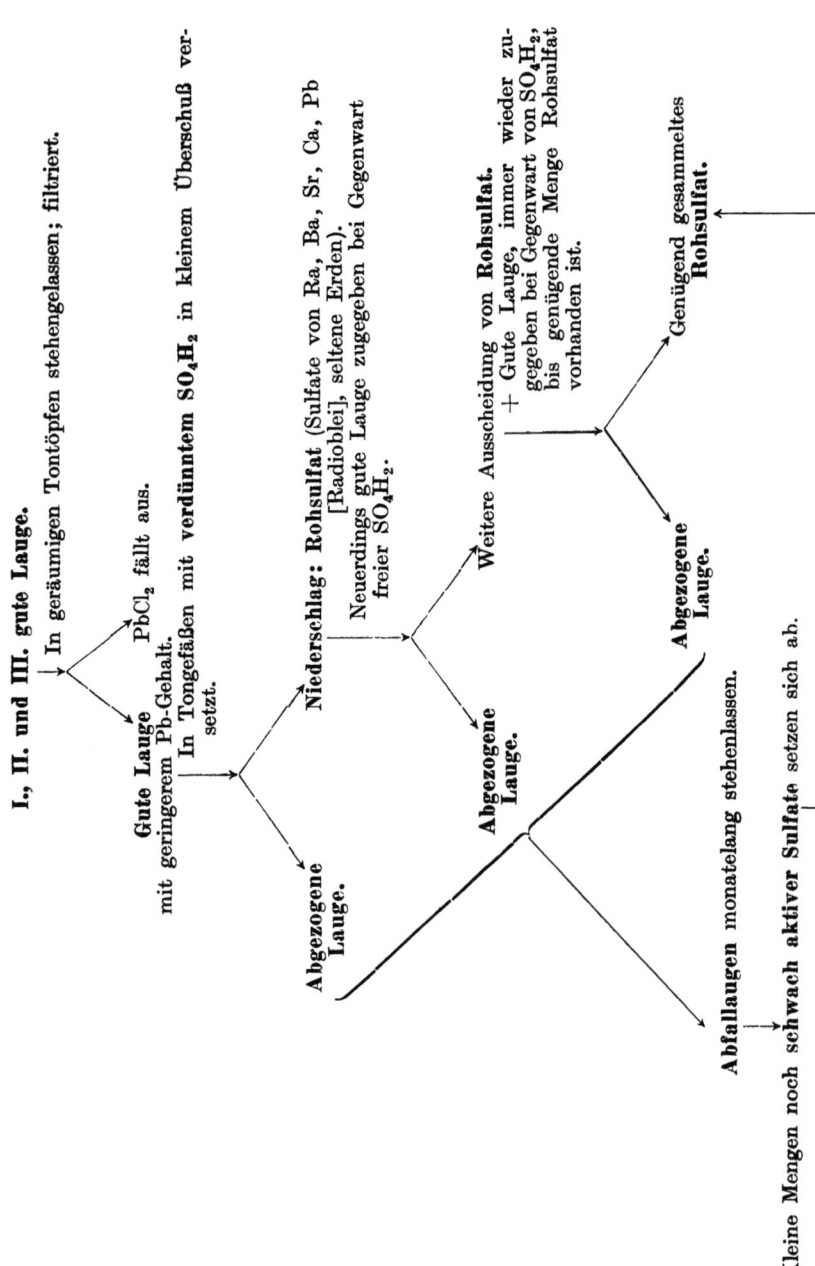

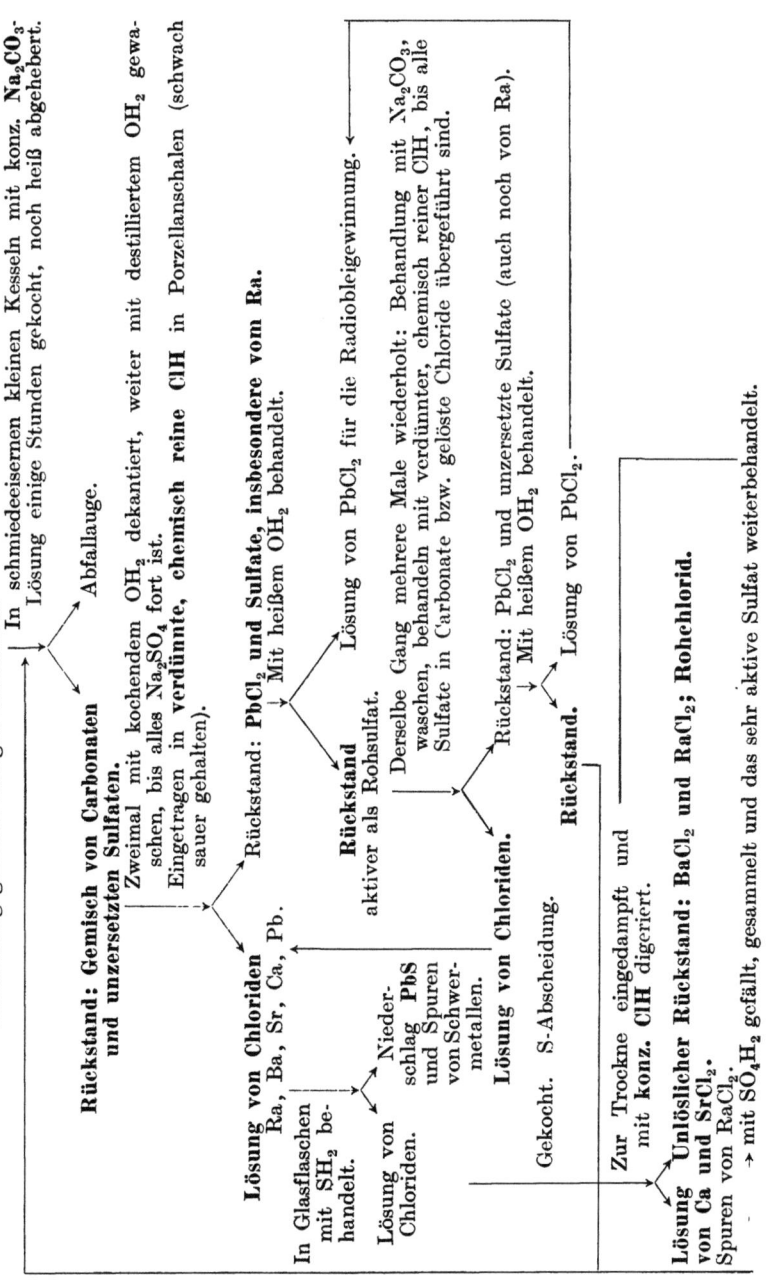

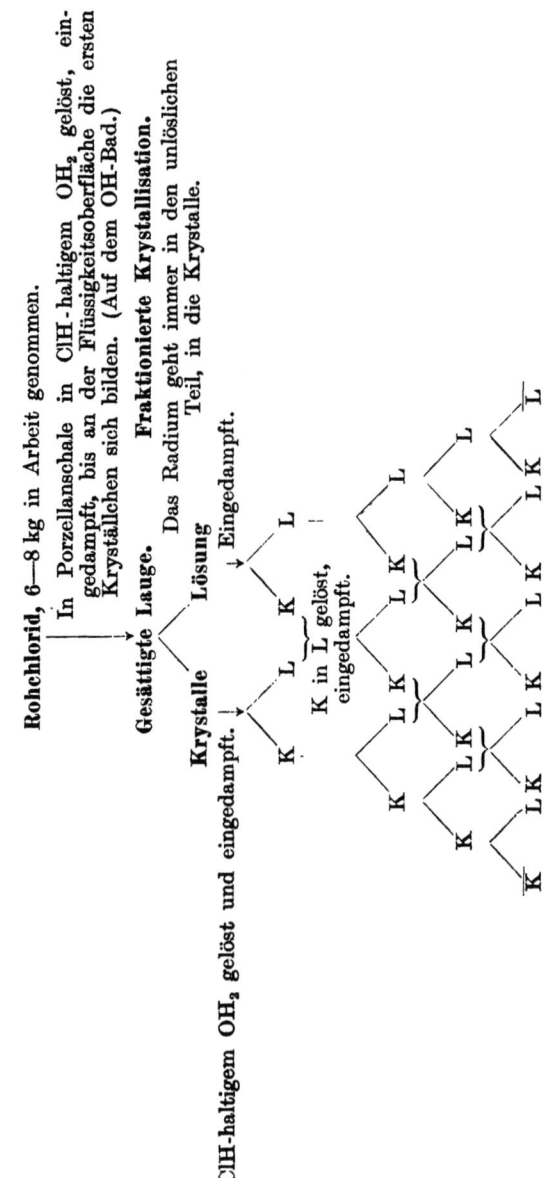

oder Salpeter mit Natriumbisulfat schmilzt und die erkaltete Schmelze auslaugt, wobei die Rohsulfate unlöslich zurückbleiben sollen, doch wurde auf diese Anmeldung kein Patent erteilt.

Dagegen hat Erich Ebler, Heidelberg, ein Patent Kl. 12 m Nr. 296 132 vom 14. X. 1913 [15. I. 1917] für ein Verfahren zur Herstellung von an Radium angereicherten Rückständen erhalten, das dadurch gekennzeichnet ist, daß man die Rohmaterialien innig mit Kalk (oder Calciumcarbonat), Chlornatrium, Chlorcalcium und anderen Halogensalzen einige Stunden auf Rotglut erhitzt und darauf die Masse mit Wasser, sulfathaltiger Soda, dann mit sulfathaltiger Salzsäure auszieht und zuletzt mit Wasser wäscht.

Dann haben F. Ulzer und R. Sommer, Wien, ein Deutsches Reichspatent und ein Zusatzpatent erhalten für „Verfahren zur Darstellung von an Radium angereicherten, sog. Rohsulfaten": D. R. P. Kl. 12 m Nr. 254 241 vom 1. X. 1908 [26. XI. 1912], dadurch gekennzeichnet, daß man die aus radiumhaltigen Stoffen durch Behandeln mit konzentrierter H_2SO_4 oder durch Behandeln mit Alkalibisulfat und darauffolgendes Waschen mit Wasser erhaltenen Rückständen mit kohlensauren oder ätzenden Alkalien oder Mischungen derselben schmilzt oder mit hochkonzentrierten Lösungen derselben unter Druck längere Zeit kocht. Durch die energische Behandlung mit Schwefelsäure oder schwefelsauren Salzen werden zuerst etwa 50—60% unlösliche Metalloxyde (besonders Eisenoxyde) in wasserlösliche Salze verwandelt und dadurch entfernt. Durch darauffolgende ebenso energische Behandlung mit ätzenden oder kohlensauren Alkalien wird der größte Teil der übrigen Körper, wie Blei, Aluminium, Zink u. a. und besonders Kieselsäure entfernt, so daß nach der letzten Behandlung mit Säure bloß ein Rückstand von 0,1—0,5% verbleibt, in dem das ganze Radium konzentriert ist.

Nach dem Zusatzpatent Kl. 12 m Nr. 263 330 vom 7. IV. 1909 [14. VIII. 1913] wird umgekehrt das Rohmaterial zunächst mit Ätzalkalien geschmolzen oder mit starken Alkalilösungen unter Druck erhitzt, worauf der erhaltene Rückstand nach dem Waschen und Filtrieren mit konzentrierter H_2SO_4 behandelt oder mit sauren Sulfaten geschmolzen wird, so daß sich nach dem Waschen und Filtrieren die Radiumrohsulfate ergeben.

Die neueren Verfahren zur Aufschließung der Rohsulfate beruhen darauf, die Sulfate zu Sulfiden zu reduzieren und so in einer einzigen Operation ein in bezug auf das Radium und die übrigen Erdalkalien in Salzsäure lösliches Produkt zu erhalten. Für diese Reduktion wurden 1. Kohle, 2. Calciumcarbid, 3. Calciumhydrid, 4. ein Gemisch von Calciumcarbid und Calciumhydrid verwendet.

1. Reduktion mit Kohle.

Die Reduktion mit Kohle erfordert eine sehr hohe Temperatur und ist nur dann einigermaßen vollständig, wenn die Sulfate so weitgehend gereinigt sind, daß sie im wesentlichen nur aus Barium-Radiumsulfat bestehen. Sind dagegen noch Kieselsäure oder Erzrückstände vorhanden, so wird die Ausbeute an aufgeschlossenem Radium geringer, vermutlich deshalb, weil die Berührung der Sulfatteile mit der Kohle nicht innig genug ist, um bei der in Betracht kommenden Temperatur zu wirken. Einige Versuche, die hier angeführt seien, beweisen das.

Der Berechnung des Kohlenstoffs bei der Reduktion wurde die Gleichung

$$MeSO_4 + 4\,C = MeS + 4\,CO$$

zugrunde gelegt und stets dafür gesorgt, daß Kohlenstoff im Überschuß vorhanden war. Man mischte die trockenen Rohsulfate innigst mit möglichst fein gepulverter Kohle, preßte das Gemisch in einen Tiegel ein, bedeckte es mit einer Schicht Kohle, um Oxydation durch den Luftsauerstoff hintanzuhalten, und erhitzte den bedeckten Tiegel[1]) 2—4 Stunden lang auf Hellrotglut. Nach dem Erkalten wird die Masse rasch auf das feinste gepulvert und sofort portionsweise in heiße verdünnte Salzsäure unter stetem Umrühren eingetragen und der entstehende Schwefelwasserstoff sobald als möglich durch Kochen entfernt. Waren die Sulfate bleihaltig, so wurde durch Verdünnung mit Wasser dafür gesorgt, daß die Salzsäure etwa einfach normal sein würde. Dann werden nur Barium-, Radium-, Calcium- und Eisenchlorid gelöst, während Bleisulfid und Kieselsäure zurückbleiben. Waren aber die Sulfate nicht bleihaltig, so kommt man rascher zum Ziel, wenn man die erschöpfende Extraktion mit siedender fünffach normaler Salzsäure vornimmt. Die Resultate sind in Tabelle 12 (s. S. 315) zusammengestellt.

Man ersieht daraus, wie sehr die Ausbeute an aufgeschlossenem Radium von der Reinheit der Sulfate abhängt und daß deshalb Kohle als Reduktionsmittel für technische Rohsulfate und sulfathaltige Erzrückstände nicht geeignet ist. Für weitgehend gereinigtes, bis auf den Bariumgehalt der Erze angereichertes Barium-Radiumsulfat ist es dagegen anwendbar.

---

[1]) Für die Reduktion in großem Maßstabe dürfte ein mechanischer Ofen am zweckmäßigsten sein.

Tabelle 12.

Herkunft des Sulfates	Zusammensetzung	Angewendetes Mischungsverhältnis Rohsulfate/Kohle	Zur Reduktion der Schwefelsäure berechnetes Mischungsverhältnis Rohsulfate/Kohle	Radiumausbeute in Prozenten des Gesamtradiumgehaltes des Ausgangsmaterials
„Sulfatrückstände" aus vanadinhaltigem Chalkolith (Ferghana)	$BaSO_4$ . . . 37,1% SiO_2 . . . . 21,8% Gesamt-H_2SO_4 23,9% V_2O_5 . . . . 1,3% Ra . . . . . $3,23 \cdot 10^{-6}$% neben Fe, Al, Ca	100 : 20	100 : 11,7	32%
,,	,,	100 : 21	100 : 11,7	26%
„Rohsulfate" aus Carnotit (Colorado)	Wesentlich $BaSO_4$ neben kleinen Mengen anderer Sulfate und SiO_2 Ra : $3,3 \cdot 10^{-5}$% Gesamt-H_2SO_4 : 45%	100 : 25	100 : 22,6	68%

2. Reduktion der Sulfate mit Calciumcarbid[1]).

Aber auch für sulfat- und silicathaltige, also verunreinigte Rohsulfate ließen sich technisch brauchbare Aufschlußmittel finden. Zunächst sei hier das Calciumcarbid besprochen. Im Preise ist es natürlich teurer als Kohle, aber bei dem hohen Werte des Radiums spielt das keine Rolle. Dabei zeigte es sich, daß es bei ihm das Calcium sein muß, das besonders wirksam für den Aufschluß der Kieselsäure ist, und so wurde die Menge Calciumcarbid im Sinne der Gleichung

$$MeSO_4 + 4\,CaC_2 = 4\,CaO + MeS + 8\,C$$

berechnet. Es ist dabei freilich nicht ausgeschlossen, daß auch die Kohle reduzierend mitwirkt. Die Versuchsanordnung und Operationen wurden in gleicher Weise ausgeführt wie bei der Reduktion mit Kohle und die Masse 2—4 Stunden lang auf Rotglut erhitzt. Als Reduktionsprodukt hinterblieb eine zusammenhängende, leicht zerreibliche Masse, die keine Spur einer Sinterung oder eines Zusammenschmelzens aufwies. (Bei weniger Carbid, als der obigen Gleichung entspricht, entsteht dagegen eine zusammengebackene glasige Masse, die fest im Tiegel haftet und schwierig weiterzuverarbeiten ist.) Es wurde in gleicher Weise, wie oben angegeben, weiterbehandelt und das Radium im salzsauren Filtrat bestimmt.

---

[1]) Erich Ebler, D. R. P. E 19 584/IV 12 m.

Die Resultate sind in folgender Tabelle niedergelegt, wobei bemerkt werden muß, daß die vorhanden Schwankungen durch die Tiegelform, verschiedenartiges Pulvern, Mischen, Auslaugen verursacht sein dürften, da diese nie ganz gleichartig zu gestalten waren. Die in der vorhergehenden Tabelle mitgeteilten Aufschlüsse mit Kohle sind nochmals angefügt, weil sie unter denselben Bedingungen und im gleichen Feuer ausgeführt wurden.

Tabelle 13.

Herkunft der Sulfate	Zusammensetzung	Angewendetes Mischungsverhältnis Rohsulfate Calciumcarbid	Berechnetes Mischungsverhältnis Rohsulfate Calciumcarbid	Radiumausbeute in Prozenten des Gesamtradiumgehalts des Ausgangsmaterials
Sulfatrückstände aus vanadinhaltigem Chalkolith (Ferghana)	Wie in der vorhergehenden Tabelle	100 : 120	100 : 62	83
		100 : 50	100 : 62	75—85
		100 : 112	100 : 109	82
Rohsulfate aus Carnotit (Colorado)		100 : 125	100 : 121	70
S. vorhergehende Tabelle		—	—	26
				68

3. Autogene Reduktion mit Calciumhydrid.

Als weiteres für die Reduktion von Rohsulfaten besonders geeignetes Reduktionsmittel beschreiben E. Ebler und W. Bender das Calciumhydrid CaH_2[1]). Es ist auch für sehr wenig gereinigte und angereicherte Sulfate anwendbar, wenn sie nicht mehr als 20% Blei enthalten, und hat den weiteren Vorzug, daß die Reaktion, wenn sie eingeleitet ist, von selbst weiterverläuft und in wenigen Minuten beendet ist, wobei der entweichende Wasserstoff aufhört zu brennen. Sie verläuft nach der Gleichung

$$MeSO_4 + 4\,CaH_2 = MeS + 4\,CaO + 4\,H_2.$$

Der bei der Reaktion entweichende Wasserstoff lockert dabei die Masse so auf, daß sie sich nach dem Erkalten leicht pulvern läßt.

Die Reduktion wird hier am besten so ausgeführt, daß man die absolut trockenen, auf das feinste gepulverten Sulfate mit der nötigen Menge ebenso feingepulvertem Calciumhydrid innigst mischt, in einen Tiegel preßt und die Mischung nun ähnlich entzündet, wie es in der Aluminothermie üblich ist, nämlich mit einem Zündgemisch und Magnesiumband. Man bohrt in der Richtung

---

[1]) Bezugsquelle: Elektrochemische Werke, Bitterfeld. Das daher bezogene technische Calciumhydrid enthielt nach dem Pulvern 80% CaH_2.

der Achse des gefüllten Tiegels einen bleistiftdicken Kanal, füllt ihn mit Entzündungsgemisch, steckt ein Magnesiumband hinein und zündet es an. Die Reaktion setzt sofort in heftigster Weise mit bedeutender Wärmeentwicklung ein, wobei der entweichende Wasserstoff abbrennt und die Reaktion sich in wenigen Minuten vollendet. War mehr als 20% Bleisulfat vorhanden, so verläuft die Reaktion explosionsartig. Bei Gegenwart von viel Kieselsäure wendet man einen kleinen Überschuß von Calciumhydrid an, weil durch die große Reaktionswärme Kieselsäure reduziert werden kann. Hierbei verläuft die Reduktion erheblich ruhiger, ist aber auch in wenigen Minuten beendet.

Die gepulverte Masse wird nun nach dem Erkalten, wie früher beschrieben, mit Salzsäure extrahiert, filtriert und in das Filtrat Salzsäuregas eingeleitet, wodurch Radium-Bariumchlorid ausfällt. Es soll sich dabei so quantitativ abscheiden wie beim Fällen mit Schwefelsäure.

Stark bleihaltige Rohsulfate kommen bei der Verarbeitung von Pechblende, Carnotit und Autunit kaum vor. Man kann aber stark bleihaltigen Gemischen das Bleisulfat ohne Verluste an Radium dadurch entziehen, daß man sie mit einer heißen salpetersauren Lösung von Ammoniumnitrat behandelt[1]).

In der folgenden Tabelle sind die Resultate mit zwei Sulfaten beschrieben, von denen das eine erhebliche Mengen von Blei enthält.

Wie man sieht, sind die Ausbeuten an Radium nach diesem Verfahren gute, und sie werden beim Arbeiten im großen vermutlich noch bessere sein. Möglicherweise sind es gasförmige Calciumverbindungen, vielleicht Calcium- oder Calciumhydrürdampf (CaH), die so weitgehend aufschließen. Von den beim Versuch 201/17 fehlenden 14% Radium fanden sich $^9/_{10}$ in dem Auslaugrückstand von der Salzsäureextraktion.

Da der Preis des Calciumhydrids etwa 12—15 mal höher ist als der des Calciumcarbids, so haben Ebler und Bender[2]) ein Verfahren ausgearbeitet, bei dem wesentliche Mengen des teuren Hydrids durch das billigere Carbid ersetzt sind. Dadurch wird auch die Heftigkeit der Reaktion erheblich gemildert, da Calciumcarbid zu seiner Wirkung der Zufuhr von Wärme bedarf.

4. Calciumcarbid-Calciumhydrid-Verfahren.

Um Anhaltspunkte darüber zu gewinnen, wieweit man das Hydrid durch Carbid ersetzen kann, wurden Versuche gemacht,

---
[1]) Siehe Ebler, Zeitschr. f. analyt. Chemie **50**, 611 (1911).
[2]) E. Ebler und M. Fellner, Zeitschr. f. anorg. Chemie **72**, 272 (1911) **73**, 1 (1911); Ber. **44**, 2332 (1911).

Tabelle 14.

Versuchs-bezeichnung	Herkunft des Sulfates	Zusammensetzung %	Angewendetes Mischungsverhältnis "Rohsufate"/Calciumhydrid (80%)	Zur Reduktion der Schwefelsäure berechnetes Mischungsverhältnis "Rohsulfate"/Calciumhydrid	Zur Reduktion der Schwefelsäure und Kieselsäure berechnetes Mischungsverhältnis "Rohsulfate"/Calciumhydrid	Erhaltene Radium-Bariumchlorid-Menge (wasserfrei) in Prozenten des Gewichtes des Ausgangsmaterials %	Radium-gehalt der erhaltenen Chloride in Prozenten. Radium (Element) %	Radium-ausbeute in Prozenten des Gesamtradiumgehaltes des Ausgangsmaterials %
201/11, I	"Rohsulfate" aus Carnotit (Colorado)	$BaSO_4: 65,7$ $PbSO_4: 4,5$ $CaSO_4: 19,3$ $FeSO_4: 1,4$ $SiO_2: 5,0$ $Ra: 3,5 \cdot 10^{-5}$	100 : 100	100 : 94,2	100 : 102,5	27,8 } 37 9,2	$8,75 \cdot 10^{-5}$ $4,22 \cdot 10^{-5}$	69,4 } 80,5 11,1
201/11, II	"Sulfatrückstände" aus vanadinhaltigem "Chalkolith" (Ferghana)	$BaSO_4: 37,1$ $SiO_2: 21,8$ (Gesamt-$H_2SO_4: 23,9$) $V_2O_5: 1,3$ $Ra: 2,73 \cdot 10^{-6}$ neben Fe; Al; Ca	100 : 54	100 : 51,3	100 : 89	23,5	$1,01 \cdot 10^{-5}$	75
201/11, III 201/17	,, ,,		100 : 89 100 : 65	100 : 51,3 100 : 51,3	100 : 89 100 : 89	23,7 24	$1,12 \cdot 10^{-5}$ $1,16 \cdot 10^{-5}$	81,3 86,2

bei denen festgestellt werden sollte, wieviel des einen und anderen nötig ist, um der Gesamtreaktion den autogenen Charakter zu sichern. Dabei war die Zusammensetzung des Sulfatgemisches in erster Linie von Bedeutung. Wenn das Rohsulfat im wesentlichen aus Bariumsulfat besteht, so kann man das Hydrid zu drei Viertel durch die äquivalente Menge Carbid ersetzen. Bei vermischteren Rohsulfaten darf man in dem Maße weniger Carbid zusetzen, als $BaSO_4$ vorhanden ist.

Um die Reaktionsfähigkeit unreiner Sulfate mit Calciumcarbid resp. -hydrid zu vergrößern, setzten Ebler und Bender ihnen absichtlich andere Sulfate zu, die mit Calciumhydrid sehr heftig reagieren. Ja, in zwei Versuchen wurden den mit der theoretischen Menge Carbid gemischten Sulfaten nur zum Zwecke der Innenheizung Gemische von Aluminiumsulfat und Calciumhydrid zugemischt. Aus den Versuchen 201/39 I, 201/40 V und 201/39 IV der Tabelle V ergab es sich, daß dieser Weg prinzipiell gangbar ist, daß jedoch so viel Hydrid nötig wird, daß eine Ersparnis daran nicht stattfindet. Zudem hat der Aluminiumzusatz den Nachteil, daß sich Korund bildet, der das Pulvern der Reaktionsmasse erschwert.

Die Versuchsanordnung war wie früher, und bei allen Versuchen war die Reaktion in kaum fünf Minuten beendet. Aus den Versuchen 201/40 II und 201/40 III sieht man, wie die Ausbeute an aufgeschlossenem Radium steigt, wenn man bei äußerlich schwach autogenem Verlauf der Reaktion Calciumcarbid durch Calciumhydrid ersetzt.

Aus den Versuchen 201/41 III und 201/46 IV in Tabelle 15 sowie 201/39 I und 201/40 V in Tabelle 16 ergibt sich, einen wie großen Einfluß die Gesamtmenge der Reaktionsmasse auf die Vollständigkeit der Reduktion hat. In der Tat zeigte es sich bei Chargen bis zu 50 kg mit Gemischen von Calciumcarbid und Calciumhydrid, daß die Ausbeute an aufgeschlossenem Radium desto größer wird, je größer die Gesamtreaktionsmasse ist. Dabei benötigt man zur gleichen Ausbeute eine kleinere Menge von Calciumhydrid im Verhältnis zum Carbid.

Wenn die Sulfate in der mitgeteilten Art aufgeschlossen sind, wird die fein gepulverte Reaktionsmasse mit siedender Salzsäure ausgezogen, die natürlich völlig schwefelsäurefrei und bei Abwesenheit von Blei bis fünffach normal sein kann. Die salzsaure Lösung enthält nun neben Radium und Barium noch erhebliche Mengen von Calcium und geringere von Aluminium, Eisen, evtl. Blei und andere Stoffe, je nach dem Reinheitsgrad des Ausgangsmaterials. Wenn man in diese Lösung Salzsäuregas einleitet, fallen

Tabelle 16.

Versuchs-bezeichnung	Herkunft des Sulfates	Zusammensetzung	Angewendetes Mischungsverhältnis Calciumhydrid : Calciumcarbid	Äußerer Verlauf der Reaktion	Radiumausbeute in Prozenten des Gesamtradiumgehaltes des Ausgangsmaterials
201/40, II	„Sulfatrückstände" aus vanadinhaltigem Chalkolith (Ferghana)	vgl. Tab. 14	50 : 50	sehr mäßig	25
201/41, III	,,	,,	75 : 25	mäßig	57
201/46, IV	,,	,,	75 : 25	mäßig — gut	64
201/45, II b	„Rohsulfate" aus Carnotit (Colorado)	,,	25 : 75	sehr gut	60

Versuchs-bezeichnung	Herkunft des Sulfates	Zusammensetzung	Menge des verwendeten „Heizgemisches", in Prozenten des Ausgangsmaterials auf die Schwefelsäure berechnet	Äußerer Verlauf der Reaktion	Radiumausbeute in Prozenten des Gesamtradiumgehaltes des Ausgangsmaterials
201/39, I	„Sulfatrückstände" aus vanadinhaltigem Chalkolith (Ferghana)	vgl. Tab. 14	52	gut	50
201/40, V	,,	,,	52	sehr gut	56
201/39, IV	,,	,,	70	gut	60

nur Radium und Barium vollständig aus, ja Versuche zeigten, daß das Barium und ebenso das Radium nach der Sättigung mit Salzsäure ebenso vollständig niedergefallen ist wie mit Schwefelsäure. So kann man mit einer Fällung ein stark gereinigtes Radium-Bariumchlorid bekommen. Aber man kann hierbei auch schon eine Anreicherung des Radiums gegen Barium bewirken, wenn man eine fraktionierte Fällung mit Salzsäuregas ausführt. Um über den Grad der Anreicherung auf diesem Wege Anhaltspunkte zu erhalten, wurde eine genau abgewogene Menge Radium-Bariumchlorid von bekanntem Radium- und Bariumgehalt in Wasser gelöst, durch Einleiten von Salzsäure fraktioniert und die einzelnen Fällungen mit konzentrierter Salzsäure gewaschen. Nach dem Trocknen bei 140° wurde in den wasserfreien Chloriden das Radium bestimmt. Die letzte Mutterlauge war eingedampft und der Rückstand auf den Radiumgehalt geprüft worden. Die Resultate sind in den folgenden Tabellen niedergelegt, wobei der ganz willkürliche Bariumgehalt der einzelnen Fraktionen sich dadurch erklärt, daß weder bei konstanter Temperatur ausgefällt, noch die einzelnen Fällungen bei bestimmten Säurekonzentrationen abgebrochen wurden.

Tabelle 17.

Versuch 201/3: mit 5 g Barium-Radiumchlorid; Radiumgehalt: $5{,}23 \cdot 10^{-5}\%$:

Nummer der Fällung	Gewicht der Fällung g	Prozente der gesamten Bariummenge	Absolute Radiummenge g	Prozente der gesamten Radiummenge	Prozentgehalt der einzelnen Fraktionen an Radium
A I	1,95	39,0	$2{,}061 \cdot 10^{-6}$	79,9	$1{,}057 \cdot 10^{-4}$
A II	1,65	33,0	$8{,}517 \cdot 10^{-7}$	32,3	$5{,}162 \cdot 10^{-5}$
A III	0,45	9,0	$1{,}189 \cdot 10^{-7}$	5,8	$2{,}643 \cdot 10^{-5}$
Rückstand	1,35	27,0	$1{,}554 \cdot 10^{-8}$	0,6	$1{,}151 \cdot 10^{-6}$

Versuch 201/7: mit 5 g Barium-Radiumchlorid; Radiumgehalt: $5{,}23 \cdot 10^{-5}\%$:

B I	0,80	16	$1{,}03 \cdot 10^{-6}$	39,4	$1{,}288 \cdot 10^{-4}$
B II	1,95	39	$1{,}416 \cdot 10^{-6}$	54,2	$7{,}263 \cdot 10^{-5}$
B III	0,75	15	$2{,}835 \cdot 10^{-7}$	10,8	$3{,}780 \cdot 10^{-5}$
Rückstand	1,45	29	$3{,}885 \cdot 10^{-8}$	0,9	$2{,}679 \cdot 10^{-6}$

Versuch 200/50: mit 10 g Barium-Radiumchlorid; Radiumgehalt: $7{,}73 \cdot 10^{-5}\%$:

C I	6,74	67,4	$6{,}74 \cdot 10^{-6}$	87,5	$1{,}0 \cdot 10^{-4}$
C II	1,97	19,7	$6{,}50 \cdot 10^{-7}$	8,4	$3{,}3 \cdot 10^{-5}$
C III	0,91	9,1	$4{,}45 \cdot 10^{-7}$	5,8	$4{,}9 \cdot 10^{-5}$
Rückstand	0,38	3,8	$2{,}85 \cdot 10^{-8}$	0,4	$7{,}5 \cdot 10^{-6}$

Jedenfalls ergibt sich aus den Versuchen, daß bei der fraktionierten Fällung mit Salzsäure mit den ersten Fraktionen stets ein größerer Prozentsatz des vorhandenen Radiums als des Bariums ausfällt, und weitere Versuche zeigten, daß alles Radium praktisch vollständig ausgefällt ist, wenn drei Viertel des vorhandenen Bariums abgeschieden sind. Das Mitfällen des Radiums mit Barium beruht auf Adsorption.

Man engt deshalb die salzsauren Auszüge der Rohsulfate weitgehend ein und scheidet Radium-Bariumchlorid durch Einleiten von Salzsäure so lange fraktioniert ab, bis die weiteren Fraktionen kein Radium mehr enthalten. Auf diese Weise sind die Radium-Bariumchloride S. 321, Tab. 17 erhalten worden, die zum Teil eine mehr als dreifache Anreicherung von Ra gegenüber dem Ausgangsmaterial zeigen.

Trennung des Radiums vom Barium.

Die am meisten geübte Methode, Barium und Radium voneinander zu trennen, war bisher die fraktionierte Krystallisation der Halogenide, die Curie-Debierne, Haitinger und Ulrich sowie auch Buchler & Comp. in Braunschweig u. a. verwendeten und über die wir oben bereits das Wichtigste mitgeteilt haben. Da Wasser die Chloride sehr leicht löst, so benutzt man Salzsäure, und zwar desto konzentriertere, je näher man dem Ende der Fraktionierung kommt.

Wenn man mit F. Giesel statt der Chloride die Bromide von Ra und Ba der fraktionierten Krystallisation unterwirft, so vermindert sich die Zahl der auszuführenden Krystallisationen wesentlich, doch verwandelt man die stark angereicherten Radium-Bariumpräparate zweckmäßig zuletzt wieder in die Chloride, weil die Löslichkeit der Bromide außerordentlich groß ist und weil bei höherer Radiumkonzentration die Bromidlösungen rasch Brom abspalten.

Frau Curie fällte anfangs wässerige Radium-Bariumchloridlösungen fraktioniert mit Alkohol, wobei die ersten Fällungen am meisten Radiumchlorid enthielten, doch ging sie später zu obigem Verfahren über, da es gleichmäßiger verlief.

Vorschläge zur Verbesserung der Trennung von Radium und Barium wurden dann von mehreren Seiten gemacht. Nach Kunheim & Co.[1] soll sich eine Anreicherung rascher dadurch erreichen lassen, daß man von einer gewissen Konzentration an statt der leicht löslichen Chloride oder Bromide schwer lösliche Salze, wie Bromate, Pikrat, auch Ferrocyanide herstellt und diese der frak-

---

[1] D. P. R.-Anm. K 51 678, Kl. 12 m.

tionierten Krystallisation unterwirft. J. Landin[1]) fand, daß
$RaSiF_6$ schwerer löslich ist als $BaSiF_6$ und unterwirft darum diese
Salze der fraktionierten Krystallisation, die dann geschwinder
vollendet sein soll.

Wir haben früher gesehen, wie eine Reihe von Radioelementen
aus ihren verdünnten Lösungen durch bestimmte Kolloide sehr
stark adsorbiert werden[2]). Es war verlockend, diese Beobachtung
für die technische Gewinnung von Radioelementen aus sehr verdünnten Gemischen radioaktiver Substanzen (Erzaufschlüsse,
radioaktive Fabrikationsrückstände und ähnliche Materialien u. a.)
zu benutzen, und E. Ebler in Gemeinschaft mit W. Bender haben
hier erfolgreiche Versuchsreihen ausgeführt[3]). Es gelang ihnen,
durch „fraktionierte Adsorption" den radioaktiven Bestandteil
zunächst mit einem Kolloid niederzuschlagen und ihn dann durch
sog. Desadsorption wieder vom Kolloid zu trennen. Zuerst verwendete Ebler kolloidales Kieselsäurehydrat, das ein großes Adsorptionsvermögen für gewisse Radioelemente hat und sie aus
Lösungen auf sich niederschlägt. Es gelangte zunächst kolloidale
Kieselsäure von der ungefähren Zusammensetzung $4\,SiO_2 \cdot 3\,H_2O$
zur sukzessiven Einwirkung, und nach jedem Adsorptionsvorgange
wurde die Kieselsäure mit Fluorwasserstoff verflüchtigt. Die angereicherten radioaktiven Rückstände wurden nun dem gleichen
Prozesse von neuem unterworfen und so festgestellt, daß sich nach
dieser Methode Radium, Uran X, Radioblei und RaF (Polonium)
von Barium, Uran, Blei u. a. Elementen leicht trennen lassen.
Wenn eine Kieselsäure angewendet wurde, die sich rückstandslos
verflüchtigen ließ[4]), hinterblieben die Radioelemente in hoch konzentriertem Zustande. Indessen zeigte Kieselsäure als Adsorptions-
mittel gewisse Nachteile. Zunächst war die Kieselsäureadsorptions-
verbindung des Radiums sehr empfindlich gegen schon geringe
Säurekonzentrationen der Lösungen, aus denen das Radium adsorbiert werden sollte. Und doch ist die Gegenwart freier Säure
beim Arbeiten mit größeren Mengen Radium-Bariumsalz nicht zu
vermeiden. Dann läßt sich Kieselsäuregel von bestimmter Zusammensetzung und bestimmtem Adsorptionsvermögen nicht sicher
darstellen. Weiter wird Radium bei der Verflüchtigung der Kieselsäure gegen Barium nicht angereichert, und endlich ist die oft zu

---

[1]) Chem. Repertor. **1911**, 605.
[2]) Siehe Ebler und Fellner, Ber. **44**, 2332 (1911); Zeitschr. f. anorg.
Chemie **73**, 1 ff. (1911).
[3]) Zeitschr. f. angew. Chemie **28**, 41 ff., sowie E. Ebler, D. R. P. 243 736,
D. R. P.-Anm. E 18 715 IV/12 m, Zusatz zu 2 433 736.
[4]) Ber. **44**, 1915 (1911).

wiederholende Verflüchtigung der Kieselsäure durch Fluorwasserstoffsäure teuer und umständlicher. Dagegen fanden Ebler und Bender im kolloidalen Mangansuperoxydgel ein gutes Adsorbens für Radium.

Schon C. Engler und H. Sieveking hatten ja gefunden[1]), daß in den Quellensedimenten von Baden-Badener Quellen sich Radium beim Mangansuperoxydhydrat befindet, und E. Ebler hat darauf hingewiesen[2]), daß man in der Natur eine selektiv adsorbierende Wirkung des Mangansuperoxydhydrats auf Radiumsalze häufig beobachten kann. Diese Adsorption erklärt man am einfachsten ebenso wie die Adsorption der Erdalkalimetalle durch Mangansuperoxyd, nämlich durch Bildung schwer löslicher Manganite oder Pyromanganite, und alle Beobachtungen beim Radium lassen sich leicht erklären, wenn man annimmt, daß das Ra-Salz der manganigen resp. pyromanganigen Säure erheblich schwerer löslich ist als das entsprechende Bariumsalz.

Wie Kieselsäure adsorbiert auch Mangansuperoxydhydrat mehr Radium als Barium im Vergleich zum Ausgangsmaterial, und durch die geeignete Wahl der Braunsteinmenge läßt es sich erreichen, daß das gesamte Radium ausgeschieden wird, während noch ein großer Teil des Bariums in Lösung bleibt. Vor der Kieselsäure hat aber das Mangansuperoxyd vor allem den Vorteil, daß die teure Flußsäure gespart wird und daß man das Mangan immer wieder leicht regenerieren kann, wenn das Radium abgetrennt ist. Ja, es ist sogar möglich, die an Mangansuperoxyd gebundenen Erdalkalimetalle durch verdünnte Säuren, Salzlösungen oder durch die Wirkung des elektrischen Stroms teilweise unter Erhaltung des Mangansuperoxydhydrats zu entfernen Auch braucht das Mangansuperoxydhydrat nicht so peinlich rein zu sein wie die bestadsorbierenden Kieselsäuregele. Es zeigen zwar Art und Menge einer bestimmten Braunsteinsorte Unterschiede in bezug auf die Stärke der Adsorption, doch sind diese Unterschiede nicht allzu groß, wenn das Mangansuperoxydhydrat nicht aus einer Lösung, die Schwermetalle oder gar Erdalkalien enthielt, hergestellt wurde. Alkaligehalt schadet dagegen nicht oder nur wenig.

Zur Herstellung des geeigneten Mangansuperoxydhydrats wurden besonders zwei Methoden gewählt. Einerseits die Umsetzung des Permanganats durch Manganochlorür im Sinne der Gleichung

$$2\,MnO_4' + 3\,Mn^{..} + 2\,H_2O = 5\,MnO_2 + 4\,H^{.},$$

---

[1]) Zeitschr. f. Balneol. **5**, 214 (1913).
[2]) Zeitschr. f. anorg. Chemie **84**, 77 (1913).

andererseits die Reduktion des Permanganats durch Methylalkohol:

$2 MnO_4' + 3 CH_3OH = 2 MnO_2 + 2 OH' + 3 CH_2O + 2 H_2O$.

Im ersten Fall ließ man zu je 2 Mol. Permanganat in $\frac{1}{5}$-molarer wässeriger Lösung unter stetem Umrühren 3 Mol. Manganchlorür in $\frac{3}{5}$-molarer wässeriger Lösung allmählich zutropfen. Der ausgeschiedene Niederschlag wurde abfiltriert und mit Wasser bis zum Verschwinden der sauren Reaktion gewaschen. Im zweiten Fall versetze man eine Lösung von 2 Mol. Permanganat in 0,4 molarer wässeriger Lösung unter stetem Umrühren bei 80° langsam (wegen der Heftigkeit der Reaktion) mit einem Überschuß von Methylalkohol (ca. ein Viertel mehr, als die Theorie erfordert) und erwärmt nach vollendetem Zusatz noch bis zur völligen Klärung der überstehenden Flüssigkeit. Um das Alkali zu entfernen, wird zuerst mit stark verdünnter Salzsäure, dann bis zum Verschwinden der sauren Reaktion mit Wasser gewaschen.

Sofort nach ihrer Herstellung und noch feucht müssen die Braunsteinniederschläge mit den Radium-Bariumchloridlösungen geschüttelt werden. Man kann aber auch den Braunsteinniederschlag bei Gegenwart der zu adsorbierenden Radium-Bariumchloridlösung erzeugen, wobei die Adsorptionsverbindung von Braunstein mit Radium-Bariumchlorid gleich niederfällt, doch darf man es in diesem Falle nicht zu einer konzentrierteren Salzsäure als $\frac{1}{20}$-normal kommen lassen (noch besser $\frac{1}{100}$-normal), weil konzentriertere Säure bereits merklich zersetzend auf die Manganite einwirkt. In diesem Falle wäscht man am besten mit Wasser aus.

Gesonderte Versuche ergaben, daß ein wesentlicher Unterschied zwischen der Wirkung der beiden, auf verschiedene Weise gefällten Mangansuperoxydhydrate nicht existieren dürfte, denn die Größenordnung der Anreicherung des Radiums gegen Barium ist dieselbe. Was den Einfluß der Temperatur und Schütteldauer anbetrifft, so dürfte die Temperatur die Geschwindigkeit, mit der sich das Adsorptionsgleichgewicht einstellt, beschleunigen. Einstündiges Schütteln des Mangansuperoxydhydrats mit der Radium-Bariumchloridlösung dürfte in allen Fällen genügen, ja, das Gleichgewicht scheint sich bereits nach 10 Minuten eingestellt zu haben[1]).

Um Anhaltspunkte über die zweckmäßigste Menge Braunstein, die zur Adsorption nötig ist, zu erhalten, wurden Versuche angestellt, bei denen sowohl der Radiumgehalt des Ausgangsmaterials als auch in jedem Falle die pro Molekül angewendetes Radium-Bariumsalz benutzte Menge Braunstein variiert wurden. Sie sind in der folgenden Tabelle mitgeteilt:

---

[1]) Zeitschr. f. angew. Chemie **28**, 43 (1915).

Tabelle 18.

Art der Darstellung der Adsorptionsverbindung	Verw. Menge $RaCl_2Ba$ in Mol. auf 10 Mol. MnO_2	Ra-Gehalt des angewandten $RaBaCl_2$ in Proz.	Adsorb. Ra in Proz. der Gesamt-Ra-Menge	Adsorb. Ba in Proz. der Gesamt-Ba-Menge	Ra-Gehalt der Adsorptions-verb. in Proz. des darin enthaltenen Ba	Anreicherung[1])
1 Std. Schütteln in der Kälte mit 160 ccm H_2O	2,31	$8,35 \cdot 10^{-5}$	64	21	$2,55 \cdot 10^{-4}$	3,05
Desgl.	0,578	$1,16 \cdot 10^{-5}$	78	31	$2,92 \cdot 10^{-5}$	2,52
Der Braunstein wurde in der $RaBaCl_2$-Lösung ausgefällt	3	$7,69 \cdot 10^{-5}$	30	14	$1,72 \cdot 10^{-4}$	2,14
1 Std. Schütteln in der Kälte mit 160 ccm H_2O	0,596	$1,16 \cdot 10^{-5}$	93	65	$1,66 \cdot 10^{-5}$	1,43
Desgl.	0,959	$1,05 \cdot 10^{-5}$	88	60	$1,54 \cdot 10^{-5}$	1,47
Desgl.	0,116	$8,35 \cdot 10^{-5}$	87	48	$1,51 \cdot 10^{-4}$	1,81
Desgl.	0,154	$8,35 \cdot 10^{-5}$	81	62	$1,09 \cdot 10^{-4}$	1,31

In allen Fällen zeigt es sich, daß bei der Adsorption am Mangansuperoxydhydrat eine Anreicherung des Radiums gegenüber dem Barium stattgefunden hat. Sonst schwanken aber die Zahlenwerte für die Anreicherung, wohl weil sie von den nicht genau reproduzierbaren Oberflächeneigenschaften und von der relativen Menge des angewendeten Mangansuperoxydhydrats abhängen, und merkwürdigerweise nimmt in dem Maße, wie die Anreicherung zunimmt, der Prozentsatz der Gesamtradiummenge, die adsorbiert wurde, ab. „Je nachdem in bestimmten praktischen Fällen die Aufgabe gestellt ist, entweder aus einem bestimmten Radium-Bariumpräparat möglichst rasch ein bestimmtes höherprozentiges Radium-Bariumpräparat zu bereiten, wobei ein Teil des Radiums in Form eines einheitlichen Präparates das Radium anzureichern hat, wird man kleinere oder größere Braunsteinmengen zur Adsorption verwenden und im letzteren Falle die Adsorption nach jeweils vorausgegangener Desadsorption öfters wiederholen müssen, um bei Erzielung guter Ausbeuten an Radium ein gewisses Maß der ‚Anreicherung' an Radium zu bewirken[2])." Man sieht aus den verschiedenen wiedergegebenen Resultaten, daß innerhalb der angewandten Radiumkonzentrationen etwa bei Verwendung von 20 Mol. MnO_2 auf 1 Mol. Radium-Bariumchlorid das Radium sehr vollständig adsorbiert wird.

---

[1]) Anreicherung = $\dfrac{\text{Adsorbiertes Radium in \% der Gesamt-Ra-Menge}}{\text{Adsorbiertes Barium in \% der Gesamt-Ba-Menge}}$

[2]) Zeitschr. f. angew. Chemie **28**, 44 (1915).

Es hat sich nun die merkwürdige Tatsache gezeigt, daß die Menge des adsorbierten Radiums sowohl als auch die Anreicherung des Radiums gegen Barium größer werden, wenn man die Adsorptionsverbindung bei gleichzeitiger Anwesenheit eines großen Überschusses von Salzen, wie Natriumchlorid, Calciumchlorid, Magnesiumchlorid u. a. m., erzeugt.

Um die wichtige Abhängigkeit der Adsorption von der Säurekonzentration zu ermitteln, wurde noch eine besondere Versuchsreihe aufgenommen. Dabei wurde ein Mangansuperoxydhydrat verwendet, das durch Umsetzung von $\frac{1}{20}$ molarer Permanganatlösung mit $\frac{1}{4}$ molarer Manganchlorürlösung in Gegenwart der zu adsorbierenden Radium-Bariumlösung hergestellt wurde. Die zu Anfang vorhandene, aus der oben angegebenen Gleichung und der vorhandenen Wassermenge berechenbare Acidität resp. Basizität wurde bei den einzelnen Versuchen durch Zusatz von Kalilauge auf die gewünschte Acidität und Basizität gebracht und die äußeren Bedingungen bei den Versuchen möglichst gleichgehalten. Um den unerwünschten Einfluß der durch die Neutralisation entstehenden, stets verschiedenen Mengen von Chlorkalium zu eliminieren, wurde gleich von Anfang an den Versuchen so viel Chlorkalium zugesetzt, daß sie am Schlusse alle gleichviel desselben enthielten. Nach Beendigung der Fällung war die Lösung filtriert und die Konzentration der Salzsäure resp. Kalilauge durch Titration festgestellt worden. Die Versuchsergebnisse sind in folgender Tabelle mitgeteilt und in der graphischen Darstellung noch besonders veranschaulicht.

Aus ihr ergibt sich, daß die verhältnismäßig beste Anreicherung und Ausbeute in etwa $\frac{1}{100}$ normaler salzsaurer Lösung erzielt wird.

Damit sind die günstigsten Bedingungen festgelegt, durch die man Radium-Bariumsalze so an Mangansuperoxydhydrat adsorbieren kann, daß das Radium gegen das Barium noch angereichert wird. Um alles Radium praktisch vollständig niederzuschlagen, muß man nach den gegebenen Anhaltspunkten durch Vorversuche ausprobieren, welche Menge Braunstein dazu nötig ist. Um nun das Radium-Barium wieder vom Manganniederschlag zu trennen — um es zu desadsorbieren —, gibt es mehrere Wege. Am einfachsten kann es dadurch geschehen, daß man die Mangansuperoxyd-Radium-Bariumverbindung durch Kochen mit Salzsäure zersetzt und nach dem Vertreiben des Chlors gasförmige Salzsäure einleitet. Dabei fällt das Radium vollständig als Radium-Bariumchlorid aus, während 30% Barium in Lösung bleiben. Auf diese Weise hat also wieder eine Anreicherung des Radiums

Tabelle 19.

Verwendetes $BaRaCl_2 = 5$ g; Radiumgehalt $= 2{,}489 \cdot 10^{-5}\%$ Ra. Verwendeter Braunstein $= 11$ g MnO_2; 2000 ccm Wasser. Auf 10 Mol. MnO_2 werden verwandt 1,93 Mol. $RaBaCl_2$.

	Acidität bezw. Basizität	Menge des ads. Ba in Proz. der Gesamt-Ba-Menge	Menge des ads. Ra in Proz. der Gesamt-Ra-Menge	Anreicherung
1.	$\frac{12,4}{100}$ n. sauer	12,7	42,9	3,38
2.	$\frac{9,11}{100}$,, ,,	17,6	46,4	2,67
3.	$\frac{5,97}{100}$,, ,,	18,7	49,1	2,63
4.	$\frac{3,88}{100}$,, ,,	20,9	51,6	2,47
5.	$\frac{1,34}{100}$,, ,,	25,9	61,5	2,38
6.	$\frac{0,08}{100}$,, ,,	58,3	71,2	1,22
7.	$\frac{0,06}{100}$,, alk.	100	100	1
8.	$\frac{3,82}{100}$,, ,,	100	100	1

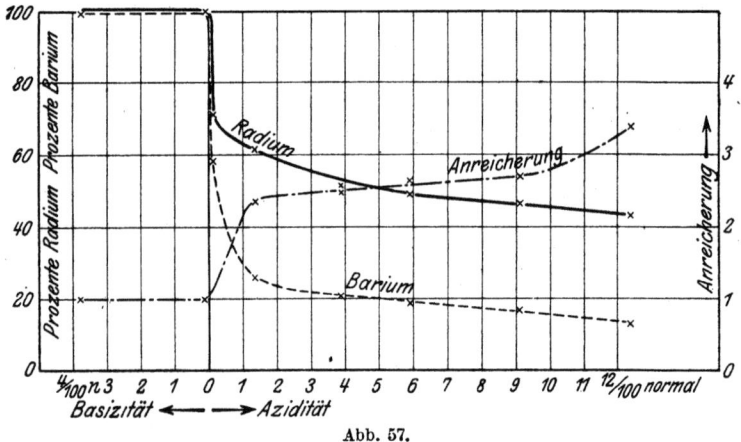

Abb. 57.

stattgefunden, und die folgende Tabelle[1]) gibt über die näheren Einzelheiten Auskunft.

---

[1]) Zeitschr. f. angew. Chemie **28**, 46 (1915).

Tabelle 20.

	Al_2Cl_6 aq. in g	Ba-Gehalt des Rückstandes in Proz. der Gesamt-Ba-Menge	Ra-Gehalt des Rückstandes in Proz. der Gesamt-Ra-Menge	Adsorbiertes Ra in Proz. der adsorbierten Ba-Menge	Anreicherung
1.	5	18,6	71,0	$2{,}57 \cdot 10^{-4}$	3,82
2.	10	15,8	72,3	$3{,}07 \cdot 10^{-4}$	4,56
3.	15	15,1	74,8	$3{,}34 \cdot 10^{-4}$	4,96
4.	30	12,2	69,0	$3{,}79 \cdot 10^{-4}$	5,63
5.	60	11,4	56,2	$3{,}66 \cdot 10^{-4}$	5,44
6.	100	7,0	40,8	$3{,}90 \cdot 10^{-4}$	5,80

Außer dieser Methode gibt es noch andere Möglichkeiten, eine Desadsorption des Radium-Bariums vom Mangan zu bewirken, die von Ebler und Bender experimentell geprüft wurden. Es sind das die Desadsorptionen durch den elektrischen Strom, durch Säuren und durch Salzlösungen. Der elektrische Strom zersetzt Radium-Bariummanganit nicht gleichmäßig, sondern verschieden mit Rücksicht auf die relativen abgespaltenen Mengen. Ebenso findet eine „auswählende Desadsorption" statt, wenn man die Adsorptionsverbindung mit verdünnter Salzsäure behandelt. Die Säure löst relativ mehr Barium als Radium. Endlich setzen sich die Manganite der Erdalkalimetalle mit den Lösungen anderer Metalle, je nach deren Menge und Konzentration, mehr oder weniger vollständig zu löslichen Erdalkalisalzen und Metallmanganit um. Dabei stellen sich Gleichgewichte ein, die für die Radiummanganite anders sind als für die Bariummanganite. Von den vielen so vorhandenen Möglichkeiten haben Ebler, Bender und E. Traun die Umsetzung mit Aluminiumchlorid näher geprüft und gefunden, daß sich die beste Ausbeute bei einer Konzentration von etwa 15 g krystallisiertem Aluminiumchlorid im Liter erreichen läßt. Auf die Einzelheiten der Versuche muß verwiesen werden[1]).

Jedenfalls ist es mit den beschriebenen Adsorptions- und Desadsorptionsvorgängen bei folgerichtiger Anwendung mit einfachen Mitteln, kontinuierlichem Betrieb und Regeneration der wesentlichsten Hilfsprodukte — also technisch sehr vorteilhaften Vorbedingungen — möglich, Radium sehr weit anzureichern und seiner Trennung von Barium vorzuarbeiten. Die Methoden lassen sich natürlich verallgemeinern und vermögen kleinste Mengen eines Stoffes von größeren Mengen eines ihm sehr ähnlichen Stoffes zu trennen, denn man kann Radium-Bariumsalze mit einem Ra-Gehalte von $10^{-6}\%$ Ra zur Adsorption und Desadsorption verwenden.

---

[1]) Zeitschr. f. angew. Chemie **28**, 46 (1915).

Die analytische Bestimmung des Radiums geschieht nach der γ-Strahlen- oder der Emanationsmethode; s. darüber S. 82 und 83.

Radiumemanation.

Wie S. 220 ausgeführt, kann man Radiumemanation durch Erhitzen oder besser durch Schmelzen fester Radiumpräparate erhalten. Am rationellsten ist es dabei aber, Radiumsalze in Wasser zu lösen und die verschlossen stehengebliebene Lösung von Zeit zu Zeit auszukochen (s. S. 83 und 221). Doch zieht man es oft auch vor, präparierte unlösliche, poröse, mit emanationgebender Substanz imprägnierte Massen direkt in das mit Emanation zu beladende Wasser einzubringen.

Da meist wässerige Lösungen von Radiumemanation gebraucht werden, ist es von besonderer Wichtigkeit, sie in rationeller Weise in Wasser aufzulösen. Auf diesbezügliche Verfahren sind eine Reihe von Patenten genommen, die zunächst im folgenden kurz angegeben seien.

Leopold Sarason, Hirschgarten bei Berlin, erhielt Patent Kl. 21g Nr. 206 506 vom 22. VI. 1917 [26. I. 1909]. Leitet man mit Emanation beladene Luft durch Wasser, so entweicht viel Emanation mit der Luft. Darum leitet er Wasserdampf, der mit Emanation beladen ist, in das Wasser.

Max M. Bock, Hamburg, Kl. 21g Nr. 253 087 vom 7. XII. 1911 [30. X. 1912], treibt zunächst ein in sich abgeschlossenes, im Verhältnis zur aktivierenden Wassermenge möglichst kleines Luftquantum durch die radioaktive Lösung und dann durch die zu aktivierende Flüssigkeit.

Radiogen-Gesellschaft m. b. H., Charlottenburg, Kl. 21g Nr. 209 266 vom 15. VI. 1907 [21. IV. 1909], beschreibt eine Vorrichtung zur Anreicherung von Flüssigkeiten mit Radiumemanation, die zunächst aus einem Behälter zur Aufnahme der mit Radiumemanation anzureichernden Flüssigkeit besteht. Über der am Boden desselben befindlichen Ausflußöffnung ist eine doppelwandige Glocke aus Kieselgur angebracht, welche in den Zwischenräumen ihrer Wandungen die radioaktive Substanz, insbesondere Radium-Bariumcarbonat aufnimmt. Die Glocke kann auch einwandig sein, und die radioaktive Substanz wird dann in einem Hohlraum des Glockenmantels untergebracht. Nachdem die Flüssigkeit eine Zeitlang der Einwirkung der radioaktiven Substanz ausgesetzt war, wird sie abgelassen, wobei die entnommene Flüssigkeit durch die Kieselgurglocke und damit durch die Schicht radioaktiver Substanz hindurchtreten muß, bevor sie zum Auslaß gelangt.

E. Sommer, Wintertur, und F. L. Kohlrausch, Charlottenburg, erhielten Patent Kl. 30h Nr. 226 804 vom 24. III. 1909 [10. X. 1910] auf ein Verfahren zur Gewinnung von gasförmigen Emanationen der · Radioelemente. Danach werden die aus den Flüssigkeiten beim Erhitzen entbundenen Dämpfe einer mehr oder minder vollständigen Kondensation mit Rückfluß unterworfen, wobei die Emanationsgase mehr oder minder trocken entweichen.

Ettore Fenderl, Wien, erhielt Kl. 21g Nr. 287 560 vom 30. VIII. 1912 [28. IX. 1915] ein Verfahren zum Aufbewahren radioaktiver oder emanationshaltiger Flüssigkeiten patentiert, das dadurch gekennzeichnet ist, daß sie mit einem ebenfalls radioaktiven oder emanationshaltigen Druckgas zusammen in ein Gefäß eingeschlossen werden.

John Landin, Stockholm (Schweden), erhielt Patent Kl. 21g Nr. 291 625 vom 14. I. 1914 [29. IV. 1916] für ein Verfahren zur Herstellung von Präparaten, die zum Radioaktivieren von Flüssigkeiten und Gasen durch Zuführung radioaktiver Emanation dienen. Die Stoffe, die die Emanation erzeugen, werden mit Paraffin, Paraffinöl, Wachs u. a. nichtporösen festen oder flüssigen, gegen die Flüssigkeit oder das Gas schützenden Stoffen umgeben, welche die Eigenschaft haben, in ihrer Masse die vom radioaktiven Stoff erzeugte Emanation zu binden, um sie später an die zu radioaktivierenden Flüssigkeiten oder Gase, in die sie gebracht werden, wieder abzugeben.

Curt Schmidt, Freienwalde a. d. O., stellt nach Patent Kl. 21g Nr. 246 290 vom 31. I. 1910 [27. IV. 1912] eine radioaktive Masse dar, bei der radioaktive Substanzen mit anderen Massen vermischt sind und mit ihnen zusammen einen porösen Körper ergeben. Als Bindemittel dienen erdige, lehmartige resp. solche Massen, die — evtl. unter Zugabe von Mitteln, die Porosität erzeugen — bei einem Brennprozeß mit den radioaktiven Körpern zusammen eine feste, Auflösungen und Auswaschungen nicht zulassende Masse ergeben.

Die Radiogen - Gesellschaft m. b. H. in Charlottenburg erhielt Patent Kl. 21g Nr. 247 491 vom 10. XI. 1907 [31. V. 1912] und Zusatzpatent Kl. 21g Nr. 269 595 vom 14. XII. 1912 [28. I. 1914] für die Herstellung eines radioaktiven Präparats, dessen Substanz in einem porösen Behälter aus inertem Material (Kieselgur) umschlossen ist. Die Muttersubstanz der Emanation muß dabei eine von der im Behälter vorhandenen aktiven Grundsubstanz verschiedene Löslichkeit haben, wenn eine Flüssigkeit damit aktiviert werden soll.

Ferdinand Winkler, Wien, erhielt Kl. 21g Nr. 293273 vom 25. VIII. 1915 [3. VIII. 1916] ein Verfahren zur Herstellung von zur Radioaktivierung von Flüssigkeiten dienenden Körpern oder Gefäßen patentiert, dadurch gekennzeichnet, daß diese Körper selbst oder das zu ihrer Herstellung dienende Rohmaterial auf elektrolytischem Wege mit Radium imprägniert werden.

Vgl. auch E. Ebler D. R. P. Nr. 270705.

Über die Gehaltsbestimmung der Emanation s. S. 82ff.

Radiumpräparate werden zu mannigfachen Zwecken verwendet. Es kommen konzentrierte Präparate für Bestrahlungen, verdünntere für Bade-, Trink-, Injektionszwecke in den Handel. Man benutzt radioaktiven Schlamm und Kompressen, Mittel für radioaktive Einreibungen, kosmetische Präparate (Seife, Haarwasser), Zubereitungen mit radioaktiver Kohle und innerlich zu nehmende Mittel. Eine Zusammenstellung aller dieser Präparate s. G. Mossler, Zeitschr. d. allgem. österr. Apotheker-Vereins 1912, Nr. 9—19, sowie Pharmaz. Ztg. 1912, 432.

Verarbeitung der Fraktion „Hydrate" (s. S. 305 E) besonders auf Polonium (RaF), Ionium und Actinium in größerem Maßstabe [1]).

Bei der Verarbeitung von 10 t Uranpecherz fiel eine Fraktion ab, die Haitinger und Ulrich „Hydrate" nannten. Sie mußte besonders die seltenen Erden enthalten und wurde von C. Auer von Welsbach eingehend zerlegt und untersucht. Diese Fraktion bildete eine braune, ziemlich konsistente Masse von 1800 kg Gesamtgewicht, wovon 78% Wasser waren. Sie erwies sich als schwach radioaktiv. Bei der qualitativen Analyse zeigte es sich, daß sie besonders aus Eisen, Tonerde, Kalk, seltenen Erden, Wismut, Uran und Kieselsäure neben vielen anderen, zum Teil sehr seltenen Elementen bestand.

Für die Verarbeitung wählte Auer von Welsbach zwei verschiedene Verfahren, die er „Sulfatverfahren" und „Oxalatverfahren" nannte. Das erstere war sehr kompliziert, gestattete aber, die überaus verwickelten chemischen Verhältnisse gut aufzuklären und bot die Möglichkeit, die radioaktiven Körper zum Teil ohne Anwendung von Glühprozessen darzustellen. Auf Grund der so erhaltenen Resultate, besonders des unten näher beschriebenen sog. „Hydratverfahrens", konnte dann das erheblich einfachere

---

[1]) Wiener Akad.-Ber. Abt. IIa 119, 1011 (1910); Zeitschr. f. anorg. Chemie 69, 353ff. (1911).

Oxalatverfahren ausgearbeitet werden. Es ergaben sich so sehr zahlreiche Produkte, die in mehrjähriger Arbeit noch nicht abschließend untersucht werden konnten.

Beim Sulfatverfahren, das hier nicht näher beschrieben wird, behandelte man die Hydrate zuerst mit Schwefelsäure, wodurch die Hauptmengen Gips, Blei und Wismut entfernt werden konnten und dann fraktionsweise so lange mit Ammoniak, als basisches Wismut ausfiel. Nachdem diese Operationen wiederholt worden waren, wurden die seltenen Erden mit Oxalsäure in schwach saurer Lösung gefällt. Diese Fällung war aber noch nicht rein. Sie wurde verglüht in Salpetersäure gelöst und eine saure, ziemlich verdünnte Lösung erzeugt, zu der reichlich Ammonnitrat hinzukam. Aus dieser Lösung wurden nun die Bestandteile in folgender Weise fraktioniert ausgefällt. Man läßt unter lebhaftem Umrühren stark verdünntes Ammoniak (1 : 2) einfließen, bis sich ein Teil der Hydrate abgeschieden hat, und kocht dann auf. Die abgeschiedenen Hydrate wirken dann auf die gelösten Nitrate und bilden basische und überbasische Salze. Führt man diese Reaktion unter sorgfältiger Berücksichtigung der Zusammensetzung der Lösung durch, so läßt sich unschwer eine fast quantitative Trennung der einzelnen Bestandteile resp. Gruppen von Bestandteilen durchführen. Zuerst fällt dabei Eisen aus, das am leichtesten basische Salze bildet, dann folgt Thorium, das auch in schwach sauren Lösungen noch leicht basisch wird, weiter Uran, Scandium, die Elemente des Ytterbiums und dann sukzessive die übrigen Elemente der Yttergruppe, zuletzt die der Cergruppe[1]), von denen das Lanthan als stärkste Base unter den mitgeteilten Reaktionsbedingungen am schwierigsten überbasische Salze bildet. Calcium und verwandte Elemente bleiben aber in Lösung. Dieses sog. „Hydratverfahren" wurde auch bei der folgenden Verarbeitung öfters verwendet.

Verarbeitung von 400 kg Hydrate nach dem Oxalatverfahren.

Die Hydrate wurden mit konzentrierter Salzsäure behandelt, wobei sich ein Teil löste, ein anderer Teil als Rückstand blieb, der nochmals mit Salzsäure ausgezogen wurde. Die so entstehende Lauge wurde mit der ersten vereinigt. Der Rückstand enthielt jetzt nur Gips, Bleisalze u. a., war aber frei von Wismut und Erden und kam darum nicht weiter in Betracht.

Die vereinigten salzsauren Auszüge wurden nun mit Wasser und verdünntem Ammoniak versetzt, wodurch die „Wismutfäl-

---

[1]) Falls Cerosalze vorlagen. Cerisalze, die sehr leicht basische Salze geben, fallen mit den ersten Fraktionen aus.

lung I" entstand, deren Verarbeitung S. 335 geschildert ist. Das Filtrat derselben schied beim Einengen einen braunen schleimigen Niederschlag ab, dem sich mit Oxalsäure Eisen entziehen ließ (die Lösung kam zum Hauptfiltrat zurück) und der dabei zugleich in Erdoxalate überging. Diese wurden gewaschen, getrocknet, verglüht und in Salpetersäure gelöst. Dabei blieb ein kieselsäure- und erdenhaltiger Rückstand, der später mit der Hauptmenge vereinigt wurde. Die Lauge wurde mit Oxalsäure im Überschuß gefällt, die Oxalate gewaschen, geglüht, in Salpetersäure gelöst, reduziert und Schwefelwasserstoff eingeleitet. Diese Nitratlaugen wurden nunmehr nach dem oben beschriebenen Hydratverfahren so lange behandelt, bis das zuletzt gefällte Hydrat nur schwach radioaktiv war. Die Fällungen wurden ,,Th-haltige Hydrate I" benannt, und ihre Verarbeitung wird S. 336 besprochen.

Zur Lauge von der ersten Oxalatfällung kam nun fraktionsweise so lange verdünntes Ammoniak, bis es auch im Überschuß zugesetzt keine Fällung mehr erzeugte. Es entstanden so zwölf Fraktionen (,,Nachfällungen" genannt, s. S. 335 f.), die der Reihe nach mit Oxalsäure extrahiert wurden, wodurch viel Eisen in Lösung ging. Von den 12 Fraktionen waren 1—5 ziemlich gleichartig. Sie und 6—7 wurden nun getrocknet, geglüht und mit Salpetersäure erwärmt. Es blieb ein Rückstand, die Lauge davon wurde aber mit HNO_3 erwärmt und nach dem Hydratverfahren zweimal gefällt. Fraktion 8, die stärker radioaktiv war als die anderen, wurde nach dem Hydratverfahren in drei Fällungen zerlegt, von denen die erste 20—50 Ur-Einheiten radioaktiv, die letzte fast inaktiv war. Da die Fraktionen 9 und 10 stärker wismuthaltig waren als die früheren, wurden sie in Salpetersäure gelöst, die Lösung eingeengt und ein Teil des Wismuts durch Wasser und verdünntes Ammoniak abgeschieden. Diese Wismutfällung war stark radioaktiv, verlor ihre Aktivität aber fast ganz, als sie nochmals in Salpetersäure gelöst und wie vorher gefällt wurde. Das Filtrat davon schied mit überschüssigem Ammoniak ein stark radioaktives Hydrat ab, und auch der Rückstand der Lauge war radioaktiv. Mit dem salpetersäurehaltigen Filtrat der Wismutfällungen wurden nach dem Hydratverfahren fünf Fällungen gemacht und die Mutterlauge davon mit Oxalsäure aus stark saurer Lösung fraktioniert gefällt. Die ersten zwei Fraktionen waren fast inaktiv, die dritte (Ac-haltige) aber radioaktiv.

Die Fraktionen 11 und 12, die viel Uran enthielten, wurden nach dem Verglühen in Salpetersäure gelöst und wie oben in vier hydratische Fällungen verwandelt, die wenig radioaktiv waren und auf Urannitrat verarbeitet werden konnten. Die Hauptmutterlauge wurde nun mit Ammoniak gefällt, die uranhaltige Fällung in Salpetersäure gelöst und auf Urannitrat krystallisiert. Die stark erdenhaltige Mutterlauge trübte sich beim Verdünnen und schied einen weißen, CaF_2- und etwas La-haltigen Niederschlag aus. Die Lauge davon, mit verdünntem Ammoniak mehrfach gefällt, war nach drei Fällungen von Uran frei. Die Fällungen lösten sich nicht vollständig in Salpetersäure. Es hinterblieb bei der ersten Fällung ein sehr stark radioaktiver, lichtgrauer, klebriger Rückstand, der sich erst nach Wochen klar filtrieren ließ und neben Kieselfluorwasserstoffsäure etwas Ca sowie La, Y, Ce u. a. enthielt: „Silicofluoride I". Die zweite und dritte Fällung war wenig radioaktiv.

Alle aus den Fraktionen 1—12 stammenden Erdnitratlösungen konnten von der Verarbeitung zurückgestellt werden.

Verarbeitung der „Wismutfällung I".

Sie wurde in Salzsäure gelöst, die Lösung erst mit Wasser, dann mit verdünntem Ammoniak gefällt und dieser Prozeß mit der Fällung wiederholt. Die Mutterlauge dieser Fällungen gab auf Zusatz von mehr Ammoniak zuerst eisenhaltige Hydrate, die mit Oxalsäure ausgekocht in Oxalate verwandelt wurden. Diese Oxalate verglüht ergaben radioaktive Oxyde, die, in Salpetersäure gelöst, mit Schwefelwasserstoff behandelt, wenig radioaktive Sulfide gaben. Das Filtrat gab bei basischer Fällung anfangs eisenhaltige Niederschläge, die wieder mit Oxalsäure ausgekocht wurden, wobei die mit „Oxalate ex Wismutfällung" bezeichnete Fraktion erhalten wurde. Weitere Fällungen der Lauge, analog mit Oxalsäure usw. behandelt, gaben nach dem Verglühen einen manganhaltigen, wenig radioaktiven Rückstand.

Die Wismutfällungen können dann auf Polonium verarbeitet werden (s. S. 235f.).

Verarbeitung der in Salpetersäure unlöslich gebliebenen Rückstände und Nachfällungen.

Die Rückstände der Fraktionen 1—5 (s. oben), 9 und 10 wurden erst mit Schwefelsäure, dann mit Salzsäure aufgeschlossen. Es blieb bei 1—5 ein inaktiver, bei 9 und 10 ein wenig radioaktiver Rückstand. Von den Rückständen von 6 und 7, 11 und 12, die mit Salzsäure aufgeschlossen worden waren, erwies sich nur der violett gefärbte von 12 als radioaktiv. Die Laugen der einzelnen Aufschlüsse wurden getrennt mit Ammoniak versetzt, wobei sich allmählich braune Niederschläge ausschieden, die wenig radioaktiv waren. In Salpetersäure gelöst hinterließen die Erdhydrate sehr wenig aktive Rückstände, während die Nitratlaugen nach basischer Fällung radioaktive Hydrate gaben, die wieder in Salpetersäure gelöst, mit Oxalsäure und Ammoniak gefällt und nachgefällt stark radioaktive Oxalate gaben.

Die Mutterlaugen von den basischen Fällungen, mit Oxalsäure versetzt, gaben Oxalate, die verglüht und in Salpetersäure gelöst zurückgestellt werden konnten.

Verarbeitung der „Th-haltigen Hydrate I".

Sie stellten eine gelbe, amorphe, stark radioaktive Masse dar, die durchdringende Strahlung zeigte, viel Emanation entwickelte und im Dunklen leuchtete. In Salpetersäure lösten sich diese Hydrate nicht völlig auf. Der gelbliche zirkonhaltige Rückstand war inaktiv. Die stark salpetersaure Lösung, partiell mit Ammoniak versetzt, ließ zuerst eine weiße, dichte inaktive Fällung von E und etwas Zr fallen, dann eine gelbe, stark radioaktive Fällung und darauf eine bräunliche, weniger radioaktive, wobei die Lauge farblos wurde. Sie gab auf weiteren Zusatz von Ammoniak ceriumhaltige Fällungen.

Die zweite (gelbe) und dritte (bräunliche) Fällung, die radioaktiv waren, wurden nun in Salpetersäure von neuem gelöst, von einem kleinen inaktiven Rückstand abfiltriert, die Lösung mit Oxalsäure gefällt und die Fällung zur Entziehung von Thorium mit Ammonoxalat extrahiert. Diese Lösung wurde später mit der Hauptmenge Thorium vereinigt, die in der stark sauren Nitratlösung enthalten war. Diese stark saure Nitratlösung wurde mit Oxalsäure versetzt und das Filtrat des entstehenden Niederschlags mit Ammoniak nachgefällt, wobei sich Oxalate abschieden, die mit den ersten mit Ammonoxalat ausgezogen wurden. Dabei blieb ein sehr wenig radioaktiver Rückstand. Die (thoriumhaltige) Ammonoxalatlösung ließ aber, mit Salpetersäure versetzt, ein weißes, sehr stark radioaktives Oxalat fallen, das reichlich Emanation entwickelte. Die Laugen von den Oxalatfällungen, die viel Uran enthielten, ergaben bei der Verarbeitung fast reine inaktive Uransalze neben radioaktiven, etwas eisenhaltigen Hydraten.

Nun wurden sämtliche Thor-Ammonoxalat-Fraktionen vereinigt, in kochender Ammonoxalatlösung aufgelöst und die Lösung stehengelassen. Nach mehreren Tagen hatten erst sich rosafarbige Krystallkrusten abgeschieden. Von da ab entwickelte sich die erste Thorreihe, von denen sieben gemacht wurden. Die ersten Fraktionen der Reihen bestanden aus Doppelammonoxalaten seltener Erden. Die erste Fraktion der vierten Reihe war sehr wenig, die erste und zweite der fünften Reihe wenig radioaktiv. Die erste Fraktion der sechsten und siebenten Reihe war stark aktiv, aber thoriumfrei. Die Radioaktivität blieb bei den letzten, fast reinen, aber nicht ganz leicht krystallisierenden gewöhnlichen Thoriumsalzen.

Nun wurden die thoriumreichen Fraktionen gelöst, mit den Thoriumlaugen vereinigt und Wasser zugegeben. Es fielen sehr stark radioaktive, hauptsächlich Sc- und Yb-, weniger Er- und Th-haltige krystallinische Oxalate aus. Doch ließ sich bei der weiteren Verarbeitung das Scandium inaktiv abtrennen. Es wurde nämlich obige Fällung wieder in Ammonoxalat gelöst und wieder mit Wasser versetzt. Die klare Lauge von der Oxalatfällung gab mit Salpetersäure eine sehr stark radioaktive Fällung, die zu den anderen Thoriumsalzen kam. Die Oxalatfällung wurde mit den letzten Doppelammonoxalaten nochmals gemeinsam gelöst, wonach sich sehr stark radioaktive, von Thorium freie Krystalle ausschieden. Die Lauge davon ließ auf Zusatz von Wasser eine vorzugsweise Sc-haltige Masse, die sehr wenig radioaktiv war, fallen. Die Mutterlauge der Sc-Fällung gab beim Ansäuern mit Salpetersäure eine sehr geringe, aber sehr stark aktive Fällung. Die eingedampfte Lauge davon war aber sehr wenig radioaktiv und enthielt fast reines Scandium. Auch alle Thorlaugen waren, eingedampft, sehr wenig aktiv und enthielten vorzugsweise Scandium. Trotz der leichten Löslichkeit des Scandiumoxalats ließen sich also Th und Sc aus Ammonoxalatlösungen weder durch Fällen mit Wasser noch durch Fällen mit starken Säuren vollständig trennen. Die Thoroxalate wurden mit Ammoniak in der Hitze zersetzt, die Lauge eingedampft und nach erfolgter Ausscheidung als Ammonoxalat mit Ammoniak gefällt. Die Fällung war stark radioaktiv, die Lauge nach dem Eindampfen und Verglühen fast inaktiv.

Die Thoriumfällung wurde nun in verdünnter Salpetersäure gelöst, wobei die Lösung nach kurzer Zeit Oxalate ausschied, die wieder mit Ammoniak zersetzt wurden. Nach zweimaliger Behandlung war alles in Lösung. Die ammoniakalischen Laugen gaben nach dem Verdampfen und Verglühen sehr wenig, fast inaktiven Rückstand. Aus der gewonnenen Thornitratlauge entwickelte sich die erste Thorammonnitratreihe. Man dampfte die stark salpetersaure Lauge auf dem Wasserbad so lange ein, bis sich eine am Boden der Schale festhaftende Krystallkruste ausgeschieden hatte, goß die Lauge in der Hitze ab und wiederholte diese Prozedur. Nach einigen Reihen war alles Scandium in der letzten Lauge. Die erste Krystallfraktion, die aus dem sauren

Salz bestand, wurde zweimal aus wässeriger Lösung umkrystallisiert, wobei sie sich in das neutrale verwandelte. Dies bildete erst spießige Krystalle, die sich dann von selbst in dick prismatische verwandelten und nach ca. 10 Tagen wieder in spießig-blättrige übergingen. Die Menge betrug ca. 10 g. Beim Glühen solcher Krystalle entstand ein rein weißes, hochradioaktives Oxyd, das aus fast reinem Thor bestand und nach Feststellungen von Stefan Meyer und R. von Schweidler $2^1/_2$ $^0/_{00}$ Ionium enthielt.

Die Thorammonnitratkrystalle der ersten Reihe, die etwas Mutterlauge einschließen, beginnen nach einiger Zeit sich zu trüben, undurchsichtig, ja milchweiß zu werden und nach Stickoxyden zu riechen. Als man sie in Wasser löste, entwickelten sie reichlich farb- und geruchlose Gase (3,94 g solchen 14 Monate alten Salzes wurden der Radiumkommission zur Prüfung auf Aktivität übergeben).

Die zweite Fraktion (saures Salz) der ioniumhaltigen Thorammonnitratreihe wurde zunächst zu Versuchen verwendet, das Ionium anzureichern, was aber nicht gelingen konnte, da beide isotope Elemente sind. Trotz einer Reihe von Trennungsversuchen verschiedenster Art konnte Aktivität nicht angereichert werden, was damals, als man die Isotopie noch nicht voll erkannt hatte, zur experimentellen Begründung derselben erheblich beitrug. Die erste Mutterlauge der zweiten Fraktion schied eine sehr geringe Menge schwarzen Rückstand ab, der enorm stark radioaktiv war. Er wurde in einer Platinschale in Salpetersäure gelöst. Die Platinschale blieb später selbst nach heftigem Scheuern noch radioaktiv, auch die Lösung war stark radioaktiv. Auf Zusatz von Ammoniak schied sie einige gerade noch sichtbare Flöckchen ab, die sich als so stark radioaktiv erwiesen, daß das Elektroskop nicht mehr zu laden war. Ein stark geriebener Glasstab verlor seine Elektrizität vollständig, als ihm das Präparat auf 5 cm Entfernung genähert wurde. Nach einer Schätzung war die Aktivität dieser Fällung mehrere tausendmal größer als die der stärkst aktiven Ionium-Thoriumpräparate. Doch verlor sich diese Aktivität sehr rasch wieder und war nach 4 Stunden bereits auf die Hälfte zurückgegangen. Das Filtrat dieser Fällung gab nun mit Ammonoxalat wieder eine geringe Menge eines enorm stark radioaktiven Niederschlags, und als die Mutterlauge davon eingedampft und verglüht wurde, hinterblieb wieder ein kaum sichtbarer, enorm stark radioaktiver Rückstand. Auch bei diesen Fällungen verschwand die Aktivität bald wieder. Dauernd und in unverminderter Stärke erhielt sich die Radioaktivität nur bei thoriumhaltigen Präparaten.

In analoger Weise wurden nun alle thoriumhaltigen Fraktionen, nämlich die „Oxalate der Wismutfällungen", „hydratische Fällungen der Nachfällungen" und einige weniger aktive Hydrate aus dem „Eisenhydrat" der Wismutfällungen, verarbeitet. Dabei wurden die Nitrate der Lösung, die die seltenen Erden enthielt, so lange basisch gefällt, als die Hydrate radioaktiv waren. Während sich dies bei den meisten dieser Laugen rasch vollzog, lieferten andere selbst über die fünfte Fällung hinaus noch mehr oder weniger deutlich radioaktive Produkte. Wurden nun die Nitratlaugen, aus denen diese Fällungen stammten, stark sauer gemacht und dann mit Oxalsäure fraktioniert gefällt, so reicherten sich die radioaktiven Bestandteile in der Mutterlauge der Oxalatfällungen an. Wenn nun die Lauge allmählich mit Ammoniak abgestumpft wurde, entstanden sehr stark radioaktive Fraktionen.

So wurden in langwierigen, komplizierten Prozessen die Io-Th-haltigen Produkte von den erdenhaltigen getrennt, die das Actinium enthielten. Bei der Verarbeitung letzterer zeigte es sich, daß Actinium sich bei Gegenwart von Ammonsalzen weder durch Ammonoxalat noch durch Ammoniak vollständig niederschlagen läßt. Wohl aber kann es aus basischen Lösungen bei Gegenwart von Mangan als Manganit gefällt und dann in beschriebener Weise weiterverarbeitet werden (s. S. 244f.).

Mesothorium[1]) ($MsTh_1 + MsTh_2 + RaTh + ThX$ usw).

Mesothorium wird besonders als Ersatz für Radium in der Medizin verwendet und in Form seiner Salze, besonders des Chlorids und Bromids, in den Handel gebracht. Es ist ein Isotopes des Radiums und wird nach ganz analogen chemischen Methoden wie dieses gewonnen. Als Ausgangsmaterialien dienen Thormineralien, also besonders Monazitsand oder ältere Glühstrumpfreste. Bei seiner Aufschließung mit Schwefelsäure, die S. 295f. mitgeteilt ist, gibt Monazit, wie erwähnt, einen unlöslichen Rückstand, der etwa 25% des ursprünglichen Sandes beträgt. Dieser Rückstand enthält das meiste, aber nicht alles Mesothorium. Ein Teil bleibt in der Schwefelsäure gelöst. Um das zu verhindern, gibt man vor oder während des Aufschlusses eine kleine Menge Bariumsalz (Carbonat, Chlorid oder Sulfat) oder auch Bleisalz zu. Entweder setzt man zum Monazitsand oder einer Mischung von Monazitsand und Säure vor dem Erhitzen Bariumsalz, oder man fügt das Bariumsalz erst nach dem Aufschluß des Monazitsandes (und evtl. der Glühkörperreste) mit Schwefelsäure unter heftigem Umrühren zu.

---

[1]) Vgl. O. Hahn, Chem.-Ztg. **1911**, S. 845; F. Glaser, Chem.-Ztg. **1913**, S. 477 u. 1105; ferner N. McCoy und H. Viol, Phil. Mag. **1913**, S. 333; ref. Chem. Zentralbl. **1913**, I, 1574.

340   Die chemische Technologie der Radioelemente.

Das Mesothorium fällt dann als Sulfat mit dem Bariumsulfat nieder, und man muß durch starkes Rühren und genügende Menge Bariumsalz dafür sorgen, daß der Niederschlag sich in der ganzen Flüssigkeit bildet. Die Menge Bariumsalz wird besonders nach dem Volum der behandelten Flüssigkeit und der Löslichkeit des Bariums darin bemessen. Ist sie zu klein, so bleibt viel Mesothorium (und evtl. Radium) in Lösung. Bei der gewöhnlichen Verarbeitung des Monazits nimmt man etwa $1/100$ seines Gewichts Bariumsalz. Dadurch wird eine genügend große Fällung erzeugt. Die so niederfallenden Sulfate enthalten nun alles Mesothorium und werden nach evtl. nötiger Reinigung entweder durch Umsetzung mit Soda in Carbonate übergeführt oder man verwandelt sie — ganz analog wie beim Radium beschrieben — durch Reduktion in Sulfide, wodurch der langandauernde Auswaschprozeß der Carbonate von den Sulfaten vermieden wird. Die mesothorium- und radiumhaltigen Carbonate resp. Sulfide werden nun in Salzsäure gelöst und die gelösten Chloride danach in genau der gleichen Weise, wie es beim Radium ausführlich beschrieben ist, so gereinigt, daß sie nur noch Barium und Mesothorium enthalten. Schließlich wird Mesothorium in der gleichen Weise durch fraktionierte Krystallisation usw. vom Barium getrennt, wie das beim Radium beschrieben ist.

Die Verfahren zur Mesothoriumdarstellung sind durch Patente geschützt. Das umfassendste Patent hat Frederick Soddy genommen: Engl. Pat. Nr. 25 504, das am 3. XI. 1910 angemeldet und am 17. VIII. 1911 erteilt wurde. Die Vorschriften dieses Patentes sind so allgemein und umfassend gehalten, daß es in Deutschland in seinem ganzen Umfang nicht anerkannt werden konnte. Auf Einspruch der Industrie ist darum Soddy ein deutsches Patent nicht erteilt worden.

Dann hat Dipl.-Ing. Carl Schwab, Berlin, ein deutsches Reichspatent Kl. 12 m Nr. 269 541 am 23. IV. 1911 erhalten für ein Verfahren zur Abscheidung von Mesothorium- und Radiumsalzen bei der Gewinnung von Thorium aus thoriumhaltigen Mineralien, z. B. Monazitsand, bei welchem der zum Aufschluß dienenden konzentrierten Schwefelsäure Bariumsalze zugesetzt werden, dadurch gekennzeichnet, daß dem durch Wasserzusatz erhaltenen schlammigen Aufschließungsprodukte eine seinen Wassergehalt vielfach übersteigende Wassermenge (30—60 fache Menge) zugesetzt wird, die eine zur vollständigen Unlöslichmachung der radioaktiven Substanzen ausreichende Menge Bariumsalz enthält.

Weiter erhielt Dr. Fritz Glaser in Wiesbaden ein Patent Kl. 12 m Nr. 272 429 vom 7. IX. 1913 für ein Verfahren zur Abscheidung von Mesothorium und Thorium X aus thoriumhaltigen

Materialien, dadurch gekennzeichnet, daß man dem Schwefelsäure enthaltenden und mit Wasser verdünnten Aufschlußprodukte Bleisalze zusetzt (auf 1 kg Monazitsand bei einem Volum von 10 l 5 g Bleiacetat unter lebhaftem Umrühren). Mit dem unlöslichen Anteil fallen dann Mesothorium und ThX nieder. Sie lassen sich vom Bleisulfat leichter als vom Bariumsulfat trennen.

Im Handel wird Mesothor zum Preise von 200—300 M. pro Milligramm verkauft (1 mg Radium kostet 500—600 M.). „1 mg Mesothor" ist indessen keineswegs die Gewichtsmenge von 1 mg des Elementes oder eines Salzes, sondern die Menge eines Mesothorpräparats, die nach seiner γ-Strahlung der γ-Strahlung von 1 mg Radium äquivalent ist (sog. γ-Äquivalent). Das ist aber mit den gewöhnlichen Meßmethoden für γ-Strahlen (s. S. 82) nicht präzis anzugeben, denn die γ-Strahlungen von Radium (d. i. RaC) und von Mesothorium, die von $MsTh_2$ und ThD herrühren, sind an sich verschieden und wechseln mit dem Alter des Mesothorpräparates. $MsTh_2$ ist bereits nach zwei Tagen praktisch im Gleichgewicht. Da technisch dargestelltes Mesothorium noch Radium enthält, wird bei ihm erst nach $3^1/_5$ Jahren das Maximum der Aktivität erreicht, wenn das Verhältnis 3 : 1 ist. Von da ab nimmt sie langsam ab, ist nach 10 Jahren noch etwas stärker als zur Zeit der Herstellung und nach 20 Jahren nur noch halb so stark. Schließlich ist alles Mesothorium zerfallen und nur noch das Radium übrig. Die γ-Strahlen eines Mesothoriumpräparats werden etwas stärker absorbiert als die von RaC (durch Blei im Verhältnis 124 : 100, durch Al im Verhältnis 101 : 100). ThD entsteht langsam aus Radiothor, und seine γ-Strahlen sind durchdringlicher als die von RaC (92,4 : 100 gegen Blei, 83,5 : 100 gegen Al). Dazu kommt, daß Mesothoriumpräparate Radium enthalten, wenn die Ausgangsmaterialien uranhaltig waren, und daß Mesothorium erheblich vergänglicher ist (vgl. S. 261f.) als Radium. Darum ist das sog. „γ-Äquivalent" des Mesothoriums gegen Radium nur dann einigermaßen genau, wenn exakte Angaben über das Alter des Mesothoriumpräparats und über die Versuchsanordnung gemacht werden.

Da für die Herstellung von Mesothorium in der besonders in Deutschland stark in Blüte befindlichen Thoriumindustrie erheblich mehr Ausgangsmaterial vorhanden ist als für die Gewinnung des Radiums, stellt sich sein Preis erheblich niedriger als der des Radiums (200—300 M. pro Milligramm). Hahn glaubt, daß sich aus Thorrückständen jährlich eine Menge $MsThBr_2$ gewinnen ließe, die etwa 10 mg $RaBr_2$ entspricht.

Im Mesothoriumhandel, besonders im Zwischenhandel, wird unbefugterweise mehrfach unter „1 mg Mesothor" nicht das

γ-Äquivalent zu 1 mg Radiumelement, sondern zu 1 mg wasserfreiem oder gar wasserhaltigem Radiumbromid, die 0,5857 resp. 0,5357 mg Ra-Element enthalten, verstanden. Darauf ist wegen des Preises genau zu achten. Die Preise haben sich auf Radiumelement zu beziehen.

Thorium X.

Thorium X ist in der Medizin vielfach verwendet worden[1]), weil es durch seine bedeutende Löslichkeit in Wasser und seine Bildung von Th-Emanation leicht gestattet, viel Aktivität intratumoral und intravenös einzuführen. Doch ist es auch ein starkes Gift. Zugleich ist es erheblich billiger als Ra-Emanation und soll wie diese bei der Gicht sehr günstig wirken. Früher wurde es aus Thoriumsalzen dargestellt, indem man sie mit Ammoniak versetzte und den Niederschlag abfiltrierte. Das ThX ging in das Filtrat und konnte daraus durch Abdampfen der Lösung und Verglühen der Ammonsalze als Rückstand gewonnen werden. Jetzt gewinnt man ThX im Großbetrieb aus Radiothorium und dies wieder aus Mesothorium. Nach Patent Kl. 12 m Nr. 269 692 vom 22. III. 1912 der Deutschen Gasglühlicht Aktien-Gesellschaft (Auer-Gesellschaft), ,,Verfahren zur Gewinnung von Radiothor oder radiothorhaltigen Stoffen, die zur Herstellung von ThX-haltigen Lösungen verwendet werden", werden radiothorhaltige Substanzen in Hydroxyde von hoher Dichte übergeführt, die nicht mehr voluminös sind. Zu dem Zweck werden die radiothorhaltigen Substanzen zunächst möglichst vollkommen von allen Unreinlichkeiten (besonders von Ba, Ca, Fe, Pb, H_3PO_4, Ceriterden) gereinigt, dann mit Ammoniak niedergeschlagen, der Niederschlag ausgewaschen und in verdünnter Salpetersäure gelöst. Nun dampft man die salpetersaure Lösung auf dem Wasserbade ein, löst den Rückstand in destilliertem Wasser und fällt mit überschüssigem reinen Ammoniak, wodurch die radiothorhaltigen Oxyde niederfallen. Die ganze Masse (Niederschlag und Flüssigkeit) wird daraufhin wieder unter Umrühren vorsichtig eingedampft. Wenn völlig erkaltet ist, zerreibt man den Rückstand mit destilliertem Wasser oder mit verdünnter Kochsalzlösung und hebert die überstehende trübe Lösung nach dem Absitzen ab. Diese Operation wird (am besten in einem hohen Zylinder) so lange wiederholt, bis alle Ammonsalze ausgewaschen sind und die radiothorhaltigen Oxyde sich klar absetzen. Sie werden daraufhin mit destilliertem Wasser oder verdünnter kohlensäurefreier Kochsalzlösung übergossen und das Ganze so

---

[1]) Siehe R. Böhm, Die Verwendung der seltenen Erden. Leipzig 1913.

lange stehengelassen, bis sich eine genügende Menge ThX gebildet hat. Durch Schütteln erhält man dann eine mit ThX so angereicherte Lösung, daß man sie zu therapeutischen Zwecken gleich verwenden kann. Man hat festgestellt, daß die besten Resultate erzielt werden, wenn die Lösung vor dem Gebrauche 1—2 Tage über dem Radiothor stehengelassen wird. Bei kürzerer Zeitdauer werden schwächere Lösungen erhalten, bei längerer leidet die rationelle Ausbeute infolge des gleichzeitig stattfindenden Zerfalles.

Da das so gewonnene ThX quantitativ vom Wasser oder Salzwasser ausgelaugt wird, kann man sogleich konzentrierte ThX-Lösungen erhalten im Gegensatz zu den früher gewonnenen verdünnten und ammonsalzhaltigen Solutionen.

Dies Verfahren hat den Vorzug, daß man sehr reines ThX gewinnt, das fast nichts von seiner Aktivität verliert, da es bis zum Schluß der Herstellung mit der radiothoriumhaltigen Substanz in Berührung bleibt.

Dann hat Dr. O. Knöfler & Co. in Plötzensee bei Berlin ein „Verfahren zur Gewinnung von Radiothor" patentiert erhalten [Kl. 12m Nr. 269 501 vom 5. XI. 1911], das auf der elektrolytischen Abscheidung des Radiothors beruht. Zur Ausführung des Verfahrens werden z. B. Rückstände von der Mesothordarstellung, die neben Mesothor seine Zerfallsprodukte, also auch Radiothor, enthalten, mit Säure aufgeschlossen, mit Wasser ausgelaugt und dann filtriert. Das Filtrat wird daraufhin bei mittlerer Spannung und Stromstärke der Elektrolyse unterworfen und als Anode Platin, Kohle oder eine andere sehr schwer angreifbare Substanz verwendet, während als Kathode Platin, Silber u. a. Metalle oder Metallegierungen dienen. Das Radiothor scheidet sich mit verhältnismäßig geringen Verunreinigungen an der Kathode ab und dient dann zur ThX-Bereitung. Man kann durch dies Verfahren Radiothor auf beliebig kleinen Oberflächen in hochkonzentrierter Form abscheiden und auch Folien, Bleche, Drähte u. dgl. damit beladen.

Auf ein Patent von Dr. Jul. Lorenzen in Berlin-Tegel Nr. 278 121 vom 12. IX. 1913, „Verfahren zur Gewinnung von ThX", sei verwiesen, bei ihm wird eine kolloidale Thoriumoxydlösung der Dialyse unterworfen.

Da ThX und seine Lösungen vergänglich sind und nach knapp 4 Tagen nur noch die Hälfte des ursprünglichen Wertes besitzen, so können sie nicht in Apotheken vorrätig gehalten werden. Von den Auer-Werken in Berlin wird ThX unter der Handelsmarke Doramad abgegeben. Bei der Bestellung muß der Fabrik mitgeteilt werden, wie viele EE. die Tagesdosis betragen soll. Die Zusendung erfolgt dann gewöhnlich in dreitägigen Intervallen in kleinen Fläschchen, die die Tagesdosen voneinander abgrenzen, indem die erste Tagesdose am wenigsten Flüssigkeit enthält, die zweite mehr usw. Der Preis richtet sich nach der Größe der Dosis. Er betrug 1914 1 M. für die Tagesdosis von 100 EE.[1]).

Wir haben, ohne vollständig sein zu können, im vorliegenden eine Übersicht über die Technologie der Radioelemente gegeben. Wenn auch das Radium selbst nicht von deutschen Forschern entdeckt wurde, so hat die deutsche chemische Industrie doch fast unmittelbar darauf die Fabrikation im großen aufgenommen und sie zu hoher Vollendung ausgebildet. Es war F. Giesel in Braunschweig, der schon bald nach den ersten Veröffentlichungen der Curies aus Produkten der Uranfabrikation, die ihm die chemische Fabrik de Haën in Hannover lieferte, stark radiumhaltige Präparate nach eigenen Methoden darstellte. Bald fand er, daß man Radium rascher und vollständiger von Barium trennen könne, wenn man statt der Chloride die Bromide der fraktionierten Krystallisation unterwirft. Dadurch war die Fabrik von Buchler & Co. in Braunschweig schon um die Jahrhundertwende in der Lage, reinste Radiumsalze in den Handel zu bringen und der Wissenschaft die Möglichkeit zu geben, damit Versuche zu machen. Diese Firma und bald darauf auch andere brachten allmählich die meisten radioaktiven Präparate in den Handel (an Radiumsalz wurden nach Professor Giesels freundlicher Privatmitteilung über 15 g von Buchler & Co. abgesetzt) und erweiterten die Verwendungsmöglichkeiten durch Komposition selbstleuchtender Massen u. a.
— Verarbeitungen von Joachimsthaler Pechblenderückständen in ganz großem Maßstabe haben in mustergültiger Weise Haitinger und Ulrich sowie Auer von Welsbach in Österreich durchgeführt und dadurch der Wissenschaft die Möglichkeit gegeben, mit relativ sehr großen Mengen radioaktiver Körper zu arbeiten. Zugleich gründete D. K. Kupelwieser das „Institut für Radiumforschung" (das der K. Akademie der Wissenschaften in Wien untersteht und von Prof. Dr. Stefan Meyer geleitet wird), das Wissenschaft und Technik andauernd die wertvollsten Dienste leistet. In Österreich werden nach gütiger Mitteilung von Prof. Dr. Stefan Meyer zur Zeit ca. 2 g Radium jährlich dargestellt. Doch kann bei Intensivbetrieb die Menge verdoppelt werden.

Der deutsche Forscher O. Hahn hatte 1905 im Laboratorium von Ramsay das Radiothor und zwei Jahre später in Deutschland das Mesothor entdeckt. Während die Radiumdarstellung in Deutsch-

---

[1]) v. Noorden, Therap. Monatshefte 1914.

land wegen Mangels an Ausgangsmaterial allmählich zurückgehen mußte, verfügte man über Riesenmengen Thorium, da Deutschland vor dem Kriege der größte Thoriumproduzent war. Dadurch konnte auch die Mesothoriumdarstellung und was damit zusammenhing in unserem Vaterlande zu mächtiger Blüte gelangen und zur Vergrößerung des Nationalvermögens beitragen. Schon vor dem Kriege haben freilich besonders französische Spekulanten Maßnahmen getroffen, um uns diese Weltstellung zu nehmen, und die brasilianische Regierung hatte mit einem französischen Konsortium bereits einen neuen Vertrag abgeschlossen, nach dem die Tonne 5 proz. Monazitsands an Deutschland nicht mehr wie bisher zu 650 M., sondern zu 1000 M. abgegeben werden solle, und jetzt dürfte die Einfuhr wohl völlig aufgehört haben, aber wie die Tüchtigkeit unserer Kaufleute, unserer Wissenschaft und Technik sich bereits vor dem Kriege eine führende Stellung in der Industrie radioaktiver Stoffe erobert haben, so werden sie auch nach dem Kriege das Verlorene bald wieder zurückgewonnen haben und nach wie vor hier wie überall in erster Reihe marschieren zum Ruhme unserer Nation und zum Wohle der Menschheit.

Nachtrag zu S. 164.

Noch mehr den Gedankengängen auf dem Gebiete der Radioaktivität angepaßt, ist eine Tabelle, die L. Flamm (Zeitschr. d. österr. Ing. u. Archit. **69**, 436 [1917]) benutzte und die St. Meyer (Phys. Zeitschr. **19**, 178 [1918]) empfiehlt. Hier sind die (festen) Elemente mit den größten Atomvolumen in die Mitte gestellt und das ist qualitativ durch die größeren Rahmen angedeutet. Die nach beiden Seiten immer kleiner werdenden Rahmen versinnbildlichen den schematischen Gang der Atomvolume und der zahlreichen damit verknüpften Eigenschaften. Die langen Perioden sind darin zudem in einer Zeile untergebracht.

Periodisches System der Elemente.

Negative Valenzahl der Elektronen, die aufgenommen werden können:										Positive Valenzahl der Elektronen, die abgegeben werden können:						
(−7)(−6)	(−5)	−4	−3	−2	−1	0	+1	+2	+3	+4	+5	+6	+7	+8		
+1 +2	+3	+4	+5	+6	+7		(−7)	(−6)	(−5)	−4	−3	−2	−1			
							H 1,008 1									
						He 4,0 2	Li 6,94 3	Be 9,1 4	B 11,0 5	C 12,0 6						
			N 14,0 7	O 16,0 8	F 19,0 9	Ne 20,2 10	Na 23,0 11	Mg 24,3 12	Al 27,1 13	Si 28,3 14						
Cu 63,6 29	Zn 65,4 30	Ga 69,9 31	Ge 72,5 32	As 75,0 33	Se 79,2 34	Br 79,9 35	Ar 39,9 18 / Kr 82,9 36	K 39,1 19	Ca 40,1 20	Sc 45,1 21	Ti 48,1 22	V 51,0 23	Cr 52,0 24	Mn 54,9 25	Fe 55,8 26 Co 59,0 27 Ni 58,7 28	
Ag 107,9 47	Cd 112,4 48	In 114,3 49	Sn 118,7 50	Sb 120,2 51	Te 127,5 52	J 126,9 53	X 130,2 54	Rb 85,5 37	Sr 87,6 38	Y 88,7 39	Zr 90,6 40	Nb 93,5 41	Mo 96,0 42	? 43	Ru 101,7 44 Rh 102,9 45 Pd 106,7 46	
Tb 159,2 65	Dy 162,5 66	Ho 163,5 67	Er 167,7 68	Tu I 168,5 69	{ Die seltenen Erden sind nicht bestimmt zugeordnet }		Cs 132,8 55	Ba 137,4 56	La 139,0 57	Ce 140,3 58	Pr 140,9 59	Nd 144,3 60	? 61	Sm 150,4 62 Eu 152,0 63 Gd 157,3 64	
Au 197,2 79	Hg 200,6 80	Tl 204,0 81	Pb 207,2 82	Bi 208,0 83	Po 210 84	? 85	Em 222 86	Yb (Ad) 173,5 70	Lu (Cp) 175,0 71	Tu II — 72						
							? 87	Ra 226,0 88	Ac (230) 89	Th 232,1 90	Bv 234 91	U 238,2 92				
I	II	III	IV	V	VI	VII	0	I	II	III	IV	V	VI	VII	VIII	

Symbol
Atomgewicht
Ordnungszahl:

Gruppen-Nr.:

B (Die Atomvolumina nehmen von der Mitte nach beiden Seiten ab.) A

Personen- und Sachregister.

α-Strahlen 11, 13 ff.
α-Strahlen-Elektroskop 55.
α-Strahlen, Prüfung auf 81 f.
α-Strahlenumwandlung 152.
α-Teilchen s. α-Strahlen.
Absorption von Strahlen 134 ff.
Actinium 8, 242 ff.
Actinium A 249.
Actinium B 250.
Actinium C, C′, C″ 251 ff.
Actinium D 252.
Actiniumemanation 248.
Actinium X 247.
Actiniumzerfallsreihe 241, 252, Übersichtstabelle am Schluß.
Adsorption von Radioelementen 142.
Adsorptionsregel 183.
Aktinium s. Actinium.
Aktiver Niederschlag 30, 42, 123 f., 225 ff., 249 ff., 266 ff.
Aktiver Niederschlag des Actiniums 249 ff.
Aktiver Niederschlag des Radiums 225 ff.
Aktiver Niederschlag des Thoriums 266 ff.
Ampère 121.
Andrade 162.
Antipof 292.
Antonoff 38, 196 f., 234.
Arrhenius 46.
Atomgewichte von Blei aus Th- und Uranmineralien 158 f.
Atommodell von Rutherford und Bohr 172.
Atomnummer 162, 177.
Atomvolumen 170, 176.
Atomzerfallstheorie 25, 35 ff.
Auer von Welsbach 244 ff., 332 ff., 344.
Ausgangsmaterialien für Radium- usw. Darstellung 285 ff.
Autunit 184, 291.

β-Strahlen 11, 18 ff.
β-Strahlenelektroskop 56.
β-Strahlen, Prüfung auf 82.
β-Strahlenumwandlung 152.
β-Strahler 136 f.
β-Teilchen s. β-Strahlen.
Baeyer, O. v. 21, 137, 217.
Barrat 189, 277.
Baxter 156.
Becquerel, H. 1, 2, 9, 26.
Becker 91.
Beer, P. 142, 183.
Bémont 6.
Bender, W. 287, 316 ff., 323.
Berndt, G. 66, 97.
Bestimmung von Radiummengen nach der Vergleichsmethode 112.
Biltz, W. 160.
Blanc, G. A. 263.
Bock 330.
Böhm, R. 276.
Bohr 162.
Boltwood, B. B. 8, 37, 39, 117, 189, 198, 243, 260 f.
Borodowski, W. A. 134.
Bragg, W. H. 13, 22, 50, 130, 160.
Brauner 160.
Bremswirkung 15.
Brevium 194.
Bröggerit 254.
Bronson, H. L. 76.
Brooks 251.
Buchler & Comp. 279, 322, 344.

Carnotit 184, 287 ff.
Campbell, N. R. 273.
Chadwick, J. 111, 247.
Chalkolith 291.
Chemie der Radioelemente 139.
Clarke, E. 167.
Cleveit 184, 254.
„Coulomb" 121.

Coy, Mc 37, 39, 81, 189, 261, 270, 339.
Crookes, W. 26, 188, 191.
Crowther, J. A. 20, 134.
Curie, M. und P. 3, 4, 8, 29, 77, 140, 210, 216, 218, 225, 253, 298.
„Curie" (Einheit) 75, 95.

δ-Strahlen 15, 23.
Dadourian, H. M. 260.
Danne, J. 140.
Darwin 43.
Debierne, A. 7, 8, 40, 211, 218, 236, 243, 298.
Desaggregationstheorie 25, 33 ff.
Demarçay, E. 5, 243.
Des Coudres 13.
„Dimensionen" 121 f.
Dolezalek, F. 75.
Dorn, E. 29, 220.
Duane, W. 96.
Düngemittel, radioaktive 277.
Dupont, J. 287.

Ebler, E. 63, 117, 219, 287, 313 ff., 323.
Eichung von Elektrometern und Kontrolle der Eichung 67 ff.
Einheiten, elektrische 121 f.
Elektrische Maßsysteme 121 f.
Elektrochemisches Verhalten der Radioelemente 143.
Elementtypus 170.
Elektromotorische Kraft 122, 145.
Elektron 10.
Elektroneneigenschaften 172.
Elektroskope 54 ff.
Elektroskop von H. W. Schmidt 63 f.
Elster, J., und Geitel, H. 16, 56 ff., 123 f., 130, 232, 263.
Elster-Geitelsches Elektroskop 56 ff.
Emanationen 29, 44.
Emanationselektroskop 62 f.
Emanium 243.
Emanometer 91.
Endprodukte des radioaktiven Zerfalls 239, 271 f.
Energie beim radioaktiven Zerfall 31 ff.
Engler, C. 66, 87 ff., 324.
Engler-Sievekingsches Elektroskop 60.
Étalons von Radium 110.
Exner, F. 6, 185.
Exradio 219.

Fällbarkeit 139.
Fällungsreaktionen von Radioelementen 140.
Fällungsregel 142, 183.
Farad 122.
Faraday 46.
Fajans, K. 39, 129, 142, 147, 150 ff., 170 f., 189, 193, 231, 239, 267.
Fellner, M. 317.
Fenderl, E. 331.
Fischler, J. 175.
Flamm, L. 116.
Fleck, A. 147, 153, 228, 241.
Fluorescenz 1.
Foerster, F. 145.
Fontaktometer 99 ff.
Fontaktoskope 91 ff., 97 ff.
Fraktionierte Krystallisation von Ba-Ra-Salzen 205 ff.
Freundlich, H. 213.

γ-Strahlen 11, 21 ff., 138.
γ-Strahlen, Prüfung auf 82.
γ-Strahlenelektroskop 82.
Gates 140.
Geduld, J. 134.
Geiger, H. 14, 15, 17, 21, 38, 42, 79, 129, 189, 267.
Geitel, H., und Elster, J. 16, 56 ff., 123 f., 130 232, 263.
Gerdien, H. 61.
Gesetz des radioaktiven Zerfalls 27, 34.
Giesel, F. 6, 7, 8, 16, 18, 41, 207, 235, 242, 248, 279, 283, 344.
Glaser, F. 101, 213, 291, 339 f.
Godlewski, T. 41, 183.
Goehring, O. 129, 153, 189.
Goldstein 10.
Gray 22, 222, 240.
Greinacher 91, 127.
Grover, 156.
Günther, H. 101.
Guntz 218.

Hahn, O. 8, 24, 39, 41, 130, 137, 153, 195 f., 217, 229 f., 241, 246, 252, 260 ff., 271, 339, 344.
Haitinger, L. 300 ff., 344.
Halbumwandlungsperiode 35.
Halbwertsperiode 35.
Halbwertszeit 35.
Hammer 91.
Harms, F. 68.

Haschek, E. 218.
Henning, F. 214, 286, 288.
Henrich, F. 101, 104.
Henriot, E. 273.
Herrmann, K. 127.
Hess, V. F. 66, 97, 116, 216, 247.
Hevesy, G. von 146f., 180, 196, 232.
Hillebrand 287.
Hitchins, A. F. R. 201f.
Hittorf 9, 46.
Hönigschmid, O. 109f., 149, 158f., 190, 207ff., 217, 239, 272.
Hofmann, K. A. 8, 16, 232f.
Holthusen 225.
Horovitz, K. 142, 158f.

Induzierte Aktivität 29.
Ionen 46.
Ionisation 46ff.
Ionisationskammern 53f.
Ionium 8, 37f., 198ff.
Ionium, Trennung vom Radium 201.
Isotope 148, 170.
Isotope Elemente 171.

Jungenfeld 134.

Kalium, Radioaktivität von 272f.
Kalkuranglimmer 213.
Kanalstrahlen 10.
Kanalstrahlenanalyse 175.
Kapazität 52, 122.
Kathodenstrahlen 10.
Keetmann, B. 61, 193, 245.
Kernbaum 211.
Kerneigenschaften der Atome 172.
Kernladungszahl 162.
Kithil, K. L. 288.
Klaproth, M. H. 184.
Kleemann 15, 50, 130, 198ff.
Knöfler & Co. 296, 343.
Koenig, A. 66, 87ff.
Kohlrausch 214, 331.
Kolm 293.
Konstante Ablenkungen, Methode der 76.
Krüger, F. 67.
Kupelwieser, K. 344.

λ (Radioaktivitätskonstante) 34f., 129.
Laborde 96.
Landin 323, 331.
Laue, von 160.

Lawson, R. W. 237, 272.
Lebeau, P. 185.
Lebensdauer 178.
Lebensdauer von Isotopen 153.
Lembert, M. E. 155, 239.
Lenard 20.
Lerch, F. v. 140, 144, 229.
Leuchtfarbe 279.
Levin, M. 246.
Lorenzen 343.
Loria, St. 176.
Luftzerstreuung 72.

Mache, H. 16, 94f., 116, 263.
Mache-Einheit 94.
Maßsysteme, elektrische 121f.
Makower 24, 34, 79, 129, 228.
Marckwald, W. 6, 41, 127, 143, 198f., 218, 235.
Marsden, E. 43, 189, 251, 267.
Meitner, Lise 8, 34, 39, 40, 137, 153, 195f., 217, 229f., 234, 241, 250, 271.
Mendelejeff 150, 161, 185.
Mesothorium 42, 260f., 262f.
— technische Darstellung 339.
Messung der Radioaktivität 46ff.
Messung mit Elektroskopen 70ff.
Metabole 31.
Metzener, W. 141.
Meyer, R. J. 165, 296.
Meyer, Stefan 14, 79, 99, 130, 138, 153, 176, 266, 233, 247, 273, 284, 344.
Millicurie 75, 95.
Mikrocurie 75, 95.
Mikrofarad 122.
Mischelement 170.
Monazit 254, 256f., 294ff.
Moore, R. B. 264, 288.
Moseler 129, 161.
Moseley, H. G. J. 129, 161f., 250, 267.

Niton 219.
Normalmaße der Radioaktivität 108.
Normalverlust 72.
Nutall, J. M. 14, 38, 130.

„Ohm" 122.
Olaryerze 290.
Orangit 253.
Ordnungszahlen der Elemente 162.
Ostwald, Wilh. 169.
Owens 29, 266.

Personen- und Sachregister.

Paneth, F. 132, 142, 146, 169, 180, 232.
Paschen 215.
Paweck, H. 304f.
Pechblende 184.
Péligot, E. 185.
Periode 35.
Periodisches System der Elemente 148ff.
Perkins, P. B. 251, 265.
Petraschek, W. 284.
Physikalisch-technische Reichsanstalt 115.
Piezoquarz 78.
Plejade 148.
Plücker 9.
Poincaré, H. 1.
Polonium 5, 234ff.
Potential, elektrisches 122.
Precht, J. 215.
Preisbewegung radioaktiver Präparate 282f.
Protactinium 40, 241.
Prüfung auf Radioaktivität 79ff.

Quadrantenelektrometer 75.
Quarzfadenelektrometer von Th. Wulf 65f.

Radioactinium 246.
Radioaktiv 3.
Radioaktivität 3.
Radioaktivitätskonstante 35, 127f.
Radioblei 8 (s. auch Radium D und Radiumblei).
Radiotellur 6, 235.
Radiothorium 42.
Radiouranium 198.
Radiogen-Gesellschaft 330, 331.
Radium 7, 202ff., 213, 298f.
Radium A 227.
Radium Atomgewicht 217f.
Radium B 228.
Radium-Bariumchlorid 205.
Radiumblitzableiter 280f.
Radium C, C', C'', C_1, C_2 230f.
Radium D 231.
Radiumemanation 219ff., 330f.
Radiumétalons 110ff.
Radium, Experimentieren mit 209f.
Radium F, Polonium 234.
Radium G (Radiumblei) 239.
Radiumleuchtmassen 279.
Radium, metallisches 218.

Radiumnormalmaße 108ff.
Radiumpräparate, Veränderung mit der Zeit 211.
Radiumspektrum 214f.
Radium, technische Darstellung 298ff.
Radium-Wärmeäquivalent 216.
Ramsay, W. 17, 217, 222, 232.
Ramsauer 225.
Ramstedt, Eva 224.
Ransome 287.
Regener, E. 6, 133.
Reichweite 13, 130f.
Richards, Th. W. 155, 156, 176, 185.
Richter, F. 183.
Rinne 211.
Robinson 13.
Rohsulfat 205.
Röntgen 1.
Rothenbach, M. 245.
Royds 223.
Rubidium, radioaktives 272.
Rümelin 76.
Russ, G. 24, 34, 228.
Runge 5, 215.
Russel, A. 147, 150, 189.
Rutherford, E. 8, 15, 17, 25ff., 38, 41, 65, 67, 108, 116, 162, 221, 225f., 253, 264, 266, 268.

Samarskit 184.
Sättigungsspannung 48.
Sättigungsstrom 48.
Schiffner, C. 285.
Schlundt 264.
Schmidt, C. G. 2, 8, 32, 41, 253.
Schmidt, Curt 331.
Schmidt, H. W. 19, 63, 94, 101f.
Schmidt, H. W., -sches Elektrometer 101.
Schrader 250.
Schwab, C. 340.
Schweidler, E. von 130, 138, 153, 232, 273.
Selbstzersetzung der Atome 31f.
Sidot-Blende 16.
Sieveking 87ff., 324.
Skaupy 175.
Soddy, F. 17, 25, 41, 147, 149, 201, 202, 227, 264, 340.
Sommer 313, 331.
Spannung 122.
Speter 296.
Spinthariskop 16.
Standardpräparate 109f.

Personen- und Sachregister.

Standardmessungen 107ff.
Stoklasa, J. 278.
Strahlungen radioaktiver Körper 9.
Strauss, E. 8, 232.
Strömholm 182, 241, 246.
Stromspannungskurven 145.
Svedberg, The 133, 141, 182, 246.
Swinne, R. 14.
Szintillieren 16, 132ff.

Technologie der Radioelemente 274ff.
Thomson, J. J. 9, 23, 168, 273.
Thorianit 254.
Thorit 253, 255.
Thorium 3, 8, 254f.
— chemische Eigenschaften 258.
— quantitat. Best. 259, 296f.
— -reihe 53, 253ff.
— -salze 257f.
— A 267.
— B 268.
— C, C', C'', C_1 269ff.
— D (D_2) 271f.
— -emanation 265.
— X 41, 264f.
— X, techn. Darst. 342.
Thorpe, T. E. 217.
Tobernit 291.
Townsend, J. S. 79.
Transformationskonstante 35.
Transformationstheorie 25, 33ff.
Traubenberg, v. 224.
Traun 329.

Ulrich, C. 300.
Ulzer 313.
Umwandlungskonstante 35.
Umwandlungstheorie radioakt. Stoffe 35ff.
Uran 184ff.
— (I + II) 190.
Uranblei 240.
Uranglimmer 291.

Uranitit 254.
Uranmineralien 4.
Uranpechertz 184, 254, 285ff.
Uransäure 187.
Uranylsalze 185.
Uran X 26, 191ff.
— X_1 194f.
— X_2, Brevium 194f.
— Y 38f., 196ff.

Valenz, Änderungen derselben bei den Strahlenumwandlungen 152.
Vergleichsmessungen mit Radiumpräparaten von bekanntem Gehalt (sog. Standardmessungen) 107ff.
Vergleichsmessungen nach der Emanationsmethode 116.
Verschiebungssätze 152.
Viol, H. 270, 339.
Volt 122.
Voltasche Spannungsreihe 143.
Volum der Radiumemanation 116.

Wadsworth, Ch. 176.
Walter, B. 97.
Weihsenberger 287.
Wiedemann, E. 20.
Wien, W. 10, 168.
Wilson, C. T. R. 16, 55.
Wilsons Elektroskop 55.
Winkler, F. 332.
Wulf, T. 65.

X-Strahlen 11.

Zerfallsreihen 31.
Zersetzungsspannung 145.
Zimmermann, Cl. 185.
Zirkulationsmethode zur Bestimmung der Aktivität von Flüssigkeiten 84ff.
Zweigprodukte 39, 231, 251, 270.

Übersicht.

Nach Nomenklaturvorschlägen, die neuerdings von St. Meyer und E. v. Schweidler — Physikal. Zeitschr. 1918, 1 — gemacht wurden und denen sich eine Anzahl von Gelehrten, darunter O. v. Baeyer, Debye, Elster und Geitel, Fajans, Geiger, O. Hahn, V. F. Hess, v. Hevesy, Hönigschmid, Lawson, v. Lerch, Loria, Mache, Marckwald, Lise Meitner, Paneth, Regener, C. Ulrich u. a. anschlossen, werden zunächst unterschieden:

Isotope durch römische Indices / U_I, U_{II}, /
Folgeprodukte durch arabische Indices / UX_1, UX_2; $MsTh_1$, $MsTh_2$ /
Zweigprodukte durch Strich / C', C'' /.

Danach gestaltet sich die Übersicht über die Zerfallsreihen zur Zeit folgendermaßen:

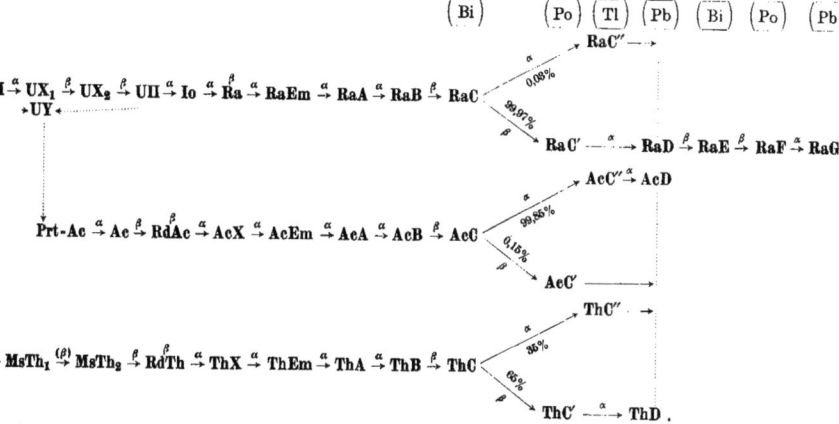

Doch sei der leichteren Orientierung wegen auch das bisher übliche, besonders von Fajans — Zeitschr. f. Elektrochemie 23, 250 ff. (1917) — empfohlene Schema z. T. mitgeteilt:

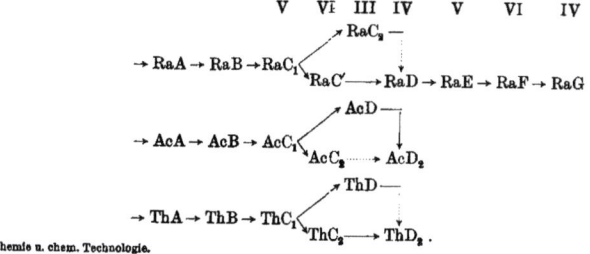

Henrich, Chemie u. chem. Technologie.

MIX
Papier aus verantwortungsvollen Quellen
Paper from responsible sources
FSC® C105338

If you have any concerns about our products,
you can contact us on
ProductSafety@springernature.com

In case Publisher is established outside the EU,
the EU authorized representative is:
**Springer Nature Customer Service Center GmbH
Europaplatz 3, 69115 Heidelberg, Germany**

Printed by Libri Plureos GmbH
in Hamburg, Germany